"十四五"职业教育系列教材

建筑工程施工测量

（第三版）

主　编　吴　迪　魏成惠
副主编　杨小川　时永玲　杜鹏程
编　写　杨圣飞　李海林　郑传璋　刘　磊
　　　　刘　玲　李　卉　花　卉　徐　琳
主　审　黄声享

中国电力出版社
CHINA ELECTRIC POWER PRESS

内 容 提 要

本书为“十四五”职业教育系列教材，包含四个模块，以递进层次进行教材框架的构建，适合理论与实践一体化教学。

模块一为基础篇（项目一～项目六），包括概述、水准测量、角度测量、距离测量与直线定向、全站仪测量、测量误差的基础知识等。

模块二为应用篇（项目七～项目十），包括小地区控制测量、施工测量的基本工作、民用建筑施工测量、工业建筑施工测量等。

模块三为拓展篇（项目十一和项目十二），包括地形图测绘、测量竞赛项目解读等。

模块四为实训篇（项目十三和项目十四），包括思考题与习题、实操能力训练等。

本书在编写风格和内容设计方面做了大胆的尝试，以“施工测量”为主线，在总结同类教材经验的基础上，简化了测量原理，细化了施工测量的方法，强化了施工测量的内容，注重动手能力的培养，使教材的重心偏于施工测量的实际应用和可操作性。

本书可作为高职高专院校工程测量课程教材，也可指导工程技术人员进行业务培训。

图书在版编目（CIP）数据

建筑工程施工测量/吴迪，魏成惠主编．—3版．—北京：中国电力出版社，2024.9
ISBN 978-7-5198-6371-5

Ⅰ.①建… Ⅱ.①吴… ②魏… Ⅲ.①建筑测量 Ⅳ.①TU198

中国版本图书馆CIP数据核字（2021）第268929号

出版发行：中国电力出版社
地　　址：北京市东城区北京站西街19号（邮政编码100005）
网　　址：http://www.cepp.sgcc.com.cn
责任编辑：孙　静（010-63412542）
责任校对：黄　蓓　朱丽芳
装帧设计：赵姗杉
责任印制：吴　迪

印　　刷：廊坊市文峰档案印务有限公司
版　　次：2010年3月第一版　2024年9月第三版
印　　次：2024年9月北京第一次印刷
开　　本：787毫米×1092毫米　16开本
印　　张：16.75
字　　数：411千字
定　　价：49.80元

前　言

“岗课赛证 ”综合育人是推进新时代职业教育高质量发展的重要举措，也是创新人才培养模式、深化产教融合的重要载体。本次修订将“以赛促教、以赛促研、以赛促改、以赛促建”的理念贯穿于教材中，以“面向实践、强化能力”为目的，深化复合型技术技能人才培养。同时，培养学生的家国情怀，强化大国工匠职业素养和不畏艰险的珠峰精神，落实立德树人的育人目标。

相对于第二版，第三版保持了原有风格，更加强化了能力培养。本次修订调整的内容如下：

(1) 为了适应职业技能学习，将教材按模块化、项目式、任务式进行编写。

(2) 教材结构全面调整，增加拓展篇；将原有的技能篇进行整合，归入实训篇。

(3) 增加地形图测绘的内容，并对各级比赛的赛项进行解读，纳入拓展篇。

(4) 在教材中增加卫星定位测量的内容，包括 GNSS 静态观测、数字测图、RTK 放样等内容。

(5) 将原有各章后的“思考题与练习”归入实训篇，并进行内容的扩充；在思考题中拓展知识点，以开阔思路，引导学生自主学习。

(6) 扩充实操训练项目，由原来的 18 个项目增加为 29 个项目。

(7) 为了强化内业计算的能力，将“普通函数型计算器操作”纳入正文。

(8) 在角度测量中，增加了方向观测法测量水平角的内容。

(9) 在高程控制测量中，增加了四等水准测量的内容，细化了高差闭合差调整的方法。

(10) 将圆曲线测设从原有的“点的平面位置测设”中分离，增加“缓和曲线测设”和“竖曲线测设”的内容，作为一个单独的任务，为各级比赛的赛项解读奠定基础。

(11) 将原有“施工控制测量”的内容从“小地区控制测量”中分离，归入“民用建筑施工测量”。

(12) 在“工业建筑施工测量”中，增加“机械设备安装测量”的内容。

(13) 在拓展篇中增加了“无人机测量概述”的相关内容，使学生开阔视野。

(14) 配置了丰富的数字资源。

1) 为学习贯彻落实党的二十大精神，本书根据《党的二十大报告学习辅导百问》《二十大党章修正案学习问答》，在数字资源中设置了“二十大报告及党章修正案学习辅导”栏目，以及课程思政相关内容。

2) 与本书相关的专业知识配套资源，包括教学课件、习题答案、微课视频、习题课程标准及授课计划等。以上资源读者可通过微信扫码获取。

本书由重庆科创职业学院吴迪、魏成惠主编；重庆财经职业学院杨小川、正德职业技术学院时永玲、中国建筑第八工程局杜鹏程副主编；重庆科创职业学院杨圣飞、李海林、郑传璋、刘磊、刘玲、正德职业技术学院李卉、花卉、徐琳参编；武汉大学黄声享教授主审。

本书编写的过程中，在施工单位工作的学生给予了大力支持，在此表示感谢！限于编者水平，书中难免存在不妥之处，敬请读者批评指正。

编　者

2024 年 7 月

目　录

模块二 应 用 篇

模块三 拓 展 篇

模块四　实　训　篇

模块一　基　　础　　篇

项目一　概　　述

任务一　测量学概述

【知识目标】 了解测量学的基本知识、工程测量的基本任务；理解相关概念；掌握地面点位确定的方法、测量工作的基本内容和基本原则。

【技能目标】 用竖式表示点的坐标；在测量坐标系中表示点位。

一、概述

通常对测量的定义是利用测量仪器或测量工具对事物本身或事物中的某一个方面进行量化确定的一种行为。如对讲台的长、宽、高进行测量，又如丈量房屋的长和宽，从而计算房屋的面积等，这些都是测量。

同时，测量又是一门学科，它是研究地球的形状和大小以及确定地面（包含空中、地下、水下）点空间位置的科学。测量学按照研究范围和对象的不同分为普通测量学、大地测量学、海洋测量学、工程测量学、航空摄影测量学等许多分支科学，但从大的方面把测量学分为两个基本的学科，即大地测量学和普通测量学，两者的基本区别见表 1-1。

表 1-1　　测量学的分类

测量学的分类	研究对象	是否考虑地球曲率的影响	学科认定的地球表面
大地测量学	整个地球	考虑	曲面
普通测量学	地球的局部	不考虑	平面

1. 测量、测定、测设

测量包括测定和测设两部分内容。

测定也称为测绘。是使用测量仪器和工具，通过测量和计算得到一系列的数据，再把地球表面的地物和地貌缩绘成地形图，供规划设计、经济建设、国防建设和科学研究使用。

测设也称为放样或施工放样，用一定的测量方法，将图上规划设计好的建筑物或构筑物的位置在地面上标定出来，作为施工的依据。

测定与测设的基本区别见表 1-2。

表 1-2　　测定与测设的区别

测量	不　　同		相　　同
测定	先外业后内业	地面上已有的地物和地貌→地形图	使用测量仪器——外业
测设	先内业后外业	施工图→待建的建、构筑物	计算测量数据——内业

2. 地形、地物、地貌

地形是指地球表面复杂多样的形态，包括地物和地貌。

地物是指地球表面上具有明显轮廓的固定性物体，分为自然形成的和人工形成的两种，如道路和房屋是人工形成的地物，湖、海等是自然形成的地物。

地貌是指地球表面的自然起伏，如平原、盆地、高山等。

二、工程测量的基本任务

工程测量学属于普通测量学的范畴，它研究的是土木工程在设计阶段、施工阶段和管理阶段所进行的一系列测量工作。各阶段的测量任务如下：

（1）设计阶段：大比例尺地形图测绘。

本阶段的主要任务是：使用测量仪器和工具，按照一定的程序和方法，对工程建设区域内的各种地形进行测量，得到一系列观测数据，再对这些数据进行处理，按照一定的比例将区域内的地形缩绘成地形图。

（2）施工阶段：施工测量。

本阶段的主要任务是：使用测量仪器和工具，将施工图上的各种建筑物或构筑物的位置标定到地面上，按照施工进度开展各项测量工作，包括施工期间的各项变形观测。

（3）管理阶段：变形观测。

本阶段的主要任务是：针对建筑物沉降、倾斜、裂缝、平移等变形进行监测，掌握变形规律，分析和评价建筑物的安全状态。

对于建筑工程类高职院校的学生，今后工作的主要去向是施工企业，所以本书将围绕施工测量进行着重的讲解。

任务二　地面点位的确定

一、地球的形状和大小

测量工作的研究对象是地球表面。如图 1 - 1 所示，地球是一个表面起伏较大的椭球：表面最高峰 8848.86m，海底最深处 11 034m，平均半径 6371km，海洋面积占地球表面的 71%。测量工作中，把地球看作是由静止的海水面向陆地延伸所包围的球体。

1. 测量工作的基准线

测量工作的基准线是铅垂线。

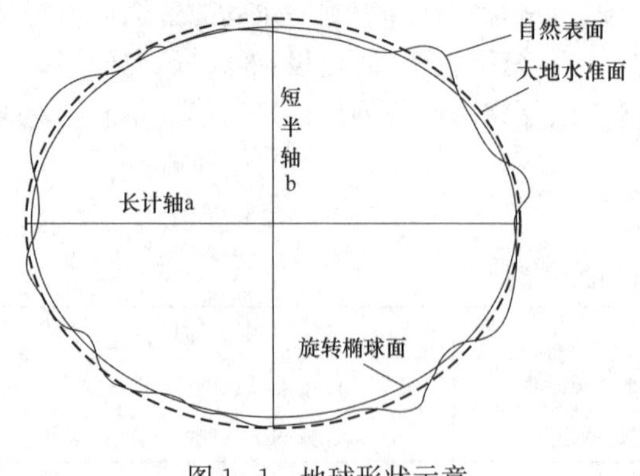

图 1 - 1　地球形状示意

铅垂线是重力的方向线。如图 1 - 2 所示，在实际工作中，根据施工现场的不同要求，可以用重物代替线锤获得铅垂线，吊线可以是线绳、尼龙绳、钢丝等。

2. 测量工作的基准面

测量工作的基准面是大地水准面。须理解以下概念：

水准面：自由静止的水面，其特点是处处与铅垂线垂直。

水平面：与水准面相切的平面。

大地水准面：在无数个水准面中，与平均海水面重合，并向大陆岛屿延伸的封闭曲面。

大地体：即地球的形体，是大地水准面包围的形体。为了方便计算测量数据，用旋转椭球面代替大地水准面，地球的形体称为参考椭球体。当测量精度要求不高时，可认为地球是一个圆球。

图 1-2　获得铅垂线的线锤

二、地面点位的确定

测量工作的实质是确定地面点的位置。

如图 1-3 所示，在数学中，表示点的空间位置需要 3 个量：x，y，z；在测量中，表示点的空间位置也需要 3 个量：x，y，H，但不同的是把这 3 个量分成了两部分，即：（x，y）和 H，其中，（x，y）称为坐标，表示点的平面位置，H 称为高程，是点到平面的垂直距离。图中 A' 表示点的平面位置，A 表示点的空间位置。这样，就把复杂的空间问题转化成了容易理解的平面问题。

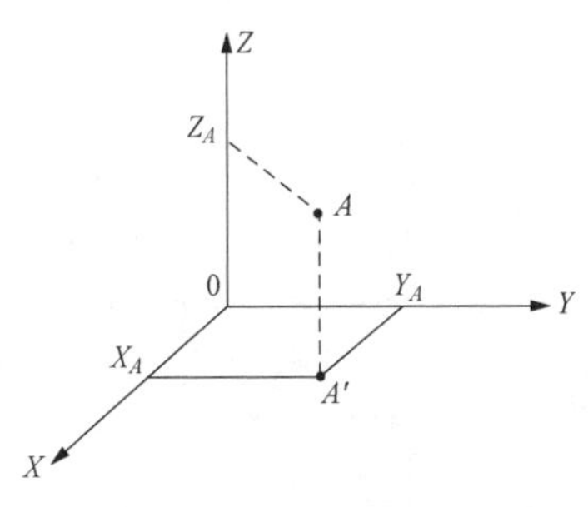

图 1-3　点的空间位置表示方法

（一）地面点的坐标

1. 地理坐标

用经度和纬度表示点在球面上的位置。例如，北京市某点的地理坐标为东经 116°23′31.58″，北纬 39°54′25.74″。

2. 高斯平面直角坐标

高斯平面直角坐标也是国家统一的测量坐标。建立平面直角坐标系之前，首先应解决的问题是如何将地球表面的曲面转化为平面。

（1）高斯投影。如图 1-4（a）所示，从地球的首子午线开始，按 6°的经差将地球自西向东划分为 60 个投影带，按正投影的方法将这些投影带展开。

投影后赤道没有变形，仍然是一条直线，离赤道越远变形越大，两极分别由一个点变形为 60 个点。当精度要求高时，应采用 3°投影带，它与 6°带的关系如图 1-4（b）所示。

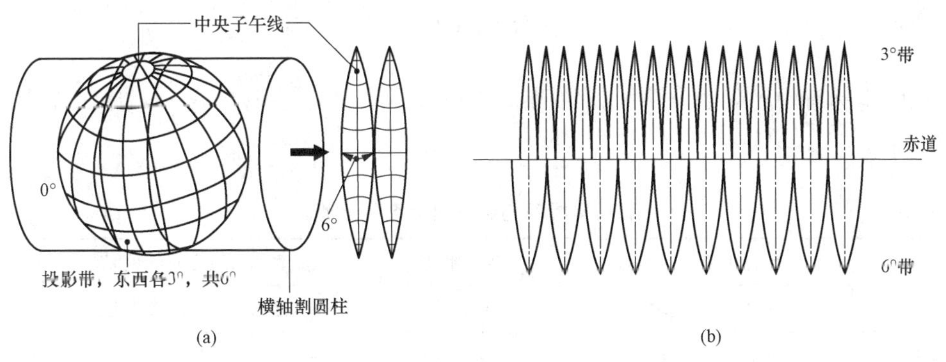

图 1-4　高斯投影

（2）高斯平面直角坐标系的建立。投影后，每个投影带的中央子午线没有变形，是一条与赤道垂直的直线，为平面直角坐标系的建立提供了条件。

高斯平面直角坐标系的建立：如图 1-5 所示，以赤道为坐标横轴，记为 y，以东为正方向；以每个带的中央子午线为坐标纵轴，记为 x，以北为正方向。

由于我国幅员辽阔，跨越了 11 个 6°带和 21 个 3°带，因此坐标系的建立存在两个问题：①投影带中央子午线的左面 y 值为负，为计算带来不便；②相同坐标的点位不是唯一的。针对上述两个问题，规定：①为了避免坐标为负数，将 x 轴向西平移 500km；②为了保证点的唯一性，在 y 值前加上投影带的带号。如图 1-5（a）所示，第 19 投影带中 A 点的坐标为 $x_A=3\ 275\ 611.188$m，$y_A=-113\ 424.690$m，调整后的 A 点坐标如图 1-5（b）所示，x_A 没有变化，$y_A=\underline{19}(-113\ 424.690+500\ 000)=\underline{19}\ 386\ 575.310$m。

（3）测量坐标系与数学坐标系的区别。

高斯平面直角坐标系，也称为测量坐标系，它与数学坐标系的区别如图 1-6 所示，图（a）为数学坐标系中的点位及直线方向的表示方法，图（b）为测量坐标系中的点位及直线方向的表示方法。两个坐标系的基本区别见表 1-3。

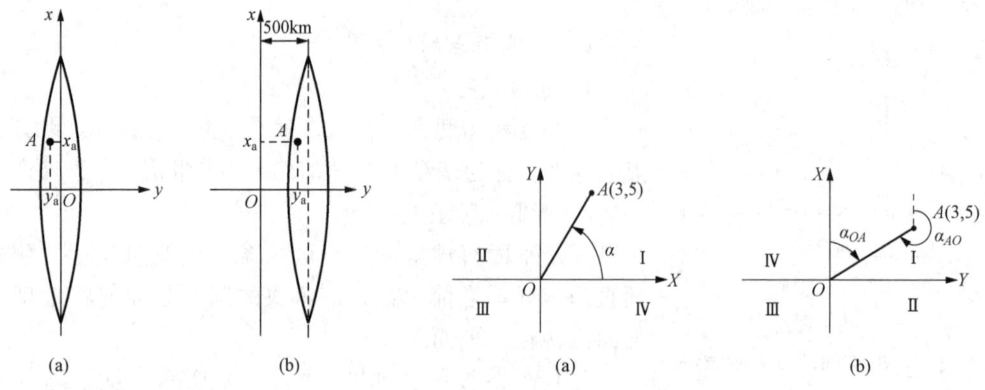

图 1-5 高斯坐标系的建立　　图 1-6 数学坐标系与测量坐标系的比较

①在测量坐标系中完整地引用数学公式，两个公式的应用见后续内容“坐标反算”。

求距离
$$D_{AB}=\sqrt{(x_B-x_A)^2+(y_B-y_A)^2} \tag{1-1}$$

求角度
$$R_{AB}=\arctan\frac{y_B-y_A}{x_B-x_A} \tag{1-2}$$

②点的坐标有两种表示方法，如 A 点的坐标表示为（x_A，y_A）或$\frac{x_A}{y_A}$，施工图中坐标的表示方法为后一种形式。

表 1-3　测量坐标系与数学坐标系的区别

坐标系	坐标轴的方向不同	象限不同	表示直线方向的角度定义不同
测量坐标系	纵轴：x；横轴：y	顺时针	坐标方位角（取值范围：0°～360°）
数学坐标系	纵轴：y；横轴：x	逆时针	倾角（取值范围：0°～180°）

3. 独立平面直角坐标

建筑工程施工一般在小范围内，而建筑物的主轴线方向不一定是测量坐标系中坐标轴的方向。为了方便厂区的统一规划，一般建立独立的坐标系。建立方法是将坐标原点选在测区的西南方向，纵轴设为 A，横轴设为 B，建立如图 1-7 所示的 $AO'B$ 坐标系。

点的独立坐标与测量坐标的换算见项目七中的任务四。

在以上 3 种坐标中，建筑工程施工测量使用高斯平面直角坐标和独立平面直角坐标。

（二）地面点的高程

如图 1-8 所示，点的高程是地面点到高程基准面的铅垂线长。

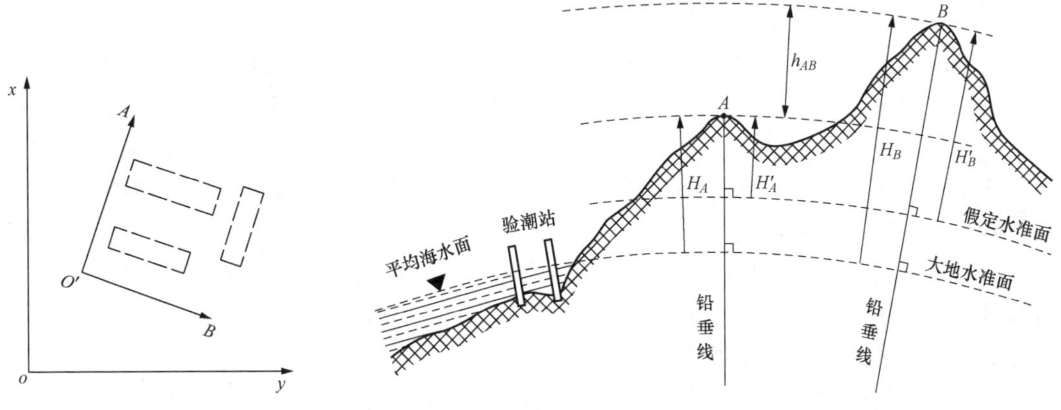

图 1-7 独立坐标系与测量坐标系

图 1-8 点的高程示意

1. 绝对高程

绝对高程是指地面点到大地水准面的铅垂线长，简称高程，俗称海拔，用 H 表示。如图 1-8 所示，A 点的绝对高程表示为 H_A。

我国的高程系统目前采用“1985 年国家高程基准”，水准原点设在青岛的观象山，其高程 H_0=72.260m，高程确定的原理如图 1-9 所示。

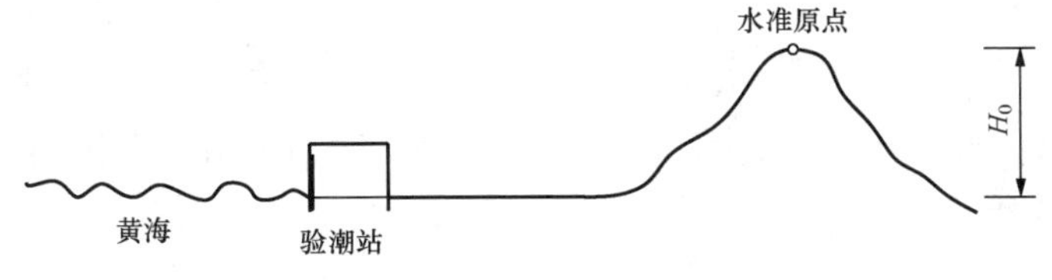

图 1-9 点的高程示意

地面上任意点的高程求解：以水准原点的高程为基准，在全国布设高程基准并求得各点的高程，再根据各地的高程基准，求当地任意点的高程。

2. 相对高程

相对高程是指地面点到假定水准面的铅垂线长，用 H' 表示。如图 1-8 所示，A 点的相对高程表示为 H'_A。

建筑工程施工图的高程标注为相对高程。如图 1-10 所示，图中右侧的标注为相对高程，左侧的标注为绝对高程，±0.00表示建筑物首层的室内地坪，也是相对高程的假定水准面，该假定水准面的绝对高程是 1550.236m。

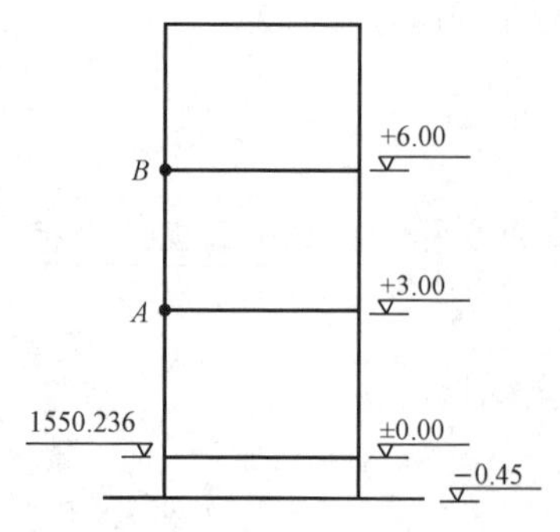

图 1-10　建筑工程中的高程表示方法

3. 高差

高差是两个地面点之间的高程差，用 h 表示。如 A、B 两点的高差为 h_{AB} 或 h_{BA}。如图 1-10 所示，用绝对高程计算高差，须将施工图中两点的相对高程换算为绝对高程，相对繁琐，计算式为：$h_{AB}=H_B-H_A=(1550.236+6)-(1550.236+3)=3$（m）

用相对高程计算高差可以直接使用施工图中的标注。

以 A 点为基准，A、B 两点的高差为 $h_{AB}=H_B-H_A=6-3=3$（m），高差为正，即 B 点比 A 点高；同理，以 B 点为基准，B、A 两点的高差为 $h_{BA}=H_A-H_B=3-6=-3$（m），高差为负，即 A 点比 B 点低。计算结果与图示位置相符。A、B 高差与 B、A 高差的关系为 $h_{AB}=-h_{BA}$。

从高差的定义和公式看，高差是通过两个点的高程相减而得，但在实际工作中，两点的高差可以直接测得，在后续内容“水准测量”中将详细介绍。

三、用水平面代替水准面的限度

对于普通测量学，认为地球表面在局部区域是平面，水平面能否代替水准面，应考虑“在水平面上测量”和“在水准面上测量”，其较差是否在限差容许的范围内。

1. 距离测量

如图 1-11 所示，两个地面点 A 和 B 在水平面上的距离为 D，在水准面上的距离为 S，二者的差值为 ΔS。水平面能否代替水准面应考虑 $D\approx S$。设弧长 S 对应的圆心角为 θ，它们与地球半径的关系为

$$\frac{\Delta S}{S}=\frac{1}{3}\left(\frac{S}{R}\right) \tag{1-3}$$

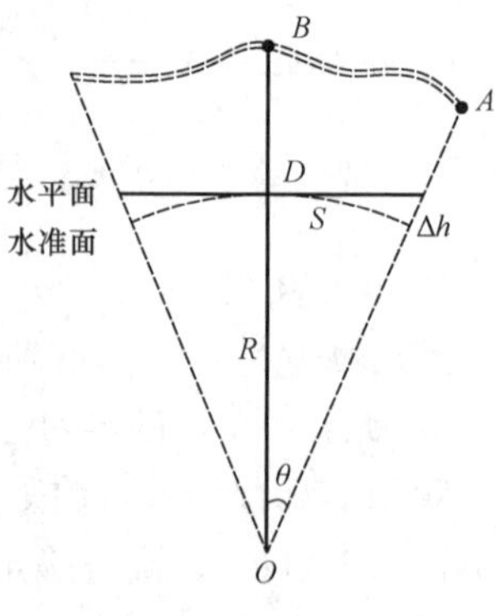

图 1-11　水平面代替水准面的影响

将不同的距离代入式（1-3），可得出结论：在半径为 10km 的范围内进行距离测量，水平面可以代替水准面。

2. 高程测量

高程是地面点到大地水准面的铅垂线长。如图 1-11 所示，水平面代替水准面后，测区中心 A 处的高程相同，测区中心以外的 B 点高程出现差值 Δh，它们之间的关系为

$$\Delta h\approx\frac{S^2}{2R} \tag{1-4}$$

将不同的距离代入式（1-4），可得出结论：进行高程测量时，水平面不能代替水准面，即使距离很短也要考虑地球曲率对高程测量的影响。

任务三　测量工作概述

一、测量工作的基本内容

地面点的位置用坐标和高程表示，但是在实际工作中一般不直接测量点的坐标和高程，

而是测量待定点与已知点之间的相对位置关系，然后再进行推算。

下面以施工放样为例，说明测量工作的基本内容。

如图1-12所示，P、Q两点为建设单位交给施工单位的已知点，位置和坐标已知，A点为测设的点位，坐标已知，要求将图纸上的A点标定到地面上。具体做法为：

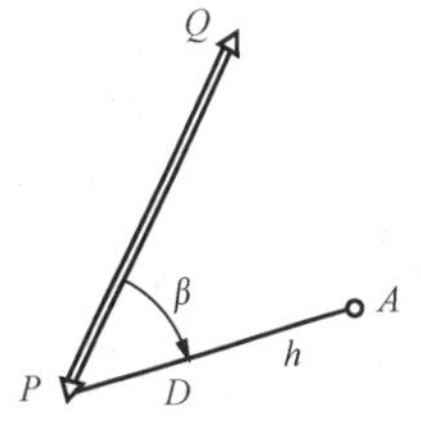

图1-12 测设A点

①在P点安置测量仪器，瞄准Q点，顺时针拨β角，沿着确定的PA方向量水平距离D，定出A点的平面位置。

②在P点和A点中间安置测量仪器，测出P、A两点的高差h，以P点为基准定出A点的高度并作标记。

综上所述，测量工作的基本内容为：水平角测量、水平距离测量和高程测量。

二、测量工作的基本原则

测量工作的基本原则是：在布局上遵循“从整体到局部”的原则；在程序上遵循“先控制后碎部”的原则；在精度上遵循“从高级到低级”的原则；在测量过程中遵循“步步检核”的原则，避免发生错误，造成返工及经济损失。

下面以地形图测绘为例，理解测量工作的基本原则。

如图1-13（a）所示，在测区范围内布设A、B、C、D、E、F等6个点，构成闭合图形。测量这个图形的内角和边长，对观测数据进行平差处理，计算6个点的坐标，此过程称为控制测量。

各观测小组可以同时在A、B、C、D、E、F等6个点上观测，以提高工作效率。对观测数据进行处理，绘制如图1-13（b）所示的地形图，此过程称为碎部测量。

将1-13（b）所示的地形图与1-13（a）所示的测区实景进行对比检核，此过程为“调绘”，以发现并纠正错误。

可见，只有遵循基本原则进行测量工作，才能控制“测量误差”的积累，提高工作效率，减少工作中的失误，避免出错而造成不必要的浪费和经济损失。

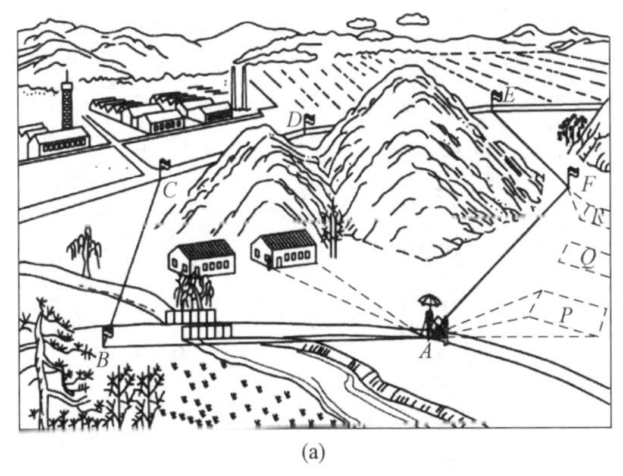

(a)

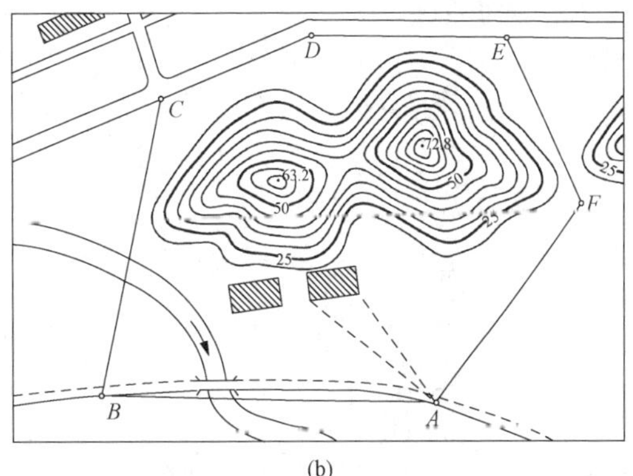

(b)

图1-13 地形图测绘的过程

三、测量课学习的目的和基本要求

1. 目的

通过对“建筑工程施工测量”课程的学习，达到会测、会算的目的。

（1）会测：熟练使用常规测量仪器，学会多种方法测设点位。

（2）会算：熟练使用普通函数型计算器，学会多种方法处理测量数据。

2. 基本要求

（1）严谨的工作态度。要求学生注重课堂教学，认真对待每一次测量实操训练，真实客观地记录观测数据，通过观测数据分析产生误差的原因，确定解决问题的方法。另外，要求学生爱护测量仪器和工具，必须按操作规程进行操作，妥善保管测量仪器。

（2）扎实的基本功底。要求学生在观测精度和观测速度两个方面并重学习。

（3）团结协作的精神。测量工作不是个人的独立行为，而是通过互相协作完成的，观测者与前点人员之间的配合影响测量的速度和精度。因此要求学生在实习的过程中，互相配合、互学互助，轮流在不同的岗位上完成实操训练任务。

任务四　普通函数型计算器的使用

普通函数型计算器具有初等函数计算以及统计等功能，常用于理工科或实际工程中的一般函数计算，是学习本课程必备的工具。本部分内容讲解与测量课程相关的计算器使用方法。

一、数据显示为小数

①按模式键[MODE]三下，显示[Fix Sci Norm / 1 2 3]；

②按数字键[3]，显示选项[Norm 1～2?]；

③再按数字键[2]，则计算的数据显示为小数。若按数字键[1]，则计算的数据显示为科学计数。

如：计算 1/300，小数显示为 0.003 333 333，科学计数显示为3.333 333 333^{-03}。

二、数据取位

①按模式键[MODE]三下，显示[Fix Sci Norm / 1 2 3]；

②按数字键[1]，显示[Fix 0～9?]；

③若小数点后面取 3 位，则按数字键[3]，数字“0”显示为 0.000；

④若取消取位设置，则按照“一、数据显示为小数”的方法进行操作。

三、角度设置

①按模式键[MODE]两下，显示[Deg Rad Gra / 1 2 3]；

②按数字键[1]，在显示屏上方显示“D”，则为角度设置；

③计算“sin30°”进行检核，若计算结果为“0.5”，则设置正确。

四、数据的存储与提取

按键[RCL]的第二功能为存储功能[STO]。如图 1-14 所示，计算器上有 A、B、C、D、

E、F 等 6 个存储区。

1. 数据存储

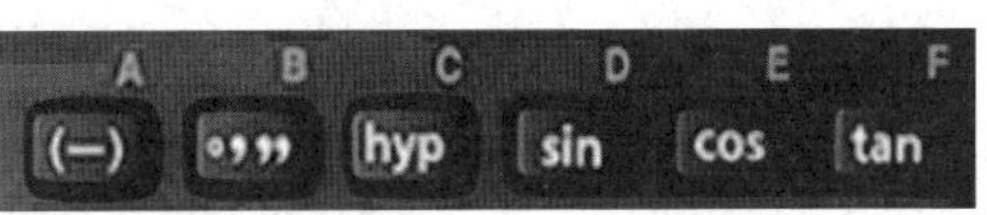

图 1-14 计算器上的存储区

①在计算器上输入数据，如 123；

②按 SHIFT 键，再按 RCL 键，调出存贮功能；

③按 (−) 键将数据存入 A 区，显示 123→A，表示数据已存入 A 区。

2. 数据提取

①按 AC 键，清除显示屏上的数据；

②按 ALPHA 键，再按 (−) 键，显示 A；

③按 = 键，显示存入 A 区的数据“123”。

注意：

计算过程中不必按 = 键显示存储区的数据，最后再按 = 键也能得到正确的结果。

五、角度计算

按键 °′″ 是度/分/秒的分隔键。

以计算 12°24′18″+46°11′06″为例，计算器的操作流程为：

①输入：12 °′″ 24 °′″ 18 °′″ + 46 °′″ 11 °′″ 06 °′″

②按 = 键，显示计算结果 58°35°24，即 58°35′24″。

六、坐标正算

坐标正算，即极坐标转化为直角坐标，应按 Rec 键。在广泛使用的普通函数型计算器中，Rec 键为 Pol 键的第二功能键。

①按 SHIFT 键，再按 Pol 键，显示 Rec（；

②输入水平距离“D”和坐标方位角“α”，用“,”分隔；

③不必输入右括号“)”键。按 = 键，显示坐标增量“Δx”的数值；

④按 RCL 键，再按 tan 键，显示坐标增量“Δy”的数值。

七、坐标反算

坐标反算，即直角坐标转化为极坐标，应按 Pol 键。

①按 Pol 键，显示 Pol（；

②输入坐标增量“Δx”和坐标增量“Δy”，用“,”分隔；

③不必输入右括号“)”键。按 = 键，显示水平距离“D”的数值；

④按 RCL 键，再按 tan 键，显示坐标方位角“α”的数值，单位为“度”；

⑤按 °′″ 键，将角度单位由“度”转化为“度/分/秒”。

八、中误差计算

①按模式键[MODE]一下，显示[COMP SD REG / 1 2 3]；

②按数字键[2]，进入统计模式，显示屏上方显示“[SD]”；

③输入一个观测数据，按一次[M+ (DT)]键，计算器自动显示输入的数据个数，如“$n=3$”；

④完成数据输入后，按数字键[2 (S−VAR)]，显示[$\overline{x}$ xσn $x\sigma n_{-1}$ / 1 2 3]；

⑤调出相关数据：

按数字键[1]，再按[=]键，显示一组数据的算术平均值；

按数字键[3]，再按[=]键，显示一组数据的中误差。

注意：

统计一组数据后，再统计另一组数据，应退出统计模式，重新进入。操作流程为：

①按模式键[MODE]一下，显示[COMP SD REG / 1 2 3]；

②按数字键[1]退出统计模式进入运算模式；重复步骤①，再按数字键[2]，进入统计模式。计算中误差的操作方法同上述内容。

九、还原出厂设置

若发现计算器计算的数据不正确，而又不知从哪里入手，最简单的操作就是还原出厂设置。

①按[SHIFT]键，再按模式键[MODE]，显示[Mcl Mode All / 1 2 3]；

②按数字键[3]，再按[=]键，显示[Reset All]；

③按[=]键，完成还原。

十、CASIO 学生用计算器 fx-82ES

1. 坐标正算

①按[SHIFT]键，再按[−]键，即显示[Rec (]；

②输入数据的操作同普通函数型计算器；

③按[=]键，同时显示“Δx”和“Δy”的数值。

注意：

若分别显示“Δx”和“Δy”的数值，有两种方法。

第一种方法。按[ALPHA]键，再按[)]键，显示“Δx”的数值；按[ALPHA]键，再按[S⇔D]键，显示“Δy”的数值。

第二种方法。用[RCL]键代替[ALPHA]键，其他操作同上。

2. 坐标反算

① 按[SHIFT]键，再按[+]键，即显示[Pol（]；

②输入数据的操作同普通函数型的计算器；

③按[=]键，同时显示水平距离"D"和坐标方位角"α"，坐标方位角的单位为"度"；

按[ALPHA]→[S⇔D]，单独显示坐标方位角"α"，按[°'"]键后，角度的显示为由"度"转换为"度/分/秒"。

3. 计算中误差

①将计算器切换到统计模式，并输入观测数据。

[MODE]→[2]→[1]（1－VAR）→输入数据→[=]→[AC]

②从计算器中调出相关数据。

算术平均值：[SHIFT]→[1]→[5]（VAR）→[2]→[=]

中误差：[SHIFT]→[1]→[5]（VAR）→[4]→[=]

项目二　水　准　测　量

【知识目标】 理解水准测量的原理；了解水准测量的仪器和工具；掌握水准仪的操作方法、记录的填写方法及高程的计算方法。

【技能目标】 熟练操作水准仪；正确读数并填写观测数据；掌握多测站观测的高程计算方法。

高程测量是测量工作的三大内容之一。按照施测的方法不同，高程测量分为水准测量、三角高程测量、物理高程测量和卫星定位高程测量四种，见表 2-1。其中，水准测量是精确测量地面点高程的方法，也是重点学习的高程测量方法。

表 2-1　　高程测量的方法

高程测量的方法	适用范围	测量仪器（工具）	学习要求
水准测量	两地面点的落差小	水准仪	掌握
三角高程测量	两地面点的落差大	经纬仪、全站仪	了解
物理高程测量	物理方法		了解
卫星定位高程测量	卫星技术		了解

任务一　水准测量的原理

一、水准测量的原理

水准测量的原理为测定两点的高差，根据已知点的高程求出待测点的高程。

如图 2-1 所示，A 点为已知点，B 点为待测点，水准仪安置在 A、B 两点的中间。在 A 点和 B 点上分别竖立水准尺，水准仪提供的一条水平视线在两个水准尺上截取的位置分别为 A_1 和 B_1，读数分别为 a 和 b。

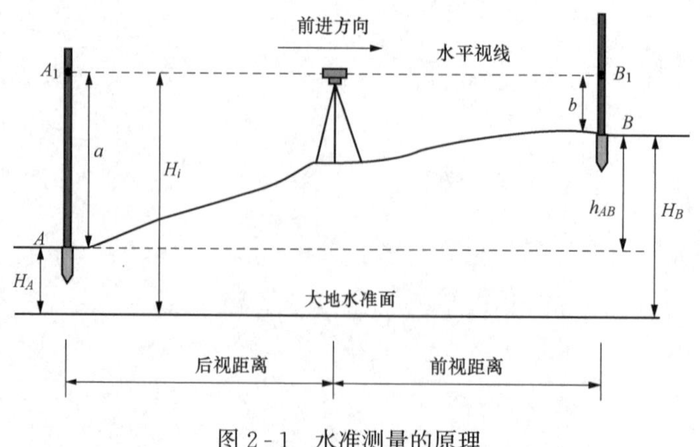

图 2-1　水准测量的原理

下面从两个方面对水准测量的原理作进一步理解。

1. 前后视距相等

（1）前后：如图 2-2 所示，已知 A 点高程，求 B 点高程，前进方向为 $A\rightarrow1\rightarrow2\rightarrow B$，即根据 A 点分别求 1、2、B 各点的高程，从图中可以看出已知点始终在待测点的后面。所以，在测量中“后”是指已知，“前”是指待测。有关前后的概念如下：

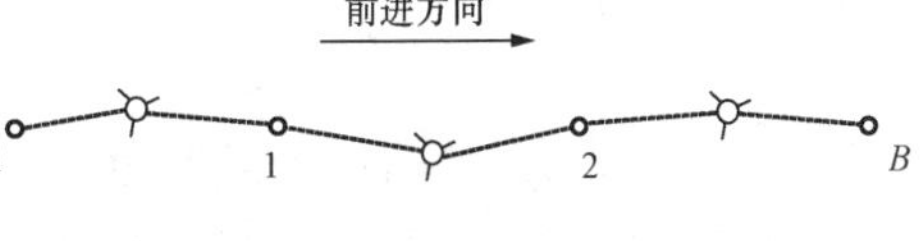

图 2-2 多测站观测的平面图

后视点：已知点；

前视点：待测点；

后视读数：已知点上水准尺的读数，记为 a；

前视读数：待测点上水准尺的读数，记为 b。

（2）视距：水准仪到测点的水平距离。

在水准测量中，各等级水准测量的视线长度要求不同。

测站：测量仪器安置的位置；

后视距离：测站到已知点的水平距离；

前视距离：测站到待测点的水平距离。

（3）相等：是指前后视距大致相等，而不是绝对相等。

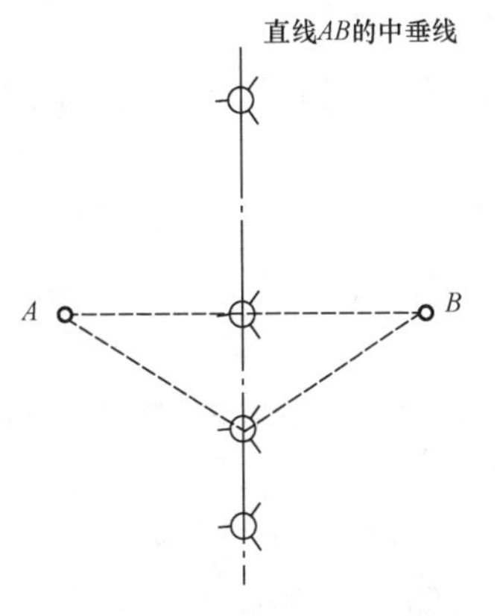

图 2-3 水准测量的测站布置

如图 2-3 所示，测量 A、B 两点的高差，保证前后视距相等的测站不是唯一的，它位于直线 AB 的中垂线上。

2. 基本公式

（1）单测站

$$H_B = H_A + a - b \tag{2-1}$$

如图 2-1 所示，进行公式推导为

$$\left.\begin{array}{l}\text{视线水平}\\\text{水准尺竖直}\\\text{前后视距相等}\end{array}\right\}\rightarrow \left.\begin{array}{l}H_{A1}=H_{B1}\\H_{A1}=H_A+a\\H_{B1}=H_B+b\end{array}\right\}\rightarrow H_A+a=H_B+b$$

$$\rightarrow\begin{cases}H_B=H_A+a-b\ \text{（基本公式）}\\ \left.\begin{array}{l}H_B-H_A=a-b\\h_{AB}=H_B-H_A\end{array}\right\}\rightarrow h_{AB}=a-b\ \text{（两点之间的高差可以直接测得）}\end{cases}$$

通过公式 $h_{AB}=H_B-H_A$ 和 $h_{AB}=a-b$ 对比可以看出，用高程计算高差，是用“前减后”，用读数计算高差，是用“后减前”。这说明：在水准测量中水准尺的读数与高程的关系是相反的，即：在同一测站上观测，水准尺的读数越大，表明地势越低，绝对高程越小。

（2）多测站

$$H_B = H_A + \sum a - \sum b \tag{2-2}$$

如图 2-2 所示，已知 A 点高程，求 B 点高程。由于 B 点距 A 点较远，或高差较大，或 B、A 两点不通视，无法用一个测站完成高差测量工作，因此在 A、B 之间设 1 和 2 两个点，用 3 个测站完成水准测量工作。各测站的高差分别为

$$h_1 = a_1 - b_1, h_2 = a_2 - b_2, h_3 = a_3 - b_3$$

三个式子相加后得到

$$h_1 + h_2 + h_3 = a_1 + a_2 + a_3 - b_1 - b_2 - b_3$$

整理后，得 A、B 两点的高差为

$$\sum h = \sum a - \sum b$$

则 B 点高程为

$$H_B = H_A + \sum a - \sum b$$

二、高程的计算方法

根据水准测量的原理，计算高程的公式为 $H_B = H_A + a - b$，依据计算的先后顺序不同，高程的计算方法有两种。

1. 高差法

先计算高差 $h_{AB} = a - b$，再计算高程 $H_B = H_A + h_{AB}$。

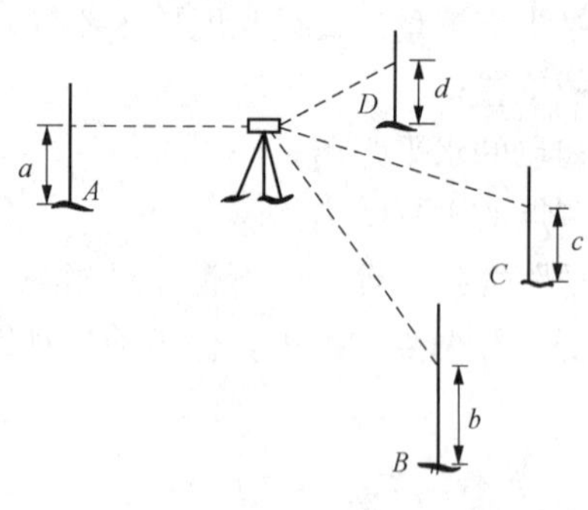

图 2-4 平整场地测量

2. 视线高法

先计算视线高程 $H_i = H_A + a$，再计算高程 $H_B = H_i - b$。

【例 2-1】 如图 2-4 所示，有一块场地，要以 A 点的高程为基准平整为一个平面，已知 $H_A = 1550.268\text{m}$，在场中心安置水准仪，测得 A、B、C、D 四点的水准尺读数为：$a = 1.432\text{m}$，$b = 0.693\text{m}$，$c = 1.258\text{m}$，$d = 2.394\text{m}$，求 B、C、D 三点的高程。问这三处需要填还是需要挖？

（1）求 B、C、D 三点的高程。

1）方法一：用高差法求解。

$$h_{AB} = a - b = 1.432 - 0.693 = 0.739(\text{m})$$
$$H_B = H_A + h_{AB} = 1550.268 + 0.739 = 1551.007(\text{m})$$
$$h_{AC} = a - c = 1.432 - 1.258 = 0.174(\text{m})$$
$$H_C = H_A + h_{AC} = 1550.268 + 0.174 = 1550.442(\text{m})$$
$$h_{AD} = a - d = 1.432 - 2.394 = -0.962(\text{m})$$
$$H_D = H_A + h_{AD} = 1550.268 + (-0.962) = 1549.306(\text{m})$$

2）方法二：用视线高法求解。

$$H_i = H_A + a = 1550.268 + 1.432 = 1551.700(\text{m})$$
$$H_B = H_i - b = 1551.700 - 0.693 = 1551.007(\text{m})$$
$$H_C = H_i - c = 1551.700 - 1.258 = 1550.442(\text{m})$$
$$H_D = H_i - d = 1551.700 - 2.394 = 1549.306(\text{m})$$

（2）判断填挖。

判断填挖的方法有两种。

1）方法一：用高程判断。

$H_B > H_A$、$H_C > H_A$，所以 B、C 两处需要挖；$H_D < H_A$，所以 D 处需要填。

2）方法二：用读数判断。

$b<a$、$c<a$，所以 B、C 两处需要挖；$d>a$，所以 D 处需要填。

总结：

(1) 视线高法较高差法的计算式少、计算简便，比较实用。

(2) 两种计算方法中均有相同的数据参与计算，如高差法中的 A 点高程 1550.268m，视线高法中的视线高程 1551.700m。利用计算器的存储功能可提高计算速度。

三、水准测量的记录表格

(1) 高差法记录表格，见表 2-2。

表 2-2　　高差法水准测量记录

测站	测点	后视读数	前视读数	高差	实测高程	备注
	A	1.432		0.739	1550.268	BM
	B		0.693		1551.007	
	C		1.258			
	D		2.394			

注　[例 2-1] 中的观测数据可以在表格中填写，但无法完整计算。

(2) 视线高法记录表格，见表 2-3。

表 2-3　　视线高法水准测量记录

测点	后视读数	前视读数	视线高程	实测高程	备注
A	1.432		1551.700	1550.268	BM
B		0.693		1551.007	挖
C		1.258		1550.442	挖
D		2.394		1549.306	填

注　[例 2-1] 中的观测数据可以在表中填写并计算。

任务二　水 准 仪 操 作

、水准测量的仪器和工具

水准测量的仪器是水准仪，工具是水准尺、尺垫，以及水准仪配套使用的三脚架。

工程上常用的国产水准仪为 DS_3 级。D 和 S 分别为“大地测量”和“水准仪”的汉语拼音第一个字母，下标表示仪器的精度等级，即每公里往返测量高差中数的偶然中误差。

1. DS_3 微倾式水准仪

DS_3 微倾式水准仪由望远镜、水准器和基座 3 部分组成，各部件的名称如图 2-5 所示。

(1) 望远镜。望远镜由物镜、调焦透镜、十字丝分划板和目镜 4 部分组成，成像原理如图 2-6 所示。

望远镜各部件的作用：物镜和调焦透镜将远处的目标在十字丝分划板上形成一个缩小而明亮的实像；目镜将十字丝分划板及上面的实像一起放大成虚像。

放大的虚像与目标实际大小的比值称为望远镜的放大倍数，DS_3 级水准仪望远镜的放大

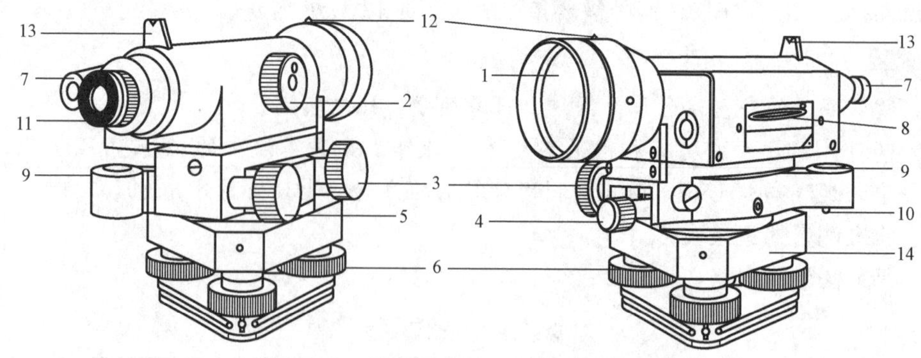

图 2-5　DS_3 微倾式水准仪

1—物镜；2—物镜调焦螺旋；3—微动螺旋；4—制动螺旋；5—微倾螺旋；6—脚螺旋；7—管水准器气泡观察窗；8—管水准器；9—圆水准器；10—圆水准器的校正螺丝；11—目镜；12—准星；13—照门；14—基座

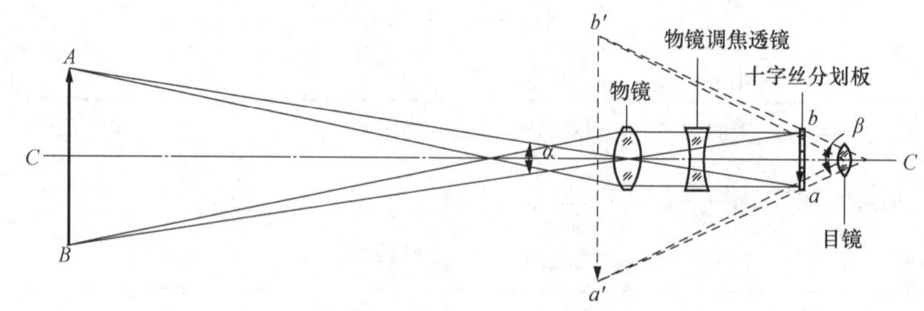

图 2-6　望远镜的成像原理

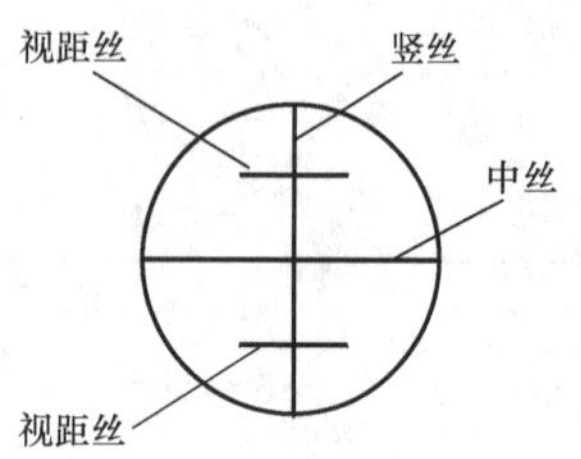

图 2-7　水准仪的十字丝

倍数为 28 倍。

十字丝分划板是一块薄玻璃片，上面刻有十字丝和视距丝，如图 2-7 所示。

十字丝由中丝和竖丝组成。中丝的作用是测高差时在水准尺上截取读数，竖丝的作用是检验水准尺竖直。

视距丝由两条短丝组成，其作用是视距测量时在水准尺上截取读数。

（2）水准器。水准仪的主要作用是提供一条水平视线。这条视线是指视准轴，如图 2-6 所示的 *C-C* 轴。若使这条轴线水平应调节水准器，使其气泡居中。

水准器分为圆水准器和管水准器两种，二者的基本区别见表 2-4。

表 2-4　圆水准器与管水准器的基本区别

水准器	形状	灵敏度	作用	整平时需转动的螺旋
圆水准器（水准盒）	圆盒状	较低	粗平	脚螺旋
管水准器（水准管）	管状	较高	精平	微倾螺旋

（3）基座。基座由轴座、脚螺旋、底板和三角压板组成，其作用是支撑望远镜，并与三脚架连接。水准仪的竖轴插入轴座内，可以使望远镜旋转。

2. 水准测量的工具

（1）水准尺。水准尺是水准测量时使用的标尺，常用的水准尺如图 2-8 所示。

如图 2-8（a）所示的水准尺为铝全金塔尺，可以收缩，方便携带。塔尺的尺长为 3m 或 5m，零刻画在尺底部，尺面有红白相间和黑白相间的刻画，粗读面的刻画间距为 1cm，精读面的刻画间距为 0.5cm，每 10cm 有数字注记，数字注记的十位数表示整米数。

如图 2-8（b）所示的水准尺为双面尺。双面尺的尺长为 3m，两把尺为一组，每把尺都有黑白、红白两面。两把尺的黑面尺底刻画均为 0；两把尺的红面尺底刻画不同，一把为 4687，另一把为 4787。

如图 2-8（c）所示的水准尺为电子水准仪配套使用的条码水准尺。

如图 2-8（d）所示的水准尺为铟钢尺，是与精密水准仪配套使用的水准尺，尺长为 3m，中间为铟钢带，有两排刻画和数字注记。

（2）尺垫。尺垫的形状如图 2-9 所示。

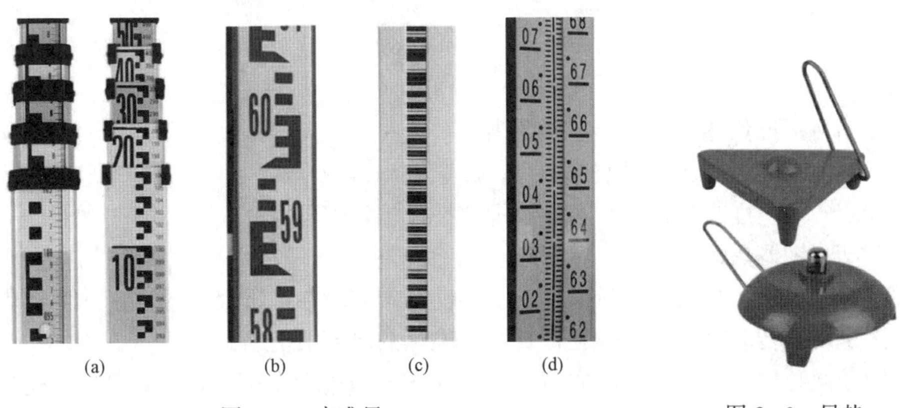

图 2-8　水准尺　　图 2-9　尺垫

尺垫的作用是临时标记点位。

使用时将尺垫下面的部分压入土中使尺垫放置稳固，在顶部突起处放置水准尺，避免土质松软而引起水准尺下沉，影响测量精度。

（3）三脚架。三脚架由架头、架腿和脚尖 3 部分组成，各部分的作用如下：

架头：支承仪器，用上面的中心螺旋连接仪器；

架腿：可以伸缩，便于携带和调整高度；

脚尖：在土地上安置仪器时，将其踩入土中，使仪器安置稳固。

二、水准仪的基本操作程序

水准仪的基本操作程序：安置仪器、粗平、瞄准、精平、读数。

1. 安置仪器

（1）打开三脚架，使其高度适中、跨度适中、架头大致水平。

高度适中：与观测者的身高有关。一般情况下脚架的垂直高度至下颌处，但架腿不能全部拉出，应为下一步的操作留有余地；

跨度适中：保证仪器安置稳固；

架头大致水平：保证粗平时脚螺旋在可调节范围内。

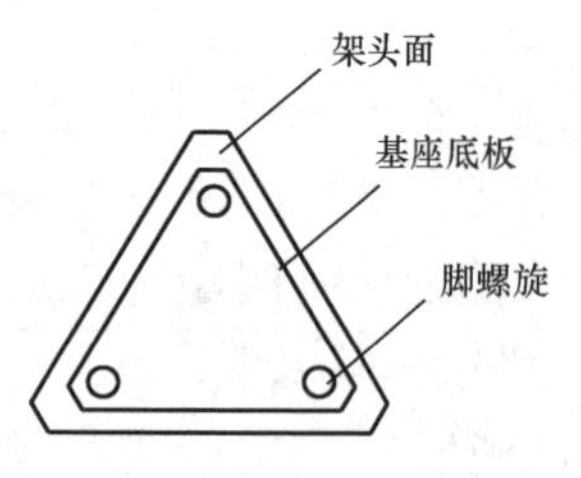

图 2-10　仪器在架头上的正确位置

(2) 牢记水准仪在仪器箱中的位置，用手托基座，将其固定在架头上。

如图 2-10 所示，为规范操作测量仪器养成良好的习惯。

2. 粗平

粗平时应转动脚螺旋，使圆水准器的气泡居中。

(1) 原则。左手大拇指指示气泡的移动方向；左右手转动脚螺旋的方向对称。

(2) 步骤。按照粗平的原则，其步骤如图 2-11 所示。

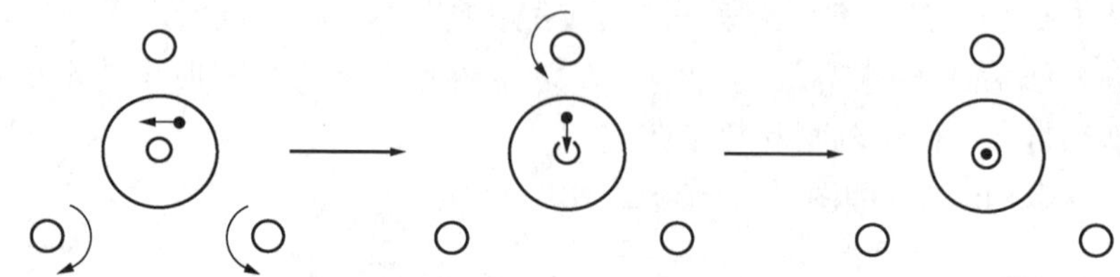

图 2-11　粗平的步骤

3. 瞄准

(1) 转动目镜调焦螺旋，使十字丝清晰。

(2) 用照门和准星的连线对准水准尺，旋紧制动螺旋。

制动螺旋不可过度旋紧，否则会导致螺旋滑丝损坏仪器。

(3) 转动物镜调焦螺旋，使目标清晰，消除视差。

视差是一种现象，当眼睛在目镜端上下移动，十字丝在水准尺上的位置发生变化。消除视差的方法是反复转动物镜调焦螺旋，直到水准尺的尺面最清晰。

(4) 转动微动螺旋，使十字丝的竖丝贴近水准尺的边缘，在读数之前用竖丝检验水准尺是否竖直，为下一步的读数做准备。

4. 精平

看符合气泡观察窗中的影像，缓慢、均匀地转动微倾螺旋，使管水准器的气泡居中。

如图 2-12 (a) 所示，微倾式水准仪的水准管上方安装一组符合棱镜，通过符合棱镜的作用，使气泡两端的影像反映在望远镜旁边的符合气泡观察窗中。如图 2-12 (b) 所示，气泡的半像不吻合，表示气泡不居中，应按图示方向转动微倾螺旋，使气泡半像吻合。如图 2-12 (c) 所示，气泡的半像吻合，为气泡居中的影像。

5. 读数

测高差时用中丝截取水准尺读数。读数前应识读水准尺，并注意从小的数字注记读向大的数字注记，依次读出米、分米、厘米，估读到毫米。图 2-13 (a) 所示读数为 0.654m，图 2-13 (b) 所示读数为 2.216m，读数时应掌握的技巧如下：

米：水准尺上数字注记上面点的个数，或水准尺数字注记的十位数；

分米：水准尺上的数字注记，或水准尺数字注记的个位数；

厘米：对于如图 2-13 所示的塔尺，中丝落在“E”上，厘米位为 5~9 的数字，若中丝没落在“E”上，厘米位为 0~4 的数字；

毫米：中丝把一个小格分成两部分，注记小的部分占整个小格的十分之几，就估读几毫米。

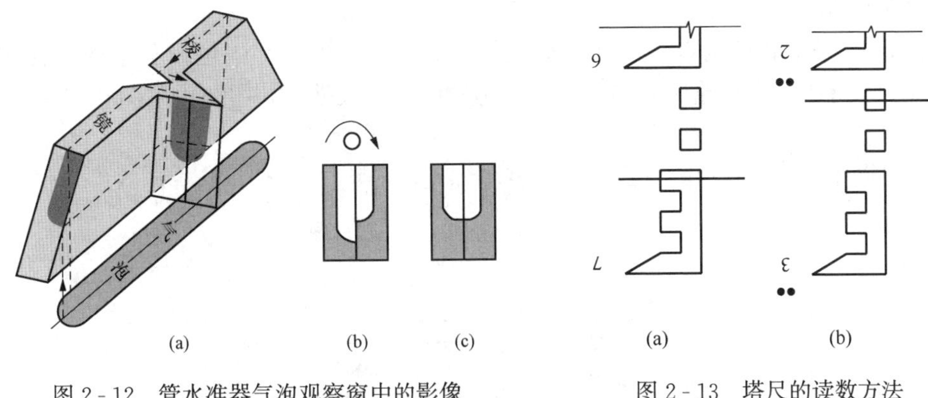

图 2-12　管水准器气泡观察窗中的影像　　图 2-13　塔尺的读数方法

任务三　水准测量的实施

一、概述

在图 2-2 中，A 点为已知点，1、2 两点起传递高程的作用，求 B 点高程。这项工作需要多测站观测才能完成。根据图 2-2 所示的“多测站观测的平面图”绘制如图 2-14 所示的“多测站观测的立面图”。

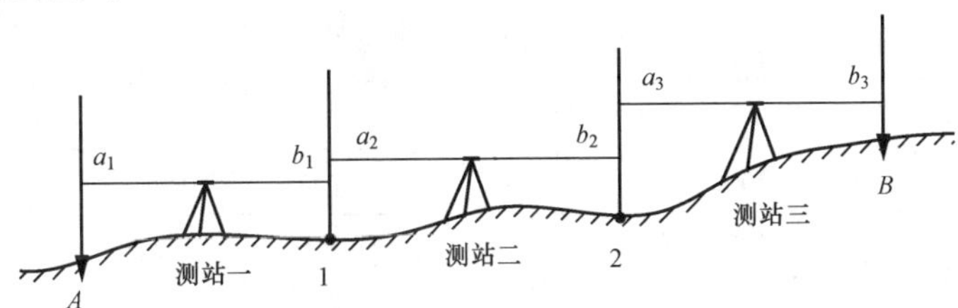

图 2-14　多测站观测的立面图

1. 水准点

图 2-14 所示的已知点 A 在水准测量中称为水准点，是具有高程数据的固定性测量标志，用 BM 表示。工程中常用的水准点类型如图 2-15 所示。

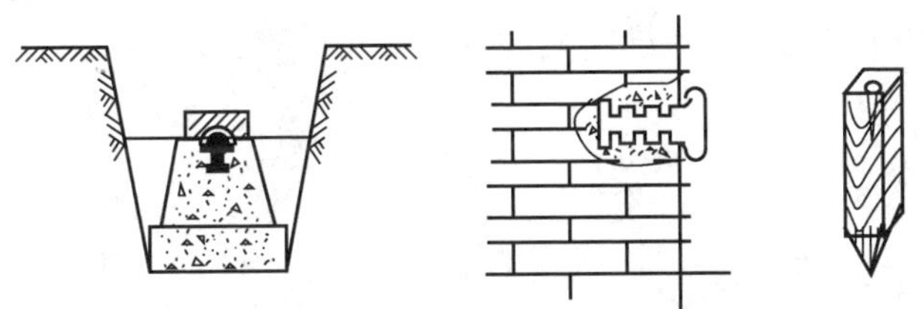

图 2-15　水准点的类型

2. 转点

图 2-14 所示的 1 点和 2 点在水准测量中仅起高程传递作用，称为转点，用 TP 表示。

在实际工作中，区别点的类型不是根据“TP”“ZD”等符号，而是根据记录表格中读数的填写位置进行判断。

3. “点之记”

“点之记”是记载控制点（平面坐标已知、高程已知的点）的位置和结构情况的资料。包括：点名、等级、点位略图及与周围固定地物的相关尺寸等，主要由草图和成果两部分组成。“点之记”的使用方法如下：

（1）根据图 2-16 所示的“点之记”草图到现场寻找“2-1”点。

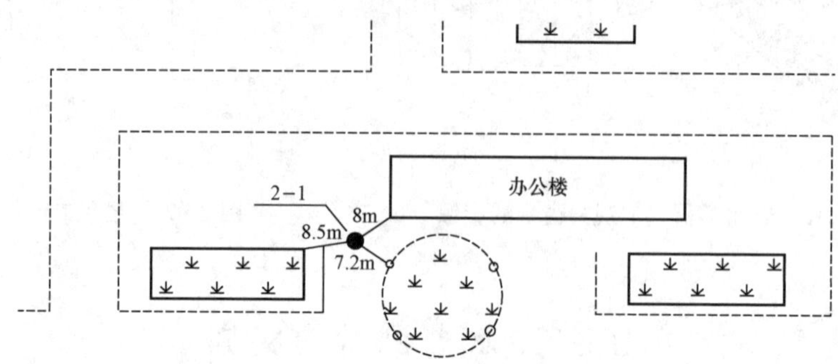

图 2-16 “点之记”中的草图

（2）在成果表 2-5 中查找“2-1”点的坐标为（50 993.566，27 755.644），高程为 1541.211。

（3）根据查找的结果，进行测量工作。

表 2-5 **“点之记”的成果表**

点　名	X	Y	H	备　注
1-1	50 233.366	30 085.211	1540.943	一分厂
1-2	50 435.388	30 125.775	1545.216	一分厂
2-1	50 993.566	27 755.644	1541.211	二分厂
2-2	50 899.233	27 689.798	1539.299	二分厂

4. 水准路线

水准路线即水准测量施测时所经过的路线。如图 2-17 所示，水准路线的布设形式为附合水准路线、闭合水准路线、支水准路线。

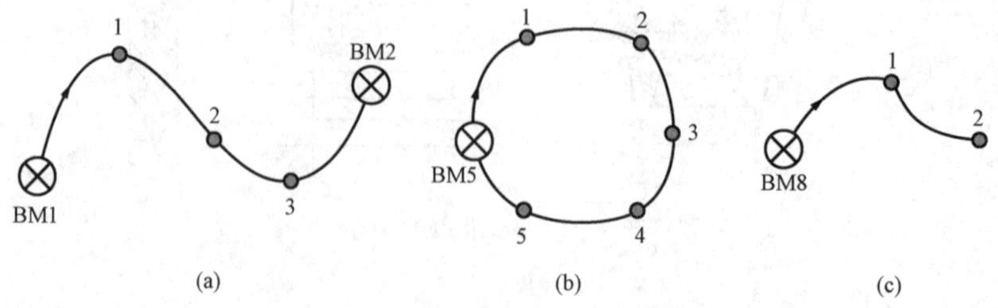

图 2-17 水准路线的布设形式

（1）附合水准路线。从一个已知点出发，沿线进行测量，终点是另外一个已知点。如图 2-17（a）所示路线 BM1→1→2→3→BM2。

(2) 闭合水准路线。从一个已知点出发，沿环线进行测量，经过若干点后又回到起始点。如图 2-17 (b) 所示环形路线 BM5→1→2→3→4→5→BM5。

(3) 支水准路线。从一个已知点出发，沿线进行测量，终点是待测点。如图 2-17 (c) 所示路线 BM8→1→2。

由于支水准路线的终点不是已知点，缺乏检核条件，要求必须进行往返测量，即 BM8→1→2→1→BM8。

二、水准测量的外业

1. 步骤

如图 2-14 所示，外业观测的步骤如下：

①在 A、1 两点的中间安置水准仪，粗平。

②瞄准 A 点的水准尺，精平，读数 a_1。

③瞄准 1 点的水准尺，精平，读数 b_1。

④1 点的水准尺不动，将水准仪迁至 1、2 两点中间的测站二。

⑤重复测站一的操作步骤，测得 a_2 和 b_2。

⑥同理，在测站三测得 a_3 和 b_3。

⑦将观测数据填入高差法水准测量记录或视线高法水准测量记录。

2. 记录表格

水准测量外业观测时只填写测点、后视读数和前视读数等 3 列，填写顺序如图 2-18 所示。

(1) 记录中后视读数的个数等于测站数。图 2-18 所示的表格中有 3 个测站，与图 2-14 对应；表 2-3 中有 1 个测站，与图 2-4 对应。

(2) 根据记录中数据的填写位置判断点的类型：只有后视读数的点是已知点，只有前视读数的点是待测点，既有后视读数又有前视读数的点是转点。在图 2-18 所示的表中，A 是已知点，B 是待测点，1 和 2 是转点。

测点	后视读数	前视读数
A	a_1	
1	a_2	b_1
2	a_3	b_2
B		b_3

图 2-18 观测数据的填写顺序

3. 测站检核

为了保证每一个测站的观测精度，需要进行测站检核，方法有变动仪器高法和双面尺法。

(1) 变动仪器高法。在同一个测站上，安置两次水准仪，仪器高度至少相差 10cm，测两次高差，若较差不大于 5mm，则认为该测站的观测精度符合要求，取两次所测高差的算术平均值为最终结果，否则返工重测。

(2) 双面尺法。在同一个测站上，分别用双面尺的黑、红两面测两个高差。测量方法见后续内容"四等水准测量"。

三、水准测量的内业

水准测量的内业分 3 步进行：

(1) 利用单测站公式 $H_B=H_A+a-b$，在表格中计算高程。

高差法：先计算所有测站的高差，再计算所有测点的高程；

视线高法：各测站的视线高程与测点高程交替进行计算。

（2）利用多测站公式 $H_B = H_A + \sum a - \sum b$ 进行计算检核。

高差法：若表格中 $H_B - H_A = \sum a - \sum b = \sum h$，认为计算正确；

视线高法：若表格中 $H_B - H_A = \sum a - \sum b$，认为计算正确。

（3）进行成果检核。

成果检核的方法见后续内容“高程控制测量”。

【例 2 - 2】 水准测量的观测数据如图 2 - 19 所示，已知 $H_A = 1527.354$m，求 D 点高程及转点 B、C 的高程，并进行计算检核。

为了对比计算高程的方法，本题采用多种方法求解。

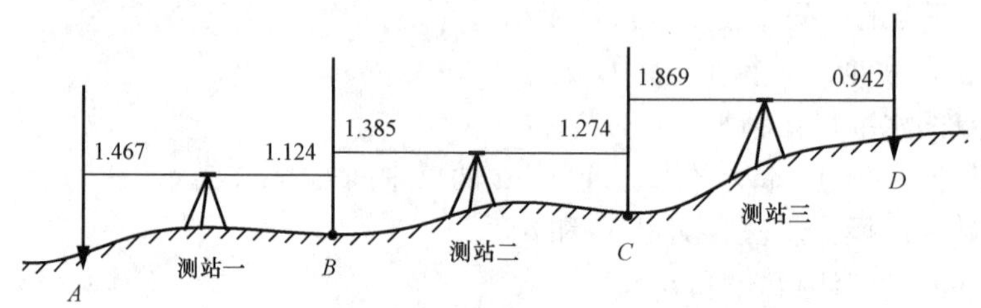

图 2 - 19 水准测量外业观测数据

（1）方法一：高差法。观测数据的填写及计算结果见表 2 - 6。

表 2 - 6 **高差法高程计算表**

测站	测点	后视读数	前视读数	高差	实测高程	备注
一	A	1.467		0.343	1527.354	BM
二	B	1.385	1.124	0.111	1527.697	
	C	1.869	1.274		1527.808	
三	D		0.942	0.927	1528.735	
Σ		4.721	3.340	1.381		

计算检核：

$\sum a - \sum b = H_{终} - H_{始} = \sum h = 1.381$m，计算正确。

（2）方法二：视线高法。观测数据的填写及计算结果见表 2 - 7。

表 2 - 7 **视线高法高程计算表**

测点	后视读数	前视读数	视线高程	实测高程	备注
A	1.467		1528.821	1527.354	BM
B	1.385	1.124	1529.082	1527.697	
C	1.869	1.274	1529.677	1527.808	
D		0.942		1528.735	
Σ	4.721	3.340			

计算检核：

$\sum a - \sum b = H_{终} - H_{始} = 1.381\text{m}$，计算正确。

（3）方法三：在电子表格 Excel 中编辑公式进行计算。

如图 2-20 所示，在 Excel 中设计表格，输入观测数据，然后进行公式编辑：

①在 D2 单元格编辑公式“B2+E2”。

②用光标点住 D2 单元格右下角的小十字，压住鼠标左键向下拖至 D4 单元格，视线高程一列的数据自动生成。

③在 E3 单元格编辑公式“D2－C3”。

④用光标点住 E3 单元格右下角的小十字，压住鼠标左键向下拖至 E5 单元格，实测高程一列的数据自动生成。

文件(F)　编辑(E)　视图(V)　插入(I)　格式(O)　工具(T)　数据(D)　窗口(W)　帮助(H)

E3　　f_x =SUM(D2-C3)

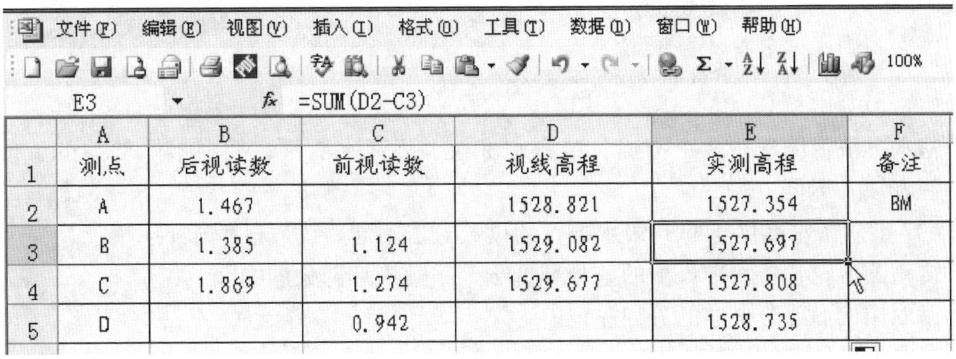

	A	B	C	D	E	F
1	测点	后视读数	前视读数	视线高程	实测高程	备注
2	A	1.467		1528.821	1527.354	BM
3	B	1.385	1.124	1529.082	1527.697	
4	C	1.869	1.274	1529.677	1527.808	
5	D		0.942		1528.735	

图 2-20　电子表格 Excel 中的高程计算

总结：

（1）在电子表格 Excel 中计算高程的优点是计算速度快，测点越多优越性越显著。

（2）在水准测量中有三项检核。

①测站检核：检核每个测站的观测精度。

②计算检核：检核高程计算结果的正确性。

③成果检核：检核整条水准路线的观测精度。

任务四　其他水准仪及水准仪的常规检验方法

一、其他水准仪

1. 自动安平水准仪

如图 2-21 所示，自动安平水准仪没有水准管和微倾螺旋，当圆水准器的气泡居中后，借助自动安平补偿器的作用使视准轴水平。

由于自动安平水准仪较微倾式水准仪的操作简便、观测速度快，且可以克服微小的震动、风力等影响，在建筑工程测量中已广泛使用。

自动安平水准仪的基本操作程序为：安置仪器、粗平、瞄准、读数。

2. 精密水准仪

精密水准仪具有望远镜放大倍数大、分辨率高、望远镜有效孔径大、亮度好、读数精确、结构稳定、密封性好等优点，用于国家一、二等水准测量和高精度的工程测量。

图 2 - 22 所示的水准仪为 Ni007 型精密水准仪，呈圆筒状，是直立式水准仪，其视线距离地面比一般的卧式水准仪高，有利于减弱地面折光的影响。Ni007 型水准仪的测微器量测范围为 5mm，配套使用的铟钢尺分划间距也为 5mm。

图 2 - 21 DZS$_3$-1 自动安平水准仪

图 2 - 22 Ni007 型水准仪

精密水准测量体现在 3 个方面：精密水准仪、因瓦水准尺、架腿不能伸缩的一体式脚架，这三者缺一不可。

Ni007 型精密水准仪与 DS$_3$ 级水准仪的读数方法不同，读数过程如下：

①转动测微轮，将水准尺上的整分划置于十字丝楔形部分的中间。

②读取用楔形部分夹准的分划注记。

③读取测微尺上的读数。

④两个读数组合为一个读数。

⑤将观测的读数除以 2 得实际读数。

3. 电子水准仪

电子水准仪是集电子光学、图像处理、计算技术于一体的水准测量仪器，它具有速度快、精度高、使用方便、劳动强度低等优点，具有光学水准仪无法比拟的优越性。它采用 CCD 阵列传感器获取编码水准尺的图像，依据图像处理技术获取水准尺的读数，水准尺的图像处理及处理结果的显示均由仪器内置计算机完成。

图 2 - 23 南方 DL - 2007 电子水准仪

如图 2 - 23 所示，南方 DL - 2007 电子水准仪的基本操作程序为：安置仪器、粗平、瞄准并精确调焦、按测量键后即在显示屏上显示中丝读数和视距，若进行线路水准测量则自动计算并显示测量误差。

二、水准仪的常规检验方法

1. 圆水准器检验

①在稳固的地方安置水准仪；

②转动脚螺旋使圆水准器的气泡精确居中；

③将望远镜旋转 180°，观察圆水准器：若气泡不居中，则圆水准器需要校正。

2. 管水准器检验

①在平坦的地面上确定 A、B 两个点（两点的间距为60m～

80m)，实测两点的水平距离。

②如图 2-24（a）所示，在 A、B 两点的中间安置水准仪，测得两点的高差为 $h_1=a_1-b_1$。

③如图 2-24（b）所示，在两点之间再次安置水准仪，使前后视距相差悬殊（最小视距不小于 3m），测得两点的高差为 $h_2=a_2-b_2$。

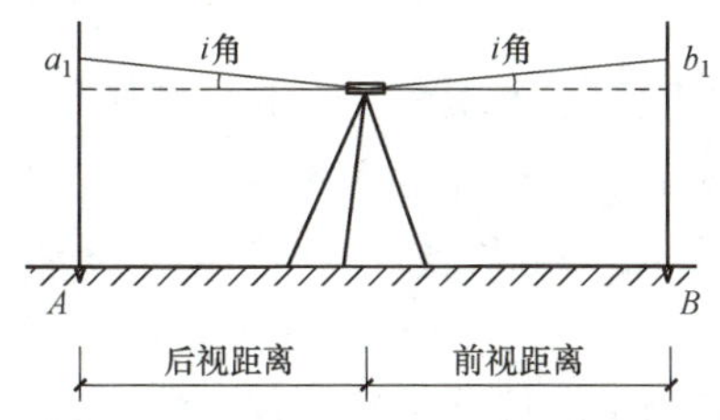

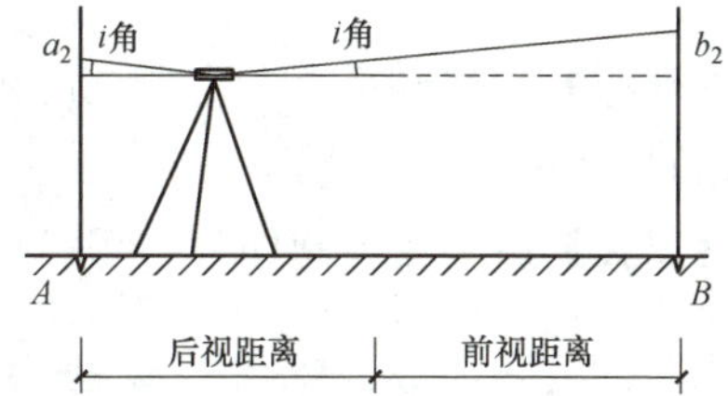

图 2-24 水准仪的管水准器检验

④计算两次观测高差的较差 $\Delta h=h_1-h_2$。

⑤《工程测量标准》(GB 50026—2020）规定，DS_3 型水准仪的 i 角误差不得超过 20″。根据公式 $i=\dfrac{\Delta h}{D_{AB}}\times\rho''$，计算 Δh 的容许范围为 $\Delta h_{容}=\dfrac{20''}{206\,265''}\times D_{AB}$。

⑥ 若 $\Delta h>\Delta h_{容}$，则水准管需要校正。

例如：设 $D_{AB}=80\text{m}$，计算 $\Delta h_{容}=\dfrac{20''}{206\,265''}\times 80=0.0077(\text{m})=7.7(\text{mm})$，若实测的高差较差 $\Delta h=8\text{mm}$，则这台水准仪的管水准器需要校正。

3. 十字丝检验

①在稳固的地方安置水准仪，精平；

②用十字丝中丝的一端瞄准远处一个明显的标志；

③水准仪制动后，转动微动螺旋，使标志向中丝的另一端移动，若标志离开中丝，则十字丝需要校正。

4. 在检校台上检校水准仪

常用的测量仪器检校台为 W550-4TD 型双管落地式检校台。它具有大型落地底座，安装有升降螺杆，可以使圆盘工作台升降。

检校台上安装一个平行光管和一个仰角光管，供检校仪器瞄准。这种检校台可以对水准仪、经纬仪、全站仪进行常规检验和校正。

使用前应对检校台进行精确校准，包括整平。

检校测量仪器的流程如下：

①打开电源，使光管内明亮；

②将仪器用中心连接螺旋固定在工作台上，整平；

③瞄准光管内的检校标记，检校水准仪的十字丝、管水准器。

项目三　角　度　测　量

【知识目标】理解水平角和竖直角的概念、角度测量的原理；掌握经纬仪的操作方法、记录的填写方法，以及水平角、竖直角的测量方法和计算方法。

【技能目标】熟练操作经纬仪；正确读数并填写观测数据；测回法水平角测量。

水平角测量是测量工作的三大内容之一。角度测量的仪器是经纬仪，它可以测量水平角和竖直角。水平角测量的目的是确定点的平面位置；竖直角测量的目的是用三角高程测量的方法求点的高程。

任务一　角度测量的原理

一、水平角测量原理

1. 定义

水平角用 β 表示。是指两条相交直线在同一个水平面上的投影所夹的角度，如图 3 - 1 所示的 $\angle A'O'B'$。

2. 原理

（1）要求有一个顺时针注记的水平度盘，其圆心位于铅垂线 OO' 上的任意位置。

（2）要求有一个望远镜，可以绕经纬仪的竖轴转动，瞄准目标时可以在水平度盘上留下相应的读数，如图 3 - 2 所示，瞄准 A 点时读数 45°，瞄准 B 点时读数 123°。

（3）望远镜转动时，水平度盘固定，不随望远镜一起转动。

（4）水平角计算：右目标读数－左目标读数，即

$$\beta = 123^\circ - 45^\circ = 78^\circ$$

（5）水平角的取值范围：0°～360°。

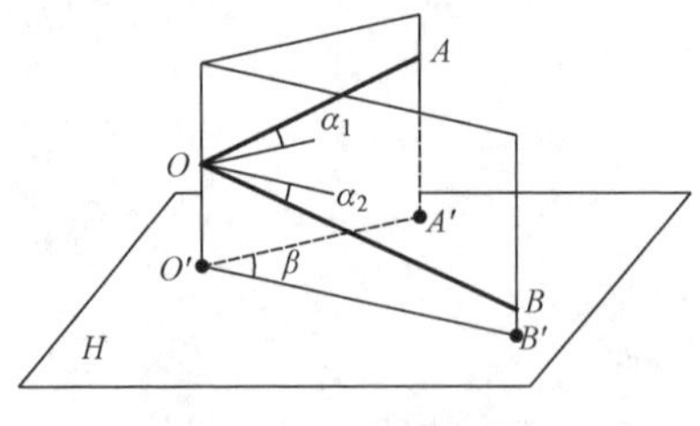

图 3 - 1　角度示意

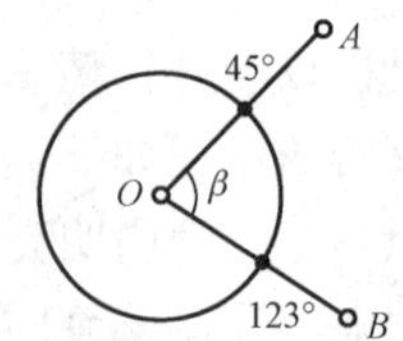

图 3 - 2　水平角测量原理

二、竖直角测量原理

1. 定义

竖直角用 α 表示，是指在同一个竖直平面内，目标视线与水平视线的夹角，如图 3 - 1 所示的 α_1 和 α_2。根据观测目标的位置不同竖直角分为仰角和俯角。如图 3 - 3 所示，观测目标在水

平线之上，所测得的竖直角称为仰角；观测目标在水平线之下，所测得的竖直角称为俯角。

2. 原理

(1) 要求有一个竖直度盘，竖直度盘的注记有顺时针也有逆时针，常用的注记方式为顺时针注记。

(2) 要求有一个望远镜，可以绕经纬仪的横轴转动。

(3) 图 3-4 所示，望远镜转动时，竖直度盘随望远镜一起转动，读数靠竖盘指标指示。

(4) 竖直角计算：目标视线读数－水平视线读数。

(5) 取值范围：仰角 0°～＋90°；俯角－90°～0°。

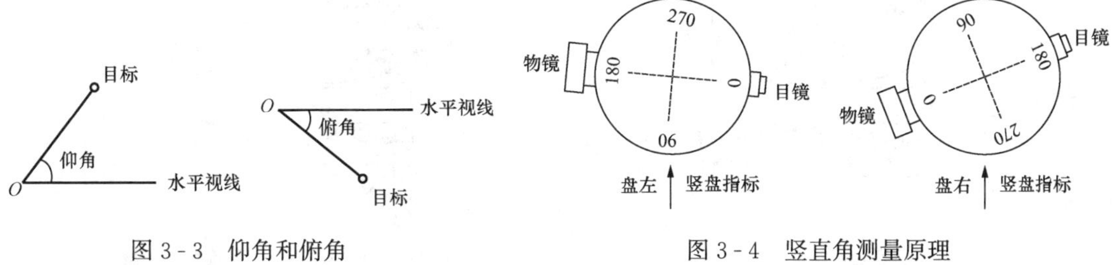

图 3-3　仰角和俯角　　图 3-4　竖直角测量原理

3. 天顶距

竖直角与天顶距同称为高度角。竖直角是以水平线为基准线，天顶距是以铅垂线为基准线。

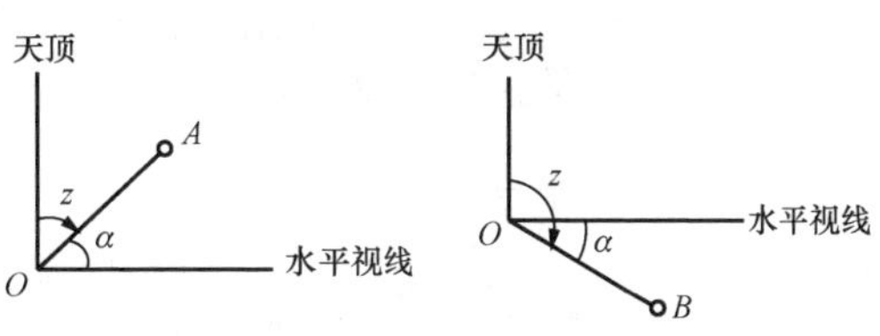

图 3-5　竖直角与天顶距的关系

设望远镜指向天顶时的角度为 0°，顺时针离开天顶所划过的角度称为天顶距，用 Z 表示。如图 3-5 所示，竖直角与天顶距的关系为：$\alpha+Z=90°$。

任务二　经 纬 仪 操 作

一般工程上常用的国产经纬仪为 DJ_2、DJ_6 级。D 和 J 分别为大地测量和经纬仪的汉语拼音第一个字母，下标表示仪器的精度等级，即一个测回水平方向的方向中误差。

一、DJ_6 光学经纬仪

1. DJ_6 光学经纬仪的构造

DJ_6 光学经纬仪由照准部、水平度盘和基座 3 部分组成，各部件的名称如图 3-6 所示。

2. 读数方法

目前广泛使用的 DJ_6 经纬仪为分微尺测微器的经纬仪，度盘最小划分为 1°，分微尺的最小刻划为 1′，读数时估到 0.1′（即 6″）。

(1) 读数窗。水平度盘读数窗的标识为：H、━、水平；竖直度盘读数窗的标识为：V、⊥、竖直。

(2) 读数方法。度：落在分微尺上的度盘分划注记；分：分微尺上从左向右的整格数；秒：度盘分划注记把一个小格分成左右两部分，根据左部分所占比例，计算秒位。

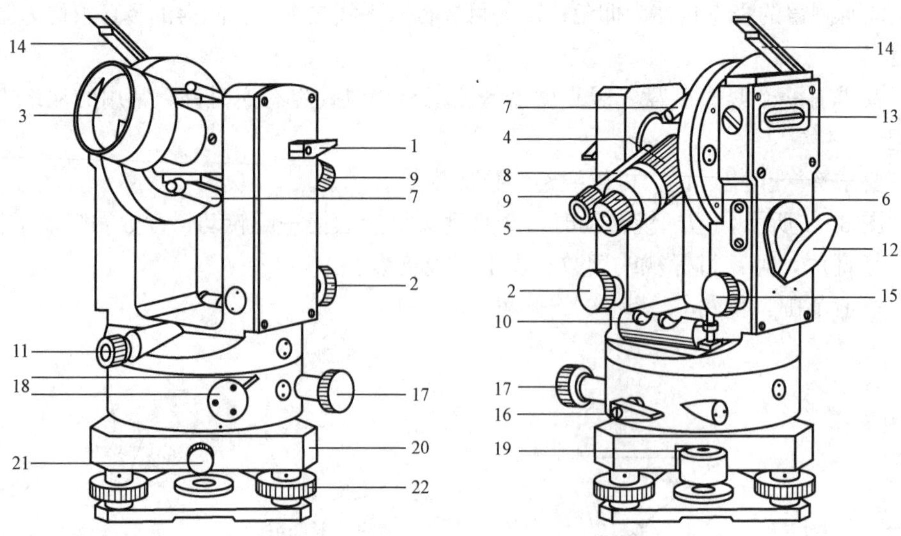

图 3 - 6　DJ_6 经纬仪各部件的名称

1—竖直制动螺旋；2—竖直微动螺旋；3—物镜；4—物镜调焦螺旋；5—目镜；6—目镜调焦螺旋；7—粗瞄器；8—读数显微镜；9—读数显微镜调焦螺旋；10—管水准器；11—光学对中器；12—反光镜；13—竖盘指标水准管；14—竖盘指标水准管反光镜；15—竖盘指标水准管微动螺旋；16—水平制动螺旋；17—水平微动螺旋；18—度盘变换手轮；19—圆水准器；20—基座；21—轴座固定螺旋；22—脚螺旋

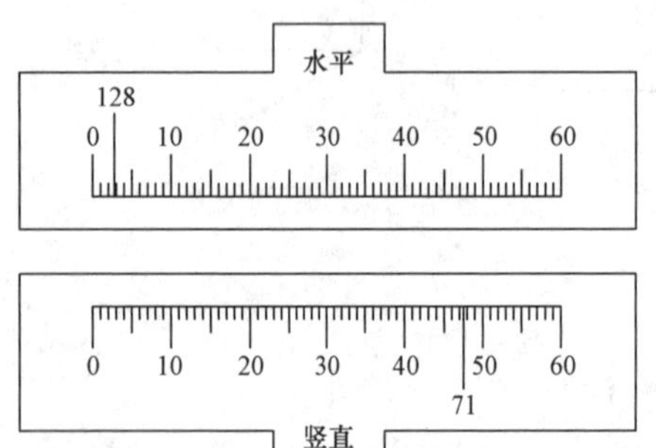

图 3 - 7　分微尺测微器经纬仪的读数窗

按照上述读数方法，如图 3 - 7 所示的水平度盘读数为 128°02′42″，竖直度盘读数为71°47′30″。

读数时，分位和秒位必须用两位数表示，如读数为 128°02′42″，不能写成 128°2′42″。

二、经纬仪的基本操作程序

经纬仪的基本操作程序：对中、整平、瞄准、读数。

1. 对中、整平

对中和整平是不可分割的一个整体。对中的目的是使仪器的中心与测点在同一条铅垂线上；整平的目的是使仪器的竖轴竖直，使水平度盘水平。

对中、整平的基本过程为初步对中、粗平、精平、精确对中。操作步骤如下：

（1）初步对中。

①打开三脚架，在架头上安置经纬仪，使 3 个脚尖到测点的距离大致相等。

②如图 3 - 8 所示，以一个脚尖为支点，对称摆动另两个架腿，使经纬仪对中，同时使架头大致水平。

③为了使仪器安置稳固将三个脚尖踩入土中。

（2）粗平。调节架腿长度使圆水准器气泡居中。

操作时观察圆水准器，一只手伸缩架腿，另一只手随时旋紧架腿上的制动螺旋。

（3）精平。

缓慢均匀地转动脚螺旋，使管水准器的气泡居中。

如图 3-9 所示，可以通过 3 个步骤完成精平。

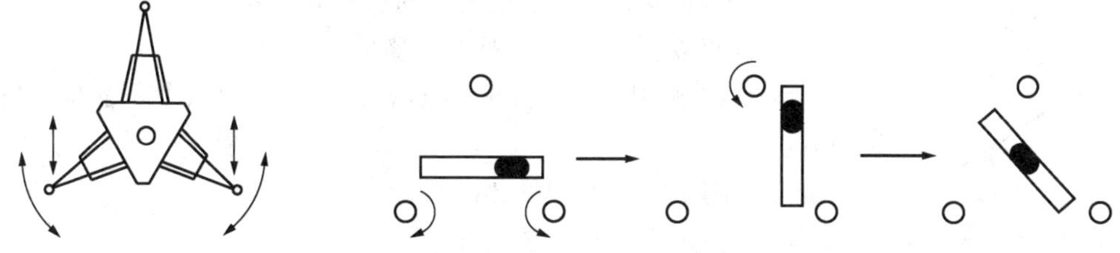

图 3-8 对中时脚架移动示意　　图 3-9 经纬仪精平的步骤

（4）精确对中。

精平后检查测点是否对中。若测点不对中，应放松中心连接螺旋，推动仪器在架头上平移，使测点精确位于光学对中器的分划圈中心。最后旋紧中心连接螺旋。

观察光学对中器中的点和水准管的气泡，直到照准部旋转到任意位置，都能既对中又整平。

2. 瞄准

①转动目镜调焦螺旋，使十字丝清晰。经纬仪的十字丝如图3-10 所示。

②用粗瞄器瞄准目标，旋紧制动螺旋。

为了快速准确地锁定目标，应先旋紧水平制动螺旋，再旋紧竖直制动螺旋。

③转动物镜调焦螺旋，使目标清晰，消除视差。

应反复转动物镜调焦螺旋，直至目标最清晰。

④转动微动螺旋，精确瞄准目标。

水平角测量：用竖丝瞄准目标。如图 3-10 所示的竖丝有两种：单线和双线。

单线：目标小，瞄准时使单线与目标重合；

双线：目标大，瞄准时用双线夹准目标。

竖直角测量：用中丝瞄准目标。

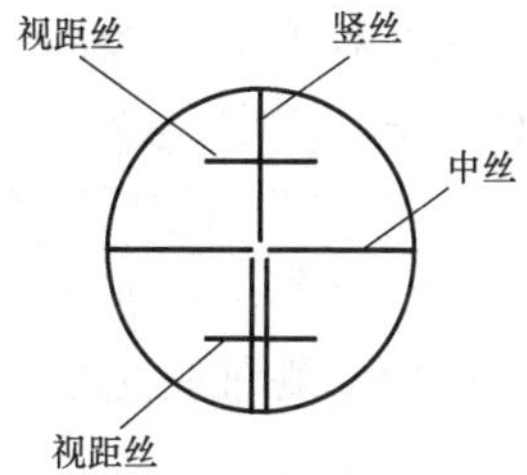

图 3-10 经纬仪的十字丝

3. 读数

①打开反光镜，转动方向调整位置，使读数窗内明亮。

②转动读数显微镜调焦螺旋，使分微尺的刻画清晰。

③读数。

任务三 角 度 测 量

一、水平角测量

水平角测量的方法有两种：测回法和方向观测法。

在一个测站上测量一个水平角（两个方向），常采用测回法；在一个测站上测量多个水平角（多个方向），常采用方向观测法。其中，测回法是实际工作中广泛应用的一种方法。

（一）测回法水平角测量

盘左、盘右分别观测同一个水平角称为一个测回。其中，盘左观测称为上半测回，也称为正镜观测；盘右观测称为下半测回，也称为倒镜观测。

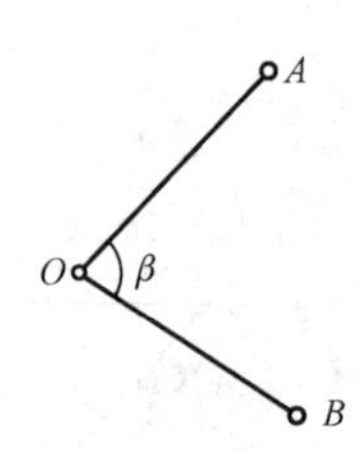

图 3 - 11 测回法水平角测量

1. 外业

如图 3 - 11 所示，水平角测量的步骤如下：

①在 O 点安置经纬仪，对中、整平。

②盘左观测：瞄准左目标 A 点，读数 $a_{左}$，顺时针瞄准右目标 B 点，读数 $b_{左}$。

瞄准：用十字丝的竖丝瞄准目标；

读数：在水平度盘读数窗读数。

③盘右观测：瞄准右目标 B 点，读数 $b_{右}$，逆时针瞄准左目标 A 点，读数 $a_{右}$。

④将观测数据填入《测回法水平角观测记录》。

2. 内业

半测回观测的水平角记为 $\beta_{左}$ 和 $\beta_{右}$

$$\left.\begin{aligned}\beta_{左} &= b_{左} - a_{左}\\ \beta_{右} &= b_{右} - a_{右}\end{aligned}\right\} \tag{3 - 1}$$

一测回观测的水平角记为 β

$$\beta = \frac{1}{2}(\beta_{左} + \beta_{右}) \tag{3 - 2}$$

3. 规定

（1）对于 DJ_6 经纬仪，规定在一个测回之内，上、下半测回的角度差 $\Delta\beta$ 不得超过 $\pm 40''$。若 $\Delta\beta \leqslant \pm 40''$，取上、下半测回角度的算术平均值为最终的测量成果；若 $\Delta\beta > \pm 40''$，说明测角精度没有满足要求，需要返工重测。

（2）为了计算方便，盘左瞄准左目标时，应转动度盘变换手轮，将读数调至略大于 $0°00'$。

（3）多测回观测时，各测回的角度差不得超过 $\pm 40''$。

（4）为了消除度盘刻画误差，多测回观测时度盘的起始位置按 $\frac{180°}{n}$ 变换。

【例 3 - 1】 用测回法测量如图 3 - 11 所示的 $\angle AOB$。盘左瞄准目标 A，读数 $0°00'24''$，瞄准目标 B，读数 $85°52'42''$，盘右瞄准目标 B，读数 $265°52'24''$，瞄准目标 A，读数 $180°00'18''$。要求：（1）将测量数据填入表中，并计算水平角；（2）判断测角精度是否满足要求。

测回法水平角观测记录，见表 3 - 1。

表 3 - 1 **测回法水平角观测记录**

测站	竖盘位置	目标	水平度盘读数	半测回角值	一测回角值	备注
O	左	A	0°00′24″	85°52′18″	85°52′12″	
		B	85°52′42″			
	右	A	180°00′18″	85°52′06″		
		B	265°52′24″			

（1）外业。

①盘左的观测顺序为顺时针瞄准 $A \to B$，在“水平度盘读数”一列，从上向下填表；

②盘右的观测顺序为逆时针瞄准 $B \to A$，在“水平度盘读数”一列，从下向上填表。

（2）内业。

①利用式（3-1）计算半测回的角度值。

②判断水平角的观测精度是否符合要求。

检核：$\Delta\beta = 85°52'18'' - 85°52'06'' = 12'' < 40''$，测角精度符合要求。

③观测精度符合要求后，利用式（3-2）计算一测回的角度值。

注意：

（1）盘左瞄准左目标时可以不调整水平度盘使读数变小，但计算的水平角可能为负数，解决的办法为加 360°。

（2）盘左、盘右瞄准同一个目标时，两个读数应大约相差 180°。

（3）观测水平角时，应遵循先盘左后盘右的顺序。

（4）水平角的表示方法。如：$\angle AOB$，即 A 为左目标，B 为右目标，中间的 O 为测站。

（5）观测时应遵循盘左先观测左目标，盘右先观测右目标的原则。否则错误的观测顺序会引起记录顺序的混乱，进而导致水平角计算的错误。

如图 3-12 所示，OA、OB 两条相交直线把圆分成了两部分，即大角 β_1 和小角 β_2。只有遵循了正确的观测顺序才能使这两个水平角有所区别，水平角观测的对比见表 3-2。

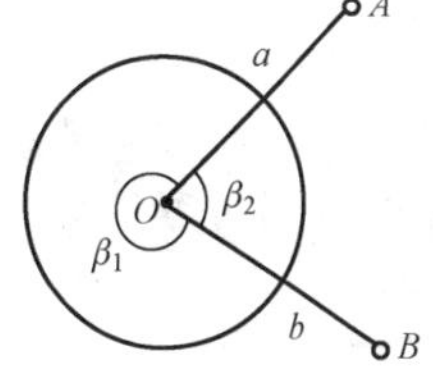

图 3-12 水平角对比

表 3-2 水平角观测对比

测站	竖盘位置	目标	水平度盘读数	水平角计算	备注
O	左	↓ B	b	$a-b$	大角 β_1
		A	a		
	右	↑ B	b		
		A	a		
O	左	↓ A	a	$b-a$	小角 β_2
		B	b		
	右	↑ A	a		
		B	b		

（二）方向观测法水平角测量

如图 3-13 所示，从起始方向 A 开始，顺时针依次观测 A、B、C、D、A 各目标，称为上半测回；再从起始方向 A 开始，逆时针依次观测 A、D、C、B、A 各目标，称为下半测回；因为从起点到终点为一个圆周，所以方向观测法也称为全圆观测法。

方向观测法测量水平角的技术要求见表 3-3。

表 3-3 **水平角方向观测法的技术要求**

等级	仪器精度等级	半测回归零差（″）限差	一测回 2c 互差（″）限差	同一方向值各测回较差（″）限差
四等及以上	0.5″级仪器	≤3	≤5	≤3
	1″级仪器	≤6	≤9	≤6
	2″级仪器	≤8	≤13	≤9
一级及以下	2″级仪器	≤12	≤18	≤12
	6″级仪器	≤18	—	≤24

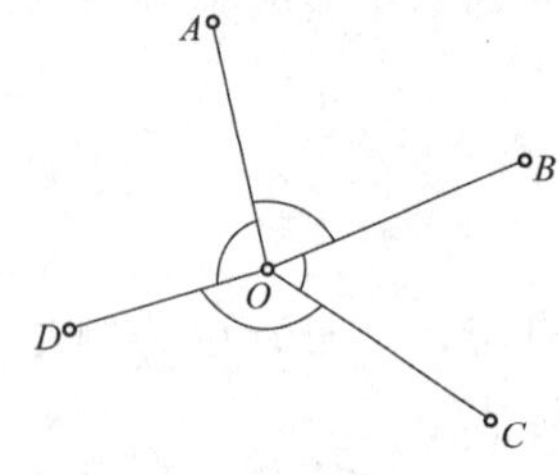

图 3-13 方向观测法水平角测量

1. 外业

①盘左瞄准起始方向后，转动度盘变换手轮，按规定配置度盘的起始位置。

②盘左观测：顺时针依次瞄准 A、B、C、D、A，读数、记录、计算上半测回归零差。

③盘右观测：逆时针依次瞄准 A、D、C、B、A，读数、记录、计算下半测回归零差。

④归零差的计算公式为“终点读数−起点读数”。

2. 内业

（1）归零方向值计算。

方向观测法观测各方向的读数及计算结果见表 3-4。

表 3-4 **方向观测法水平角观测记录表**

测站	目标	水平度盘读数（° ′ ″）		2c（″）	平均读数（° ′ ″）	归零方向值（° ′ ″）	水平角（° ′ ″）
		盘左	盘右				
O	A	0°01′24″	180°01′18″	+6	0°01′21″	0°00′00″	60°16′10″
	B	60°17′36″	240°17′24″	+12	60°17′30″	60°16′10″	55°19′27″
	C	115°37′00″	295°36′54″	+6	115°36′57″	115°35′37″	153°14′24″
	D	268°51′18″	88°51′24″	−6	268°51′21″	268°50′01″	91°09′59″
	A	0°01′18″	180°01′18″	0	0°01′18″		
		−6	0		0°01′20″		

表中数据的计算公式如下：

①计算两倍照准误差 $2c$ 值：

$$2c = 盘左读数 - (盘右读数 \pm 180°)$$

②计算各观测方向的平均读数：

$$平均读数 = 盘左读数 - 2c/2$$

③计算起始方向的平均读数：

$$起始方向的平均读数 = (作为起点的平均读数 + 作为终点的平均读数)/2$$

④计算归零方向值。起始方向的归零方向值直接写为 0°00′00″，其他方向的归零方向值按下式计算：

归零方向值 = 每个观测方向的平均读数 − 起始方向的平均读数

（2）水平角计算。

在各观测方向上标注归零方向值，以方便水平角计算。

水平角的计算公式为“右目标的归零方向值−左目标的归零方向值”。

$\angle AOB = 60°16'10'' - 0°00'00'' = 60°16'10''$

$\angle BOC = 115°35'37'' - 115°35'37'' = 55°19'27''$

$\angle COD = 268°50'01'' - 115°35'37'' = 153°14'24''$

$\angle DOA = 360° - 268°50'01'' = 91°09'59''$

检核：$\sum\beta = 60°16'10'' + 55°19'27'' + 153°14'24'' + 91°09'59'' = 360°00'00''$，计算正确。

二、竖直角测量

竖直角测量的目的是求点的高程。如图 3-14 所示，通过对 C 点的观测，测得竖直角 α，量仪器高 i 和目标 C 至 B 点的垂直高度 v（v 为标尺的读数），从而求出 B 点的高程。

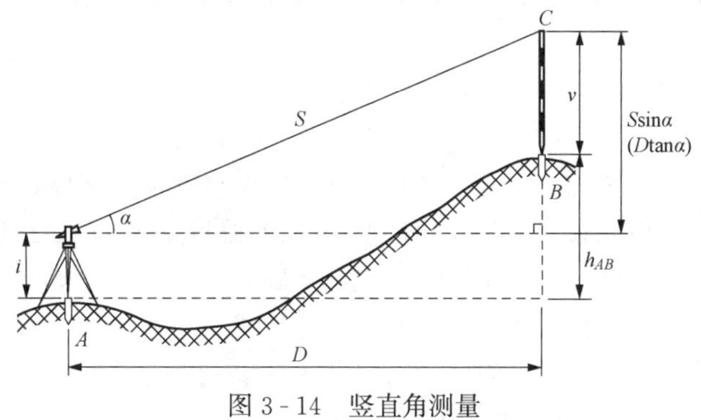

图 3-14　竖直角测量

1. 外业

如图 3-14 所示，操作步骤如下：

①在 A 点安置经纬仪，对中、整平。

②盘左观测：瞄准目标 C 点，微调，读数 L。

瞄准：用十字丝的中丝瞄准目标。

微调：转动竖盘指标水准管微动螺旋，使竖盘指标水准管的气泡居中。安装了竖盘指标自动归零装置的经纬仪，没有竖盘指标水准管，不需要微调。

读数：在竖直度盘读数窗读数。

③盘右观测：瞄准目标 C 点，微调，读数 R。

④将观测数据填入“竖直角观测记录”。

2. 内业

半测回观测的竖直角记为 $\alpha_{左}$ 和 $\alpha_{右}$，即

$$\begin{cases} \alpha_{左} = 90° - L \\ \alpha_{右} = R - 270° \end{cases} \tag{3-3}$$

一测回观测的竖直角记为 α，即

$$\alpha = \frac{1}{2}(\alpha_{左} + \alpha_{右}) \tag{3-4}$$

3. 竖盘指标差

（1）定义。当视线水平时，竖盘指标水准管的气泡居中，竖盘指标与正确位置的90°或270°相差的一个小角度，记为x。

（2）竖盘指标差计算

$$x=\frac{1}{2}(L+R-360°) \tag{3-5}$$

（3）说明：

1）指标差的互差反映了观测成果的质量。对于DJ_6经纬仪，规定同一测站上不同目标的指标差互差或同方向各测回指标差互差不应超过±25″。

2）竖盘指标差为仪器误差。在同一个测站上，同一台经纬仪，在同一操作时间内的竖盘指标差应相等。但由于观测误差的存在，指标差会发生变化。

3）盘左盘右观测取平均值的方法测量竖直角，可以消除竖盘指标差的影响。

4）用半个测回测量竖直角时，必须先测定经纬仪的竖盘指标差，然后按照式（3-6）计算竖直角

$$\begin{cases}\alpha_{左}=90°-L+x\\ \alpha_{右}=R-270°-x\end{cases} \tag{3-6}$$

【例3-2】 测量如图3-13所示的竖直角α。在A点安置经纬仪，对目标C观测了两个测回。第一测回：盘左瞄准C点读数75°52′42″，盘右瞄准C点读数284°07′36″；第二测回：盘左瞄准C点读数75°52′48″，盘右瞄准C点读数284°07′42″。要求：（1）将测量数据填入表中，并计算竖直角；（2）判断测角精度是否满足要求。

竖直角观测记录及计算结果见表3-5。计算及检核过程如下：

①利用式（3-3）计算半测回的角度值。

②利用式（3-5）计算竖盘指标差。

③根据竖盘指标差判断观测精度是否符合要求：两个测回观测的竖盘指标差分别为+15″和+9″，其差值为+6″，小于规定的±25″，测角精度符合要求。

④利用式（3-4）计算一测回的角度值。

表3-5 **竖直角观测记录**

测站	测回数	目标	竖盘位置	竖盘读数	半测回角值	竖盘指标差	一测回角值	备注
A	1	C	左	75°52′42″	14°07′18″	+9″	14°07′27″	竖盘构造为顺时针天顶式注记
			右	284°07′36″	14°07′36″			
	2	C	左	75°52′48″	14°07′12″	+15″	14°07′27″	
			右	284°07′42″	14°07′42″			

总结：

水平角测量与竖直角测量的对比如下：

（1）仪器的安置高度，对水平角测量的角度大小没有影响，而对竖直角测量的角度大小有影响，在同一个测站上对同一个目标进行观测，仪器安置越高，测量的竖直角越小。

（2）测量水平角时，每个竖盘位置需要两个读数，而测量竖直角时，每个竖盘位置需要一个读数。

（3）测量水平角时不需要量仪器高，而测量竖直角时需要量仪器高和目标高。

任务四 其他经纬仪及经纬仪的常规检验方法

一、其他经纬仪

1. DJ_2 光学经纬仪

如图 3 - 15 所示，与 DJ_6 光学经纬仪相比，DJ_2 光学经纬仪主要有以下特点：

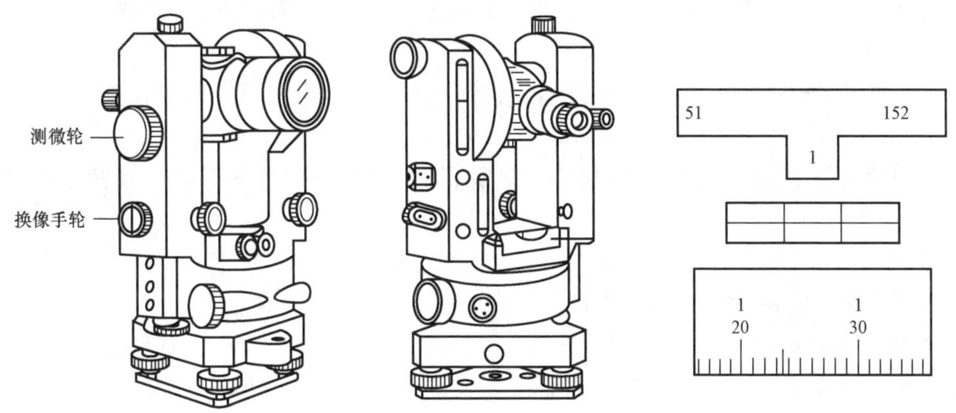

图 3 - 15 DJ_2 光学经纬仪及读数窗

（1）精度高：主要体现在望远镜的放大倍数大、水准管的灵敏度高、度盘格值小等方面。

（2）读数设备不同：采用对径分划符合的读数装置。

（3）读数窗的显示不同：换像手轮的指示线水平时，显示水平度盘读数窗；换像手轮的指示线竖直时，显示竖直度盘读数窗。

DJ_2 光学经纬仪与 DJ_6 光学经纬仪不同的是读数过程，操作步骤如下：

（1）转动测微轮，使读数窗内的度盘对径分划线上、下对齐。

（2）在 T 形窗中读取度和整 10′。

（3）在分微尺上读分和秒。图 3 - 15 所示的读数为 152°11′23.7″。

2. 电子经纬仪

如图 3 - 16 所示，电子经纬仪在外观上较光学经纬仪多了显示屏和按键。电子经纬仪采用了光电测角的方法，测角精度超过了光学经纬仪。

图 3 - 16 电子经纬仪

电子经纬仪的操作与光学经纬仪相比有以下几点不同。

（1）电子经纬仪采用激光对中，较光学经纬仪直观，方便操作。大多数电子经纬仪打开激光的方法为：长按“左/右”键。

（2）电子经纬仪的读数是在显示屏上显示，不需要在读数显微镜中读数，不存在读数错误的问题。

3. 激光经纬仪

激光经纬仪，即带有激光指向装置的经纬仪。将激光发射装置导入经纬仪的望远镜内，使视准轴方向能射出一束红色的激光。

与光学经纬仪相比，激光经纬仪能在夜间或黑暗的场地进行测量工作。

用激光经纬仪进行施工测量时，激光束在测设的方向上显示明亮清晰的红点，配合观测的前点人员，可以根据地上的红点迅速、准确地确定测设的方向，不需要观测者的指挥，从而提高测量的精度和速度。

二、经纬仪的常规检验方法

1. 管水准器检验

①在稳固的地方安置经纬仪；

②转动照准部，使管水准器平行任意两个脚螺旋的连线，转动这两个脚螺旋，使管水准器的气泡居中；

③将照准部旋转 180°，观察管水准器：若气泡不居中则管水准器需要校正。

2. 圆水准器检验

转动脚螺旋使管水准器的气泡居中。观察圆水准器，若气泡不居中则圆水准器需要校正。

3. 十字丝检验

经纬仪十字丝的检验方法同水准仪。

4. 光学对中器检验

①在测点上安置经纬仪，对中、整平；

②将照准部旋转 180°，观察光学对中器中的测点：若不对中，则光学对中器需要校正。

5. 视准轴检验

①在测点上安置经纬仪，整平；

②盘左瞄准一个目标，在水平度盘读数窗读数 L；

③盘右瞄准相同的目标，在水平度盘读数窗读数 R；

④计算 $2c=L-(R\pm180°)$；

⑤若 $2c$ 值超过容许范围（不同精度等级的仪器要求不同），则视准轴需要校正。

6. 竖盘指标差检验

①在测点上安置经纬仪，整平；

②盘左瞄准一个目标，在竖直度盘读数窗读数 L；

③盘右瞄准相同的目标，在竖直度盘读数窗读数 R；

④计算竖盘指标差 $x=(L+R-360°)/2$；

⑤若 $x\geqslant30''$，需要校正。

7. 在检校台上检校经纬仪

在检校台上进行经纬仪的检校比传统方法方便快捷。

（1）在圆盘工作台的下方设置一个标志，方便检校对中器。

（2）圆水准器检校和管水准器检校，不需要瞄准光管内的检校标记。

（3）十字丝检校和视准轴检校，必须瞄准光管内的检校标记。

项目四　距离测量与直线定向

【知识目标】理解距离测量和直线定向的相关概念；了解电磁波测距的原理；掌握钢尺量距的一般方法、视距测量的方法、坐标方位角的表示方法和推算方法、象限角与坐标方位角的换算方法，以及坐标正、反算的方法。

【技能目标】钢尺读数；坐标方位角的表示方法；区分象限角与坐标方位角；坐标正、反算的竖式表示；利用计算器的功能键快速进行坐标正算和坐标反算。

任务一　距　离　测　量

水平距离测量是测量工作的三大内容之一，按照施测的方法不同，距离测量分为钢尺量距、视距测量和电磁波测距。三者的基本区别见表 4 - 1。

表 4 - 1　　距离测量的方法

距离测量的方法		测量仪器（工具）	学习要求
钢尺量距	一般方法	钢尺	掌握
	精密方法		已被电磁波测距代替
视距测量		水准仪、经纬仪	掌握
电磁波测距		测距仪	了解原理

水平距离用 D 表示，如直线 AB 的水平距离表示为 D_{AB}，第一个下标表示直线的起点，第二个下标表示直线的终点。

一、钢尺量距的一般方法

1. 量距工具

（1）主要工具。钢尺量距的主要工具是钢尺。

如图 4 - 1 所示，按钢尺的外观不同，分为盒式尺和架式尺；按整尺的长度不同，钢尺分为 20m 尺、30m 尺和 50m 尺；如图 4 - 2 所示，按尺身上零刻画的位置不同，钢尺分为刻线尺和端点尺。

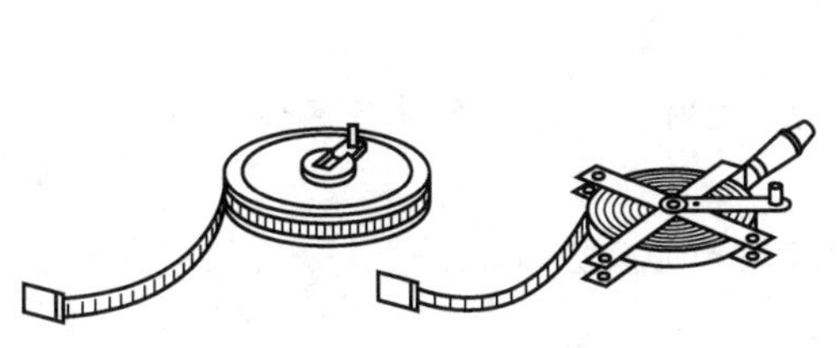

图 4 - 1　盒式尺和架式尺

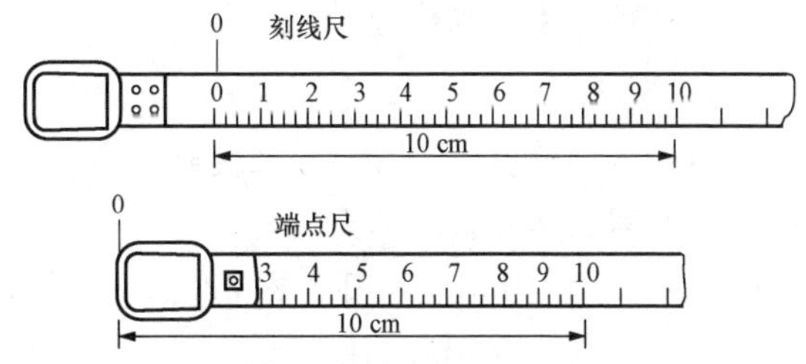

图 4 - 2　刻线尺和端点尺

（2）辅助工具。如图 4 - 3 所示，钢尺量距的辅助工具为：测钎、标杆、锤球、温度计、弹簧秤。

测钎：当一把整尺无法一次完成两点之间的距离丈量时，需要将整个测段分为若干尺段丈量，用测钎标记尺段的端点。

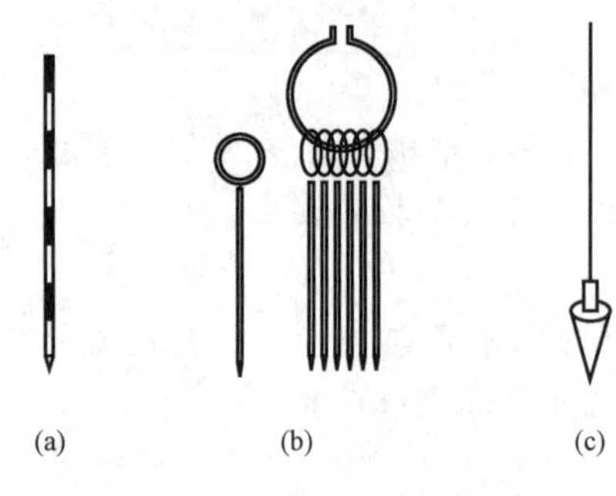

图 4-3　钢尺量距的辅助工具
（a）标杆；（b）测钎；（c）锤球

标杆：定线并供瞄准用。

锤球：倾斜地面丈量时，将尺段的终点投影到地面。

温度计：测量温度。

弹簧秤：控制拉力。

2. 直线定线

（1）定义。在一条直线上标定多个点的工作，称为直线定线。

图 4-4 所示，A、B 两点间的距离用一把整尺无法完成丈量，必须在两点之间的连线上标定 1 点和 2 点，把直线分成 3 个尺段，分别丈量这 3 段的距离，然后把这 3 段距离累加，计算 AB 之间的距离。

（2）方法。

1）方法一：目估定线。

如图 4-4 所示，站在 A 点的甲瞄准 B 点指挥乙，将 1、2 两点置于直线 AB 上。

2）方法二：经纬仪定线。

图 4-5 所示，操作步骤如下：

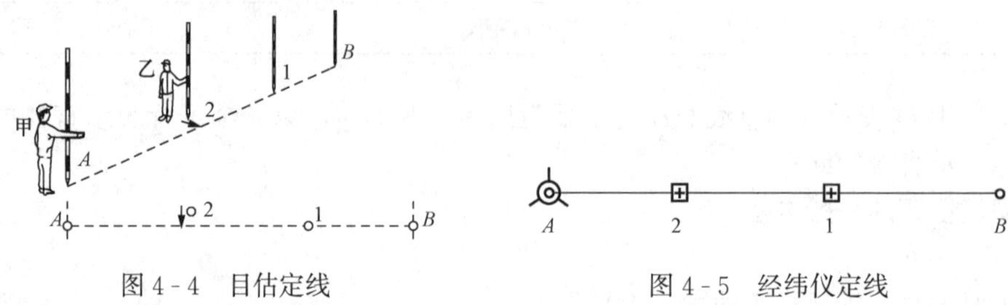

图 4-4　目估定线　　　图 4-5　经纬仪定线

①在 A 点安置经纬仪，对中、整平。

②瞄准 B 点水平制动，松开竖直制动螺旋，望远镜向下转动，分别将 1、2 两点指挥到十字丝竖丝指示的方向上。

③在地面上分别标记 1、2 两点。

（1）必须使 $A2$、21、$1B$ 三段的距离在一个整尺段之内，否则还会进行定线工作，尺段越多，积累的测距误差越大。

（2）在 A、B 两点之间定多少个点，应依据实际情况而定。总的原则是：分段越少越好。

3）方法三：逐渐趋近法定线。

由于地形原因，两个已知点之间可能不通视，在两点之间进行直线定线分为两种情况。

第一种情况：如图 4-6 所示，使用标杆在两点之间定两个点。

操作步骤如下：

①分别在 A、B 两点上立标杆。

②在中间高处的任意位置 1′、2′两点立标杆。

③A 点的观测者瞄准 1′点的标杆将 2′点指挥到 A1′线上。

④B 点的观测者瞄准 2′点的标杆将 1′点指挥到 B2′线上的 1″位置。

⑤用同样的方法，使 1、2 两点逐渐向直线 AB 趋近，直到 A、2、1 三点同线、B、1、2 三点同线。

⑥在地面上标记 1 点和 2 点。

第二种情况：如图 4-7 所示，使用经纬仪在两点之间定一个点。

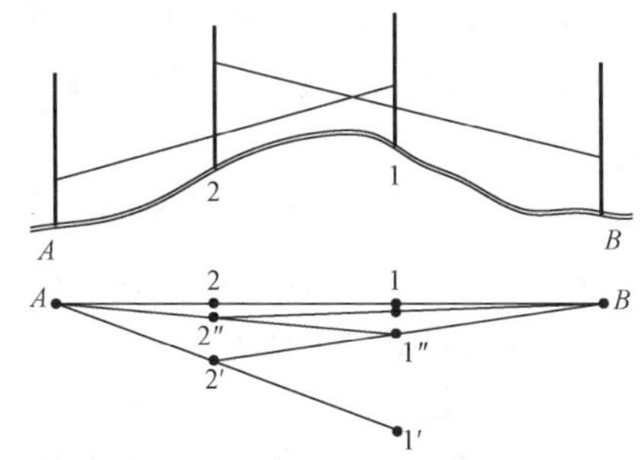

图 4-6　标杆法逐渐趋近定线

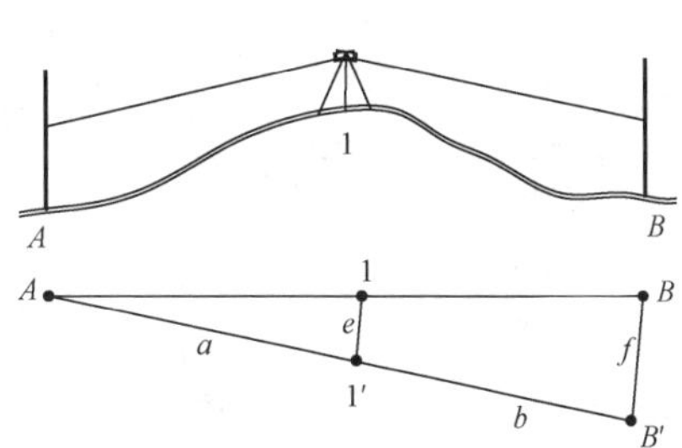

图 4-7　经纬仪法逐渐趋近定线

操作步骤如下：

①分别在 A、B 两点上立标尺。

②在中间高处的任意位置 1′点安置经纬仪，精平。

③瞄准 A 点水平制动，松开竖直制动螺旋，盘左位置倒镜为盘右位置、盘右位置倒镜为盘左位置，用正倒镜投中法，在 B 点附近定出一点 B′。

④丈量 BB′之间的距离 f。

⑤用视距测量的方法，测出 1′点至 A 点的距离 a 和 1′点至 B′点的距离 b（视距测量的方法见后续内容）。

⑥利用三角形相似的原理，计算 1′点应调整的距离 $e=\frac{a}{a+b}\cdot f$。

⑦从 1′点开始，沿 B′B 的平行方向，用钢尺丈量长度 e，定出 1 点。

⑧检核：在 1 点安置经纬仪，对中、整平。瞄准 A 点，用正倒镜投中法检核 B 点是否在直线 A1 的延长线上。

⑨若 B 点位于十字丝竖丝指示的方向上，则完成定线工作；否则重复④～⑦4 个步骤，直到满足要求。

说明：

第二种情况的定线，可以用全站仪代替经纬仪，用棱镜代替 A、B 两点的标尺，完成定线工作，全站仪的操作方法见后续内容“全站仪测量”。

3. 量距方法

钢尺量距的基本要求是“平、直、准”，即每个尺段的钢尺拉力应均匀、保证尺身水平，分尺段丈量时定线要直，对点、投点、读数要准。

钢尺量距时，一般情况下需要3个人，即：后尺手、前尺手和记录员。

后尺手和前尺手是手持钢尺的两个人，在不同的量距方法中，二人的工作不尽相同，但共同点是：后尺手始终位于前进方向的后面，前尺手始终位于前进方向的前面。

多测段测量水平距离时，应将多测段的水平距离进行累加，计算两点间的水平距离。

(1) 平坦地面整尺法。平坦地面整尺法量距，是边定线边丈量的方法，定线方法为目估定线，该量距方法已逐渐淘汰。

(2) 平坦地面非整尺法。平坦地面非整尺法量距，是先定线后丈量的方法，定线方法为经纬仪定线。定线时应保证相邻两点的间距不能超过一个整尺，所有的定线工作完成后再分段丈量各段的距离。

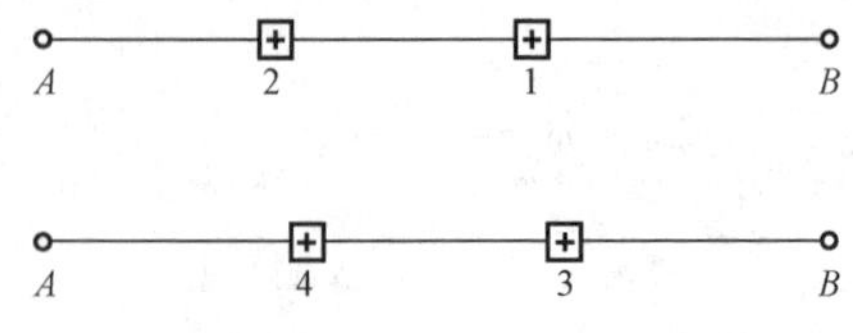

图4-8 平坦地面非整尺法量距

如图4-8所示，对A、B两点间的距离丈量两次，第一次量距的定线点为1、2；第二次量距的定线点为3、4。

(3) 倾斜地面平量法。倾斜地面平量法如图4-9所示，对A、B两点间的距离丈量两次，两次的定线点不相同。量距人员的主要工作见表4-2。

表4-2　倾斜地面平量法量距人员的主要工作

量距人员	后尺手	前尺手	记录员
主要工作	目估定线 零刻划对准尺段的起点	用锤球投影尺段的终点 尺身水平 终点的对中	读数并记录每个尺段长 检核尺身水平 检核终点的对中

(4) 倾斜地面斜量法。如图4-10所示，倾斜地面斜量法是在一个尺段内直接丈量两点之间的距离，因此不涉及多测段累加的问题，但必须把量出来的倾斜距离L转换为水平距离D。

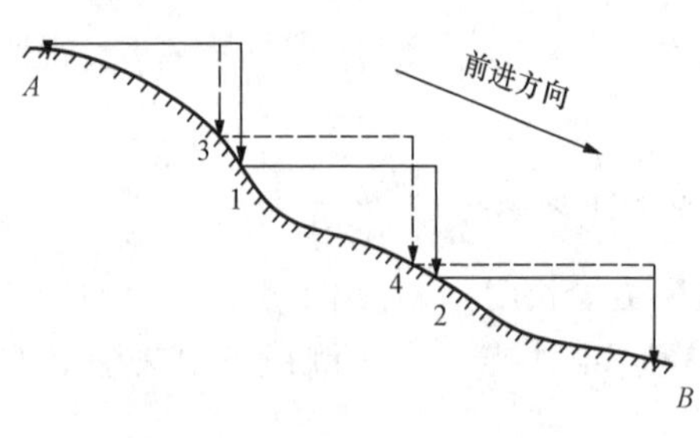

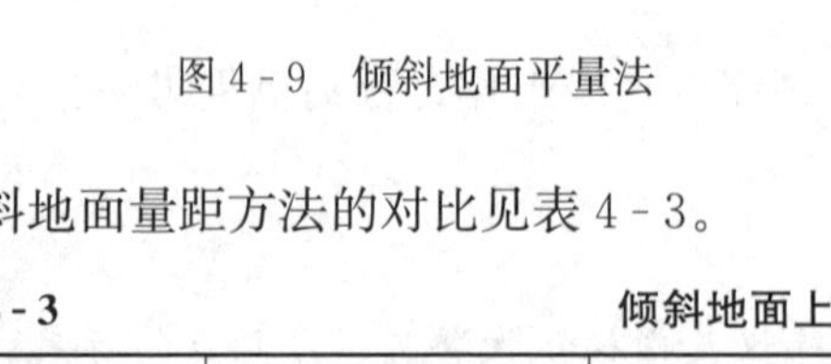

图4-9 倾斜地面平量法

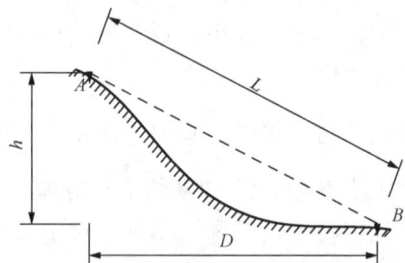

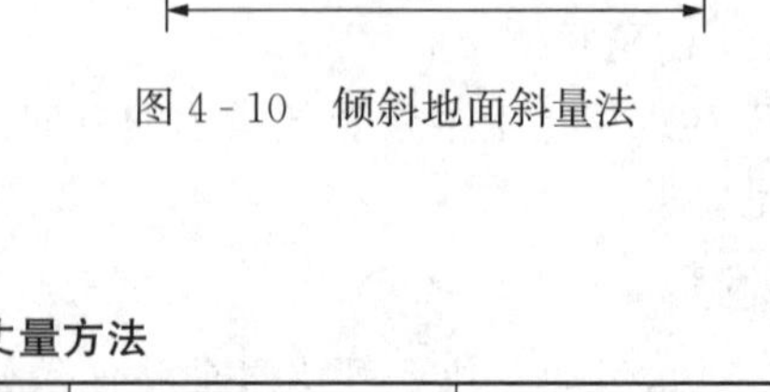

图4-10 倾斜地面斜量法

倾斜地面量距方法的对比见表4-3。

表4-3　倾斜地面上的丈量方法

丈量方法	尺身	倾斜地面	斜距	前进方向
平量法	水平	凸	—	高→低
斜量法	倾斜	凹或坡度均匀	不超过一个整尺	—

4. 量距精度检核

在钢尺量距中，必须对两点的距离进行两次丈量，然后用相对误差 K 衡量距离测量的精度。

$$K=\frac{|\Delta D|}{\overline{D}}=\frac{1}{N} \tag{4-1}$$

式中 ΔD——两次丈量的差值，取正值，m；

$\overline{D}$——两次丈量的算术平均值，m；

N——整数。

相对误差只用于判断量距精度，其容许值因测量等级不同而不同。在平坦地面量距，一般要求精度达到 1/3000 以上，在量距比较困难的地区，一般要求达到 1/1000。

若 $K \leqslant K_{容}$，取两次丈量的算术平均值为最终的测量成果；若 $K > K_{容}$，说明量距精度没有满足要求，需要返工重测。

【例 4-1】 测量两个地面点 A、B 之间的水平距离：两次测量的数据分别为 127.411m 和 127.388m，(1) 若 $K_{容}=1/3000$，问 AB 段的量距精度是否满足要求？(2) 若另一测段 CD 的相对误差为 1/5000，则哪一段的量距精度高？

(1) 判断 AB 段的量距精度是否满足要求。

$$K=\frac{\Delta D}{\overline{D}}=\frac{|127.411-127.388|}{(127.411+127.388)/2}=\frac{0.023}{127.3995}=\frac{1}{5539.1}$$

在式 (4-1) 中，要求相对误差 K 用分数表示，且分母为整数。按照这个原则，$\frac{1}{5539.1}$有 3 种化整的方法，即$\frac{1}{5539}$、$\frac{1}{5530}$、$\frac{1}{5500}$，一般取相对误差 $K=\frac{1}{5539}$。

判断 AB 段的量距精度是否满足要求，用 AB 段的相对误差与容许值比较：$\frac{1}{5539}<\frac{1}{3000}$，所以 AB 段的量距精度满足要求。

(2) 判断 AB 段和 CD 段哪一段的量距精度高。

用两段的相对误差 K 比较$\frac{1}{5539}<\frac{1}{5000}$，所以 AB 段量距精度高于 CD 段。

二、视距测量

视距测量是根据几何光学原理，利用水准仪或经纬仪的视距丝，配合标尺，间接测量两点间距离和高差的方法。

如图 4-11 所示，观测时用中丝瞄准标尺测量竖直角，用两个视距丝截取标尺读数。图中 M 点和 N 点为上、下丝分别在 B 点标尺上截取的点；M'点和 N'点是假设标尺与视准轴垂直，在标尺上截取的点；组合透镜前焦点至上、下丝的夹角 $\varphi \approx 34'22''$，可认为 $\angle MM'E=\angle NN'E \approx 90°$。

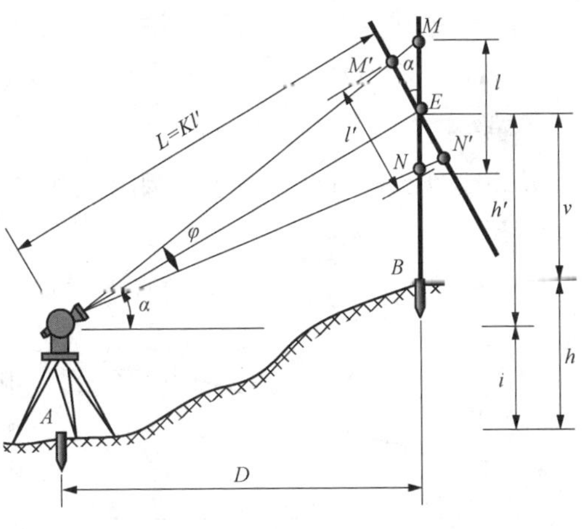

图 4-11 视距测量的原理

根据几何条件及函数关系，得到视线倾

斜时水平距离的计算公式和高差的计算公式。

1. 基本公式

$$\begin{cases} D = Kl\cos^2\alpha \\ h = D\tan\alpha + i - \nu \end{cases} \tag{4-2}$$

式中　D——两测点间的水平距离，m；

K——视距乘常数，仪器制造时通常使 $K=100$；

l——上、下视距丝的读数差，也称为尺间隔，m；

α——竖直角。

h——两测点间的高差，m；

i——仪器高，m；

ν——目标高，m。

2. 特点

（1）测距精度低，只有$\frac{1}{200}$～$\frac{1}{300}$。由式（4-2）可知，当尺间隔 l 上产生 1mm 的误差，在水平距离 D 上就会把误差放大 100 倍，产生 100mm 的误差，另外，测量竖直角 α 时也存在误差，综上所述，视距测量的精度较低。

（2）操作方便，不受地形的限制。

（3）可以同时测量水平距离和高差。

（4）用于地形测量中精度要求不高的碎部测量。

【例 4-2】 如图 4-11 所示，在 A 点安置经纬仪，该经纬仪的竖盘指标差为＋18″，量得仪器高为 1.456m。瞄准 B 点，在望远镜中读得上、中、下三丝的读数分别为 0.889m、1.309m、1.806m。盘左瞄准目标，在读数显微镜中读得竖盘读数为 79°52′36″。求测站点 A 与立尺点 B 的水平距离及两点的高差。

（1）根据式（3-6）计算竖直角

$$\alpha = 90° - L + x = 90° - 79°52'36'' + 18'' = 10°07'42''$$

（2）根据式（4-2）计算测站点 A 到立尺点 B 的水平距离

$$D_{AB} = Kl\cos^2\alpha = 100 \times (1.806 - 0.889) \times \cos^2 10°07'42'' = 88.864(\text{m})$$

（3）根据式（4-2）计算测站点 A 与立尺点 B 的高差

$$h_{AB} = D\tan\alpha + i - v = 88.864 \times \tan10°07'42'' + 1.456 - 1.309 = 16.021(\text{m})$$

使用水准仪进行视距测量，因为视线水平，竖直角 $\alpha=0°$，因此，水平距离的计算公式为 $D=Kl$。

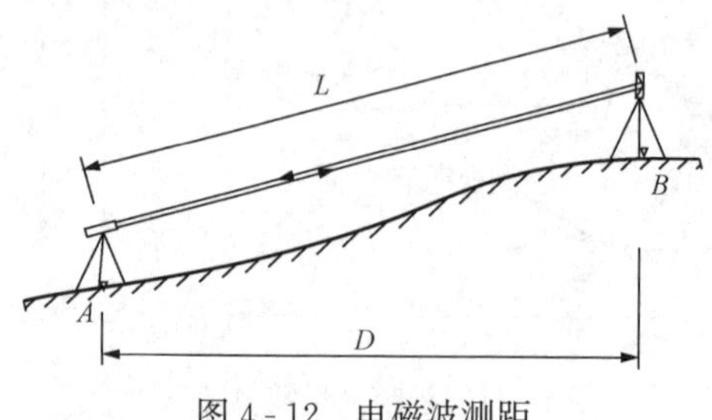

图 4-12　电磁波测距

三、电磁波测距

电磁波测距按所用的载波不同，分为光电测距和微波测距。其中，光电测距采用光波（可见光、红外光、激光）作为载波；微波测距采用无线电波的微波作为载波。

1. 测距原理

如图 4-12 所示，电磁波测距的基本原理是：

通过测定电磁波（微波或光波）在仪器与棱镜间往返传播的时间测量距离。

实测的距离可按下式计算

$$L=\frac{1}{2}ct \tag{4-3}$$

式中 L——倾斜距离，m；

c——电磁波在大气中的传播速度，m/s；

t——电磁波从测距仪发出到返回所用的时间，s。

2. 特点

测距仪可将实测的倾斜距离 L 转换为水平距离 D。

由于电磁波测距仪的测程远、精度高、作业快、受地形的限制少，目前已广泛应用于测绘和施工测量中。

测距仪测距的方法，见后续内容“全站仪测量”。

任务二 直 线 定 向

直线定向就是确定直线的方向。在测量中，直线定向是指确定一条直线与标准方向所夹的水平角。

一、标准方向的分类

标准方向有 3 个，即：真子午线方向、磁子午线方向和坐标纵轴方向。

1. 真子午线方向

通过地面上某个点的真子午线的切线方向，称为该点的真子午线方向。

2. 磁子午线方向

磁针在地球磁场的作用下，静止时其轴线所指的方向，称为该点的磁子午线方向。

3. 坐标纵轴方向

测量坐标系中的 x 轴方向，称为坐标纵轴方向。在实际工作中，经常采用平面直角坐标确定地面点的位置，因此，坐标纵轴方向是常用的标准方向。

二、直线方向的表示方法

1. 方位角

(1) 定义。从标准方向的北端起，顺时针量到某直线的夹角。如图 4-13 所示的方位角为直线 AB 的方位角。

(2) 分类。由于标准方向有 3 个，因此方位角也有 3 种，即：真方位角、磁方位角、坐标方位角。

真方位角用天文观测的方法测定；磁方位角用罗盘仪测定；坐标方位角不是直接测定出来，而是通过对已知直线的联测推算出来的。罗盘仪用于独立测区的近似定向。精度要求不高时，可以用罗盘仪测磁方位角代替坐标方位角。

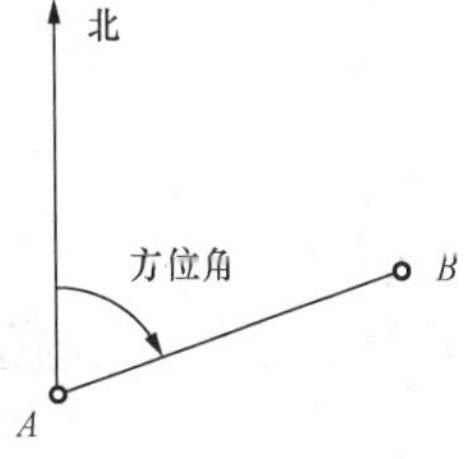

图 4-13 方位角

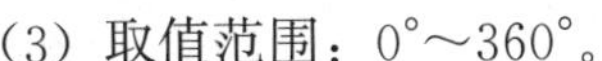
(3) 取值范围：0°～360°。

2. 象限角

(1) 定义。直线与 x 轴夹的锐角，称为象限角，用 R 表示。如图 4-14 所示，1、2、3、

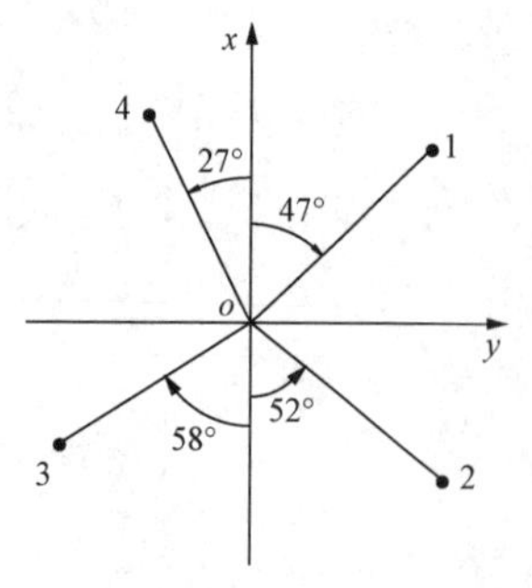

图 4-14　象限角

4 四个点分别位于第一象限、第二象限、第三象限和第四象限，各点与坐标原点的连线组成了直线 01、直线 02、直线 03 和直线 04。直线 01 的象限角为北偏东 45°；直线 02 的象限角为南偏东 52°；直线 03 的象限角为南偏西 58°；直线 04 的象限角为北偏西 27°。

（2）取值范围：0°～90°。

三、坐标方位角

坐标方位角用 α 表示，如直线 AB 的坐标方位角表示为 α_{AB}，第一个下标表示直线的起点，第二个下标表示直线的终点。

1. 理解坐标方位角

（1）表示直线的坐标方位角，必须在该直线的起点建立标准方向。

直线 BA 的坐标方位角表示方法及步骤如图 4-15 所示。

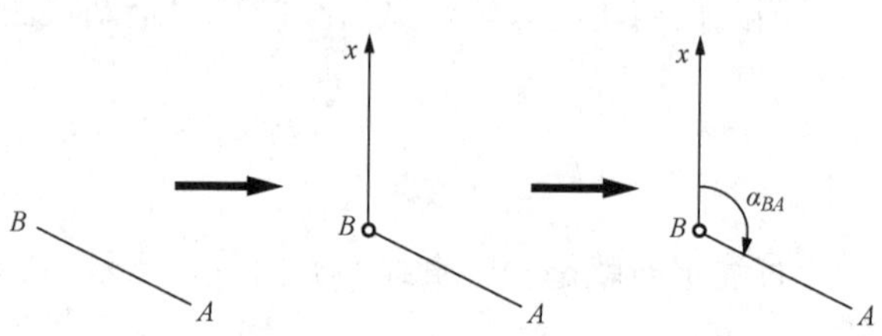

图 4-15　表示坐标方位角的步骤

（2）在测量工作中，直线是有方向的，它体现在直线的坐标方位角上。

如图 4-16 所示，直线 AB 的坐标方位角和直线 BA 的坐标方位角不相等，即 $\alpha_{AB} \neq \alpha_{BA}$。

（3）同一条直线的正、反坐标方位角相差 180°。

如图 4-16 所示，α_{AB} 和 α_{BA} 相差 180°。$\alpha_{AB}=\alpha_{BA}+180°$ 或 $\alpha_{BA}=\alpha_{AB}-180°$，这两个坐标方位角互为正反，即 $\alpha_{反}=\alpha_{正}\pm180°$。

2. 坐标方位角的推算

如图 4-17 所示，已知直线 AB 的坐标方位角 α_{AB}，观测了水平角 β_1 和 β_2，要求推算直线 $B1$ 和直线 12 的坐标方位角。

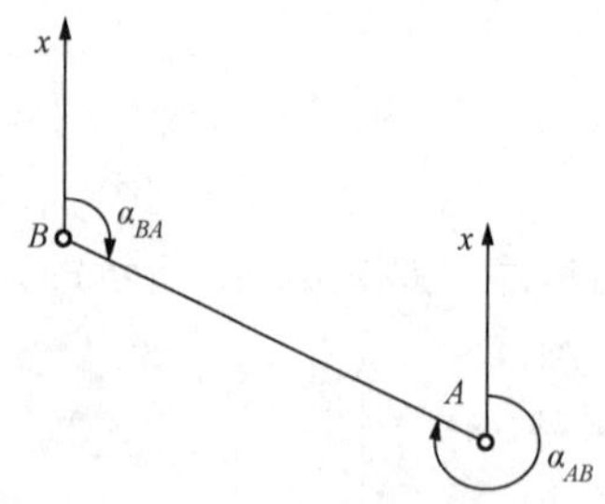

图 4-16　同一直线的正反坐标方位角

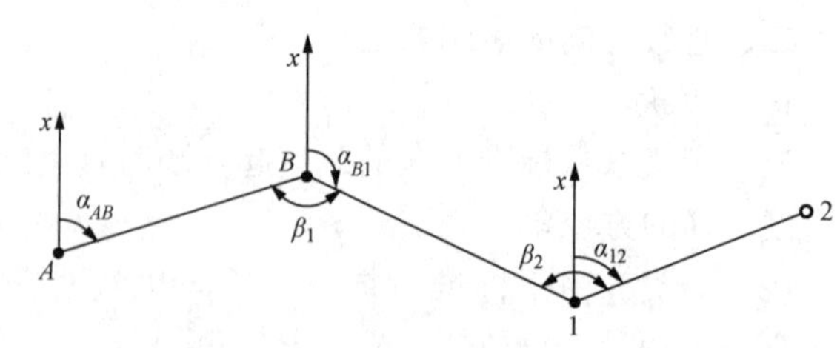

图 4-17　坐标方位角的推算

推算坐标方位角的通用公式为

$$\begin{cases}\alpha_{前}=\alpha_{后}+180°+\beta_{左}\\ \alpha_{前}=\alpha_{后}+180°-\beta_{右}\end{cases} \tag{4-4}$$

式中　$\alpha_{前}$——待测直线的坐标方位角；

$\alpha_{后}$——已知直线的坐标方位角；

$\beta_{左}$——前进路线左侧的转折角；

$\beta_{右}$——前进路线右侧的转折角。

(1) 此公式只用于按顺次方向推算相邻直线的坐标方位角。

如图 4-17 所示，正确的推算顺序为：$\alpha_{AB} \to \alpha_{B1} \to \alpha_{12}$，即已知直线的终点为待测直线的起点，而 $\alpha_{AB} \to \alpha_{1B}$ 和 $\alpha_{AB} \to \alpha_{12}$ 都是错误的。

(2) 按照坐标方位角的取值范围，不得出现<0°或≥360°的角。

若<0°，应加 360°；若≥360°，应减 360°。

(3) 应用公式“$\alpha_{前}=\alpha_{后}+180°+\beta_{左}$”时，应调整计算顺序，提高计算速度。

若 $\alpha_{后}+\beta_{左}<180°$，$\alpha_{前}=\alpha_{后}+\beta_{左}+180°$；若 $\alpha_{后}+\beta_{左}\geq 180°$，$\alpha_{前}=\alpha_{后}+\beta_{左}-180°$。

【例 4-3】 如图 4-17 所示，已知 $\alpha_{AB}=69°12'24''$，观测的水平角 $\beta_1=132°35'54''$，$\beta_2=128°05'42''$，要求推算 α_{B1} 和 α_{12}。

将已知数据代入式 (4-4) 得

$$\alpha_{B1}=\alpha_{AB}+180°-\beta_1=69°12'24''+180°-132°35'54''=116°36'30''$$

$$\alpha_{12}=\alpha_{B1}+180°+\beta_2=116°36'30''+180°+128°05'42''=424°42'12''\to 64°42'12''$$

另一种列式方法：$\alpha_{12}=\alpha_{B1}+\beta_2-180°=116°36'30''+128°05'42''-180°=64°42'12''$

此例不具备检核条件，具备检核条件的线路，见后续内容“小地区控制测量”。

3. 坐标方位角与象限角的关系

坐标方位角与象限角的区别见表 4-4。

表 4-4 **坐标方位角与象限角的区别**

直线方向的表示方法	标准方向	角度的旋转方向	取值范围
坐标方位角	x 轴的正方向	顺时针	0°～360°
象限角	x 轴的正、负方向	顺时针和逆时针	0°～90°

象限角的表示方法如图 4-18 (a) 所示，坐标方位角的表示方法如图 4-18 (b) 所示，二者的换算关系如下：第一象限，$\alpha_{01}=R_{01}$；第二象限，$\alpha_{02}=180°-R_{02}$；第三象限，$\alpha_{03}=180°+R_{03}$；第四象限，$\alpha_{04}=360°-R_{04}$。

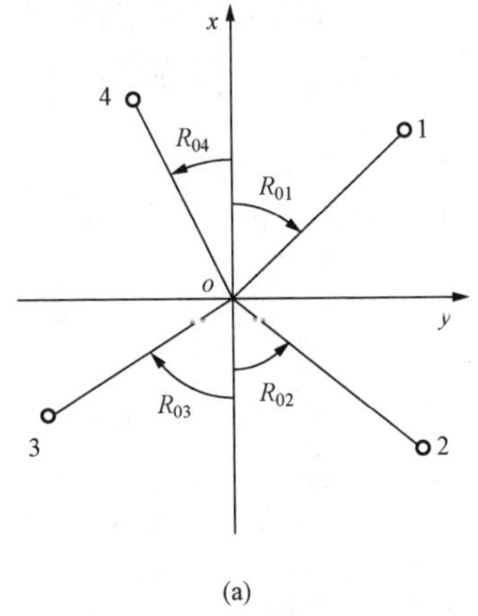

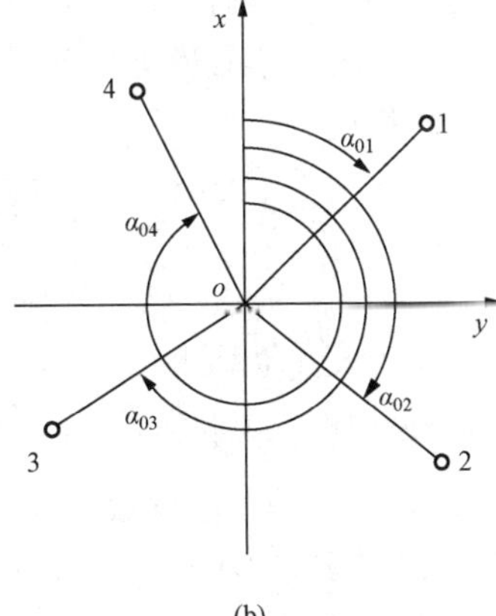

图 4-18 坐标方位角与象限角的关系

(a) 象限角；(b) 坐标方位角

任务三　坐标正算与坐标反算

坐标正算与坐标反算是学习测量课程必须具备的基本计算能力。二者的基本区别见表 4-5。

表 4-5　坐标正算与反算的基本区别

计算方法	已知	求	用途
坐标正算	起点坐标 水平距离 坐标方位角	终点坐标	求点的坐标
坐标反算	起点坐标 终点坐标	水平距离 坐标方位角	检核控制点 施工放样时计算测设数据

一、坐标正算

1. 公式

如图 4-19 所示，已知：$A(x_A, y_A)$、D_{AB}、α_{AB}，求$B(x_B, y_B)$。

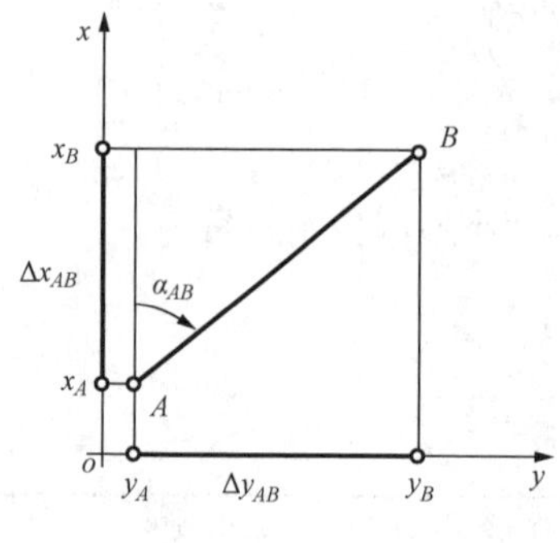

图 4-19　坐标正算

用三角函数计算 Δx_{AB} 和 Δy_{AB}，公式如下

$$\begin{cases}\Delta x_{AB} = D_{AB}\cos\alpha_{AB} \\ \Delta y_{AB} = D_{AB}\sin\alpha_{AB}\end{cases} \tag{4-5}$$

B 点坐标应按下式计算

$$\begin{cases}x_B = x_A + \Delta x_{AB} \\ y_B = y_A + \Delta y_{AB}\end{cases} \tag{4-6}$$

其中，Δx_{AB} 和 Δy_{AB} 称为坐标增量。

2. 坐标增量

对于坐标增量，可以作如下理解：

（1）坐标增量表现为直线在坐标轴上的投影长度。

（2）在测量中直线是有方向的，直线 AB 和直线 BA 的坐标增量可以用符号区别：若坐标增量符号为正，表示增量的方向与坐标轴方向相同；若坐标增量符号为负，表示增量的方向与坐标轴方向相反。

【例 4-4】　已知 A 点坐标为$\dfrac{655.269}{523.916}$，$D_{AB}=125.363\text{m}$，$\alpha_{AB}=237°46'25''$，求 B 点坐标。

将已知条件代入式（4-5），得

$$\begin{cases}\Delta x_{AB} = D_{AB}\cos\alpha_{AB} = 125.363\times\cos237°46'25'' = -66.852(\text{m}) \\ \Delta y_{AB} = D_{AB}\sin\alpha_{AB} = 125.363\times\sin237°46'25'' = -106.051(\text{m})\end{cases}$$

将计算的坐标增量代入式（4-6），得

$$\begin{cases}x_B = 655.269 - 66.852 = 588.417(\text{m}) \\ y_B = 523.916 - 106.051 = 417.865(\text{m})\end{cases}$$

计算检核：Δx_{AB}和Δy_{AB}都为负值，说明这两个坐标增量的方向都和坐标轴的方向相反，按照计算的坐标增量，画出直线AB，如图4-20所示。可看出α_{AB}在180°～270°之间，这与已知条件中的$\alpha_{AB}=237°46'25''$相吻合。

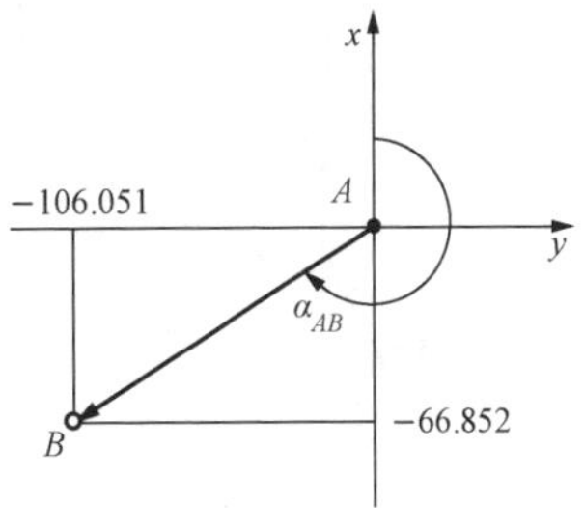

图4-20 坐标增量的检核

3. 坐标正算的竖式表示

列竖式进行坐标正算时，以$\dfrac{D_{AB}}{\alpha_{AB}}\xrightarrow{\text{Rec}}\dfrac{\Delta x_{AB}}{\Delta y_{AB}}\xrightarrow{+A}\dfrac{x_B}{y_B}$为模式，利用计算器的功能键，输入数据，直接得出计算结果。

【例4-5】 利用［例4-4］的数据，要求列竖式计算B点坐标。

$$B\text{点坐标为}\quad \frac{D_{AB}}{\alpha_{AB}}=\frac{125.363}{237°46'25''}\xrightarrow{\text{Rec}}\frac{-66.852}{-106.051}\xrightarrow{+A}\frac{588.417}{417.865}\left(\frac{x_B}{y_B}\right)$$

二、坐标反算

1. 坐标增量

已知$A(x_A,\ y_A)$和$B(x_B,\ y_B)$，求D_{AB}、α_{AB}。

在坐标反算中，坐标增量表现为两点坐标之差

$$\text{坐标增量}=\text{终点坐标}-\text{起点坐标}$$

即

$$\begin{cases}\Delta x_{AB}=x_B-x_A\\ \Delta y_{AB}=y_B-y_A\end{cases}\tag{4-7}$$

在实际工作中，坐标增量表现为

$$\begin{cases}\text{坐标增量}=\text{后视点坐标}-\text{测站点坐标}\\ \text{坐标增量}=\text{放样点坐标}-\text{测站点坐标}\end{cases}$$

2. 坐标反算的步骤

①根据已知点的坐标，画出两点的位置关系草图。

②根据公式$D_{AB}=\sqrt{\Delta x_{AB}^2+\Delta y_{AB}^2}$，求直线的水平距离$D_{AB}$［式（1-1）］。

③根据公式$R_{AB}=\arctan\dfrac{\Delta y_{AB}}{\Delta x_{AB}}$，求直线的象限角［式（1-2）］。

④根据坐标方位角α和象限角R的关系求直线的坐标方位角α_{AB}。

注意：

应根据象限角的正负号判断直线的方向：

若$R>0$，直线的方向如图4-21（a）所示；若$R<0$，直线的方向如图4-21（b）所示。

【例4-6】 已知A点坐标为$\dfrac{526.489}{427.602}$，B点坐标为$\dfrac{433.952}{864.327}$。求$\dfrac{D_{AB}}{\alpha_{AB}}$和$\dfrac{D_{BA}}{\alpha_{BA}}$。

根据坐标反算的步骤进行计算。

（1）如图4-22所示画草图。

①$x_A=526.489$、$x_B=433.952$，$x_A>x_B$。因此在x轴上A点在上，B点在下。

②$y_A=427.602$、$y_B=864.327$，$y_A<y_B$。因此在y轴上A点在左，B点在右。

③分别过各点作与坐标轴同向的直线，交得A点和B点。

④A点和B点连线，得直线AB，同时在图中画出α_{AB}、α_{BA}、R_{AB}、R_{BA}。

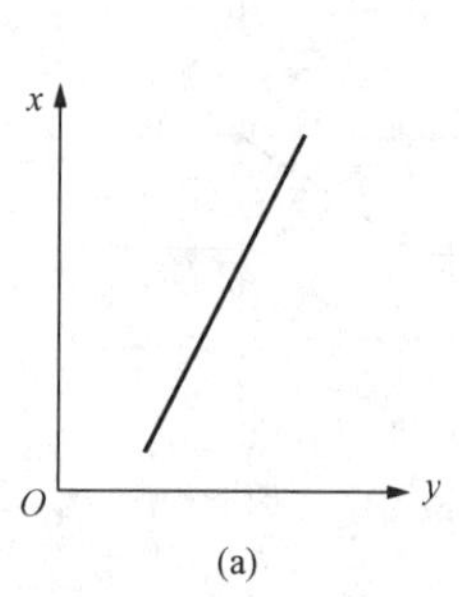

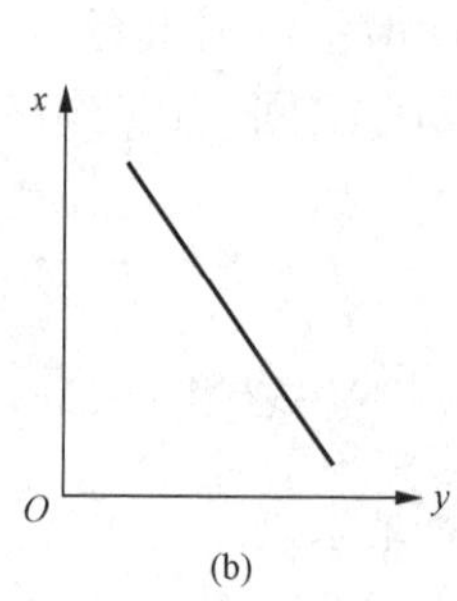

图 4-21　坐标反算中直线的方向
（a）象限角为正数；（b）象限角为负数

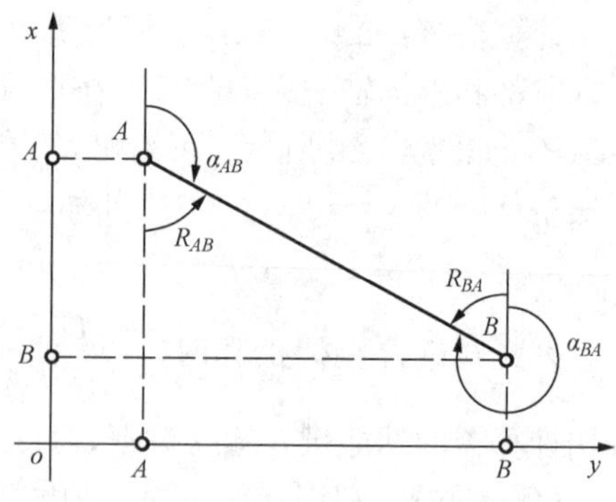

图 4-22　坐标反算中草图的画法

（2）计算坐标增量。代入式（4-7），得

$$\begin{cases}\Delta x_{AB} = x_B - x_A = 433.952 - 526.489 = -92.537(\text{m}) \\ \Delta y_{AB} = y_B - y_A = 864.327 - 427.602 = 436.725(\text{m})\end{cases}$$

（3）计算水平距离

$$D_{AB} = \sqrt{\Delta x_{AB}{}^2 + y_{AB}{}^2} = \sqrt{(-92.537)^2 + 436.725^2} = 446.421(\text{m})$$

（4）计算象限角

$$R_{AB} = \arctan\frac{\Delta y_{AB}}{\Delta x_{AB}} = \arctan\frac{436.725}{-92.537} = -78°02'12''$$

象限角为负数，说明直线 AB 的方向如图 4-21（b）所示，也与草图中直线 AB 的方向相符。

（5）根据象限角与坐标方位角的关系，计算坐标方位角

$$\alpha_{AB} = 180° - 78°02'12'' = 101°57'48''$$
$$\alpha_{BA} = 360° - 78°02'12'' = 281°57'48''$$

（6）计算检核，即

$$281°57'48'' - 101°57'48'' = 180°$$

3. 坐标反算的竖式表示

列竖式进行坐标反算时，以 $\frac{\Delta x_{AB}}{\Delta y_{AB}} \xrightarrow{\text{pol}} \frac{D_{AB}}{\alpha_{AB}}$ 为模式，利用计算器的功能键，输入数据，直接得出计算结果。

【例 4-7】 利用［例 4-6］的数据，要求列竖式计算直线的水平距离和坐标方位角。

$$\frac{\Delta x_{AB}}{\Delta y_{AB}} = \frac{-92.537}{436.725} \xrightarrow{\text{pol}} \frac{446.421}{101°57'48''}\left(\frac{D_{AB}}{\alpha_{AB}}\right)$$

$$\frac{\Delta x_{BA}}{\Delta y_{BA}} = \frac{92.537}{-436.725} \xrightarrow{\text{pol}} \frac{446.421}{281°57'48''}\left(\frac{D_{BA}}{\alpha_{BA}}\right)$$

（1）在坐标反算中，计算的坐标方位角为负数，应加 360°，若计算器在进行此步操作时，数据出现混乱，应按［=］键后再加 360°。

（2）在后续内容中，点的坐标表示方法将调整为竖式，即施工图中的坐标表示方法。

项目五　全站仪测量

【知识目标】 了解全站仪各部件的名称和作用，掌握全站仪的基本操作及全站仪的工程应用。

【能力目标】 熟练全站仪的基本操作方法；掌握建项目、已知建站、后交建站、对边测量、悬高测量等全站仪的工程应用。

任务一　全站仪简介

全站仪是全站型电子速测仪的简称。它是由光电测距仪、电子经纬仪、微处理机及其系统软件等数据处理系统组合而成的智能型光电测量仪器。其结构组成如图 5-1 所示。

全站仪的基本功能是测量水平角、竖直角和斜距，借助机内固化的软件，组成多种测量功能。如：计算并显示水平距离、高差、三维坐标，进行偏心测量、悬高测量、对边测量、面积计算、数据采集、施工放样等。目前已在工程测量中得到广泛应用。

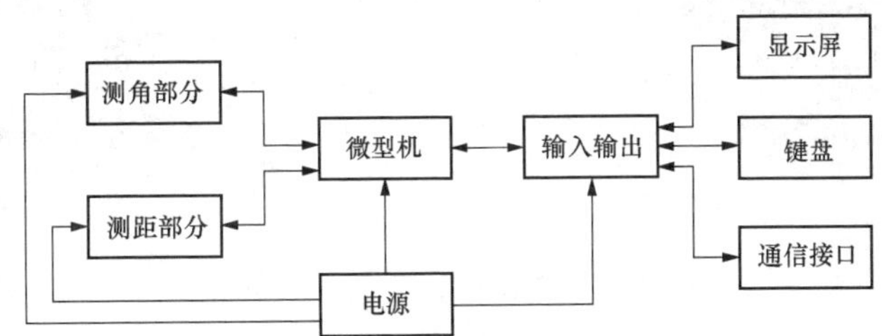

图 5-1　全站仪的结构组成

瑞得 RTS-800 工程型全站仪因操作面板上设置快捷键，适合初学者快速入门。

一、主要参数介绍

瑞得 RTS-800 全站仪的主要参数见表 5-1。

表 5-1　　**RTS-800 型全站仪的主要参数**

主要技术指标	参数	主要技术指标	参数
键盘	双面	望远镜放大倍数	30×
棱镜测程（m）	5000	测距精度	棱镜 2mm+2ppm 反射片、免棱镜 3mm+2ppm
免棱镜测程（m）	1000	测角精度	2″
最短焦距（m）	1.3	数据交互接口	高速 USB、SD 卡

续表

主要技术指标	参数	主要技术指标	参数
双轴倾斜补偿范围	3′	连续观测时间（h）	8
使用温度环境	－20～＋50℃	防水等级	IP55

二、外观介绍

与光学经纬仪相比，全站仪具有手柄、电池、外部通信接口和操作面板等部件。其中，操作面板上有显示屏和键盘，使操作更具智能化。

瑞得 RTS-800 工程型全站仪的外观及各部件名称如图 5-2 所示。

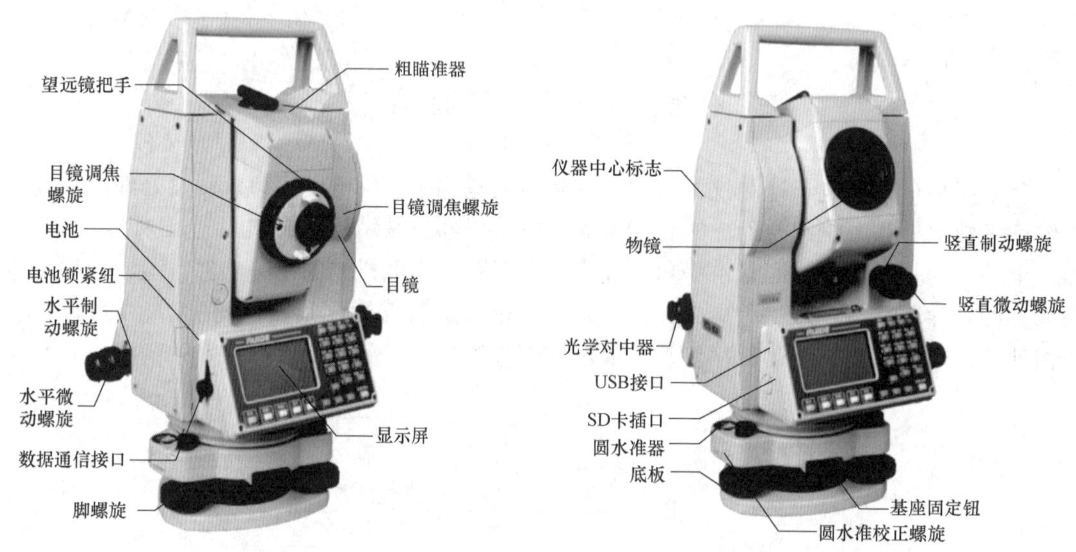

图 5-2 瑞得 RTS-800 型全站仪

三、键盘介绍

瑞得 RTS-800 型全站仪的操作面板如图 5-3 所示。

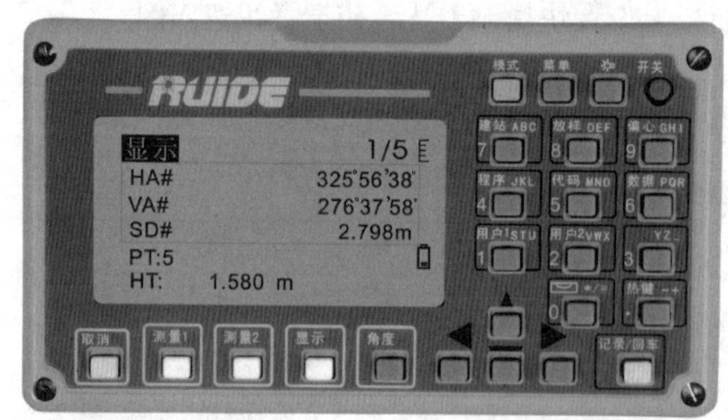

图 5-3 瑞得 RTS-800 型全站仪的操作面板

常用的按键及其功能如下：

[开关]：电源开关键；

[☼]：背景照明开关；

[菜单]：功能菜单键；

[模式]：输入模式切换键，可切换数字和英文字母的输入；

[取消]：返回上一屏幕或取消操作；

[测量 1]：根据该键设置的测量模式进行测距。在基本测量屏中按住此键一秒钟可进行测量模式的设置；

[测量 2]：根据该键设置的测量模式进行测距。按住此键一秒钟可进行区别于[测量 1]键的测量模式设置；

显示：屏幕切换键，按住此键一秒钟可编辑基本测量屏上显示的测量元素；

角度：测角菜单键，相当于经纬仪的度盘变换手轮；

建站：建站菜单键；

放样：放样菜单键。按住此键一秒钟，显示与放样有关的设置；

偏心：偏心测量菜单键；

程序：附加的测量程序菜单键；

数据：根据设置，显示原始数据、坐标数据或测站、碎部点等数据；

⊡：电子气泡指示键；

热键：温度、大气压、目标高等热键菜单键；

记录/回车：输入或记录数据，操作确认键。在基本测量屏中按住此键一秒钟，可选择数据作为 CP 存储或 SS 记录存储。

四、屏幕显示符号介绍

1. 测量元素

全站仪的测量元素分布在不同的显示屏上，与教材中所学的测量元素符号对照见表 5-2。

表 5-2 测量元素对照表

序号	测量元素	符号	教材中的对应符号	备注
1	水平角	HA	β	望远镜向右转读数增大
2	天顶距	VA	Z	
3	水平距离	HD	D	
4	倾斜距离	SD	L	
5	左水平角	HL		HL＝360°－HA；望远镜向左转读数增大
6	高程	z	H	
7	坐标方位角	AZ	α_{XX}	
8	倾斜视线的高差	VD	h	
9	倾斜视线的坡度	V%	i	
10	点的坐标	x，y，z	x，y，H	

说明：

(1) 在 10 个测量元素中，只有 HA、VA、SD 是全站仪的实测数据，其他元素的显示都是全站仪计算的结果；

(2) 与距离相关的测量元素有 3 个，即：HD、SD、VD，三者的关系如图 5-4 所示。

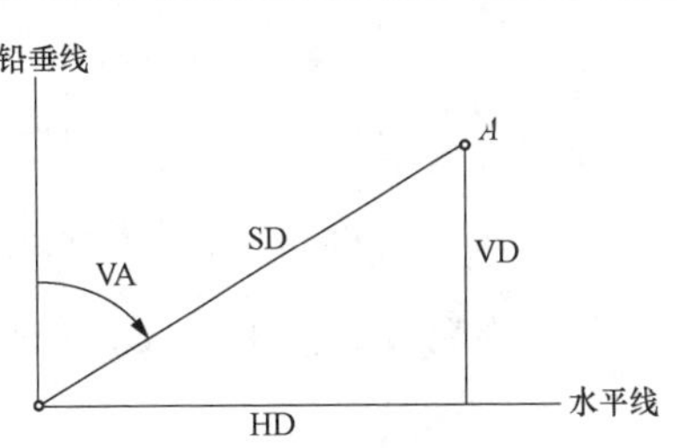

图 5-4 SD、HD、VD 的关系

2. 显示屏上的其他符号

显示屏上的其他符号见表 5-3。

表 5-3　显示屏上的其他符号

符号	含义	符号	含义
ST	测站	PT	测点
BS	后视点	HT	目标高
HI	仪器高	CD	编码

说明：

（1）如果测量元素后显示“#”，表示没有开启倾斜补偿。

（2）如果测量元素前显示“d”，表示为测量此项的差值。

（3）“F1 和 F2”：“F1”表示盘左观测，“F2”表示盘右观测。

五、基本操作介绍

1. 开机与关机

按“开关”键，即可完成开机与关机操作。

若开机后没有显示基本测量屏，说明本次开机后显示的界面是上次关机前的操作界面，应按取消键，直至显示基本测量屏。

系统设置的关机时间为 30 分钟。若在设定的时间内无任何按键操作，全站仪会自动关机，以节省电能。

2. 开启背景光

按住“照明”键，显示如图 5-5 所示的界面，通过“数字”键1、2、3或▲、▼光标键设置背景光、声音以及对比度调节。

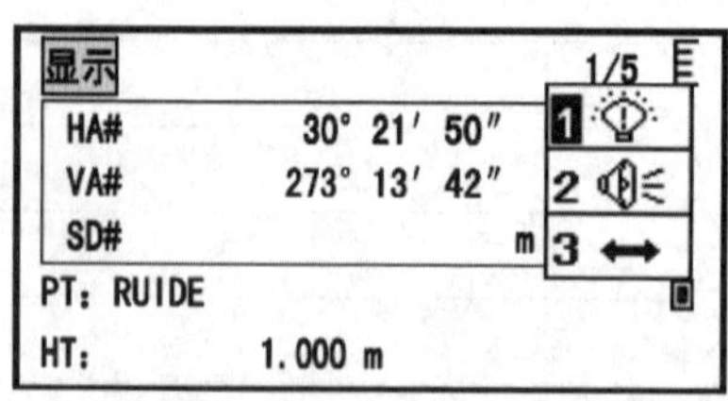

图 5-5　背景光设置界面

3. 测量设置

测量设置，是在测量工作之前必须做的准备工作。

按菜单键，选择“3. 设置”，可进行与测量工作相关的设置。常用的设置如下。

（1）角度设置。在VA 零的选项中，有三个备选项“天顶零/水平零/罗盘”，一般选择“天顶零”。在“分辨率”的选项中，有三个备选项“1″/5″/10″”，一般选择“1”。

在HA的选项中，有两个备选项“方位角/0 到 BS”，一般选择“方位角”。

（2）距离设置。距离设置包括比例尺、海平面、C&R 改正、测程等。在教学工作中，一般不作设置。

（3）坐标设置。在顺序的选项中，有两个备选项“NEZ/ENZ”，一般选择“NEZ”，即北方向 x 轴排序第一。

在“标记”的选项中，有三个备选项“NEZ/XYZ/YXZ”，一般选择“NEZ”或“XYZ”。

在AZ零的选项中，有两个备选项“南/北”，即坐标方位角标准方向的选择，必须选择“北”，否则全站仪所有的测量数据错误。

4. 热键设置

热键设置是在测量过程中，针对不断变化的测量环境，随时更新目标高、温度、大气压等设置。

5. 项目管理

项目与计算机中的文件夹相似，建立项目的目的就是便于管理测量数据。相关操作如下：

（1）按菜单键，显示如图5-6（a）所示的界面，选择“1. 项目”，显示如图5-6（b）所示的项目列表。

（2）按▲、▼光标键，选择所需项目，按回车键打开该项目，系统将该项目设置为当前项目，并返回基本测量屏幕。

（3）若在图5-6（b）所示的项目列表中，没有显示所需项目，需要创建项目。

（4）点击“创建”，在图5-6（c）所示的界面中，输入项目名，按回车键确认生成新项目。

（5）删除项目时，在图5-6（b）所示的项目列表中按▲、▼光标键，选择需要删除的项目，按回车键确认。

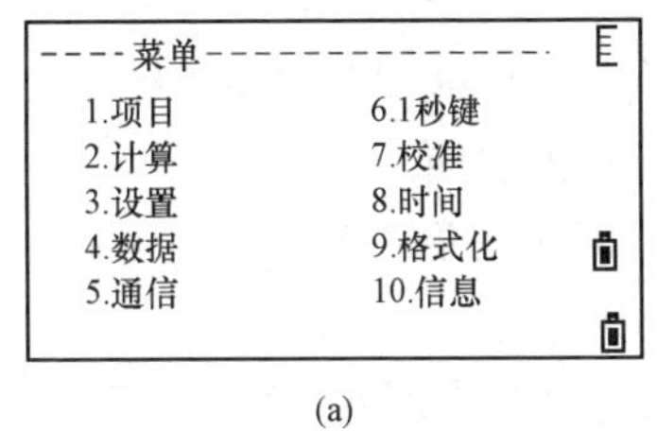

(a)

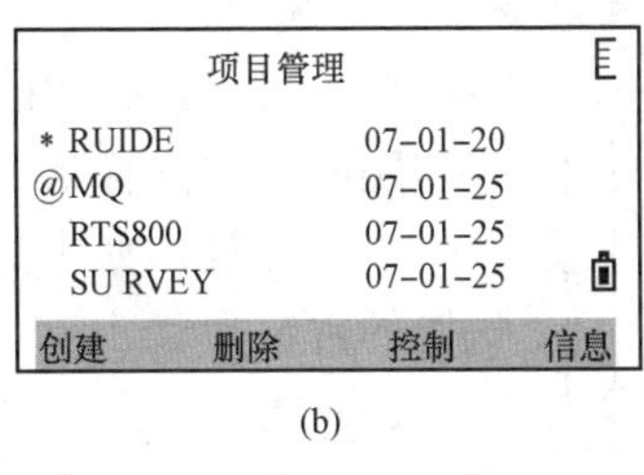

(b)

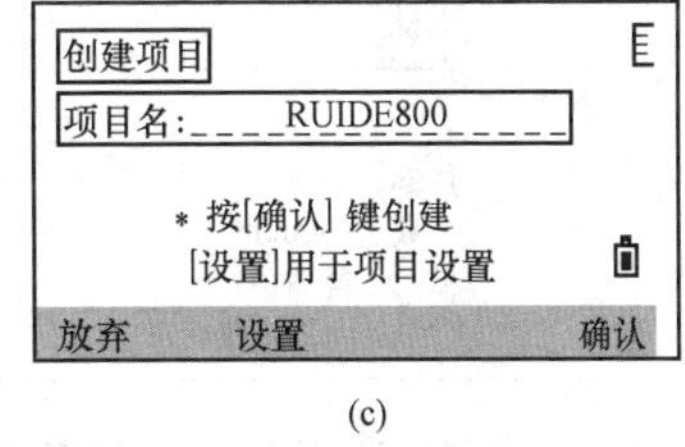

(c)

图5-6　项目管理界面

6. 已知建站

已知建站与经纬仪相似的操作是：在已知点上安置经纬仪，对中、整平后瞄准另一个已知点，使水平度盘的读数为测站点至后视点的坐标方位角，为下一步的测图或放样工作做准备。

全站仪已知建站的过程如下：

（1）在基本测量屏下，按建站键，在菜单中选1. 已知，即进入如图5-7（a）所示的界面。

（2）输入测站的名称和坐标，进入如图5-7（b）所示的后视选择界面：若选择1. 坐标则输入后视点的坐标；若选择2. 角度则输入测站至后视点的坐标方位角。

（3）按照图5-7（c）所示的提示界面，检查是否瞄准后视点，按测量键或回车完成建站工作。

①若对已知点进行观测，应按[测量 1]键或[测量 2]键完成建站，并显示差值。

②若不需要对已知点进行观测，按[记录/回车]键，完成建站。

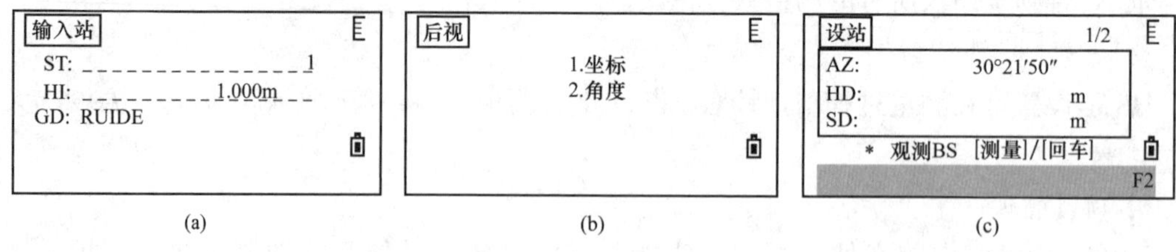

图 5-7 建站的操作界面

7. 输入

在输入状态下按[模式]键，当显示屏的右上角出现数字 1，可输入数字；当显示屏的右上角出现字母 A，可输入字母，输入方法与手机的字母输入方法相似，输入该键的第几个字母，就在该键上连按几下，如输入 C，则在数字键“7”上连按三下。

角度输入：以“度”为整数，“分”和“秒”各占两位，列于小数点之后。如 276°48′18″，应输入 276.4818。

8. 测量模式设置

可以在[测量 1]和[测量 2]两个测量键上分别设置不同的测量模式。

按住[测量 1]或[测量 2]键一秒钟，即出现如图 5-8 所示的界面。按光标键▲或▼将光标移到修改的项目上，再按光标键◀或▶键改变选项。

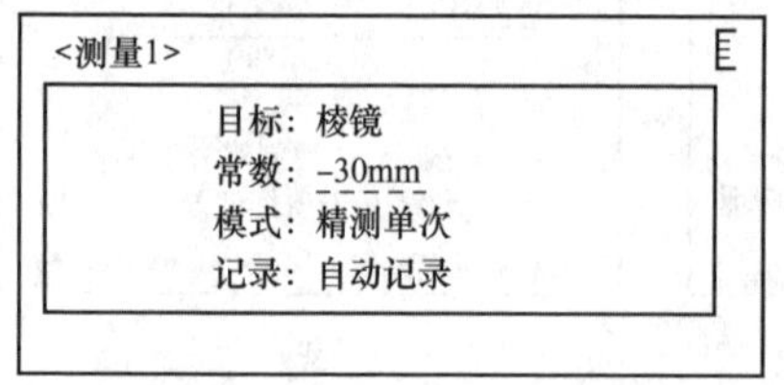

图 5-8 测量模式设置界面

（1）目标：有“棱镜”、“反射片”、“免棱镜”（激光测距的全站仪有此功能）等选项。

（2）常数：直接输入棱镜常数的数值。目前国产棱镜的常数为“0”或“−30”。

（3）模式：有“精测单次”“精测 2 次（3 次/4 次/5 次）”“精测连续”“跟踪测量”等选项。

（4）记录：有“回车记录”“自动记录”“仅测量”等选项。

①“回车记录”：在记录数据之前，总会弹出“记录点”的界面，提示是否需要存储；

②“自动记录”：是快速观测与记录的模式，测量完成后，全站仪会用缺省的点名进行自动记录。如：第一个测点名为 1，则后续自动存储的点名为 2；若第一个测点名为 A，则后续测量后弹出界面，要求输入存储的点名。

③“仅测量”：测量结束后，按[记录/回车]键，则存储数据；不按[记录/回车]键，则不存储数据。

任务二　全站仪测量的基本内容

一、全站仪测量的目标

全站仪测量的目标为棱镜和反射片，有免棱镜功能的全站仪，测量距离时不需要棱镜和反射片。

如图5-9（a）所示为棱镜头，安装在如图5-9（b）所示的基座上，称为单棱镜组，用于控制测量；安装在如图5-9（c）所示的对中杆上，用于施工放样；安装在如图5-9（d）所示的单杆上，用于地形图测绘中的碎部测量；如图5-9（e）所示为贴片，也称反射片，用于变形观测中的测点。在实操教学工作中，可以将贴片置于任意位置，以满足教学需要。

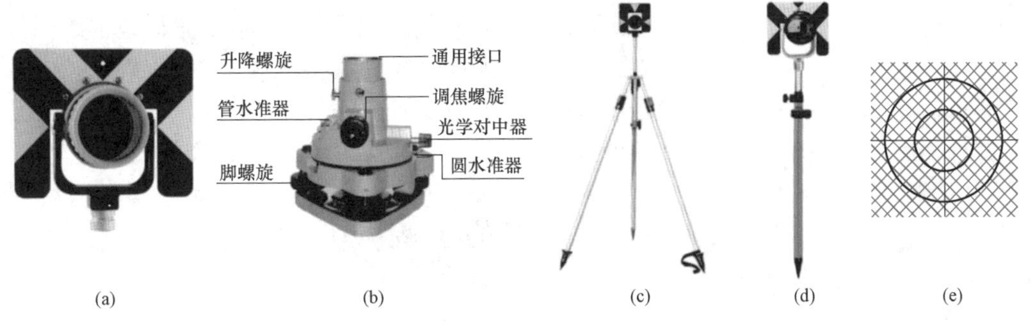

图5-9　全站仪测量的目标

二、全站仪测量的基本内容

1. 水平角测量

全站仪测量水平角的方法同经纬仪。应注意以下几点：

（1）如图5-10所示，全站仪测水平角，可以测右水平角，也可以测左水平角。在没有熟练操作全站仪之前，尽量不读HL作为观测数据。

（2）全站仪配盘，需要调出角度菜单，如图5-11所示，可以置零，或输入任意方向值。

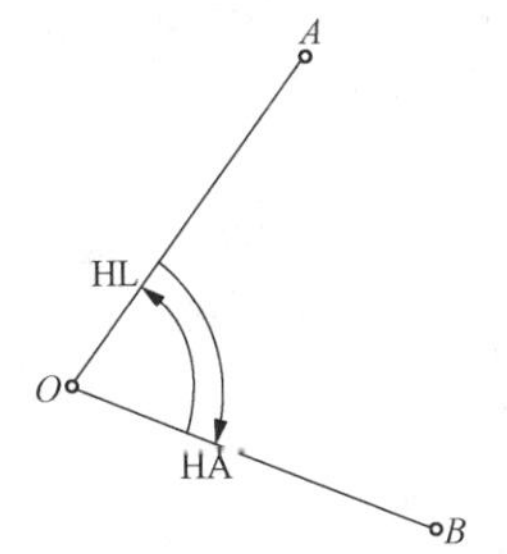

图5-10　全站仪测量水平角

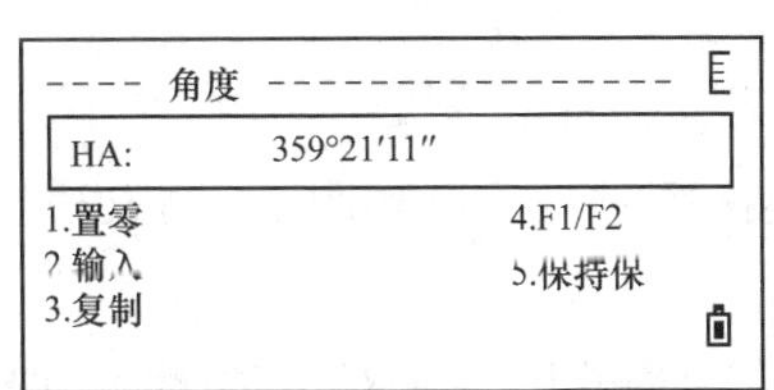

图5-11　角度菜单

2. 水平距离测量

如图5-12所示，在P点安置全站仪，在1、2、3、4、5各点安置单棱镜组。水平距离测量的操作要点如下：

(1) 测量水平距离之前，必须针对观测目标上的棱镜，正确设置棱镜常数。

(2) 用十字丝的交叉点瞄准棱镜中心，按测量键，在显示屏上读 HD 记录观测数据。

(3) 根据不同的棱镜，按[测量1]键或[测量2]键进行测量，测距时，会显示当前使用的棱镜常数。

(4) 此处的水平距离测量是全站仪对向观测，还有一种测距的方法是全站仪对边测量（见后续内容）。

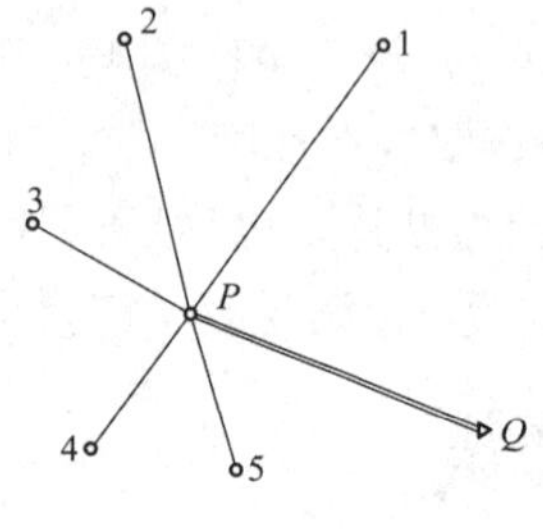

图 5-12 全站仪测距及测坐标

3. 坐标测量

坐标测量的点位参照图 5-12。在测量水平距离的同时，按[显示]键进行翻页，在显示屏上读 x，y，z 作为观测数据。坐标测量的操作要点如下：

(1) 坐标测量之前必须"建站"，并正确设置棱镜常数。

(2) 观测前设置测量模式为"精测单次"或"精测 2 次（3 次）"，数据存储设置为"自动记录"。

(3) 若测量的数据较多，应建立项目，以方便数据管理。

任务三 全站仪的工程应用

一、放样

全站仪放样是施工测量的重要组成部分，其操作过程及方法详见项目八中的"全站仪放样"。

二、坐标反算

坐标反算的操作流程如下：

按[菜单]键，选择"2. 计算"→"1. 反算"→"1.2 点反算"→调用或输入直线起点的坐标→调用或输入直线终点的坐标，显示直线的坐标方位角和水平距离。

三、对边测量

对边测量是在被测点以外的任意位置上安置全站仪进行距离测量的方法。如图 5-13 所示，瑞得 RTS-800 工程型全站仪的对边测量方法分为"对边/折线"测量和"对边/射线"测量。

1. 对边/折线测量

(1) 在 P 点安置全站仪，对中、整平。

(2) 按[程序]键，显示如图 5-14（a）所示的界面。

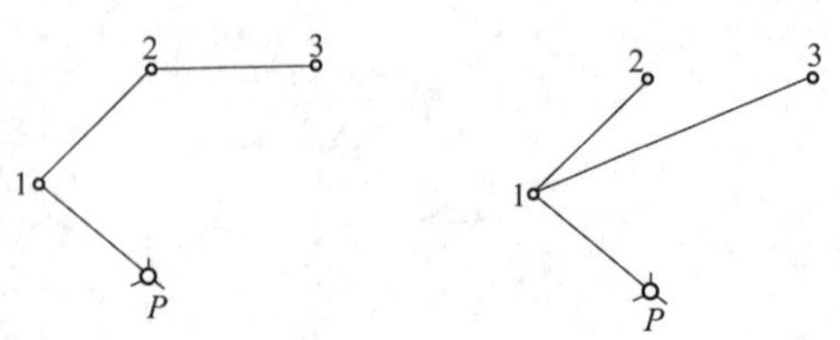

图 5-13 全站仪对边距测量

(3) 在菜单中选择"4. 对边/折线"。瞄准 1 点的棱镜，按[测量1]键或[测量2]键，在显示屏上显示 D_{P1}。此时，全站仪提示进行下一点的观测，显示如图 5-14（b）所示的界面。

(4) 瞄准 2 点的棱镜，按[测量1]键或[测量2]键，在显示屏上显示 D_{12}。图 5-14（c）所示为 1 点和 2 点关系的界面。

(5) 全站仪提示进行下一点的观测，瞄准 3 点的棱镜，按[测量 1]键或[测量 2]键，在显示屏上显示 D_{23}。

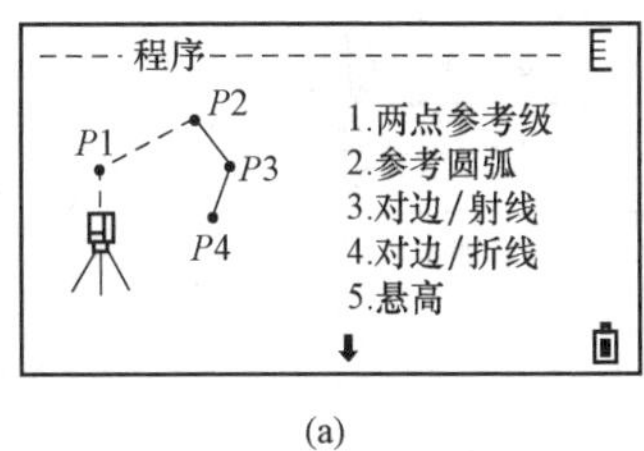

(a)

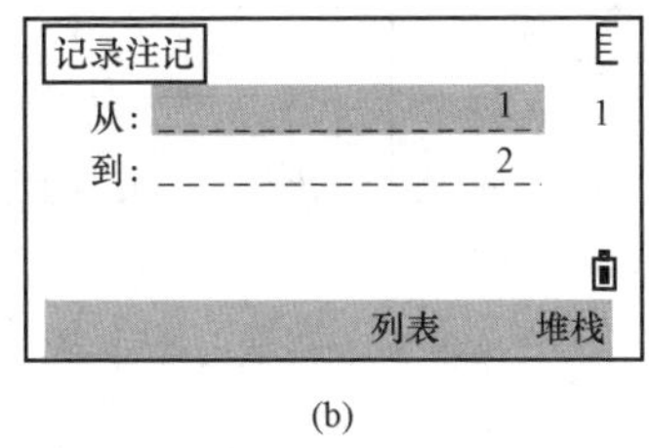

(b)

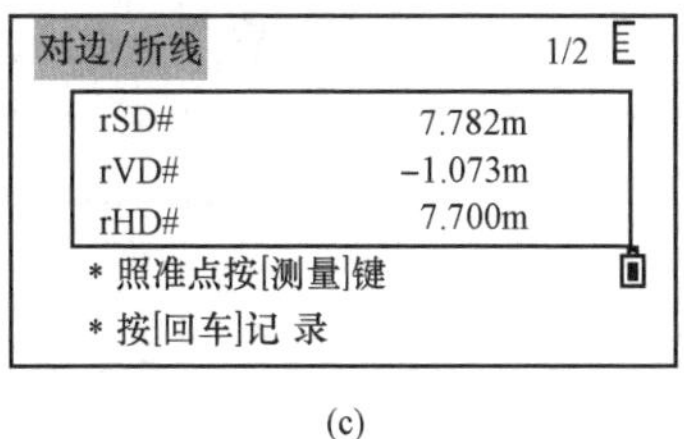

(c)

图 5-14 全站仪对边距测量的操作界面

2. 对边/射线测量

“对边/射线测量”的操作步要点如下：

(1) 瞄准 1 点观测，在显示屏上显示 D_{P1}，此步同“对边/折线测量”。

(2) 瞄准 2 点和 3 点进行观测，分别显示从 1 点至 2 点和从 1 点至 3 点的射线距离。

四、偏心测量

在数据采集中，经常遇到特征点不通视的情况，或虽然通视但无法到达，或无法安置棱镜。例如测量一棵树的树干中心、电线杆的中心位置等。采用全站仪的偏心测量功能，可以完成这类特征点的观测。

在偏心测量中，全站仪瞄准的棱镜点是一个辅助点（偏心点），仪器记录的不是这个辅助点，而是实际的目标点。因为棱镜没有立在目标点上，所以称为偏心测量。偏心测量分为距离偏心测量和角度偏心测量，比较灵活的方法为角度偏心测量。

如图 5-15 所示，角度偏心测量的原理为：

偏心点选择在以测站点为圆心、以测站点至目标点的距离为半径的圆周上。或者说，偏心点可以选择在任何方向，但偏心点至测站点的距离要与目标点至测站点的距离相等。角度偏心测量需要先观测偏心点，再瞄准目标点的方向。操作过程如下：

(1) 偏心测量之前必须建站。

(2) 按快捷键[9]即进入偏心测量，显示如图 5-16 (a) 所示的界面，选择“2. 角度偏心”。

(3) 瞄准辅助点的棱镜进行测量，显示如图 5-16 (b) 所示的界面，测站至偏心点的距离和坐标方位角。

(4) 确认测量结果后，瞄准目标点的方向，在显示屏上显示目标点的坐标。

目标点
偏心点(棱镜)
偏心点(棱镜)
α α
测站

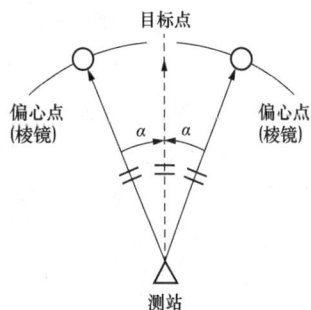

图 5-15 角度偏心测量的原理

五、悬高测量

对于无法在测点上安置棱镜的物体，进行高度测量的方法称为悬高测量，如测量悬空电缆距离地面的高度、测量楼房的高度等。

悬高测量时应注意，棱镜（或贴片）与待测物体必须在同一条铅垂线上，即：棱镜位于待测物体的正上方或正下方。

如图 5-17 所示，悬高测量的操作过程如下：

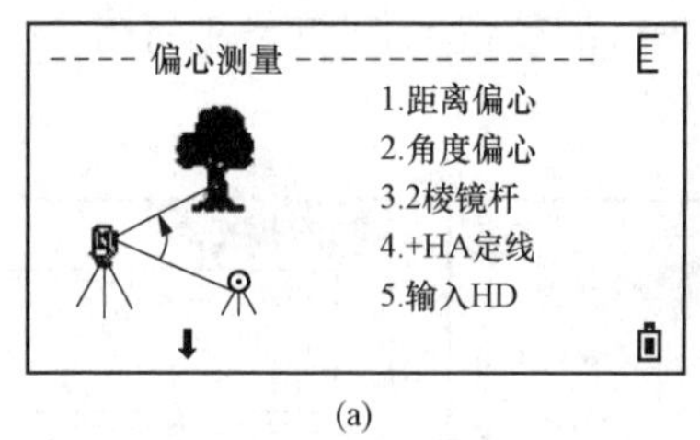

(a)

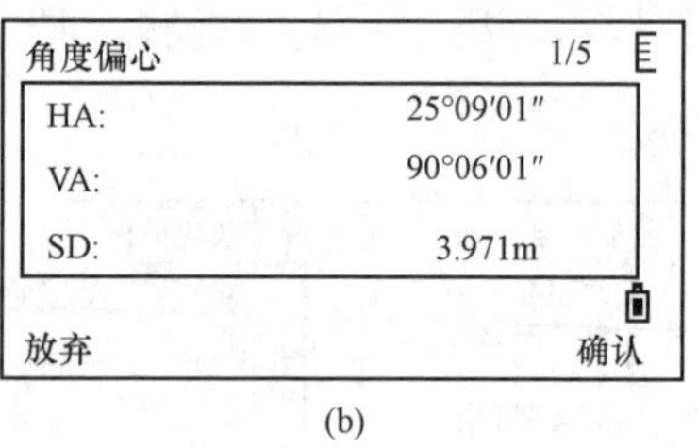

(b)

图 5-16 角度偏心测量的操作界面

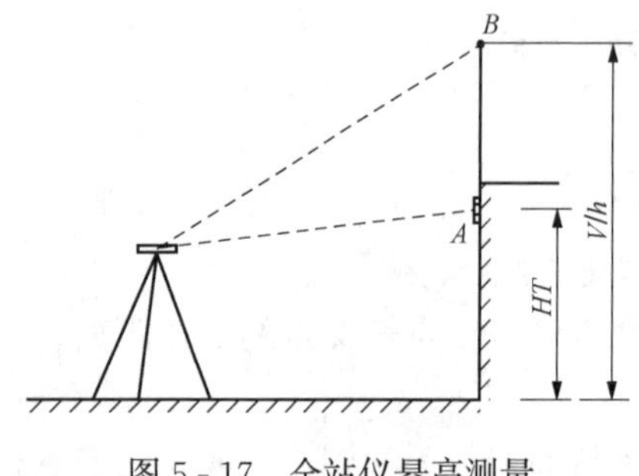

图 5-17 全站仪悬高测量

（1）按 程序 键，显示与对边测量相同的菜单，在菜单中选择“5. 悬高”。

（2）在待测物体 B 点的正下方 A 点处安置棱镜（或贴片）。

（3）如图 5-18（a）所示，输入目标高 HT，瞄准棱镜中心按 测量 1 键或 测量 2 键。

（4）望远镜向上转，瞄准 B 点后，如图 5-18（b）所示，在 Vh 一栏显示 B 点至地面的高度。

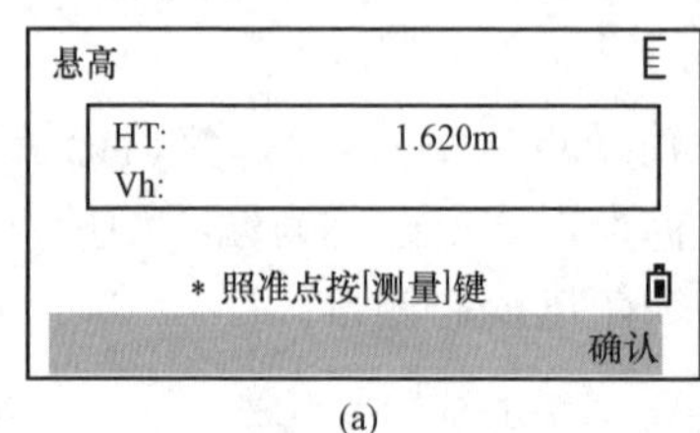

(a)

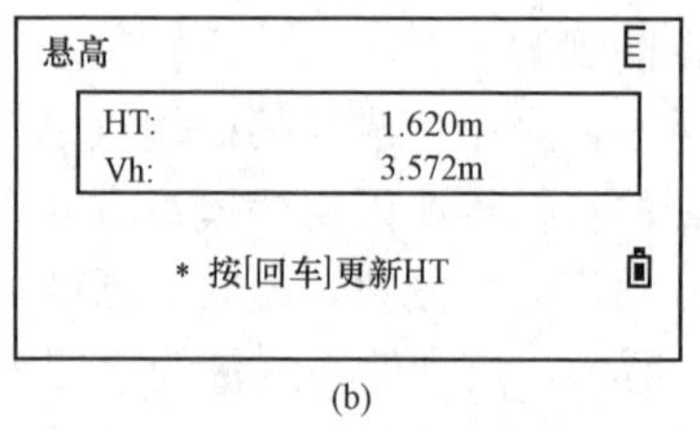

(b)

图 5-18 悬高测量的操作界面

六、面积和周长计算

按 菜单 键，选择“3. 面积周长”，依次输入闭合图形的点号，按 回车 键，在屏幕的右上角出现一个计数，指示当前输入点的个数。

完成图形的点号输入后，按“计算”，在显示屏上显示面积和周长。

面积和周长计算时，系统会将最后一个点与第一个点闭合。为了保证成果正确，应按顺时针输入或逆时针输入，不得乱序。

七、后交建站

后交建站即后方交会，也称为自由建站。是在待测点上建站，通过对已知点的观测，从而求出待测点坐标的方法。

如图 5-19 所示的参考位置，后交建站的操作过程如下：

（1）在 A 点安置全站仪，对中、整平；

（2）在基本测量屏下，按 建站 键，在菜单中选 2. 后方交会，即进入如图 5-20（a）所示的界面；

（3）输入 R 点的名称，按回车键。如果只求点的坐标，

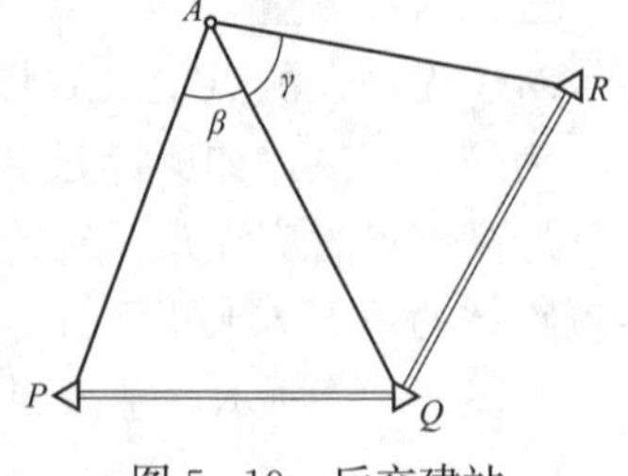

图 5-19 后交建站

HT 和 CD 两项可不输入，回车即可。

（4）瞄准 R 点按[测量 1]键或[测量 2]键，回车后处理下一个点 Q。操作方法同第一个点 R。

（5）有了足够的测量数据后，即可进行站点坐标的计算，如图 5-20（b）所示，显示计算标准偏差的界面。

（6）如图 5-20（c）所示，翻页后在显示屏上读取 x，y，z，即测站点坐标。

（7）若进行多点后交，按界面下的“添加”软键，继续观测 P 点。

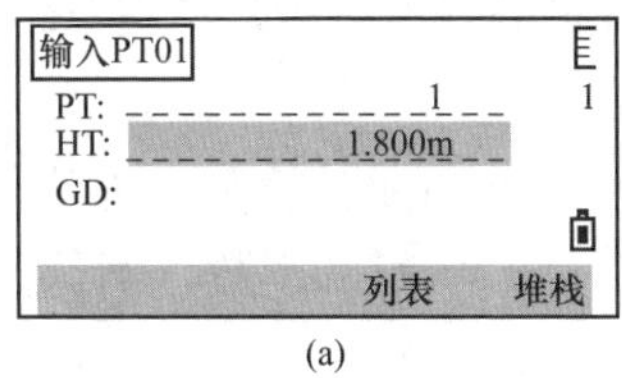

(a)

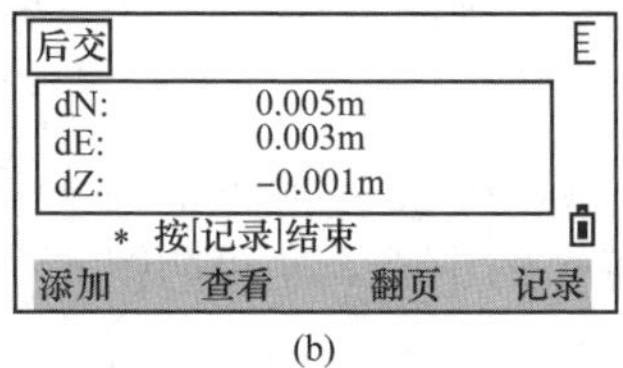

(b)

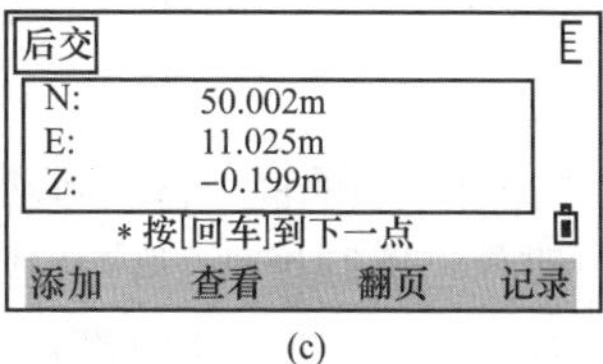

(c)

图 5-20 后交建站的界面显示

任务四 其他全站仪及全站仪的常规检验方法

一、其他全站仪

全站仪的发展经历了从组合式到整体式，再到组合式等几个阶段。随着科学技术的不断发展以及用户的特殊要求，出现了既可人工操作也可自动操作的全站仪，既可远距离遥控运行也可在机载应用程序控制下使用。全站仪已广泛应用于地形图测绘、施工测量、变形监测等领域。

如图 5-21（a）所示，早期的全站仪是光电测距仪和电子经纬仪的组合，操作时需要手簿进行配合，属于工具型全站仪。

如图 5-21（b）所示，现阶段广泛使用的全站仪为一体式电脑型全站仪，它的特点是菜单操作、机载软件、可进行系统开发。各品牌全站仪的操作面板有所不同，但测量原理是相同的。

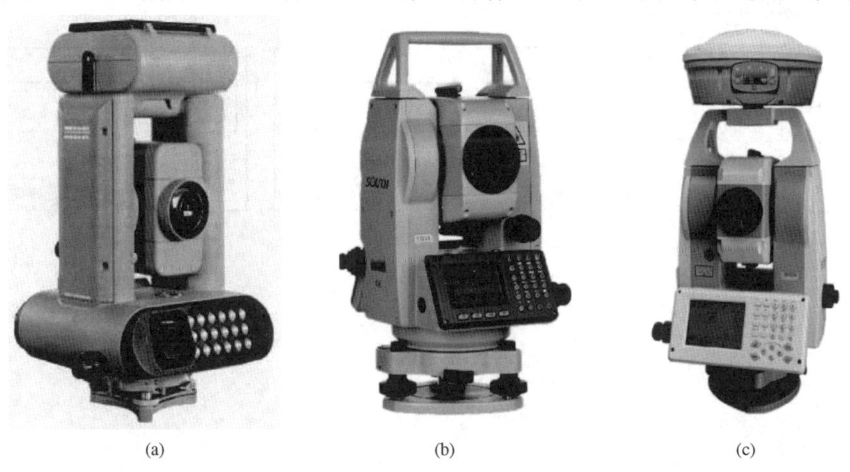
(a) (b) (c)

图 5-21 不同发展阶段的全站仪

如图 5-21（c）所示，全站仪未来的发展趋势为多样化的全站仪，它的特点是无标石测量模式，集定位、定向与目标测量于一体，是全站仪、陀螺仪、三维激光、GNSS 的组合。

二、全站仪的常规检验方法

1. 管水准器检验、圆水准器检验、十字丝检验、光学对中器检验，同经纬仪的常规检验，见项目三中“经纬仪的常规检验方法”。

2. 利用全站仪的功能，在检校台上校准全站仪。

（1）视准差校准。视准轴 2c 误差的检验方法同经纬仪，校准过程如下：

①按 菜单 键，选择“7. 校准”，显示如图 5-22（a）所示的界面，选择“2. 视准差校准”。

②盘左位置瞄准光管内校准标志的中心，显示如图 5-22（b）所示的读数，确认。

③盘右位置瞄准光管内校准标志的中心，显示如图 5-22（c）所示的读数，确认。

④显示“完成”，即校准结束。

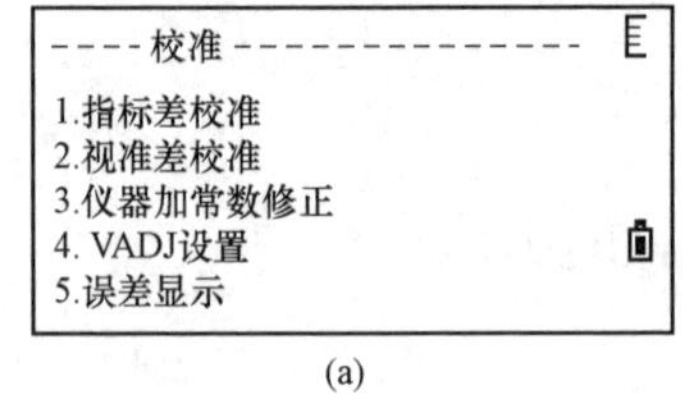

(a)

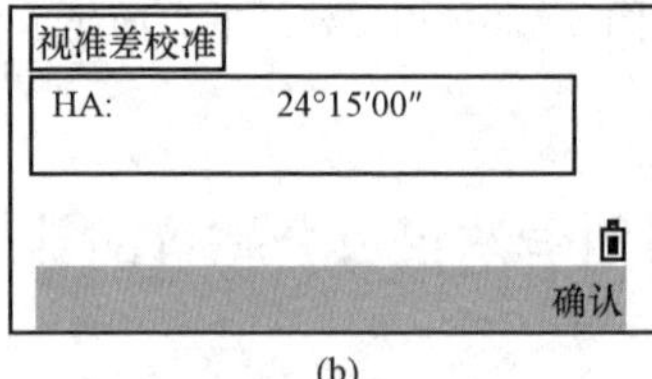

(b)

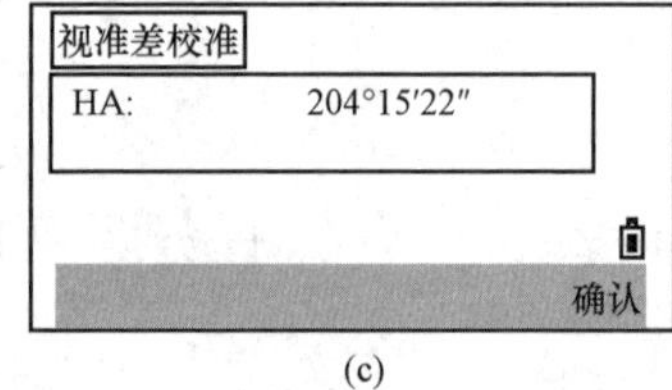

(c)

图 5-22 视准差校准界面

（2）竖盘指标差校准。竖盘指标差的检验方法同经纬仪，限差要求为 10″，校准过程如下：

①按 菜单 键，选择“7. 校准”，显示如图 5-23（a）所示的界面，选择“1. 指标差校准”。

②盘左位置瞄准光管内校准标志的中心，显示如图 5-23（b）所示的读数，确认。

③盘右位置瞄准光管内校准标志的中心，显示如图 5-23（c）所示的读数，确认。

④显示“完成”，即校准结束。

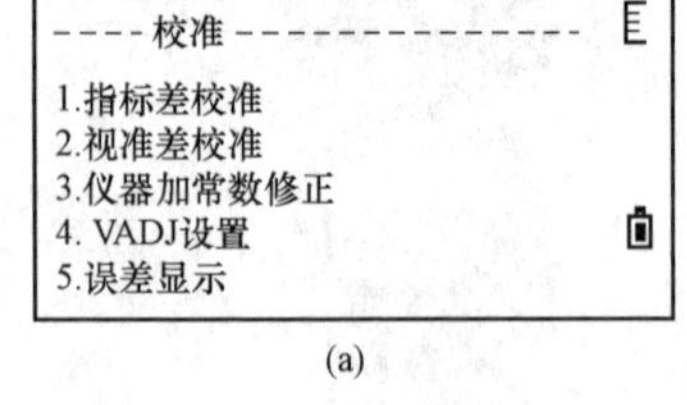

(a)

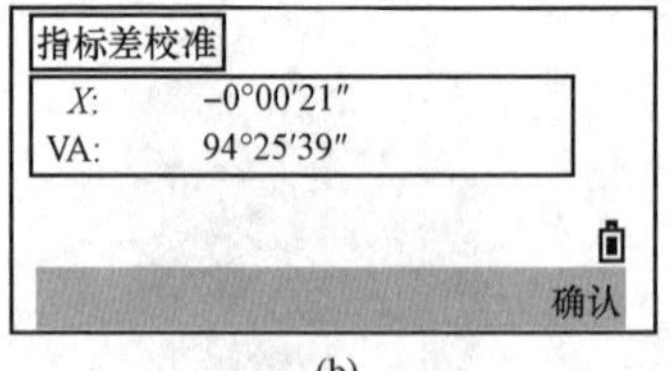

(b)

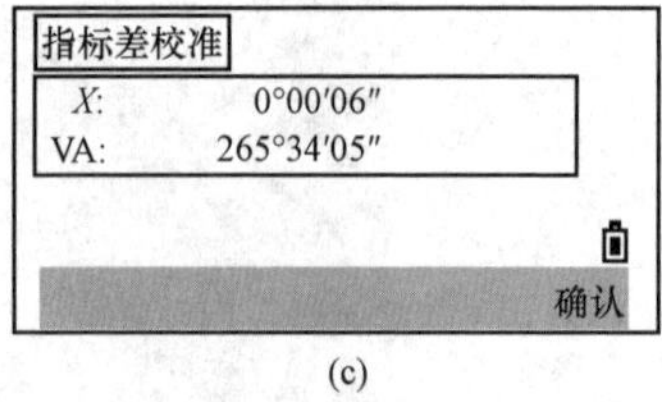

(c)

图 5-23 指标差校准界面

项目六　测量误差的基础知识

【知识目标】理解相关概念；了解测量误差的分类、衡量精度的标准，以及误差传播定律及其应用；掌握利用观测值计算中误差的方法。

【技能目标】利用计算器的功能键快速计算中误差。

任务一　测量误差概述

一、相关概念

在实操能力训练中，虽然观测者认真按规程操作，但观测值之间或观测值与理论值之间总会有差异。针对产生的差异进行测量误差相关概念的归纳。

(1) 真值。真值就是“被观测量”客观存在的真实值，记为 x。

①对于一个被观测量，只有一个真值；

②大多数情况下，真值是未知的，如三角形的内角和为 180°，但三角形的三个角，其真值分别是多少无法知道。

(2) 观测值。观测值就是使用测量仪器或工具对某量进行观测得到的数值，记为 l。

①观测值是直接观测得到的数据。如测得三角形的三个内角分别为 62°15′36″、65°56′42″、51°47′36″。

②观测值也可以是经过某种变换得到的结果。如：根据上述三个数据计算，三角形内角和的观测值为 179°59′54″。

(3) 真误差。真误差也称为测量误差，是观测值与真值的差值，记为 $\Delta=l-x$ 或$\Delta=x-l$。

上述观测值与理论值的差值为：179°59′54″−180°=−6″。

(4) 粗差。粗差是在测量过程中出现的错误。

①粗差不是误差，它是观测者在测量过程中粗心大意造成的，如测错、读错、记错、算错。

②粗差表现为数据异常。如进行水准测量时，在不同的测站对两个地面点进行高差观测，测量数据为 0.406m、0.404m、0.405m、0.405m、0.505m。在这组数据中，“0.505m”与其他数据相比，差异较大，它是含有粗差的数据。

(5) 必要观测。必要观测是指在测量工作中，确定某个量或某个图形所需要的最少观测次数。记为 t。

测两点间的水平距离：$t=1$；测一个水平角：$t=1$；确定三角形的形状，须观测任意两个内角：$t=2$；确定三角形的形状和大小，须观测三个量：$t=3$。

(6) 多余观测。在测量工作中，为了提高观测成果的质量，同时也为了发现和消除错误，通常对观测对象进行“多于必要观测”的观测，称为“多余观测”。记为 r。

测量工作要求必须进行多余观测。若对某个观测量进行 n 次观测，必要观测数为 t，则多余观测数 $r=n-t$。如往返测量两点间的水平距离：$r=2-1=1$；盘左、盘右测水平角：$r=2-1=1$；测两点间的高差 n 次：$r=n-1$。

（7）不符值。不符值分为两种情况，一是观测值与真值的差值，如三角形内角和的观测值与理论值的差值；二是在多余观测中，各观测值之间的差值，如对某段距离测量两次，两个观测值之间的差值。

观测值与真值之间的不符值也称为闭合差，记为 f。在后续内容“小地区控制测量”中，将学习闭合差计算及调整的方法。

二、观测的分类

1. 直接观测与间接观测

直接观测与间接观测，是按观测量与未知量的关系划分。

（1）直接观测

直接观测，是指使用测量仪器（或工具）直接确定未知量的观测。

在直接观测中，观测量就是所求的未知量。如：用经纬仪测某个角度；用钢尺丈量两点间的距离。

（2）间接观测

间接观测，是指根据观测量与未知量的函数关系确定未知量的观测。

在间接观测中，观测量不是所求的未知量。

如：用视距法测量两点间的距离，观测量是标尺的读数、经纬仪竖直度盘的读数；未知量是水平距离。

2. 独立观测与条件观测

独立观测与条件观测，是按观测量之间是否有相互制约的关系划分。

（1）独立观测

独立观测，是指各观测量之间无任何制约关系的观测。如：对某个量进行重复观测；观测三角形的任意一个角或两个角；观测两个未知点之间的高差。

（2）条件观测

条件观测，是指各观测量之间有相互制约关系（几何或物理条件的约束）的观测，也称为非独立观测。如：

观测三角形的三个内角（三角形的三个内角应满足 180°的几何条件）；观测两个已知点之间的高差（两个已知点的高程相减即为高差）。

3. 等精度观测与非等精度观测

等精度观测与非等精度观测，是按观测条件划分的。观测条件，是指观测者、测量仪器（工具）和外界条件。

（1）等精度观测

等精度观测，是指在相同的观测条件下进行的观测。

相同的观测条件，是指使用同一精度等级的仪器、用相同的观测方法、在相同的外界条件下、由具有大致相同技术水平的人所进行的观测。

（2）非等精度观测

非等精度观测，是指在不同的观测条件下进行的观测。如：

①在相同的外界条件下，一组使用 DJ_6 经纬仪，另一组使用 DJ2 经纬仪，测量同一个水平角；

②在相同的外界条件下，两个组都使用 DJ_6 经纬仪，一个组测两个测回，另一组测四个测回，测量同一个水平角。

三、测量误差产生的原因

产生测量误差的原因有多种，但归纳起来，其来源可概括为测量仪器（工具）、观测者和外界条件 3 个方面。

观测成果的质量与观测条件密切相关。一般情况下，观测条件好，观测时产生的误差小，观测质量高；相反，如果观测条件差，观测时产生的误差大，观测质量低。

1. 测量仪器（工具）

测量仪器（工具）的误差主要由以下 3 个原因引起。

(1) 构造不完善。经纬仪的度盘偏心、度盘刻划不匀、塔尺各尺节之间连接处的刻画不匀、钢尺的实际长度与名义长度不符等。

(2) 仪器（工具）的精密度。在只有厘米分划的水准尺上估读毫米，在分微尺测微器的经纬仪上估读秒位，望远镜的放大倍数不高等，这些误差的产生都是因为仪器（工具）本身的精密度不高引起的。

(3) 校正不完善。仪器校正不完善引起的误差有：水准仪 i 角误差、经纬仪视准轴误差和横轴误差等。

仪器（工具）误差的消减方法：①使用前对测量仪器和工具进行检验和校正；②操作时采用对称的观测方法。如水准测量中的前后视距相等、角度测量中的盘左、盘右观测取平均值。

2. 观测者

观测者及前点人员在观测过程中产生的误差称为观测误差。

(1) 水准测量中的观测误差。包括水准管气泡居中的误差、读数误差、水准尺竖立不直的误差等。

(2) 角度测量中的观测误差。包括对中误差、整平误差、瞄准误差、读数误差、目标竖立不直的误差等。

(3) 钢尺量距中的观测误差。包括定线误差、读数误差、拉力误差、钢尺垂曲和不水平的误差、丈量时测钎插不准及端点对不准的误差等。

(4) 全站仪测量的误差。对中误差、整平误差、瞄准误差、棱镜安置误差等。

观测误差的消减方法：认真按规程操作。

3. 外界条件

外界条件的影响主要有两个方面：一个是自然条件的影响，另一个是施工环境的影响。

(1) 自然条件的影响。包括地球曲率和大气折光的影响（可采用前后视距相等的方法消除）、空气透明度、空气对流、目标背景不良、阳光直晒、温度变化及风力的影响等。

(2) 施工环境的影响。包括施工机械振动及施工过程中的其他影响。

外界条件影响的消减误差方法：趋利避害。针对不同的影响，选择有利的观测时间，采取不同的措施。如：对于施工机械的影响，可以在施工机械不工作的时候测量；阳光直晒时，可以给仪器打伞或在避开阳光直晒的时间观测等。

四、测量误差的分类

按照对观测结果的影响，将各种原因产生的测量误差分为系统误差和偶然误差。

1. 系统误差

（1）定义。在相同的观测条件下对某量进行一系列观测，如果误差出现的符号和数值均相同，或按一定规律变化，这种误差称为系统误差。

（2）特性。累积性或称为重复性和单向性。

钢尺的名义长度是30m，实际长度是30.009m。如果用这把钢尺丈量3个整尺段，就会产生0.027m的误差，这就是累积性。

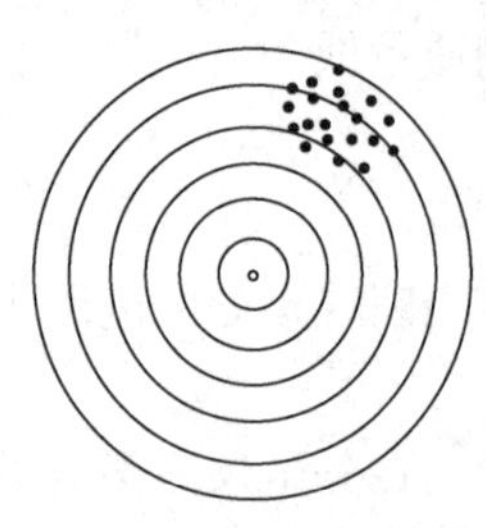

图6-1 系统误差示例

如图6-1所示，在一个靶子上打了20枪。这20枪比较集中，但全部朝一个方向偏离靶心。这说明存在系统误差，从图中可以看出系统误差的单向性和重复性。

（3）产生的原因。

①仪器和工具的构造不完善、校正不完善等原因引起。

②外界环境对测量仪器的影响。

③测量方法本身不完善。

④观测者的测量习惯。

（4）处理方法。

①对观测值进行改正。如对钢尺进行尺长改正。

②采用对称的观测方法。如在水准测量中，采用前、后视距相等的观测方法；在角度测量中，采用盘左、盘右观测的方法。

③检校仪器。

2. 偶然误差

（1）定义。在相同的观测条件下对某量进行一系列观测，如果误差出现的符号和数值都不相同，且从表面上看没有任何变化规律，这种误差称为偶然误差。

（2）特性。偶然误差的特性是随机性，但就整体而言具有一定的统计规律性。

①在一定的观测条件下，误差的绝对值不会超过一定的限值（有界性）。

②绝对值小的误差比绝对值大的误差出现的机会多（单峰性）。

③绝对值相等的正、负误差出现的机会相近（对称性）。

④偶然误差的算术平均值，随着观测次数的增加而趋于0（补偿性）。

（3）产生的原因。

①自然条件变化对观测的影响。

②仪器构造不完善，精密度及校正不完善。

③观测者感官的局限性所带来的不可避免的误差。

④观测者操作的熟练程度。

⑤观测者与前点人员配合的默契程度。

⑥工作情绪。

（4）处理方法。

①提高观测条件。

②进行多余观测，取观测值的算术平均值为最终结果。

③步步检核。

④对观测数据进行平差处理。

测量平差的方法分为近似平差和经典平差，在后续内容“小地区控制测量”中，学习近似平差的方法。

任务二　衡量精度的指标

一、精度

1. 定义

精度是指在一定的观测条件下，误差分布的密集或离散程度，可从以下几个方面进行理解：

（1）精度也称为精密度，即认真、仔细的程度。

（2）精度是以自身的平均值为标准。

（3）观测值间的差异大即误差分布的离散，观测值间的差异小即误差分布的密集。

2. 判断观测精度的程序

（1）对某量进行多次观测。

（2）求观测值的算术平均值（当真值已知时，此步可以省略）。

（3）计算测量误差。

（4）填写误差分布表。

（5）绘制误差分布直方图。

（6）画误差曲线。

（7）根据误差曲线判断观测精度。判断观测精度的方法见表 6-1。

表 6-1　　根据误差曲线判断观测精度

误差曲线	纵轴附近的曲线	误差分布	观测值间的差异	观测精度
y o Δ	陡峭	密集	小	高
y o Δ	平缓	离散	大	低

二、衡量精度的常用指标

在实际工作中，不可能观测大量的数据绘制误差曲线，而是用简单易行的方法衡量观测精度，衡量精度的常用指标如下。

1. 中误差 σ

我国统一采用中误差作为衡量精度的标准。中误差在统计学中称为标准差，计算公式为

$$\sigma = \pm\sqrt{\frac{[\Delta\Delta]}{n}} \tag{6-1}$$

$$[\Delta\Delta] = \Delta_1^2 + \Delta_2^2 + \cdots + \Delta_n^2$$

式中 σ——中误差；

n——观测值的个数；

Δ——真误差。

对于真误差 Δ，衡量的是某个观测值的精度；对于中误差 σ，衡量的是一组观测值的精度。中误差 σ 小，说明误差分布密集，各观测值间的差异小，观测的精度高；反之，中误差 σ 大，说明误差分布离散，各观测值间的差异大，观测的精度低。

在实际工作中，真值是未知量，所以中误差的求解不用真误差，而用观测值的改正数，即

$$\sigma = \pm\sqrt{\frac{[vv]}{n-1}} \tag{6-2}$$

$$[vv] = v_1^2 + v_2^2 + \cdots + v_n^2$$

式中 σ——中误差；

n——观测值的个数；

v——观测值的改正数（在后续内容中讲解）。

2. 相对中误差 K

在距离测量中，观测量的误差大小与距离的长短有关，对于这种情况，仅用中误差还不能完全表达测量成果的精度，必须采用相对误差，即

$$K = \frac{|\sigma|}{\overline{D}} = \frac{1}{N} \tag{6-3}$$

式中 K——相对中误差；

$\overline{D}$——观测值的算术平均值；

N——整数。

【例 6-1】 有两段距离，AB 段的距离为 96.236m，中误差 $\sigma_1 = \pm 12.6$mm，CD 段的距离为 152.659m，中误差 $\sigma_2 = \pm 12.6$mm。问：哪段的观测精度高？

两段距离的测距中误差相等，但不能认为两段的观测精度相同，因为两段的距离不同，计算的相对中误差也不同，代入式（6-3）得

$$K_1 = \frac{12.6}{96.236 \times 1000} = \frac{1}{7637}$$

$$K_2 = \frac{12.6}{152.659 \times 1000} = \frac{1}{12\ 115}$$

$K_2 < K_1$，CD 段的观测精度高。

3. 容许误差

偶然误差的第一个特性是：在一定的观测条件下，误差的绝对值不会超过一定的限值。这个限值就是容许误差，也称为“极限误差”或“限差”。

一般情况下，以 3 倍的中误差作为容许误差，精度要求高时，以 2 倍的中误差作为容许误差，即：$\Delta_{容}=3\sigma$　或　$\Delta_{容}=2\sigma$。

如果在一组观测值中，某个观测值的误差大于容许误差，就认为这个观测值有错误或精度不满足要求，应该舍去。如：用 DJ_6 光学经纬仪观测水平角，上、下半测回的角度差不能超过±40″。

三、等精度观测

1. 观测值的算术平均值

在相同的观测条件下，对某量进行了 n 次观测，观测值分别为 l_1、l_2、…、l_n，观测值的真误差分别为 Δ_1、Δ_2、…、Δ_n，观测值的算术平均值为 L，即

$$L=\frac{1}{n}(l_1+l_2+\cdots+l_n)=\frac{[l]}{n} \tag{6-4}$$

$$\left.\begin{aligned}\Delta_1&=l_1-x\\ \Delta_2&=l_2-x\\ &\cdots\\ \Delta_n&=l_n-x\end{aligned}\right\}\longrightarrow[\Delta]=[l]-nx\longrightarrow\frac{[\Delta]}{n}=\frac{[l]}{n}-x\longrightarrow\frac{[\Delta]}{n}=L-x$$

偶然误差的补偿性：偶然误差的算术平均值，随着观测次数的增加而趋于零，$\lim\limits_{n\to\infty}\frac{[\Delta]}{n}=0$，则有

$$L-x\xrightarrow{n\to\infty}0$$

从以下几个方面理解观测值的算术平均值：

（1）算术平均值的多种表示方法为 $L=\frac{1}{n}(l_1+l_2+\cdots+l_n)=\frac{[l]}{n}=\frac{1}{n}\cdot\sum\limits_{i=1}^{n}l_i$。

（2）当观测次数无限时，观测值的算术平均值接近真值。

（3）当观测次数有限时，认为算术平均值为观测量的最可靠值。

（4）算术平均值不是真值，随着观测次数的增加会有所改变。

2. 观测值的改正数

等精度观测时，算术平均值 L 与观测值 l 的差值为观测值改正数 v，其关系如下

$$v=L-l=x-l=-(l-x)=-\Delta$$

可见，观测值的改正数与测量误差是大小相等、符号相反的关系。这一结论将在后续内容“小地区控制测量”的学习中得到应用。

3. 算术平均值中误差

算术平均值中误差可由下式计算

$$\sigma_L=\frac{\sigma}{\sqrt{n}} \tag{6-5}$$

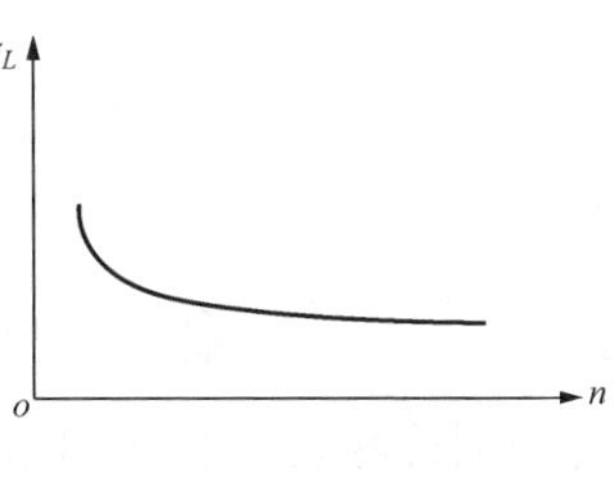

图 6-2　σ_L 与 n 的关系

根据上述公式，设 $\sigma=1$，算术平均值中误差 σ_L 与观测次数 n 的关系如图 6-2 所示，从图中可以看出：①随着观测次数增加，算术平均值中误差 σ_L 的值减小。可见，对一个量增加观测次数并取平均值，可以提高观测精度。②观测次数增加到一定数量以后，算术平均值中误差 σ_L 减小不明显。可见，

观测次数较多时，不仅工作量大，而且精度的递增缓慢。③提高观测精度，不仅靠增加观测次数，还应设法提高观测条件。当精度要求较高时，应考虑选用比较精密的测量仪器，并改进观测方法。

【例 6 - 2】 对某直线丈量了 6 次，其观测值分别为：124.221m、124.232m、124.212m、124.246m、124.230m、124.215m。求观测值的算术平均值、中误差、算术平均值中误差和相对中误差。

（1）观测值的算术平均值

$$L=\frac{1}{6}(124.221+124.232+124.212+124.246+124.230+124.215)=124.226(\mathrm{m})$$

$$[vv]=5^2+(-6)^2+14^2+(-20)^2+(-4)^2+11^2=794(\mathrm{mm}^2)$$

（2）中误差

$$\sigma=\pm\sqrt{\frac{794}{6-1}}=\pm 12.6(\mathrm{mm})$$

（3）算术平均值中误差

$$\sigma_L=\frac{\pm 12.6}{\sqrt{6}}=\pm 5.1(\mathrm{mm})$$

（4）相对误差

$$K=\frac{12.6}{124.226\times 1000}=\frac{1}{9859}$$

可以利用普通函数型计算器的统计功能，输入观测值后，即可调出“算术平均值”和“中误差”。

在测量工作中，测量误差是不可避免的，我们允许错误的发生，但不能允许错误的存在。通过测量误差理论的学习，可以根据观测数据分析观测质量，做到“心中有数”。

综上所述，研究测量误差的目的就是对观测值的精度做出科学评定，并将带有误差的观测值进行处理，以求得最可靠值。

任务三　误差传播定律及其应用

一、误差传播定律

已知 x_1，x_2，…，x_n 是可以直接观测的未知量，z 是不可以直接观测的未知量，但与 x_1，x_2，…，x_n 具有函数关系，函数式为 $z=f(x_1, x_2, \cdots, x_n)$，则中误差的表达式为

$$\sigma_z=\pm\sqrt{\left(\frac{\partial f}{\partial x_1}\right)^2\sigma_1^2+\left(\frac{\partial f}{\partial x_2}\right)^2\sigma_2^2+\cdots+\left(\frac{\partial f}{\partial x_n}\right)^2\sigma_n^2} \tag{6 - 6}$$

式中　σ_1，σ_2，…，σ_n——可以直接观测的未知量 x_1，x_2，…，x_n 的中误差；

$\frac{\partial f}{\partial x_i}$——可以直接观测的各未知量 x_1，x_2，…，x_n 的一阶导数。

不同的函数关系都可以由式（6 - 6）推导。如倍数函数、和或差函数、线性函数、一般函数等。

二、误差传播定律的应用举例

误差传播定律的应用步骤为：①列出函数关系式；②分别求每个量的一阶导数；③代入式（6-6）求解。

（1）如图6-3所示，在三角形ABC中，观测了$\angle A=62°15'36''$、$\angle B=65°56'42''$，中误差分别为：$\sigma_A=\pm 8.7''$、$\sigma_B=\pm 6.0''$，求$\angle C$及其中误差。

1）$\angle C=180°-\angle A-\angle B=180°-62°15'36''-65°56'42''=51°47'42''$

2）求$\angle C$的中误差。

①函数关系式为：$\angle C=180°-\angle A-\angle B$。

②分别对每个量求一阶导数：

180°是常数，一阶导数为0；$\angle A$和$\angle B$都是一次函数，一阶导数都是1。

③代入式（6-6）求解：

$$\sigma_C=\pm\sqrt{\sigma_A^2+\sigma_B^2}=\pm\sqrt{8.7^2+6.0^2}=\pm 10.6''$$

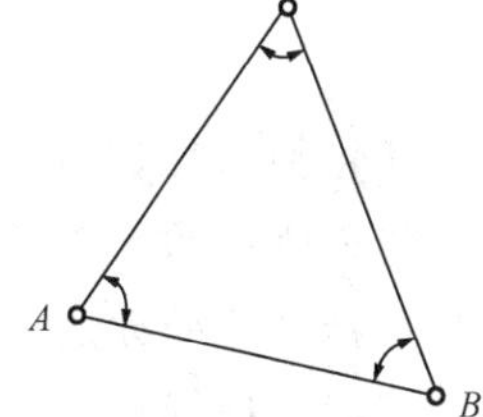

图6-3 应用举例图示

（2）DJ_6光学经纬仪上、下半测回角度较差的容许值。

使用DJ_6光学经纬仪观测一个方向一测回的中误差为：$\sigma_{方}=\pm 6''$

水平角β为两方向值之差，按照误差传播定律，得水平角一测回的测角中误差为

$$\sigma_\beta=\sqrt{\sigma_{方}^2+\sigma_{方}^2}=\sqrt{2}\sigma_{方}$$

将$\sigma_{方}$的值代入上式得

$$\sigma_\beta=\sqrt{2}\sigma_{方}=\pm 6''\sqrt{2}=\pm 8.5'' \tag{6-7}$$

设上半测回的角值为$\beta_{左}$，中误差为$\sigma_{\beta左}$；下半测回的角值为$\beta_{右}$，中误差为$\sigma_{\beta右}$。因为一测回的角值β为

$$\beta=\frac{1}{2}(\beta_{左}+\beta_{右})=\frac{1}{2}\beta_{左}+\frac{1}{2}\beta_{右}$$

由式（6-6）得

$$\sigma_\beta=\pm\sqrt{\frac{1}{4}\sigma_{\beta左}^2+\frac{1}{4}\sigma_{\beta右}^2}$$

可以认为$\sigma_{\beta左}=\sigma_{\beta右}$，并令$\sigma_{\beta左}=\sigma_{\beta右}=\sigma_{半}$，代入上式得

$$\sigma_\beta=\sqrt{\frac{1}{2}}\sigma_{半}\quad 或\quad \sigma_{半}=\sqrt{2}\sigma_\beta \tag{6-8}$$

将式（6-7）代入式（6-8），得半测回的测角中误差为

$$\sigma_{半}=\sqrt{2}\sigma_\beta=\pm 8.5''\sqrt{2}$$

因上半测回与下半测回的角值较差为

$$\Delta\beta=\beta_{左}-\beta_{右}$$

由式（6-6）得$\Delta\beta$的中误差为

$$\sigma_{\Delta\beta}=\pm\sqrt{\sigma_{\beta左}^2+\sigma_{\beta右}^2}=\sqrt{2}\sigma_{半}=\pm 8.5''\sqrt{2}\times\sqrt{2}=17''$$

取中误差的2倍为容许误差，考虑其他因素的影响，上、下半测回角度较差的容许值为

$$\Delta\beta_{容}=\pm 2\times 17.0''=\pm 34.0''\approx\pm 40''$$

模块二　应　用　篇

项目七　小地区控制测量

【知识目标】 理解相关概念；了解控制测量的内容和基本方法；了解卫星定位静态观测的方法；掌握平面控制测量和高程控制测量的近似平差方法、控制点加密的方法，以及坐标换算的方法；理解闭合差平均分配和闭合差累计分配。

【能力目标】 导线测量的近似平差方法；高程控制测量的近似平差方法。

任务一　控制测量概述

根据“先整体后局部”的测量工作基本原则，为了保证测量成果具有规定的准确性和可靠性，应在测区内布设控制点，进行控制测量。

一、相关概念

（1）控制点：布设在测区内的一些具有控制意义的点。

如图1-13（a）所示的A、B、C、D、E、F六个点是控制点，它们分布在测区内。以这些控制点为测站，进行地形图测绘和施工放样。

（2）控制网：在测区内，由若干个控制点构成的几何图形。如图1-13（a）所示，由A、B、C、D、E、F六个点组成的闭合图形。

按照布设的范围和用途，控制网分为全球控制网、国家控制网和工程控制网。在国家控制网的基础上，根据工程的要求建立不同等级的工程控制网，以满足初步设计和施工图设计的需要，以及施工的需要。

（3）控制测量：对控制点进行的测量工作。

测定控制点平面位置的工作称为平面控制测量。平面控制测量的外业工作，是进行水平角测量和水平距离测量；平面控制测量的内业工作，是用坐标正算的方法求控制点的坐标。

测定控制点高程的工作称为高程控制测量。高程控制测量的外业工作，是测量图形中相邻两点的高差；高程控制测量的内业工作，是对观测数据进行平差处理，求各控制点的高程。

二、工程控制网

工程控制网也称为小区域控制网，它是针对某项具体的工程，根据测图、施工、管理的需要，在一定的区域内布设的平面控制网和高程控制网。

（1）工程控制网的作用。工程控制网的作用是控制全局、提供基准，控制“测量误差”的积累，为工程建设提供工程范围内的统一参考框架。

（2）工程控制网的分类。

按照用途划分，分为测图控制网、施工控制网和变形监测网；

按照网点性质划分，分为一维网、二维网、三维网；

按照网形划分，分为三角网、导线网、方格网、混合网；

按照施测的方法划分，分为测角网、测边网、边角网、卫星定位测量控制网；

按照其他标准划分，分为首级网、加密网、特殊网、专用网等。

三、施工控制网

施工控制网是为了满足施工需要，在测图控制网基础上建立起来的控制网。

施工控制网的特点是，控制范围小、控制点密度大、精度要求高、受施工干扰大、布设的方法和位置比较灵活等。

施工控制网的布设也为竣工测量和变形观测提供了依据。

任务二　平面控制测量

一、导线测量概述

1. 相关概念

导线：在测区内，相邻的控制点用直线连接而构成的折线图形。如图 7-1 所示，折线 1234 为导线。

导线点：构成导线的平面控制点。如图 7-1 所示，1、2、3、4 四个点称为导线点。

导线边：构成导线的直线。如图 7-1 所示，12、23、34 三条边称为导线边。

转折角：相邻导线间的水平夹角。如图 7-1 所示，位于图形上方两个标注为 $\beta_{左}$ 的转折角为左角，位于图形下方两个标注为 $\beta_{右}$ 的转折角为右角。

导线测量：是建立小地区平面控制网的常用方法。导线测量的目的是：根据观测的导线边长和转折角，以及起始点的坐标和起始边的坐标方位角，求导线点的坐标。

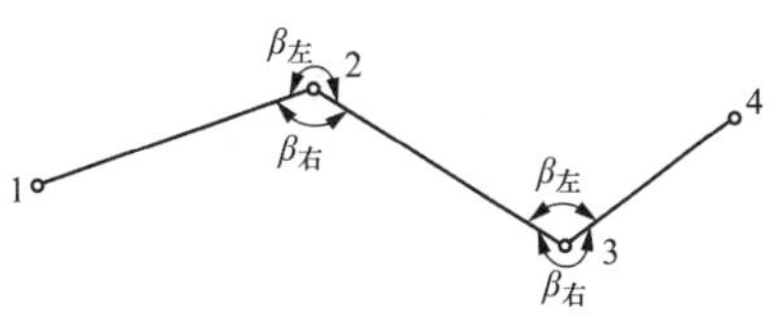

图 7-1　导线

2. 导线的布设形式

单一导线的布设形式如图 7-2 所示。

（1）附合导线。如图 7-2（a）所示，从一条已知边出发，沿线进行测量，终边是另一条已知边。

（2）支导线。如图 7-2（b）所示，从一条已知边出发，沿线进行测量，终边不是已知边。

由于支导线的终边不是已知边，缺乏检核条件，因此规定支导线上的控制点不得超过 2 个。

（3）闭合导线。如图 7-2（c）所示，从一条已知边出发，沿环线进行测量，终边是起始边。

图 7-2（d）、（e）所示的图形也是闭合导线。其中，图 7-2（d）有一个已知点在闭合环内，另一个已知点在闭合环外；图 7-2（e）的两个已知点均在闭合环外。这两种情况均应进行连接测量，将已知边与闭合环联系起来。

（4）无定向导线。如图 7-2（f）所示，从一个已知点出发，沿线进行测量，终点为另外一个已知点，这种导线称为无定向导线。

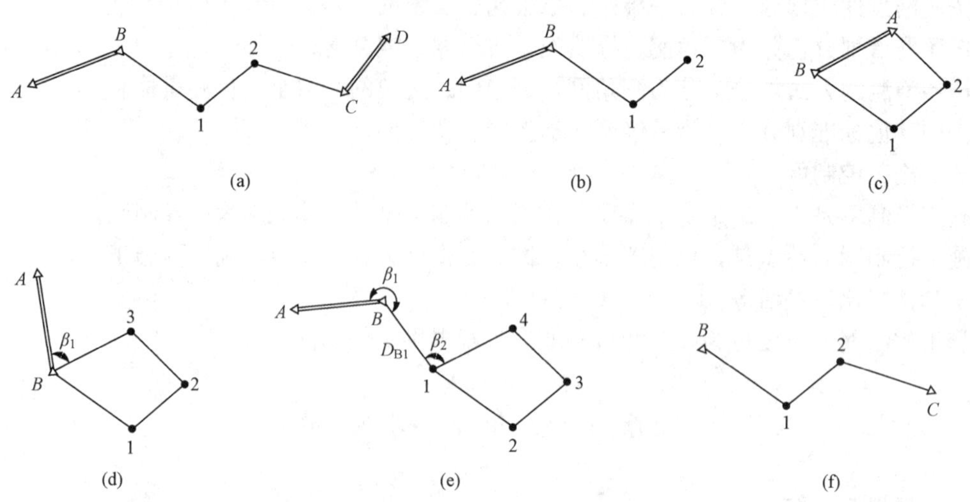

图 7-2 单一导线的布设形式

实际工作中的导线布设形式较复杂。如图 7-3 所示的图形为导线网，它由若干条单一导线构成。图 7-3（a）是由三条已知边构成的附合导线网，图 7-3（b）是由 3 个闭合环组成的、没有已知点的自由网。

导线网与单一导线的区别为：导线网有结点，即单一导线相互连接的交点。

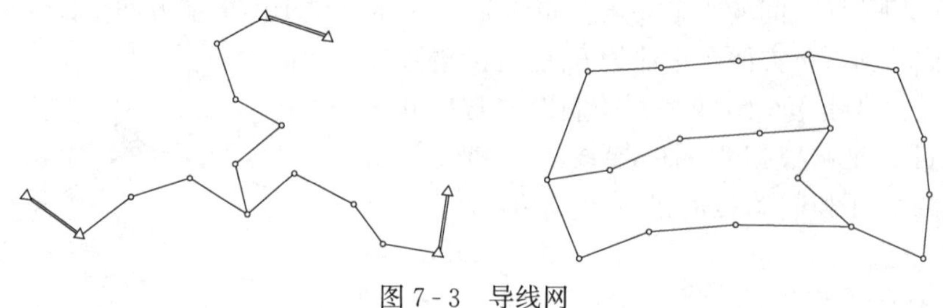

图 7-3 导线网

3. 导线测量的技术要求

《工程测量标准》（GB 50026—2020）规定了导线测量的技术要求。各等级导线测量的技术要求见表 7-1。

表 7-1 **导线测量的主要技术要求**

等级	导线长度（km）	平均边长（km）	测角中误差（″）	测距中误差（mm）	测距相对中误差	测回数				方位角闭合差（″）	导线全长相对闭合差
						0.5″仪器	1″级仪器	2″级仪器	6″级仪器		
三等	14	3	1.8	20	1/150 000	4	6	10	—	$3.6\sqrt{n}$	≤1/55 000
四等	9	1.5	2.5	18	1/80 000	2	4	6	—	$5\sqrt{n}$	≤1/35 000
一级	4	0.5	5	15	1/30 000	—	—	2	4	$10\sqrt{n}$	≤1/15 000

续表

等级	导线长度（km）	平均边长（km）	测角中误差（″）	测距中误差（mm）	测距相对中误差	测回数				方位角闭合差（″）	导线全长相对闭合差
						0.5″仪器	1″级仪器	2″级仪器	6″级仪器		
二级	2.4	0.25	8	15	1/14 000	—	—	1	3	$16\sqrt{n}$	≤1/10 000
三级	1.2	0.1	12	15	1/7000	—	—	1	2	$24\sqrt{n}$	≤1/5000

注 表中 n 为测站数。

图根导线宜采用6″仪器一测回测定水平角。首级控制的方位角闭合差≤ $40''\sqrt{n}$；加密控制的方位角闭合差≤$60''\sqrt{n}$，相对闭合差≤1/2000。

实施导线测量时应根据测量等级，完成相应项目的测量工作。

二、导线测量的外业工作

导线测量的外业工作包括：踏勘选点及建立标志、水平角测量、水平距离测量、连接测量。

1. 踏勘选点及建立标志

选点前应搜集测区已有地形图和控制点的成果资料，在地形图上初步设计导线布设路线，然后按设计方案到实地踏勘选点。如果测区没有地形图资料，需要详细踏勘现场，根据已知控制点的分布、地形条件等具体情况，合理选择导线点的位置。导线点的制作与埋设应符合要求，标志如图 7-4 所示。

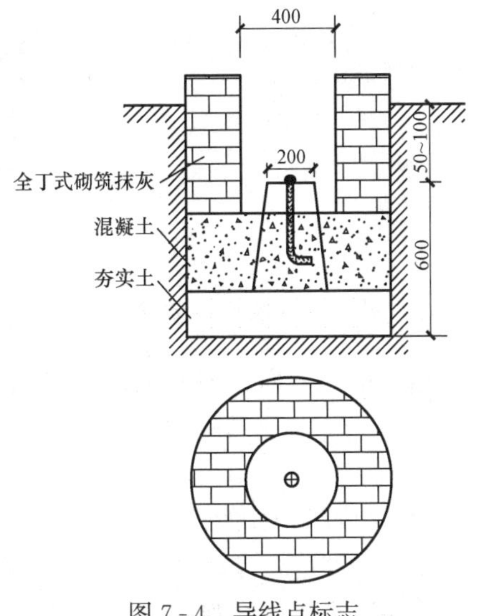

图 7-4 导线点标志

现场踏勘选点应注意如下事项：

①点位应选在土质坚实、稳固可靠、便于保存的地方，视野应相对开阔，便于加密、扩展和寻找。

②相邻点之间应通视良好，视线距障碍物的距离：三、四等不宜小于 1.5m；四等以下宜保证便于观测，以不受折光的影响为原则。

③当采用电磁波测距时，相邻点之间视线应避开烟囱、散热塔、散热池等发热体及强电磁场。

④充分利用原有的控制点。

2. 水平角测量

选择经纬仪或全站仪进行水平角测量，测量精度应符合表 7-1 要求。

水平角测量时，应按照编号从小到大的顺序测角。对于闭合导线应测内角；对于附合导线和支导线，可测左角，也可测右角，但在测角时左角和右角不能混测，否则数据混乱最终导致坐标计算错误。

在实际工作中，测转折角时一般测左角。这与测回法的先盘左、后盘右，盘左先测左目标后测右目标的顺序相吻合，不会造成数据的混乱。

3. 水平距离测量

选择钢尺或全站仪进行水平距离测量，测量精度应符合表 7-1 的要求。钢尺量距的方法见“项目四”，全站仪测距的方法见“项目五”。

4. 连接测量

当布设的导线需要与高级控制点连接时，必须观测连接角和连接边。如图 7 - 2（d）所示的闭合导线必须进行连接角（β_1）测量；如图 7 - 2（e）所示的闭合导线必须进行连接边（D_{B1}）测量和连接角（β_1、β_2）测量。

三、导线测量的内业计算

1. 闭合导线坐标计算

闭合导线的参考点位及观测数据如图 7 - 5 所示，测量等级为三级导线。已知起点坐标为 1：$\frac{3458.926}{1524.363}$，起始边的坐标方位角 $\alpha_{12}=123°38'42''$，计算结果见表7 - 2。

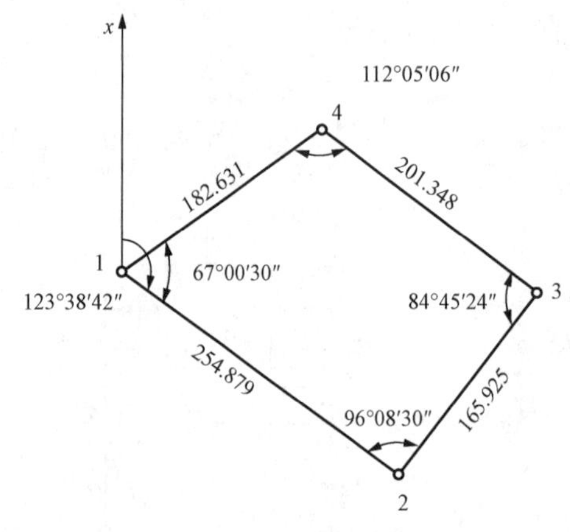

图 7 - 5　闭合导线观测数据

导线点坐标计算的步骤为：角度闭合差的计算与调整、坐标增量闭合差的计算与调整、导线点坐标计算等三大步骤。

（1）角度闭合差的计算与调整。

因测量误差的存在，角度闭合差 $f_\beta\neq0$，角度闭合差调整的目的是使 $f_\beta\to0$。

1）沿着前进方向推算坐标方位角。闭合导线 123412 的坐标方位角推算顺序为

$$\alpha_{12}\to\alpha_{23}\to\alpha_{34}\to\alpha_{41}\to\alpha_{12}$$

第一个 α_{12} 是起算数据，最后一个 α_{12} 是根据所有的观测角推算出来的，目的是检核，将两个 α_{12} 进行对比，计算角度闭合差。

沿着前进方向，所有的转折角都为左角。根据式（4 - 4），选择坐标方位角的推算公式为

$$\alpha_{前}=\alpha_{后}+180°+\beta_{左}$$

2）角度闭合差的计算。

闭合导线的角度闭合差计算有两种方法。

①用闭合导线的观测内角总和减理论内角总和，即

$$f_\beta=\sum\beta_{测}-\sum\beta_{理}=359°59'30''-360°=-30''$$

②用闭合导线已知边的实测坐标方位角减理论坐标方位角，即

$$f_B=\alpha_{终测}-\alpha_{终理}=123°38'12''-123°38'42''=-30''$$

若 $f_\beta>f_{\beta容}$，说明测角精度不符合要求，应返工重测闭合导线中所有的转折角；若 $f_\beta\leqslant f_{\beta容}$，说明测角精度符合要求。

在表 7 - 1 查得三级导线的方位角闭合差容许值为

$$f_{\beta容}=\pm24''\sqrt{n}=\pm24''\sqrt{4}=\pm48'',f_\beta<f_{\beta容}$$

说明测角精度符合要求。

3）角度闭合差的调整。角度闭合差的调整原则为：反符号正比例分配。

反符号：观测值的改正数与测量误差 f_β 的关系为大小相等、符号相反。

正比例：闭合差 f_β 的大小与测站数成正比例。可以理解为$-30''$的角度闭合差并不是在

表 7-2

闭合导线坐标计算表

点号	观测角（左角）	坐标方位角	改正后的坐标方位角	距离(m)	坐标增量 Δx	坐标增量 Δy	改正后的坐标增量 Δx	改正后的坐标增量 Δy	坐标值 x	坐标值 y	点号
1									3458.926	1524.363	1
		123°38′42″	123°38′42″	254.879	−7 −141.215	+1 212.183	−141.222	212.184			
2	96°08′30″								3317.704	1736.547	2
		+8″ 39°47′12″	39°47′20″	165.925	−5 127.498	+1 106.185	127.493	106.186			
3	84°45′24″								3445.197	1842.733	3
		+15″ 304°32′36″	304°32′51″	201.348	−6 114.182	+1 −165.842	114.176	−165.841			
4	112°05′06″								3559.373	1676.892	4
		+23″ 236°37′42″	236°38′05″	182.631	−5 −100.442	+1 −152.530	−100.447	−152.529			
1	67°00′30″								3458.926	1524.363	1
		+30″ 123°38′12″	123°38′42″								
2											2
Σ	359°59′30″			804.783	−23 0.023	+4 −0.004	0	0			

辅助计算：

$f_\beta=-30''$，$f_{\beta容}=\pm48''$，$f_\beta<f_{\beta容}$，符合要求。每测站的平均改正数：$-\dfrac{f_\beta}{n}=-\dfrac{-30''}{4}=+7.5''$。

$f_x=+0.023\text{m}$，$f_y=-0.004\text{m}$，$f_D=0.023\text{m}$，$K=\dfrac{1}{34\ 990}<\dfrac{1}{5000}$，符合要求。

坐标增量每米平均改正数：$-\dfrac{f_x}{\sum D}=-\dfrac{0.023}{804.783}=-2.86\times10^{-5}$。

$-\dfrac{f_y}{\sum D}=-\dfrac{-0.004}{804.783}=+4.97\times10^{-6}$。

某个测站上的观测错误所致，而是经过了 4 个测站观测误差的积累。总之，测站越少积累的误差越小，测站越多，积累的误差越大。

分配：角度闭合差改正数的分配方法有两种：一是平均分配到每个观测角上；二是累计分配到由观测角推算的坐标方位角上。后一种方法可以保证闭合导线与附合导线的闭合差调整方法完全相同，不必另外套用其他公式，同时也避免了闭合差不能被平均分配的现象。

表 7-2 的角度闭合差调整方法为闭合差累计分配的方法。

在等精度观测下，认为每个测站产生误差的机会均等，因此每个测站的观测角平均改正数为：$-\frac{f_\beta}{n}=-\frac{-30''}{4}=+7.5''$，待测边坐标方位角的改正数为：平均改正数×累计测站数。

角度闭合差调整的两种分配方法对比见表 7-3。

表 7-3　　角度闭合差的分配方法对比

角度闭合差累计改正				角度闭合差平均改正			
点号	观测角（左角）	坐标方位角	改正后的坐标方位角	点号	观测角（左角）	改正后的观测角	坐标方位角
1				1			
		<u>123°38′42″</u>	123°38′42″				123°38′42″
2	96°08′30″			2	+8″ 96°08′30″	96°08′38″	
		+8″ 39°47′12″	39°47′20″				39°47′20″
3	84°45′24″			3	+7″ 84°45′24″	84°45′31″	
		+15″ 304°32′36″	304°32′51″				304°32′51″
4	112°05′06″			4	+8″ 112°05′06″	112°05′14″	
		+23″ 236°37′42″	236°38′05″				236°38′05″
1	67°00′30″			1	+7″ 67°00′30″	67°00′37″	
		+30″ 123°38′12″	<u>123°38′42″</u>				<u>123°38′42″</u>
2				2			
Σ	359°59′30″	最后一个改正数为+30″		Σ	+30″ 359°59′30″	改正数的总和为+30″	

（2）坐标增量闭合差的计算与调整。

因测量误差的存在，坐标增量闭合差 $f_x\neq0$、$f_y\neq0$，坐标增量闭合差调整的目的是使 $f_x\rightarrow0$，$f_y\rightarrow0$。

1）计算坐标增量。按照式（4-5）计算坐标增量

$$\Delta x_i=D\cos\alpha_\tau；\ \Delta y_i=D_i\sin\alpha_\tau$$

可以利用计算器的功能键 Rec 快速计算坐标增量。

2）坐标增量闭合差的计算。坐标增量闭合差的计算公式为

$$\begin{cases} f_x=\sum\Delta x_{测}-\Delta x_{理}=\sum\Delta x_{测}-(x_{终}-x_{始}) \\ f_y=\sum\Delta y_{测}-\Delta y_{理}=\sum\Delta y_{测}-(y_{终}-y_{始}) \end{cases} \tag{7-1}$$

如图 7-6 所示，由于坐标增量闭合差 f_x 和 f_y 的存在，致使本该重合为一点的导线终点与

起始点之间产生一个缺口 1—1′，缺口的长度用 f_D 表示，即

$$f_D = \sqrt{f_x^2 + f_y^2} \tag{7-2}$$

f_D 称为导线全长闭合差。它的产生与导线的全长 $\sum D$ 有关，整条导线测量的精度用导线全长相对闭合差 K 来衡量。根据式（4-1），导线全长相对闭合差为：$K=\frac{f_D}{\sum D}=\frac{1}{N}$。式中，$N$ 为整数。K 值越小说明测量精度越高。查表7-1，三级导线的导线全长相对闭合差 K 的容许值为 1/5000。若$K>K_{容}$，说明测量精度不符合要求，应返工重测闭合导线所有的边长；若 $K \leqslant K_{容}$，说明测距精度符合要求。

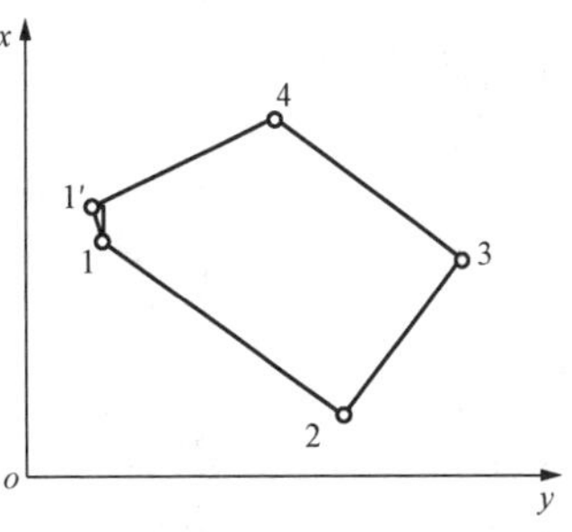

图 7-6 闭合导线的实测图形

3）坐标增量闭合差的调整。

坐标增量闭合差的调整原则为：反符号正比例分配。

反符号：观测值的改正数与测量误差 f_x、f_y 的关系为大小相等、符号相反。

正比例：坐标增量闭合差 f_x 和 f_y 的大小与导线边的长度成正比例。

分配：将坐标增量闭合差按每米产生的误差分配至每条边。

纵坐标的增量改正数为：$-\frac{f_x}{\sum D}\times$边长；横坐标的增量改正数为：$-\frac{f_y}{\sum D}\times$边长。

（3）导线点坐标计算。按照坐标正算的方法，根据式（4-6）计算导线点的坐标

导线点的坐标＝每条边的起点坐标＋该边改正后的坐标增量

总结：

（1）计算角度闭合差的平均改正数和坐标增量闭合差平均改正数时，应将原数据存储到计算器中，不能进行“舍”或“入”。

（2）计算时必须把产生的闭合差调整为 0，即：$f_\beta \to 0$、$f_x \to 0$、$f_y \to 0$。

（3）在导线点坐标计算的过程中，应做到“步步检核”。

①在角度闭合差的计算与调整中，计算检核的内容如下：

累计分配的最后一个改正数、平均分配的改正数总和，是否与 f_β 大小相等，符号相反；改正后的终边坐标方位角是否等于理论值。

②在坐标增量闭合差的计算与调整中，计算检核的内容如下：

坐标增量改正数的总和是否与 f_x、f_y 大小相等，符号相反；

改正后的坐标增量总和是否等于理论值。对于闭合导线，改正后的坐标增量的总和应等于零。

③在导线点的坐标计算中，计算检核的内容为计算的终点坐标是否等于理论值。

2. 附合导线坐标计算

附合导线坐标计算的方法与闭合导线坐标计算的方法完全相同，因此步骤不再详述，以习题的方式进行讲解。

【例 7-1】 附合导线的参考点位及观测数据如图 7-7 所示，测量等级为三级导线。已知点坐标为 A：$\frac{2013.175}{3832.621}$，$B$：$\frac{1938.923}{3967.062}$，$C$：$\frac{2028.378}{4341.887}$，$D$：$\frac{2018.348}{4542.011}$。求导线点的坐标。

附合导线坐标计算见表 7-4，辅助计算的思路如下：

表 7-4

附合导线坐标计算表

点号	观测角（左角）	坐标方位角	改正后的坐标方位角	距离(m)	坐标增量 Δx	坐标增量 Δy	改正后的坐标增量 Δx	改正后的坐标增量 Δy	坐标值 x	坐标值 y	点号
A											A
		118°54′43″									
B	136°11′18″								1938.923	3967.062	B
		+5″ 75°06′01″	75°06′06″	101.209	+5 26.021	−1 97.807	26.026	97.806			
1	196°00′54″								1964.949	4064.868	1
		+10″ 91°06′55″	91°07′05″	125.361	+6 −2.446	−2 125.337	−2.440	125.335			
2	155°24′36″								1962.509	4190.203	2
		+15″ 66°31′31″	66°31′46″	165.368	+7 65.862	−2 151.686	65.869	151.684			
C	206°20′18″								2028.378	4341.887	C
		+20″ 92°51′49″	92°52′09″								
D											D
Σ				391.938	+18 89.437	−5 374.830	89.455	374.825			

辅助计算：

$f_\beta=-20''$，$f_{\beta容}=\pm48''$，$f_\beta<f_{\beta容}$符合要求，每测站的平均改正数：$-\dfrac{f_\beta}{n}=-\dfrac{-20''}{4}=+5''$。

$f_x=-0.018\text{m}$，$f_y=+0.005\text{m}$，$f_D=0.019\text{m}$，$K=\dfrac{1}{20\ 628}<\dfrac{1}{5000}$，符合要求。

坐标增量每米平均改正数：$-\dfrac{f_x}{\sum D}=-\dfrac{-0.018}{391.938}=+4.59\times10^{-5}$。

$-\dfrac{f_y}{\sum D}=-\dfrac{0.005}{391.938}=-1.28\times10^{-5}$。

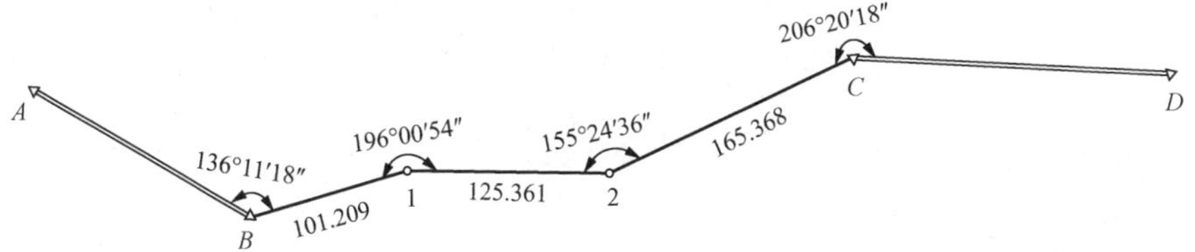

图 7-7　附合导线的参考点位及观测数据

(1) 用坐标反算的方法计算已知直线的坐标方位角。即

$$\frac{\Delta x_{AB}}{\Delta y_{AB}}=\frac{1938.923-2013.175}{3967.062-3832.621}=\frac{-74.252}{134.441}\rightarrow\frac{153.583}{118°54'43''}\left(\frac{D_{AB}}{\alpha_{AB}}\right)$$

$$\frac{\Delta x_{CD}}{\Delta y_{CD}}=\frac{2018.348-2028.378}{4542.011-4341.887}=\frac{-10.030}{200.124}\rightarrow\frac{200.375}{92°52'09''}\left(\frac{D_{CD}}{\alpha_{CD}}\right)$$

其中，α_{AB}作为起算数据，α_{CD}用于检核数据。

(2) 在表中推算坐标方位角，计算角度闭合差，并判断测角精度是否符合要求。即

$$f_{\beta}=\alpha_{终测}-\alpha_{终理}=92°51'49''-92°52'09''=-20''$$

$f_{\beta容}=\pm24''\sqrt{n}=\pm24''\sqrt{4}=\pm48''$，　$f_{\beta}<f_{\beta容}$，测角精度符合要求。

(3) 计算角度闭合差的平均改正数$-\frac{f_{\beta}}{n}=-\frac{-20''}{4}=+5''$，在表中计算改正后的坐标方位角。

(4) 在表中计算坐标增量，并计算坐标增量闭合差。即

$$f_x=\sum\Delta x_{测}-(x_C-x_B)=89.437-(2028.378-1938.923)$$
$$=89.437-89.455=-0.018(\mathrm{m})$$
$$f_y=\sum\Delta y_{测}-(y_C-y_B)=374.830-(4341.887-3967.062)$$
$$=374.830-374.825=+0.005(\mathrm{m})$$

坐标增量计算的导线起点为 B 点，终点为 C 点，因此本段导线坐标增量的理论值，应按式 (4-7) 计算 Δx_{BC}和 Δy_{BC}。

(5) 计算导线全长闭合差，判断测距精度是否符合要求。即

$$f_D=\sqrt{f_x^2+f_y^2}=\sqrt{(-0.018)^2+0.005^2}=0.019(\mathrm{m})$$

$K=\frac{0.019}{391.938}=\frac{1}{20\,628}<\frac{1}{5000}$，测量精度符合要求。

(6) 计算坐标增量每米平均改正数，即：

$$-\frac{f_x}{\sum D}=-\frac{-0.018}{391.938}=4.59\times10^{-5}$$

$$-\frac{f_y}{\sum D}=-\frac{0.005}{391.938}=-1.28\times10^{-5}$$

(7) 在表中计算导线点坐标。

四、平面控制点加密

平面控制点的加密方法有多种，常用的方法为支导线、交会定点、全站仪测坐标等。

1. 支导线坐标计算

支导线缺乏检核条件，不需要进行闭合差调整，直接用坐标正算的方法计算导线点坐

标。计算时应认真核对数据，避免发生错误。

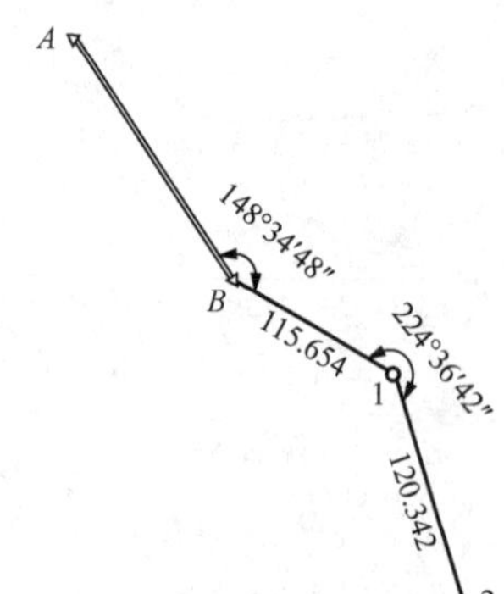

图 7-8　支导线观测数据

【例 7-2】 支导线的参考点位及观测数据如图 7-8 所示。已知点坐标为 A：$\dfrac{5618.412}{7132.729}$、$B$：$\dfrac{5521.386}{7194.256}$，求 1 点和 2 点的坐标。

方法一：列竖式计算

①坐标反算，求起始边 AB 的坐标方位角。

$$\frac{\Delta x_{AB}}{\Delta y_{AB}}=\frac{5521.386-5618.412}{7194.256-7132.729}=\frac{-97.026}{61.527}\longrightarrow\frac{114.890}{147°37'12''}\left(\frac{D_{AB}}{\alpha_{AB}}\right)$$

②推算坐标方位角。

$$\alpha_{B1}=\alpha_{AB}+180°+148°34'48''=116°12'00''$$

$$\alpha_{12}=\alpha_{B1}+180°+224°36'42''=160°48'42''$$

③坐标正算，求导线点坐标。

1 点：$\dfrac{D_{B1}}{\alpha_{B1}}=\dfrac{115.654}{116°12'00''}\longrightarrow\dfrac{-51.062}{103.772}\xrightarrow{+B}\dfrac{5470.324}{7298.028}\left(\dfrac{x_1}{y_1}\right)$

2 点：$\dfrac{D_{12}}{\alpha_{12}}=\dfrac{120.342}{160°48'42''}\longrightarrow\dfrac{-113.656}{39.553}\xrightarrow{+1}\dfrac{5356.668}{7337.581}\left(\dfrac{x_2}{y_2}\right)$

方法二：在表格中计算

计算过程及计算结果见表 7-5。

表 7-5　**支导线坐标计算表**

点号	观测角（左角）	坐标方位角	距离（m）	坐标增量		坐标值	
				Δx	Δy	x	y
A							
		147°37′12″					
B	148°34′48″					5521.386	7194.256
		116°12′00″	115.654	−51.062	103.772		
1	224°36′42″					5470.324	7298.028
		160°48′42″	120.342	−113.656	39.553		
2						5356.668	7337.581

2. 交会定点

交会定点的常用方法如图 7-9 所示，已知 P、Q、R 三点坐标，求 A 点坐标。

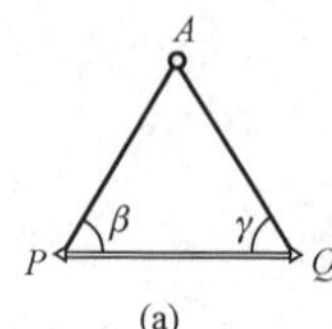

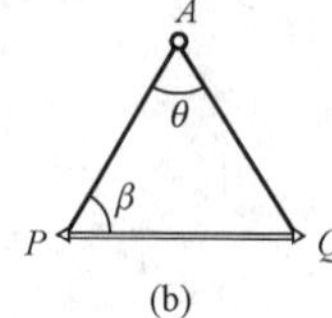

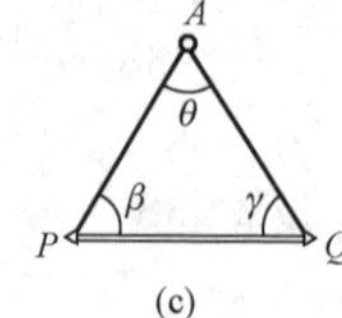

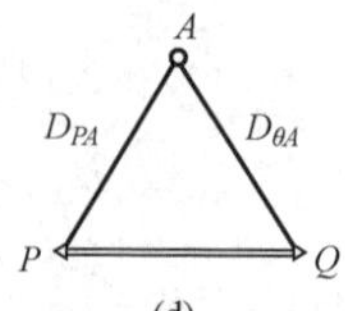

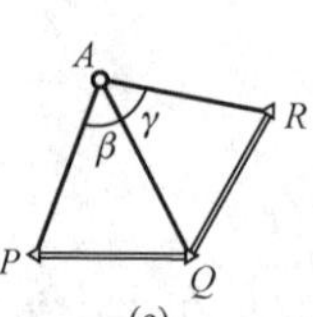

图 7-9　交会定点

（a）前方交会；（b）侧方交会；（c）单三角形；（d）距离交会；（e）后方交会

（1）前方交会。如图 7 - 9（a）所示，已知 P、Q 两点坐标分别为$\frac{x_P}{y_P}$，$\frac{x_Q}{y_Q}$，观测角度 β 和 γ，求 A 点坐标。

①求 D_{PQ} 和 α_{PQ}：$\frac{\Delta x_{PQ}}{\Delta y_{PQ}} \rightarrow \frac{D_{PQ}}{\alpha_{PQ}}$

②求 D_{PA}：$D_{PA}=\frac{D_{PQ}\sin\gamma}{\sin(180^\circ-\beta-\gamma)}$

③求 α_{PA}：$\alpha_{PA}=\alpha_{PQ}-\beta$

④求 A 点坐标：$\frac{D_{PA}}{\alpha_{PA}} \rightarrow \frac{\Delta x_{PA}}{\Delta y_{PA}} \xrightarrow{+P} \frac{x_A}{y_A}$

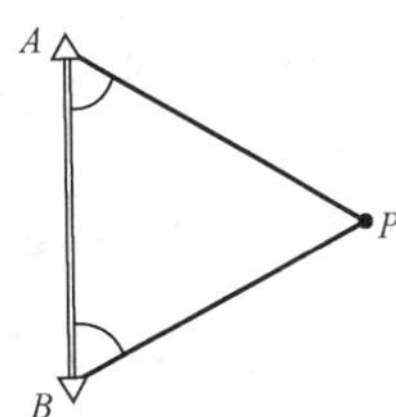

图 7 - 10　前方交会例题

【例 7 - 3】　图 7 - 10 所示，已知两个控制点的坐标分别为 A：$\frac{1112.342}{351.727}$，B：$\frac{659.232}{355.537}$，$\angle A=57^\circ08'42''$，$\angle B=61^\circ32'18''$，求 P 点坐标。

计算过程如下：

$$\frac{\Delta x_{AB}}{\Delta y_{AB}}=\frac{659.232-1112.342}{355.537-351.727}=\frac{-453.110}{3.810}\rightarrow\frac{453.126}{179^\circ31'06''}\left(\frac{D_{AB}}{\alpha_{AB}}\right)$$

$$D_{AP}=\frac{D_{AB}\sin\angle B}{\sin(180^\circ-\angle A-\angle B)}=\frac{453.126\times\sin61^\circ32'18''}{\sin(180^\circ-57^\circ08'42''-61^\circ32'18'')}=454.082(\text{m})$$

$$\alpha_{AP}=\alpha_{AB}-\angle A=179^\circ31'06''-57^\circ08'42''=122^\circ22'24''$$

P 点坐标为

$$\frac{D_{AP}}{\alpha_{AP}}=\frac{454.082}{122^\circ22'24''}\rightarrow\frac{-243.131}{383.507}\xrightarrow{+A}\frac{869.211}{735.234}$$

（2）侧方交会。如图 7 - 9（b）所示，已知 P、Q 两点坐标分别为$\frac{x_P}{y_P}$，$\frac{x_Q}{y_Q}$，观测角度 β 和 θ，求 A 点坐标。

①求 D_{PQ} 和 α_{PQ}：$\frac{\Delta x_{PQ}}{\Delta y_{PQ}} \rightarrow \frac{D_{PQ}}{\alpha_{PQ}}$

②求 D_{PA}：$D_{PA}=\frac{D_{PQ}\sin(180^\circ-\beta-\theta)}{\sin\theta}$

③求 α_{PA}：$\alpha_{PA}=\alpha_{PQ}-\beta$

④求 A 点坐标：$\frac{D_{PA}}{\alpha_{PA}} \rightarrow \frac{\Delta x_{PA}}{\Delta y_{PA}} \xrightarrow{+P} \frac{x_A}{y_A}$

（3）单三角形。如图 7 - 9（c）所示，已知 P、Q 两点坐标分别为$\frac{x_P}{y_P}$，$\frac{x_Q}{y_Q}$，观测角度 β、γ 和 θ，求 A 点坐标。

①求 D_{PQ} 和 α_{PQ}：$\frac{\Delta x_{PQ}}{\Delta y_{PQ}} \rightarrow \frac{D_{PQ}}{\alpha_{PQ}}$

②进行角度平差 $\Delta=180^\circ-(\beta+\gamma+\theta)$，每个角上的改正数为$-\frac{\Delta}{3}$，从而计算改正后的 3 个内角 β'、γ' 和 θ'：$\beta'=\beta-\frac{\Delta}{3}$、$\gamma'=\gamma-\frac{\Delta}{3}$、$\theta'=\theta-\frac{\Delta}{3}$。

③求 D_{PA}：$D_{PA}=\dfrac{D_{PQ}\sin\gamma'}{\sin\theta'}$

④求 α_{PA}：$\alpha_{PA}=\alpha_{PQ}-\beta'$

⑤求 A 点坐标：$\dfrac{D_{PA}}{\alpha_{PA}}\rightarrow\dfrac{\Delta x_{PA}}{\Delta y_{PA}}\xrightarrow{+P}\dfrac{x_A}{y_A}$

（4）距离交会。如图 7-9（d）所示，已知 P、Q 两点坐标分别为$\dfrac{x_P}{y_P}$，$\dfrac{x_Q}{y_Q}$，测量距离 D_{PA} 和 D_{QA}，求 A 点坐标。

①求 D_{PQ} 和 α_{PQ}：$\dfrac{\Delta x_{PQ}}{\Delta y_{PQ}}\rightarrow\dfrac{D_{PQ}}{\alpha_{PQ}}$

②求$\angle APQ$：$\angle APQ=\arccos\dfrac{D_{PA}^2+D_{PQ}^2-D_{QA}^2}{2D_{PA}D_{PQ}}$

③求 α_{PA}：$\alpha_{PA}=\alpha_{PQ}-\angle APQ$

④求 A 点坐标：$\dfrac{D_{PA}}{\alpha_{PA}}\rightarrow\dfrac{\Delta x_{PA}}{\Delta y_{PA}}\xrightarrow{+P}\dfrac{x_A}{y_A}$

（5）后方交会。如图 7-9（e）所示，经纬仪后方交会，需要测量 β、γ 两个角度以及水平距离 D_{AP}、D_{AQ}、D_{AR}，然后通过解方程的方法求出 A 点的坐标，计算过程比较繁琐。

实际工作中一般用全站仪后方交会，可以提高观测速度。

任务三　高程控制测量

一、水准测量的主要技术要求

《工程测量标准》（GB 50026—2020）规定，高程控制测量精度等级划分为二、三、四、五等。各等级高程控制宜采用水准测量，四等及以下等级可采用电磁波测距三角高程测量，五等还可采用卫星定位高程测量。

首级控制网的等级应根据工程规模、控制网的用途和精度选择，首级网宜布置成环形网，加密网宜布设成附合路线或结点网。

1. 等级水准测量的技术要求

水准测量的主要技术要求应符合表 7-6 的规定。

表 7-6　水准测量的主要技术要求

等级	每千米高差全中误差（mm）	路线长度（km）	水准仪型号	水准尺	观测次数		往返较差、附合或环线闭合差（mm）	
					与已知点联测	附合或环线	平地	山地
二等	2	—	DS_1、DSZ1	条码因瓦、线条式因瓦	往返各一次	往返各一次	$4\sqrt{L}$	—
三等	6	≤50	DS_1、DSZ1	条码因瓦、线条式因瓦	往返各一次	往一次	$12\sqrt{L}$	$4\sqrt{n}$
			DS_3、DSZ3	条码式玻璃钢、双面		往返各一次		
四等	10	≤16	DS_3、DSZ3	条码式玻璃钢、双面	往返各一次	往一次	$20\sqrt{L}$	$6\sqrt{n}$
五等	15	—	DS_3、DSZ3	条码式玻璃钢、单面	往返各一次	往一次	$30\sqrt{L}$	—

注　表中 n 为测站数；L 为水准路线的长度，单位为 km。

图根水准测量的高差闭合差限差为平地≤$40\sqrt{L}$，山地≤$\pm 12\sqrt{n}$。

2. 光学水准仪观测的主要技术要求

光学水准仪观测的主要技术要求见表 7-7。三、四等水准测量的观测顺序如下：

三等水准测量：后、前、前、后。

四等水准测量：后、后、前、前。

表 7-7 光学水准仪观测的主要技术要求

等级	水准仪级别	视线长度（m）	前后视距差（m）	任一测站前后视距差累积（m）	视线离地面最低高度（m）	基、辅分划或黑、红面读数较差（mm）	基、辅分划或黑、红面所测高差较差（mm）
二等	DS1、DSZ1	50	1.0	3.0	0.5	0.5	0.7
三等	DS1、DSZ1	100	3.0	6.0	0.3	1.0	1.5
	DS1、DSZ1	75				2.0	3.0
四等	DS3、DSZ3	100	5.0	10.0	0.2	3.0	5.0
五等	DS3、DSZ3	100	近似相等	—	—	—	—

二、四等水准测量

1. 双面尺的读数方法

双面尺的读数由米、分米、厘米、毫米等 4 位组成。与塔尺读数不同的是，读数中不写小数点。前两位是米和分米，是尺面上的数字注记；第三位是厘米，读数看“E”，长边处为“0”，短边处为“5”；第四位毫米是估读，方法同塔尺读数方法。

如图 7-11 的读数为 5974，不能读成 5.974。

2. 观测及计算过程

四等水准测量的观测顺序及计算过程为：测站观测、本测站视距差计算、任一测站的视距差累加值计算、同一标尺黑、红面的读数校核、同一测站黑、红两面高差校核、计算检核及平均高差计算、成果检核。

图 7-11 双面尺的读数方法

四等水准测量的观测记录见表 7-8。

（1）测站观测。

每个测站读 8 个读数：黑面尺上读 3 个读数，红面尺上只读 1 个读数。

①后视黑面尺，依次读取上、下、中丝读数；

②后视红面尺，读取中丝读数；

③前视黑面尺，依次读取上、下、中丝读数；

④前视红面尺，读取中丝读数；

⑤将 8 个观测数据按读数顺序填入表 7-8。

表 7 - 8　　四等水准测量记录计算表

测点编号	后尺 上丝（mm）	前尺 上丝（mm）	方向及尺号	标尺读数		K＋黑－红（mm）	高差中数（m）	备注
	后尺 下丝（mm）	前尺 下丝（mm）		黑面（mm）	红面（mm）			
	后距（m）	前距（m）						
	本站视距差	累加差						
|	(1)	(5)	后	(3)	(4)	(14) ＝K＋ (3)－(4)	(18)	
	(2)	(6)	前	(7)	(8)	(13) ＝K＋ (7)－(8)		
	(9) ＝ (1) － (2)	(10) ＝ (5) － (6)	后－前	(15) ＝ (3)－(7)	(16) ＝ (4)－(8)	(17) ＝ (14) － (13) ＝ (15) － (16)		
	(11)	(12)						
1 | 2	1329	1173	后	1080	5767	0	＋0.148	K_1＝4687 或 K_2＝4787
	0831	0693	前	0933	5719	＋1		
	49.8	48.0	后－前	＋0.147	＋0.048	－1		
	＋1.8	＋1.8		＋0.148				
2 | 3	2018	2467	后	1779	6567	－1	－0.444	
	1540	1978	前	2224	6911	0		
	47.8	48.9	后－前	－0.445	－0.344	－1		
	－1.1	＋0.7		－0.444				
Σ	本页后视距总和：97.6	本页前视距总和：96.9						

（2）本测站视距差计算。

后视距和前视距的计算公式均为（上丝读数－下丝读数）×100

本站前后视距差的计算公式为后视距－前视距

如：表 7 - 8“1 - 2 段”测站的后视距为（1.329－0.831）×100＝49.8，前视距为（1.173－0.693）×100＝48.0，本站的前后视距差为 49.8－48.0＝＋1.8

说明：

①视距的单位为 m，小数点后保留一位数。

②此过程有两项检核，按表 7 - 7 的要求，视线长度≤100m、前后视距差≤5.0m。

（3）任一测站的视距差累加值计算。

视距差累加值＝本站的前后视距差＋上一站的前后视距差累加值

如：表 7 - 8“2 - 3 段”测站的前后视距差为－1.1，上一测站“1 - 2 段”的前后视距差累加值为＋1.8，本站的前后视距差累加值为－1.1＋1.8＝＋0.7。

说明：

①第一站的前后视距差累加值，即第一站的前后视距差。

②此过程有一项检核，按表 7 - 7 的要求，任一测站前后视距差累积≤10.0m。

(4) 同一标尺黑、红面的读数校核。

同一标尺黑、红面的读数校核，应考虑黑、红两面尺底的差值，这个差值称为基辅差，即主尺（黑面）与辅尺（红面）的差值4687mm和4787mm，用K表示。

两把尺的红、黑读数差计算公式均为K＋黑面中丝读数－红面中丝读数

如：表7-8“1-2段”测站中，后尺的黑、红面的读数差为1080－5767＝－4687，则后尺的黑红面读数差为－4687＋4687＝0。计算前尺的黑、红面的读数差时，直接用“4787”计算为0933－5719＋4787＝＋1。

说明：

①K有两个数值，即4687和4787，计算红、黑面读数差时各用一次。

②此过程有一项检核，按表7-7的要求，黑、红面读数较差≤3.0mm。

(5) 黑、红两面高差校核。

红、黑面高差的计算公式均为：后尺中丝读数－前尺中丝读数

两把尺的黑面尺底刻画相同，用黑面尺测的高差为真正的高差；两把尺的红面尺底刻画相差100mm，即用红面尺测的高差应调整0.1m。

调整后的红面高差计算公式为：计算的红面高差±0.1m

如：表7-8“1-2段”测站中，黑面高差为1.080－0.933＝＋0.147；计算的红面高差为5.767－5.719＝＋0.048，调整后的红面高差为＋0.048＋0.1＝＋0.148；本站黑、红两面高差较差为＋0.147－（＋0.148）＝－0.001（m）＝－1（mm）

说明：

①高差的单位为m，小数点后保留三位数。

②计算黑、红两面高差较差时，用调整后的红面高差与黑面高差进行对比。

③此过程有一项检核，按表7-7的要求，黑、红面所测高差较差≤5.0mm。

(6) 计算检核。

计算检核的目的，即检核“同一测站黑、红面高差较差”与“同一测站前、后尺读数较差”是否相同，若相同则计算正确。

如：表7-8“1-2段”测站中，“同一测站前、后尺读数较差”为0－（＋1）＝－1（mm）；“同一测站黑、红面高差较差”为＋0.147－（＋0.148）＝－0.001（m）＝－1（mm），两个数值相同，计算正确。

(7) 平均高差计算。

平均高差，即表7-8中的“高差中数”，计算时按照“四舍六入五凑偶”的原则，进行位数取舍，小数点后保留三位数。

如：表7-8“1-2段”的高差中数为（0.147＋0.148）/2＝0.1475→0.148。表7-8“2-3段”的高差中数为（－0.445－0.444）/2＝－0.4445→0.444。

(8) 成果检核。

在外业观测中，应对每张记录中的视距和高差进行累加，以填写成果计算表中的水准路线长度和每个测段的观测高差。

完成水准路线中所有测段的观测之后，应计算高差闭合差，进行成果检核。

三、水准测量的成果检核

在水准测量中，多余观测体现为对高程已知的终点进行观测，计算终点的实测高程。然

后用终点的实测高程与终点的已知高程进行比较，计算高差闭合差。

水准测量的成果检核包括：高差闭合差计算、高差闭合差调整、改正后的高程计算。

（1）高差闭合差计算。在高程控制测量中，实测高差的总和与已知高差之间的差值，称为高差闭合差，即$f_h=\Sigma h_{测}-h_{理}=(\Sigma a-\Sigma b)-(H_{终}-H_{始})$

外业观测时，利用读数计算高差闭合差，检核水准测量的观测质量：

闭合水准路线、支水准路线：$f_h=\Sigma a-\Sigma b$；

附合水准路线：$f_h=(\Sigma a-\Sigma b)-(H_{终}-H_{始})$。

实际应用时，高差闭合差的计算公式为$f_h=\Sigma h_{测}-h_{理}=H_{终测}-H_{终理}$

水准测量高差闭合差容许值应符合表 7-6 的规定。若$f_h>f_{h容}$，说明测量精度不符合要求，应返工重测所有的高差；若$f_h\leqslant f_{h容}$，说明测量精度符合要求。

（2）高差闭合差调整。高差闭合差的调整原则为：反符号正比例分配。

反符号：观测值的改正数与测量误差f_h大小相等、符号相反。

正比例：高差闭合差f_h的大小与测站数成正比例。测站越少积累的误差越小，测站越多，积累的误差越大。

分配：高差闭合差的分配方法有两种。一是平均分配到每个测站的高差上；二是累计分配到每个测站的待测点高程上。后一种方法可以保证 3 种水准路线的平差过程完全相同，不必另外套用其他公式，同时也避免了闭合差不能被平均分配的现象。

在等精度观测下，认为每个测站产生误差的机会均等，每个测站的高差平均改正数为：$-\frac{f_h}{n}$，待测点上高程的改正数为：平均改正数×累计测站数。

（3）改正后的高程计算。改正后的高程＝实测高程＋累计改正数。

【例 7-4】 图根水准测量闭合路线的观测数据见表 7-9。起点高程为$H_1=20.000$m。要求进行成果检核。

表 7-9　　水准测量闭合路线观测数据

第 1 测站（1-2）		第 2 测站（2-3）		第 3 测站（3-4）		第 4 测站（4-1）	
后视读数	前视读数	后视读数	前视读数	后视读数	前视读数	后视读数	前视读数
1.435	1.209	1.225	1.239	1.257	1.246	0.855	1.068

分析：对于闭合水准路线，起点和终点是同一个点，理论高差应该为 0。由于观测误差的存在，使得$\sum h\neq 0$，即存在高差闭合差。

图根水准测量的高差闭合差容许值按测站计算为$f_{h容}=\pm 12\sqrt{n}$。在不超过容许误差的情况下，对高差闭合差进行分配。在等精度观测中，4 个测站产生了 10mm 的误差，每个测站产生误差的机会均等，应将这 10mm 误差平均分配到每个测站的观测高差中。

高差闭合差不能平均分配时，应在高差较大的测站多分配改正数，使改正数的总和与高差闭合差大小相等、符号相反。高差闭合差平均分配的成果计算见表 7-10。

表 7-10　　高差闭合差平均分配成果计算表（高差法）

测站	测点	后视读数	前视读数	高差	改正数	改正后高差	改正后高程	备注
一	1	1.435		0.226	−0.003	0.223	20.000	BM
二	2	1.225	1.209	−0.014	−0.002	−0.016	20.223	
三	3	1.257	1.239	0.011	−0.002	0.009	20.207	
四	4	0.855	1.246	−0.213	−0.003	−0.216	20.216	
	1		1.068				20.000	BM
Σ	4.772	4.762	0.010	−0.010	0			

计算检核：　$\Sigma a-\Sigma b=\Sigma h=0.010$m，计算正确。

成果检核：$f_h=\Sigma a-\Sigma b=4.772-4.762=0.010$（m）$=10$（mm）；

$f_{h容}=\pm 12\sqrt{n}=\pm 12\sqrt{4}=\pm 24$（mm）。$f_h<f_{h容}$，测量精度符合要求。

平均改正数$=-\dfrac{f_h}{n}=-\dfrac{0.010}{4}=-0.0025$m。

若对“待测点的高程”进行改正，应采用闭合差累计分配的方法，即：累计改正数＝平均改正数×累计测站数。高差闭合差累计分配的成果计算见表 7-11。

表 7-11　　高差闭合差累计分配成果计算表（视线高法）

测站	测点	后视读数	前视读数	视线高程	实测高程	改正数	改正后高程	备注
一	1	1.435		21.435	20.000		20.000	BM
二	2	1.225	1.209	21.451	20.226	−0.003	20.223	
三	3	1.257	1.239	21.469	20.212	−0.005	20.207	
四	4	0.855	1.246	21.078	20.223	−0.008	20.215	
	1		1.068		20.010	−0.010	20.000	BM
Σ		4.772	4.762					

计算检核：$\Sigma a-\Sigma b=H_{终}-H_{始}=0.010$m，计算正确。

成果检核：$f_h=H_{终测}-H_{终理}=20.010-20.000=0.010$（m）$=10$（mm）；

$f_{h容}=\pm 12\sqrt{n}=\pm 12\sqrt{4}=\pm 24$（mm）；$f_h<f_{h容}$，测量精度符合要求。

平均改正数$=-\dfrac{f_h}{n}=-\dfrac{0.010}{4}=-0.0025$（m）。

高差闭合差调整的两种分配方法对比见表 7-12。

表 7-12　　高差闭合差调整的两种分配方法对比

高差闭合差平均改正			高差闭合差累计改正		
测点	高差	改正数	测点	高程	改正数
1	0.226	−0.003	1	20.000	
2	−0.014	−0.002	2	20.226	−0.003
3	0.011	−0.002	3	20.212	−0.005
4	−0.213	−0.003	4	20.223	−0.008
1			1	20.010	−0.010
改正数的总和为−0.010			最后一个改正数为−0.010		

总结：

（1）进行高差闭合差调整时，必须把产生的闭合差调整为0，即：$f_h \to 0$。

（2）计算高差闭合差平均改正数，应将“原数据”存储到计算器中，不能进行“舍”或“入”。

（3）在水准测量成果检核的过程中，应做到“步步检核”。计算检核的内容如下：

①累计分配的最后一个改正数、平均分配的改正数总和，是否与 f_h 大小相等，符号相反；

②改正后的终点高程是否等于理论值。

（4）可以用累计分配闭合差的方法，进行多测站水准测量的成果检核。

（5）为了提高工作效率，将观测数据输入 Excel 电子表格，通过编辑公式的方法，自动完成高差闭合差的计算、调整及改正后的高程计算。

【例 7-5】 多测站闭合水准路线的观测数据如图 7-12 所示，测量等级为四等，要求计算各点高程。

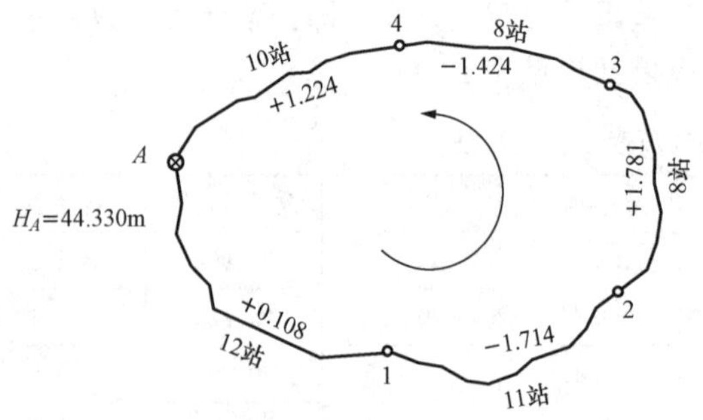

图 7-12 多测站闭合水准路线的观测数据

本例采用高差闭合差累计分配的方法进行计算，记录及计算结果见表 7-13。过程如下：

（1）将图 7-12 中每个测段的“测站数”和“观测高差”填入表 7-13。

（2）计算每个测段的“测站数总和”和“观测高差总和”，以及“累计测站数”。

（3）用“高差法”计算各测点的高程。

（4）用两种方法计算高差闭合差，进行对比，检核计算的正确性。

$f_h = \Sigma h_{测} = -0.025\text{m} = -25\text{mm}$

$f_h = H_{A测} - H_{A理} = 44.305 - 44.330 = -0.025\ (\text{m}) = -25\ (\text{mm})$

（5）计算四等水准测量的高差闭合差容许值为

$f_{h容} = \pm 6\sqrt{n} = \pm 6\sqrt{49} = 42\ (\text{mm})$，$f_h < f_{h容}$，测量精度符合要求。

表 7-13 多测站水准测量平差计算表

测点	测段	测站数	观测高差	测点高程	累计测站数	累计改正数	改正后高程	备注
A	A-1	12	+0.108	44.330			44.330	BM
1	1-2	11	−1.714	44.438	12	0.006	44.444	
2	2-3	8	+1.781	42.724	23	0.012	42.736	
3	3-4	8	−1.424	44.505	31	0.016	44.521	
4	4-A	10	+1.224	43.081	39	0.020	43.101	
A				44.305	49	0.025	44.330	BM
Σ		49	−0.025					

(6) 计算平均改正数。$-\frac{f_h}{n}=-\frac{-0.025}{49}=5.1\times10^{-4}$ (m)(用计算器存储原数据)。

(7) 用平均改正数乘以累计测站数，计算累计改正数。

第一个改正数分配到第一个待测点，即“1 点”，A 点为已知点，不分配改正数。

(8) 计算改正后的高程。改正后高程=测点高程+累计改正数。

任务四　独立坐标与测量坐标的换算

由于城区规划和城市道路的影响，一个建筑区的主轴线方向不一定是测量坐标轴的方向。为了方便厂区的统一规划，一般在测量区域建立独立坐标系，也称为建筑坐标系或施工坐标系。

如图 7-13 所示，$AO'B$ 坐标系是测量坐标系中的子坐标系，该坐标系中的 P 点有两种坐标，既可以表示为测量坐标，也可以表示为独立坐标。实施测量工作时应将相关测点统一到一个坐标系中，完成测量坐标的换算。

一、换算公式

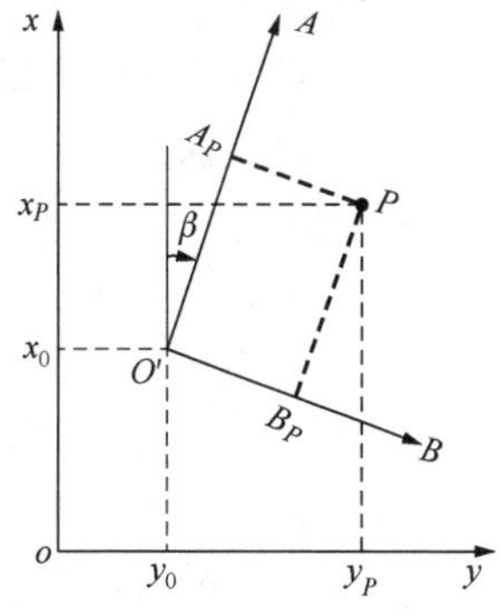

图 7-13　独立坐标与测量坐标的关系

如图 7-13 所示，P 点的测量坐标为$\frac{x_P}{y_P}$，独立坐标为$\frac{A_P}{B_P}$，若独立坐标系的纵轴（A 轴）在测量坐标系中的坐标方位角为 β，则坐标换算的公式为：

独立坐标换算为测量坐标：

$$\begin{cases} x = x_0 + A\cos\beta - B\sin\beta \\ y = y_0 + A\sin\beta + B\cos\beta \end{cases} \quad (7-3)$$

测量坐标换算为独立坐标：

$$\begin{cases} A = (x - x_0)\cos\beta + (y - y_0)\sin\beta \\ B = -(x - x_0)\sin\beta + (y - y_0)\cos\beta \end{cases} \quad (7-4)$$

式中　x，y——测量坐标；

A，B——独立坐标；

x_0，y_0——独立坐标系中坐标原点的测量坐标；

β——独立坐标系的坐标纵轴在测量坐标系中的坐标方位角。

二、坐标换算的应用

在实际工作中，常根据式 (7-3) 和式 (7-4)，用多种方法进行坐标换算。

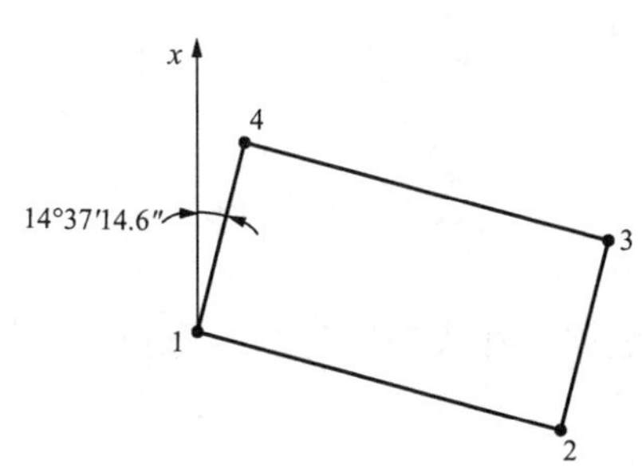

图 7-14　坐标换算举例

方法一：需要换算的数据比较少时，可以将数据直接代入公式计算。

方法二：为了使图形直观，可以在 Auto CAD 中画出图形，使图形平移、旋转后进行点的坐标捕捉。

方法三：需要换算的数据比较多时，可以用电子表格 Excel 编辑公式进行计算。

【例 7-6】 如图 7-14 所示，已知图形 1234 为矩形。1 点的测量坐标为$\frac{56\ 860.480}{32\ 791.778}$，4 个点的独立坐标

分别为：1 点$\frac{256.000}{152.000}$，2 点$\frac{256.000}{212.000}$，3 点$\frac{286.000}{212.000}$，4 点$\frac{286.000}{152.000}$，独立坐标系的坐标纵轴 A 与测量坐标系的坐标纵轴 x 的夹角为$14°37'14.6''$，求 2、3、4 三个点的测量坐标。

1 点的独立坐标和测量坐标均已知，利用式（7-3）计算独立坐标系坐标原点的测量坐标，即

$$\begin{cases}56\ 860.480 = x_0 + 256 \times \cos 14°37'14.6'' - 152 \times \sin 14°37'14.6'' \\ 32\ 791.778 = y_0 + 256 \times \sin 14°37'14.6'' + 152 \times \cos 14°37'14.6''\end{cases}$$

计算得

$$x_0 = 56\ 651.138\text{m},\ y_0 = 32\ 580.081\text{m}$$

（1）方法一：列式计算。

2 点坐标：

$$\begin{cases}x_2 = 56\ 651.138 + 256 \times \cos 14°37'14.6'' - 212 \times \sin 14°37'14.6'' = 56\ 845.335(\text{m}) \\ y_2 = 32\ 580.081 + 256 \times \sin 14°37'14.6'' + 212 \times \cos 14°37'14.6'' = 32\ 849.835(\text{m})\end{cases}$$

3 点坐标：

$$\begin{cases}x_3 = 56\ 651.138 + 286 \times \cos 14°37'14.6'' - 212 \times \sin 14°37'14.6'' = 56\ 874.364(\text{m}) \\ y_3 = 32\ 580.081 + 286 \times \sin 14°37'14.6'' + 212 \times \cos 14°37'14.6'' = 32\ 857.408(\text{m})\end{cases}$$

4 点坐标：

$$\begin{cases}x_4 = 56\ 651.138 + 286 \times \cos 14°37'14.6'' - 152 \times \sin 14°37'14.6'' = 56\ 889.509(\text{m}) \\ y_4 = 32\ 580.081 + 286 \times \sin 14°37'14.6'' + 152 \times \cos 14°37'14.6'' = 32\ 799.351(\text{m})\end{cases}$$

（2）方法二：在 Auto CAD 中捕捉坐标。

①在 Auto CAD 中按独立坐标画出图形 1234。

Auto CAD 的坐标系为数学坐标系，画直线输入点的坐标时应先输入 y，后输入 x。

②进行图形的整体平移，捕捉 1 点，在命令行中输入图形平移后的 1 点坐标 $\frac{56\ 860.480}{32\ 791.778}$。

回车后整个图形消失。此时应在命令行输入 Z，回车，再输入 A，回车，图形会在 Auto CAD 界面上以小点的方式重现，需进行放大。

③以 1 点为旋转点，对整个图形顺时针旋转 $14°37'14.6''$。

Auto CAD 中对图形旋转的规定为：图形逆时针旋转，输入“+”；图形顺时针旋转，输入“－”。

Auto CAD 默认的角度格式不是“度/分/秒”，而是“度”。此时应将 $14°37'14.6''$转化为 $14.620\ 722\ 22°$，在命令行中输入$-14.620\ 722\ 22$ 后，回车。

④在旋转后的图形中捕捉各点坐标。捕捉的各点坐标分别为：

1 点$\frac{56\ 860.480\ 0}{32\ 791.778\ 0}$，2 点$\frac{56\ 845.334\ 8}{32\ 849.835\ 1}$，3 点$\frac{56\ 874.363\ 4}{32\ 857.407\ 7}$，4 点$\frac{56\ 889.508\ 5}{32\ 799.350\ 6}$。

（3）方法三：在 Excel 中编辑公式。

1）如图 7-15 所示，设计表格，将编辑公式需要的数据列在表格以外的任意位置，做好坐标换算前的准备工作。

①“B3：C6”单元格为已知的各点独立坐标。

②“G3”和“G4”单元格为已知的 1 点测量坐标，用作检核。

③“B7”单元格为旋转角 14°37′14.6″。小数点前为“度”，小数点后面的前两位为“分”，最后三位为“秒”。

④在“C7”单元格中，用向下取整函数“INT”编辑公式，将角度的单位由“度/分/秒”化为“度”。

⑤在“E7”单元格中，将角度化为弧度后，计算旋转角的正弦。编辑公式为“=SIN((C7) * PI () /180)”。

Excel 电子表格计算函数时角度的单位为弧度，其中，“π”用“PI ()”表示。

⑥在“E8”单元格中，将角度化为弧度后，计算旋转角的余弦。编辑公式为“=COS((C7) * PI () /180)”。

⑦“G7”和“G8”单元格为计算的独立坐标系坐标原点的测量坐标。

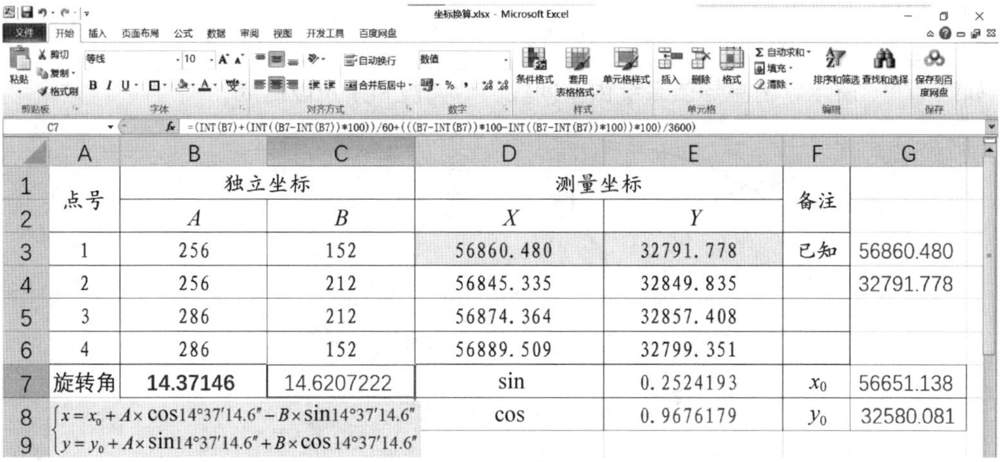

坐标换算.xlsx - Microsoft Excel

C7　=(INT(B7)+(INT((B7-INT(B7))*100))/60+(((B7-INT(B7))*100-INT((B7-INT(B7))*100))*100)/3600)

	A	B	C	D	E	F	G
1	点号	独立坐标		测量坐标		备注	
2		*A*	*B*	*X*	*Y*		
3	1	256	152	56860.480	32791.778	已知	56860.480
4	2	256	212	56845.335	32849.835		32791.778
5	3	286	212	56874.364	32857.408		
6	4	286	152	56889.509	32799.351		
7	旋转角	**14.37146**	14.6207222	sin	0.2524193	x_0	56651.138
8				cos	0.9676179	y_0	32580.081
9							

$$\begin{cases} x = x_0 + A\times\cos 14°37'14.6'' - B\times\sin 14°37'14.6'' \\ y = y_0 + A\times\sin 14°37'14.6'' + B\times\cos 14°37'14.6'' \end{cases}$$

图 7-15　应用 Excel 电子表格进行独立坐标与测量坐标换算

2）在“D3”和“E3”单元格编辑公式计算测量坐标。

①在表格下方附上坐标换算的公式，以备编辑公式时作参照。

②在“D3”单元格编辑公式“=G7+B3 * E8−C3 * E7”。因“G7”“E7”“E8”三个单元格中为数据，编辑公式后按“F4”键进行绝对引用。

③在“E3”单元格编辑公式“=G8+B3 * E7+C3 * E8”。因“G8”“E7”“E8”三个单元格中为数据，编辑公式后按“F4”键进行绝对引用。

④分别点住 D3 和 E3 单元格右下角的小十字，向下拖至 D6 和 E6，在表格中自动显示 2、3、4 三个点的测量坐标。

总结：

(1) 三种方法的计算结果相同，由于凑整误差的影响，个别数据相差 1mm 或不足 1mm。

(2) 在 Excel 中编辑公式进行坐标换算，只要输入的独立坐标和编辑公式正确就不会出现错误的计算结果，适合换算大量的数据。

(3) 用 Auto CAD 软件处理图形时，先旋转再平移可以达到同样的目的。

(4) 可以利用卫星定位技术测量已知点求转换参数，再求各点的独立坐标。相关知识见后续内容。

任务五　卫星定位静态观测

一、GNSS简介

1. 全球导航卫星系统

全球导航卫星系统（Global Navigation Satellite System）简称GNSS。它包括一个或多个卫星星座及其支持特定工作所需的增强系统。是在地球表面或近地空间的任何地点为用户提供全天候的三维坐标、速度，以及时间信息的空基无线电导航定位系统。

全球四大卫星导航系统，包括中国的北斗卫星导航系统（BDS）、美国的全球定位系统（GPS）、俄罗斯的格洛纳斯卫星导航系统（GLONASS）和欧盟的伽利略卫星导航系统（GALILEO）。

2. 卫星导航系统的组成

如图7-16所示，卫星导航系统由空间段、地面段和用户段组成。

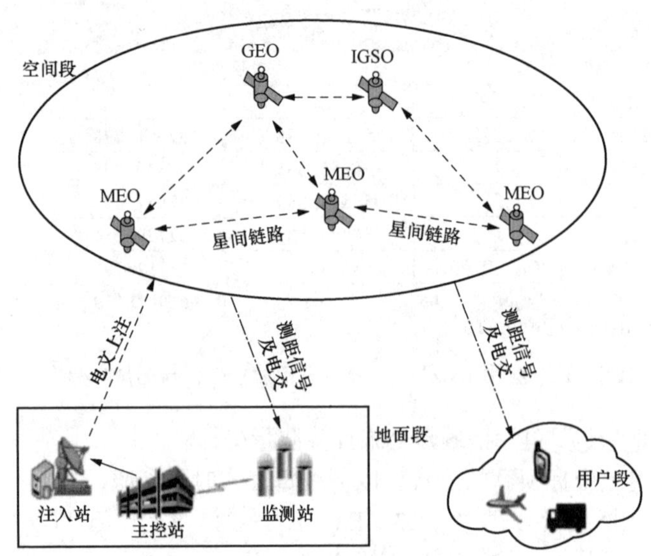

图7-16　卫星导航系统的组成

空间段，即在空中绕地球飞行的人造卫星群。地面段也称为地面监控段，由主控站、监控站、注入站组成。主控站是GNSS的核心，负责协调整个系统运作；监控站组成卫星跟踪网，对卫星的轨道进行测量并预测卫星的位置；注入站将导航电文和控制命令播发给卫星，供卫星在相当长的一段时间内播发。

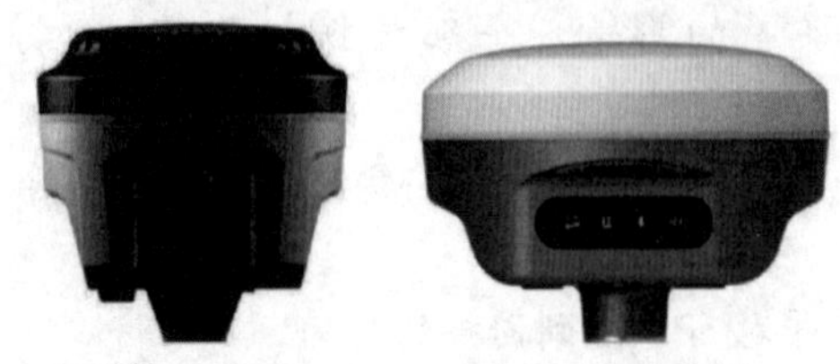

图7-17　南方测绘GNSS接收机

用户段即各种GNSS接收机和相应的数据处理软件。如图7-17所示为南方测绘GNSS接收机，它由接收天线、主机和电源组成。其任务是捕捉卫星信号，跟踪并锁定卫星信号，对接收的信号进行处理，测量出测距信号从卫星传播到接收天线的时间间隔，译出卫星广播的导航电文，实时计算接收机天线的三维坐标、速度和时间。

二、卫星定位测量

1. 相关概念

卫星定位测量：利用卫星定位接收机接收卫星导航系统的多颗定位卫星信号，确定地面点位置的技术和方法。

卫星定位测量控制网：利用卫星定位技术和方法建立的测量控制网，它由 GNSS 控制点和基线向量组成。

观测时段：测站上开始接收卫星信号到停止接收，连续观测的时间间隔，简称时段。

同步观测：两台或两台以上接收机同时对同一组卫星进行的观测。

同步观测环：三台或三台以上接收机同步观测所获得的基线向量所构成的闭合环。

异步观测环：由非同步观测获得的基线向量构成的闭合环。

数据剔除率：同一时段中，删除的观测值个数与获取的观测值总数的比值。

静态定位：在多个测站上进行同步观测，确定测站之间相对位置的卫星定位测量。

2. 作业模式

GNSS 测量有静态和动态两种基本的作业模式，两种作业模式的对比见表 7 - 14。

表 7 - 14 GNSS 测量的作业模式

作业模式	精度	适用范围	特点	备注
静态定位	基线的相对定位精度达 5mm+1ppm	等级控制测量	所有观测基线组成一系列封闭图形，可以通过平差进一步提高观测精度	
动态定位	相对于基准点的瞬时点位精度 1～2mm	碎部测量与施工放样	同步观测 5 颗卫星，至少连续跟踪 4 颗卫星，移动站与基准站的距离不超过 10km	碎部测量详见项目十一中的任务三；施工放样详见项目八中的任务五

3. 卫星定位测量的技术要求

卫星定位测量控制网的主要技术要求见表 7 - 15。各等级卫星定位测量控制网观测的技术要求见表 7 - 16。

表 7 - 15 卫星定位测量控制网的主要技术要求

等级	基线平均长度（km）	固定误差 *A*（mm）	比例误差系数 *B*（mm/km）	约束点间的边长相对中误差	约束平差后的最弱边相对中误差
二等	9	≤10	≤2	≤1/250 000	≤1/120 000
三等	4.5	≤10	≤5	≤1/150 000	≤1/70 000
四等	2	≤10	≤10	≤1/100 000	≤1/40 000
一级	1	≤10	≤20	≤1/40 000	≤1/20 000
二级	0.5	≤10	≤40	≤1/20 000	≤1/10 000

表 7-16 各等级卫星定位测量控制网观测的技术要求

等级		二等	三等	四等	一级	二级
接收机类型		多频	多频或双频	多频或双频	双频或单频	双频或单频
仪器标称精度		$3mm+1\times10^{-6}$	$5mm+2\times10^{-6}$	$5mm+2\times10^{-6}$	$10mm+5\times10^{-6}$	$10mm+5\times10^{-6}$
观测量		载波相位	载波相位	载波相位	载波相位	载波相位
卫星高度角（°）	静态	≥15	≥15	≥15	≥15	≥15
有效观测卫星数	静态	≥5	≥5	≥4	≥4	≥4
有效观测时段长度（min）	静态	≥30	≥20	≥15	≥10	≥10
数据采样间隔（s）	静态	10～30	10～30	10～30	5～15	5～15
PDOP		≤6	≤6	≤6	≤8	≤8

三、静态观测

1. 点位的基本要求

（1）应便于安置接收设备和操作，视野开阔，视场内障碍物的高度角不宜超过 15°。

（2）远离大功率无线电发射源（如电视台、电台、微波站等），其距离不小于 200m；远离高压输电线和微波无线电信号传送通道，其距离不应小于 50m。

（3）附近不应有强烈反射卫星信号的物件（如大型建筑物等）。

（4）交通方便，并有利于其他测量手段扩展和联测。

（5）地面基础稳定，易于标石的长期保存。

（6）充分利用符合要求的已知控制点。

（7）选站时应尽可能使测站附近的局部环境（如地形、地貌、植被等）与周围的大环境保持一致，以减少气象元素的代表性误差。

（8）避免信号的多路径效应，测站应远离大面积平静的水面。

2. 每个测站的工作

（1）将 GNSS 接收机设置为静态模式，设置高度角、采样间隔。

（2）GNSS 接收机必须安置在控制点的三脚架上，对中、整平。

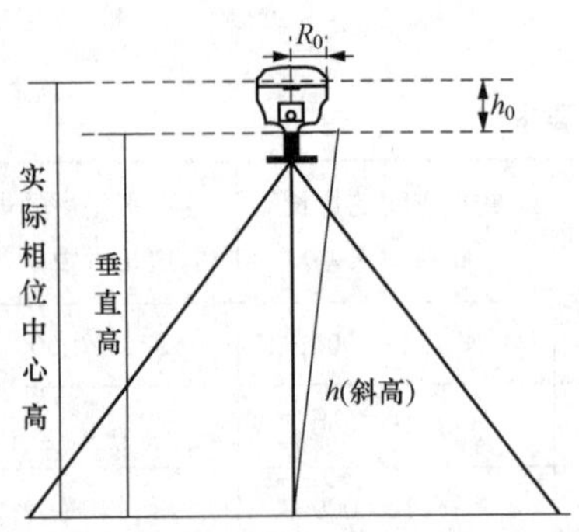

图 7-18 GNSS 接收机安置高度量取

（3）如图 7-18 所示，量取仪器高 3 次，差值不得大于 3mm，取平均值。

（4）记录 GNSS 接收机的编号、所在控制点的点号、仪器高、开始时间。

（5）各接收机同时开机。

（6）一个时段的数据采集完成后，关闭 GNSS 接收机，记录结束时间。

3. 数据导出

将数据线的 USB 接口与电脑连接，七针串口与 GNSS 接收机连接，导出接收机中的数据。操作过程如下：

（1）在电脑中建立文件夹，以静态观测的日期命名。

（2）GNSS 接收机开机。

（3）找到 GNSS 接收机中以观测日期命名的文件夹，复制到电脑中，并修改文件名为接收机编号。

4. 静态观测数据处理

数据后处理软件必须与 GNSS 接收机配套。南方地理数据处理平台软件“SGO”的操作界面如图 7-19 所示。

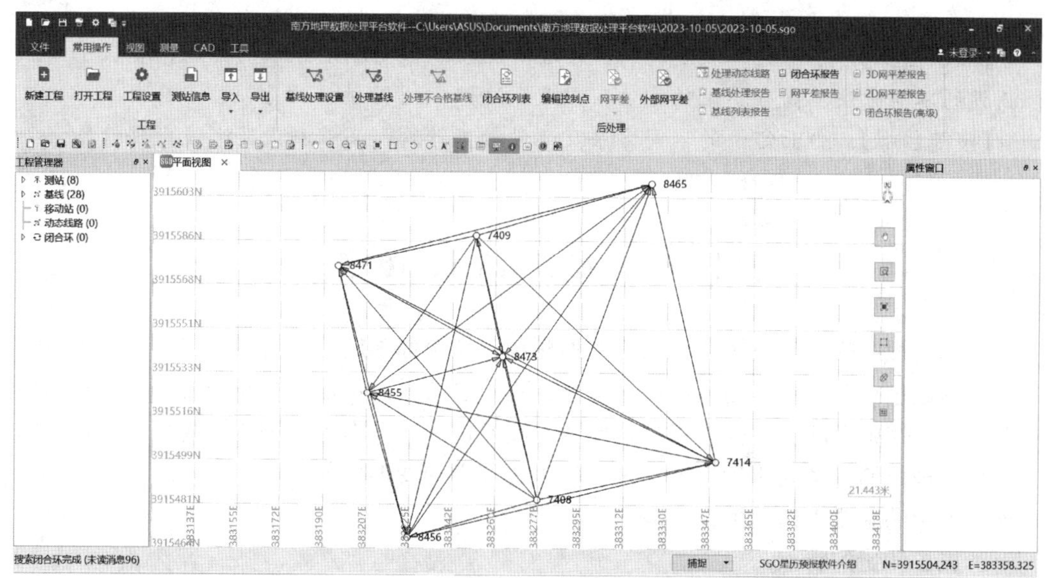

图 7-19 南方地理数据处理平台软件“SGO”的操作界面

静态观测数据处理的过程如下：

(1) 新建工程。创建基于米制单位的工程。

(2) 工程设置。确定文件存储路径，输入项目名称，选择坐标系统为“China CGCS2000”、按观测位置选择投影带及中央子午线经度，选择角度格式为“dd. mmssss”，以及控制网等级等，其他设置默认。

(3) 导入数据。在“导入”菜单中选择“导入观测值文件”。根据外业记录的数据修改天线高及量取方式。

(4) 基线处理设置。一般设置高度截止角为 15°、采样间隔为 30s、解算类型为“L1+L2/B1+B2”，勾选“使用 GPS”“使用 GLONASS”“使用北斗”，其他设置默认。

(5) 点击“处理基线”，查看“解类型”。

(6) 查看闭合环列表，重新解算不合格的基线。勾选不合格的基线进行处理，在属性编辑栏中修改采样间隔和高度截止角，直至解类型为固定解。

在工程管理器中查找不合格基线，右键选择“数据编辑”，对不合格的数据进行删除，不参与解算。

(7) 三维网平差。点击“网平差”，在平差报告中查看三维平差结果、二维平差结果、高程拟合结果等。

(8) 点击“编辑控制点”，添加已知点的“目标北坐标”“目标东坐标”“目标高程”，即“x，y，H”。

(9) 二维网平差后，所有控制点均显示与已知点相同坐标系下的平面直角坐标。

项目八　施工测量的基本工作

【知识目标】 了解施工测量的特点；理解测设点位与测定点位的区别；掌握平面点位测设的不同方法、高程测设的方法，以及 GNSS - RTK 放样的方法。

【技能目标】 平面定位的不同方法及测设数据计算；高程测设及测设数据计算。

任务一　施工测量概述

在土木工程的施工阶段所进行的一系列测量工作统称为施工测量。

施工测量包括施工控制测量，场地平整、建筑物的平面定位、开挖基坑、基础施工中的测量工作、主体施工的轴线投测和高程传递、建筑构件的平面定位和测设高程等内容，以及施工过程中进行的一系列质量检查工作和施工过程中的变形观测工作。

施工测量的主要工作是测设。

一、施工测量的特点

（1）施工测量必须与施工组织相协调。施工测量是为施工服务的，因此测量人员必须掌握施工进度，以及施工现场的变化情况，使测量工作满足施工的需要。

（2）合理选择施工测量的精度。建筑工程施工测量的精度应根据工程性质、设计要求确定，满足《工程测量标准》（GB 50026—2020）的规定。精度过高会增加测量的难度和工作量，导致人力、物力和时间的浪费；精度过低会造成施工质量低、返工，甚至发生质量事故。如：高层建筑的测设精度应高于低层建筑，连续自动生产作业线的厂房精度应高于独立厂房，装配式建筑物的测设精度应高于非装配式建筑。

（3）测量标志的设置应便于使用和保管。由于施工现场各工序交叉作业、运输频繁、材料堆放、施工机械的使用等因素的影响，测量标志容易遭到破坏，因此应注意测量标志的保护，一旦发现测量标志被破坏应及时恢复，以保证施工测量的顺利进行。另外，测量人员的人身安全也应得到保证。

（4）做好施工测量前的一系列准备工作。

1）认真识图，了解设计意图和施工要求，核对图纸的设计尺寸，并以此为依据，计算测设数据，同时也为图纸会审提供可靠的数据。

2）根据施工现场的具体情况和已有的测量条件拟定测设方案，并验证其可行性。

3）对测量仪器进行检验和校正。

4）保护并检核施工现场的测量控制点。

5）为施工测量准备必要的辅助工具及备件。

（5）施工测量应遵循测量工作的基本原则，其中，“步步检核”尤其重要。

在施工测量过程中，应随时检验并校正测量仪器和工具、检查观测数据的精度、检核定位精度等，其目的是防止发生错误，保证施工测量的质量，进而保证施工质量。

在实际工作中经常提到放线和抄平，放线即平面点位测设，抄平即高程测设，它贯穿于施工的整个过程，是施工测量的基本工作，也是学习的重点。

二、测设的基本工作

测设的基本工作为水平角测设、水平距离测设和高程测设。其中，水平角测设和水平距离测设确定点的平面位置，高程测设确定点的高度，进而确定点的空间位置。

测定与测设的基本区别已在项目一中学习，下面在测量工作的三大内容上，对测定与测设的区别进一步细化，见表 8-1。

表 8-1　　测定点位与测设点位的区别

测量	水平角测量		水平距离测量		高程测量	
	已知	求	已知	求	已知	求
测定	三点位置	水平角	两点位置	水平距离 或	两点位置 一点高程	另一点高程
测设	两点位置 水平角	第三点位置 或	一点位置 水平距离 (方向已知)	另一点位置	一点位置 两点高程	另一点位置

①对于测定：测什么求什么；对于测设：测什么，什么已知，求的都是位置。如：在电线杆上标定建筑物±0.00 的位置，是测设；已知地面上有 A、B、C 3 个点，求$\angle ABC$，是测定。

②高程测设是在平面位置测设基础上进行的，因此表 8-1 中"高程测量"一栏中的"位置"，指的是点的高度，而非平面位置。

三、测设的方法

随着卫星技术在土木工程中的广泛应用，施工初期的平整场地、施工区域围护、基坑开挖边界确定等精度要求不高的测量工作，已越来越多地应用 RTK 测量。为了保证施工定位的精度，只在建筑物施工放样时使用全站仪。

按照测设精度的要求不同，测设方法可分为直接法和精密法。

1. 直接法

根据已知点和测设数据，在实地定出相应的点位。特点是简单、直接，点位不需要调整。

2. 精密法

精密法也称为归化法。特点是先定出一个点作为过渡点，然后测量该点与已知点的关系（包括夹角、距离、高差），将实测值与理论值进行比较获得差值，然后按照计算的差值调整点位，把测设的点位归化到更精确的位置上。

实施测设时，应考虑工程性质、设计要求等因素，合理选择测设方法。

任务二 点的平面位置测设

一、平面定位的基本工作

1. 水平角测设

（1）水平角测设的步骤。

如图 8 - 1 所示，已知 O、A 两点，要求顺时针测设水平角$\angle AOB$。测设步骤如下：

①在 O 点安置经纬仪，对中、整平。

②盘左观测：瞄准 A 点，转动度盘变换手轮，使水平度盘的读数为 0°00′00″，顺时针转动照准部，旋紧水平制动螺旋，转动水平微动螺旋，使水平度盘的读数精确至$\angle AOB$，在测设方向的任意位置上定出 B'点。

③盘右观测：瞄准 A 点，转动度盘变换手轮，使水平度盘的读数为 180°00′00″，顺时针转动照准部，旋紧水平制动螺旋，转动水平微动螺旋，使水平度盘的读数精确至 $180°+\angle AOB$，在地面上近 B'点处定出 B''点。

④若 B'和 B''两点不重合，取 B'和 B''的中点，定出 B 点。

⑤检核：用测回法测定$\angle AOB$，与理论值比较。

（2）水平角测设时应注意的问题。

①水平角测设分为顺时针测设和逆时针测设。

顺时针测设：瞄准已知点时，使水平度盘的读数为 0°00′00″，然后再顺时针拨角至测设的水平角。

逆时针测设：瞄准已知点时，使水平度盘的读数调整为要测设的水平角，然后再逆时针拨角至 0°00′00″。

②如图 8 - 2 所示，若经纬仪的成像为倒像，指挥目标移动时，应根据望远镜中的目标位置，朝相反的方向指挥，最终使目标位于十字丝竖丝指示的方向上。

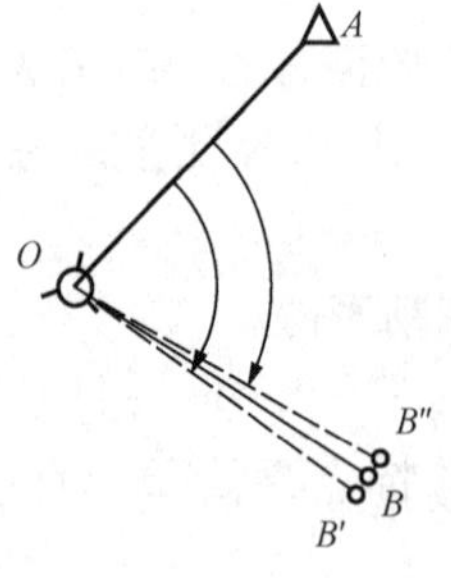

图 8 - 1 水平角测设

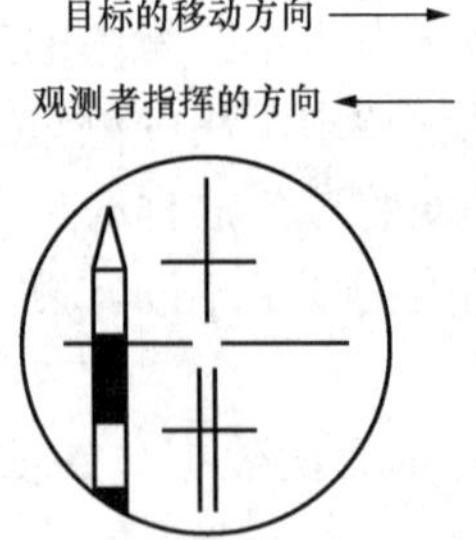

图 8 - 2 测设目标移动的方向

③操作 DJ_2 经纬仪时应注意：配盘时，转动度盘变换手轮，使上下分划线对齐；测设已知方向时，转动水平微动螺旋，使上下分划线对齐。

水平角测设的难点有两处：一是前点人员的配合及点位标记，二是观测者对于配盘和测设方向的确定。水平角测设的操作要点见表 8 - 2。

表 8-2　**水平角测设的操作要点**

水平角测设	已知方向配盘	测设已知方向的读数
DJ_6 光学经纬仪	瞄准→转动度盘变换手轮	转动照准部→水平微动
DJ_2 光学经纬仪（18°36′24.5″）	瞄准→转动测微轮（6′24.5″）→转动度盘变换手轮（18°36′24.5″）	转动测微轮（6′24.5″）→转动照准部→水平微动（18°36′24.5″）
电子经纬仪	配盘→锁定水平盘→瞄准→解锁	转动照准部→水平微动
全站仪	瞄准→按[角度键]→输入“18.36245”	转动照准部→水平微动

2. 水平距离测设

如图 8-3 所示，已知 A 点和 AB 方向，要求测设水平距离 D_{AB}。

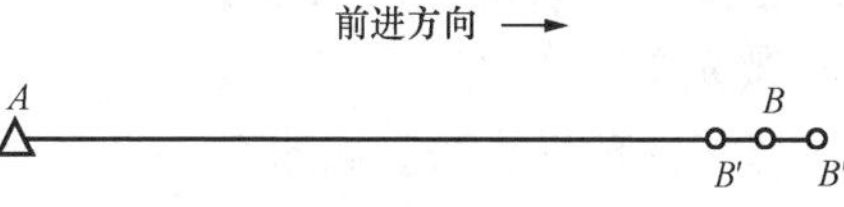

图 8-3　水平距离测设

测设步骤如下：

①从已知点 A 开始，沿已知的 AB 方向量距 D_{AB}，定出 B' 点。

②再从已知点 A 开始，沿已知的 AB 方向量距 D_{AB}，定出 B'' 点。

③检核：按式（4-1）计算相对误差 K。

④若计算的 K 值在容许范围内，取 B' 和 B'' 的中点，定出 B 点。

3. 直线测设

直线测设分为内插定线和外延定线两种情况。

（1）内插定线。内插定线就是在两点之间的连线上定出若干个点。如图 8-4（a）所示，在直线 AB 上定出 1 点（内插定线的方法见项目四的“直线定线”）。

（2）外延定线。外延定线就是在直线的延长线上定出若干个点。如图 8-4（b）所示，在直线 AB 的延长线上定出 1 点。外延定线的方法有 3 种。

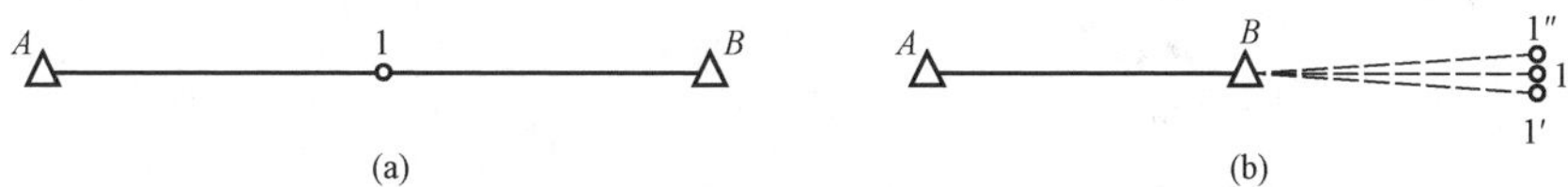

图 8-4　直线测设

1）方法一。测设步骤如下：

①在 A 点安置经纬仪，对中、整平。

②盘左瞄准 B 点。

水平制动螺旋锁定，松开竖直制动螺旋，望远镜向上转动，指挥目标至十字丝的竖丝指示的方向上，在远处定出临时点 1′。

③盘右瞄准 B 点，与盘左相同的方法定出临时点 1″。

若两个临时点没有重合，取中间位置为最终点位。

2）方法二。在 B 点安置经纬仪，对中、整平后，瞄准 A 点测设 180°（方法同水平角测设）。

3）方法三。如图 8-4（b）所示，测设步骤如下：

①在 B 点安置经纬仪，对中、整平。

②盘左瞄准 A 点，水平制动螺旋锁定，松开竖直制动螺旋，倒镜为盘右位置，指挥目标至十字丝竖丝指示的方向上，在远处的木桩顶面定出 $1'$点。

③盘右瞄准 A 点，水平制动螺旋锁定，松开竖直制动螺旋，倒镜为盘左位置，指挥目标至十字丝竖丝指示的方向上，在标定 $1'$点的木桩顶面定出 $1''$点。

④取 $1'$和 $1''$的中点定出 1 点。

4. 铅垂线测设

铅垂线测设，是以一个点为基准点，测设若干个点，使已知点与待测点处于同一条铅垂线上。用于从建筑物底层向上层投测轴线。

铅垂线测设的传统方法为锤球吊线法、经纬仪法，目前应用较多的方法是激光标线仪法和激光垂准仪法。

（1）锤球吊线法。如图 8-5（a）所示，将吊线的下部与基准点 A 重合，在吊线上部标定 B 点的位置；如图 8-5（b）所示，将锤球尖对准基准点 A，在吊线上部标定 B 点的位置。

（2）经纬仪法。如图 8-6 所示，经纬仪测设铅垂线的步骤如下：

①在 A_2 点和 B_2 安置经纬仪，对中、整平，瞄准建筑物底部的 A_1 点和 B_1 点，在施工面上测设直线 A_1B_1。

②在 C_2 点和 D_2 点安置经纬仪，对中、整平，瞄准建筑物底部的 C_1 点和 D_1 点，在施工面上测设直线 C_1D_1。

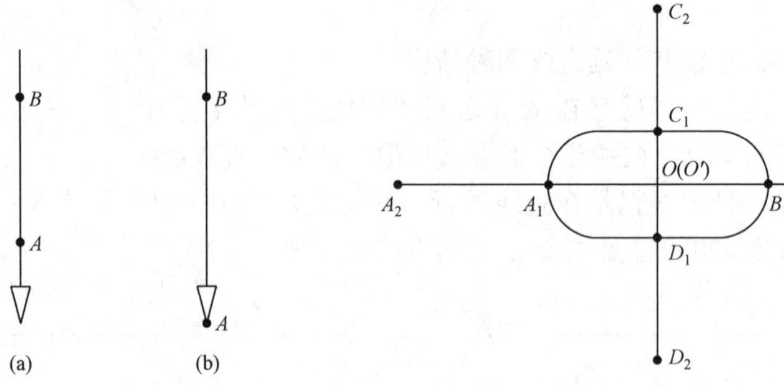

图 8-5 锤球吊线法铅垂线测设　　图 8-6 经纬仪外控法铅垂线测设

③施工面上两条直线的交点 O'即与底层的交点 O 在同一条铅垂线上。

（3）天顶准直法。天顶准直法用于内控法铅垂线测设。测设的精度高、速度快、不受风力的影响。投点方式如图 8-7所示。

1）在施工面上放置接收靶；

2）在层底的控制点上安置激光垂准仪，严格对中、整平；

3）接通激光电源，向上发射铅直的激光束，在接收靶上会有一个激光点；

4）移动接收靶，使靶心与红色的激光点重合，固定接收靶；

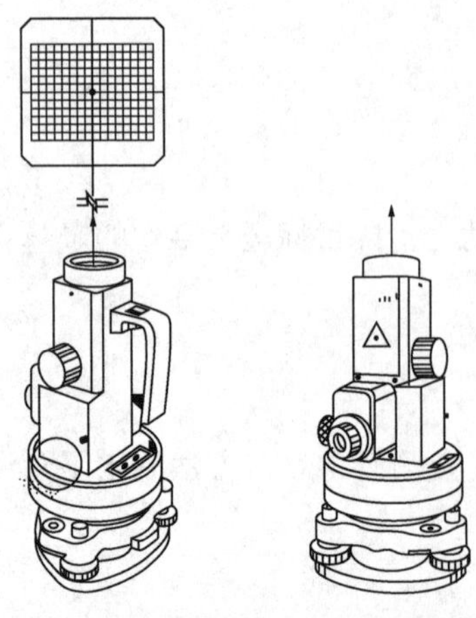

图 8-7 激光垂准仪测设铅垂线

5）以靶心为基准，在施工面上测设轴线。

二、经纬仪钢尺法测设平面点位

“经纬仪钢尺法测设平面点位”是测设平面点位的基本方法。

施工定位在考虑绝对定位的基础上强调相对定位，所以在实际工作中，测设平面点位只用经纬仪的盘左位置测设水平角，距离测设时也只丈量一次，但在所有的点测设完成后，根据图纸上的设计尺寸对所有点位进行检核，最后再对点位进行适当的调整。

测设平面点位的常用方法有 5 种，见表 8-3。测设时可以根据不同的现场条件选择不同的测设方法，对于使用钢尺量距测设平面点位的方法，共同的要求是地面相对平坦。

表 8-3　　测设平面点位的方法

测设方法	测设数据	测站个数（按测设 4 个主点计算）	现场条件
直角坐标法	水平距离	3	施工控制基准线与建筑物的主轴线平行或垂直
极坐标法	水平角、水平距离	1	施工控制基准线与建筑物的主轴线之间无特殊关系
	坐标方位角、水平距离		
角度交会法	水平角	2	控制点与测设点位之间距离较远，或地面不平坦
距离交会法	水平距离	—	控制点与测设点位之间距离较近，且不超过一个整尺
方向线交会法	—	4	测设两个方向的交点，用于施工时恢复点位

已知 P、Q 为控制点，坐标和位置已知，矩形 $ABCD$ 四个点的坐标已知。要求在地面上测设 A、B、C、D 四个点的平面位置。下面以此为例讲解平面点位测设的各种方法。

1. 直角坐标法

（1）计算测设数据。直线 PA 的坐标增量为 Δx_{PA} 和 Δy_{PA}，即

$$\begin{cases}\Delta x_{PA} = x_A - x_P \\ \Delta y_{PA} = y_A - y_P\end{cases}$$

AB、BC、CD、DA 四条边的长度可通过坐标反算求得。

（2）测设步骤。如图 8-8 所示，直角坐标法测设平面点位的步骤如下：

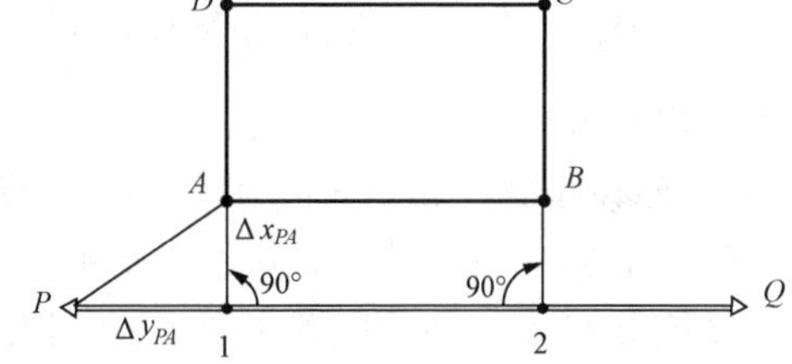

图 8-8　直角坐标法定位

①在 P 点安置经纬仪，对中、整平；瞄准 Q 点，在方向线上测设水平距离：以 P 点为基准丈量 Δy_{PA}，定出 1 点；继续以 P 点为基准丈量 $\Delta y_{PA}+D_{AB}$，定出 2 点。

②检核并调整 1、2 两点的距离。

③在 1 点安置经纬仪，对中、整平；瞄准 Q 点，逆时针测设 90°，在方向线上测设水平距离：以 1 点为基准丈量 Δx_{PA}，定出 A 点；继

续以 1 点为基准丈量 $\Delta x_{PA}+D_{AD}$，定出 D 点。

④在 2 点安置经纬仪，对中、整平；瞄准 P 点，顺时针测设 90°，在方向线上测设水平距离：以 2 点为基准丈量 Δx_{PA}，定出 B 点；继续以 2 点为基准丈量 $\Delta x_{PA}+D_{BC}$，定出 C 点。

⑤检核：相对定位检核的方法见表 8 - 4。

表 8 - 4　　点位的检核方法

检核内容	理论值	检核方法	备　注
边长	图纸上的设计尺寸	用钢尺丈量两点之间的距离	
角度	90° （图形的设计内角）	用经纬仪测量水平角	产生对中、整平、瞄准、读数等误差 实际工作中不用
		用钢尺丈量对角线的长度	实际工作中常用

直角坐标法可视为极坐标法的特殊情况，测量误差的来源及注意事项参照极坐标法。

2. 极坐标法

（1）方法一：测设数据为水平角和水平距离。

1）计算测设数据。以 A 点为例，计算的测设数据为水平角 $\angle APQ$ 和水平距离 D_{PA}。

$$\begin{cases}\angle APQ=\alpha_{PQ}-\alpha_{PA}\\ D_{PA}=\sqrt{(x_A-x_P)^2+(y_A-y_P)^2}\end{cases}$$

其中，坐标方位角 α_{PA} 和 α_{PQ} 用坐标反算求解。

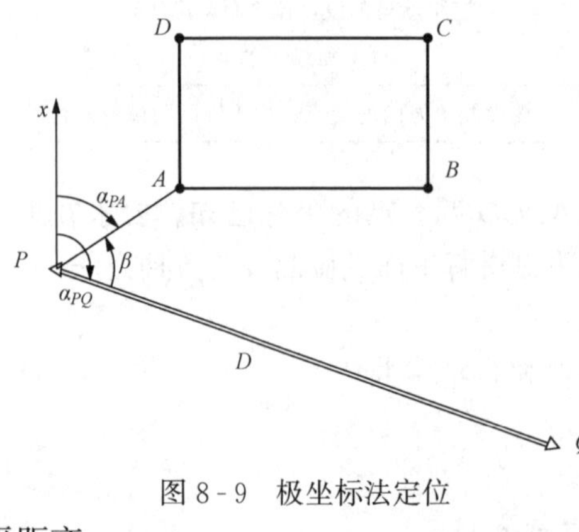

图 8 - 9　极坐标法定位

2）测设步骤。如图 8 - 9 所示，极坐标法测设平面点位的步骤如下：

①在 P 点安置经纬仪，对中、整平。

②瞄准 Q 点，逆时针测设水平角 $\angle APQ$，定出 PA 方向。

③在 PA 方向上测设水平距离：以 P 点为基准丈量 D_{PA}，定出 A 点。

④同理，定出 B、C、D 三点。

⑤检核方法见表 8 - 4。

（2）方法二：测设数据为坐标方位角和水平距离。

1）计算测设数据。根据坐标反算的方法，遵循模式：$\frac{x}{y}\rightarrow\frac{\Delta x}{\Delta y}\rightarrow\frac{D}{\alpha}$，计算测站至各点的水平距离和坐标方位角。

2）测设步骤。如图 8 - 9 所示，极坐标法测设平面点位的步骤如下：

①在 P 点安置经纬仪，对中、整平。

②瞄准 Q 点，转动度盘变换手轮，使水平度盘的读数为 α_{PQ}。

③转动照准部，使水平度盘的读数为 α_{PA}，定出 PA 方向。

④在 PA 方向上测设水平距离：以 P 点为基准丈量 D_{PA}，定出 A 点。

⑤同理，定出 B、C、D 三点。

⑥检核方法见表 8 - 4。

总结：

（1）在实际工作中，方法二应用较多。两种方法的对比见表 8-5。

表 8-5　极坐标法定位的两种方法对比

测设方法	测设数据	操作方法比较	测设数据比较
方法一	水平角 水平距离	须画草图，否则容易混淆逆时针拨角或顺时针拨角，致使测设的点位错误	计算坐标方位角后再计算水平角繁琐、复杂
方法二	坐标方位角、水平距离	不存在以上问题	竖式计算简单、明了

（2）极坐标法定位的主要误差来源是仪器对中误差、瞄准误差、测角误差、测距误差、点位标定的误差等。测设时应注意：

①后视定向时，宜选远点，不宜选近点。

②距离测站越远，测设点位的误差越大。

如图 8-10 所示，距离测站较远的点为 B 点和 C 点。因测角误差影响，"最弱边"为直线 BC。制定测设方案时，尽量不要出现"最弱边"，如果不可避免，不要将短边设为"最弱边"。

③当测设精度要求不高时，可以不考虑仪器对中误差的影响。

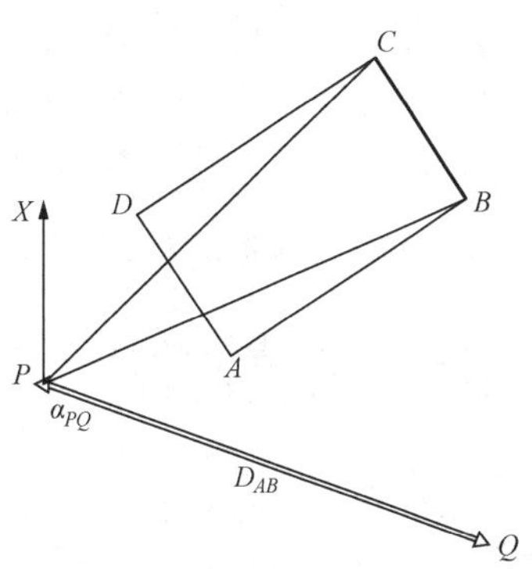

图 8-10　极坐标法定位的最弱边

【例 8-1】 已知 P、Q 为控制点，坐标分别为：P 点$\frac{1235.315}{578.234}$，Q 点$\frac{1200.454}{529.401}$。放样点 A、B 的坐标分别为：A 点$\frac{1211.635}{582.741}$，B 点$\frac{1185.409}{552.539}$。要求以 Q 点为测站进行放样。

根据 P、Q、A、B 四个点的坐标，按照坐标反算中讲解的方法，画出如图 8-11 所示的平面位置图（如果用方法二测设，此步可以省略）。

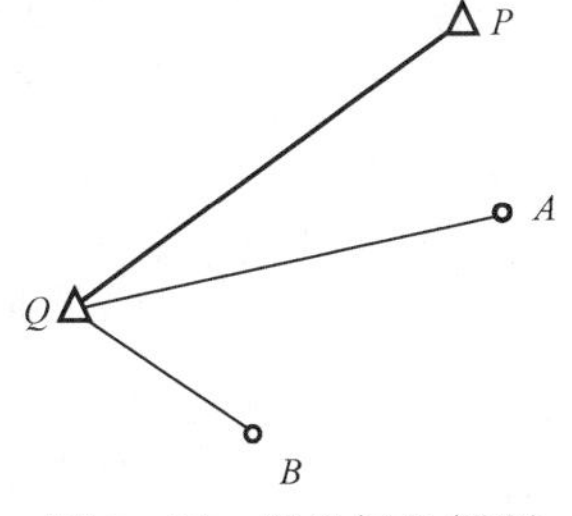

图 8-11　极坐标法例题

（1）方法一。测设数据计算如下：

测设 A 点：

$$\begin{cases}\Delta x_{QP} = 1235.315 - 1200.454 = 34.861(\text{m}) \\ \Delta y_{QP} = 578.234 - 529.401 = 48.833(\text{m})\end{cases}$$

$$R_{QP} = \arctan\frac{48.833}{34.861} = 54°28'39.5'' = \alpha_{QP}$$

$$\begin{cases}\Delta x_{QA} = 1211.635 - 1200.454 = 11.181(\text{m}) \\ \Delta y_{QA} = 582.741 - 529.401 = 53.340(\text{m})\end{cases}$$

$$R_{QA} = \arctan\frac{53.340}{11.181} = 78°09'40.4'' = \alpha_{QA}$$

$$\angle AQP = \alpha_{QA} - \alpha_{QP} = 78°09'40.4'' - 54°28'39.5'' = 23°41'00.9''$$

$$D_{QA}=\sqrt{11.181^2+53.340^2}=54.499(\text{m})$$

测设 B 点：

$$\begin{cases}\Delta x_{QB}=1185.409-1200.454=-15.045(\text{m})\\ \Delta y_{QB}=552.539-529.401=23.138(\text{m})\end{cases}$$

$$R_{QB}=\arctan\frac{23.138}{-15.045}=-56°58'00.9''$$

$$\alpha_{QB}=180°-56°58'00.9''=123°01'59.1''$$

$$\angle BQP=\alpha_{QB}-\alpha_{QP}=123°01'59.1''-54°28'39.5''=68°33'19.6''$$

$$D_{QB}=\sqrt{(-15.045)^2+23.138^2}=27.599(\text{m})$$

在地面上标记点位后，实测 A、B 之间的水平距离，与理论值 40.000m 对比，若相对误差 K 在容许范围内，说明测设点位的精度符合要求，否则需重新定位。

（2）方法二。测设数据计算如下：

计算测设数据时根据坐标反算的方法，遵循模式：$\frac{x}{y}\rightarrow\frac{\Delta x}{\Delta y}\rightarrow\frac{D}{\alpha}$。

测站点 Q：$\frac{1200.454}{529.401}$

后视点 P：$\frac{1235.315}{578.234}\rightarrow\frac{34.861}{48.833}\rightarrow\frac{60.000}{54°28'39.5''}\left(\frac{D_{QP}}{\alpha_{QP}}\right)$

放样点A：$\frac{1211.635}{582.741}\rightarrow\frac{11.181}{53.340}\rightarrow\frac{54.499}{78°09'40.4''}\left(\frac{D_{QA}}{\alpha_{QA}}\right)$

B：$\frac{1185.409}{552.539}\rightarrow\frac{-15.045}{23.138}\rightarrow\frac{27.599}{123°01'59.1''}\left(\frac{D_{QB}}{\alpha_{QB}}\right)$

在地面上标记点位后，对放样点进行检核，检核方法同方法一。

3. 角度交会法

（1）计算测设数据。以 A 点为例计算测设数据——交会角

$$\begin{cases}\beta_1=\alpha_{PQ}-\alpha_{PA}\\ \beta_2=\alpha_{QA}-\alpha_{QP}\end{cases}$$

坐标方位角 α_{PA}、α_{PQ}、α_{QP}、α_{QA} 用坐标反算求解。

（2）测设步骤。如图 8 - 12 所示，角度交会法测设平面点位的步骤如下：

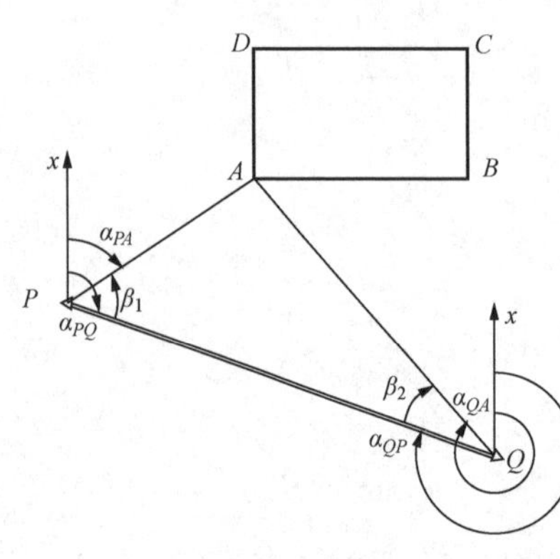

图 8 - 12　角度交会法定位

①在 P 点安置经纬仪，对中、整平，瞄准 Q 点逆时针测设 β_1。

②在 Q 点安置经纬仪，对中、整平，瞄准 P 点顺时针测设 β_2。

③两条方向线的交点为测设的 A 点。

如图 8 - 13 所示：沿着测设方向 QA，在 A 点附近钉 1 和 2 两个点；沿着测设方向 PA，在 A 点附近钉 3 和 4 两个点；直线 12 和直线 34 两条直线的交点为测设的 A 点。

④同理，定出 B、C、D 三点。

⑤检核：因测设的点位距离已知点比较远，所以，

角度交会法定位的检核，除了进行相对定位检核，还应进行绝对定位检核。相对定位的检核方法见表 8-4，绝对定位检核时需要利用第三个控制点。

如图 8-14 所示，已知 P、Q、R 为 3 个控制点。分别在 3 个控制点上安置经纬仪，测设 3 个方向。若角度交会没有误差，3 个方向的直线应交于一个点；若角度交会有误差，会形成如图 8-14 所示的三角形。这个三角形称为“示误三角形”，说明有误差存在或出现了错误。当三角形的最大边长不超过 1cm 时，取三角形的中心为点 A 的最终位置，否则重新测设 3 个方向进行角度交会。

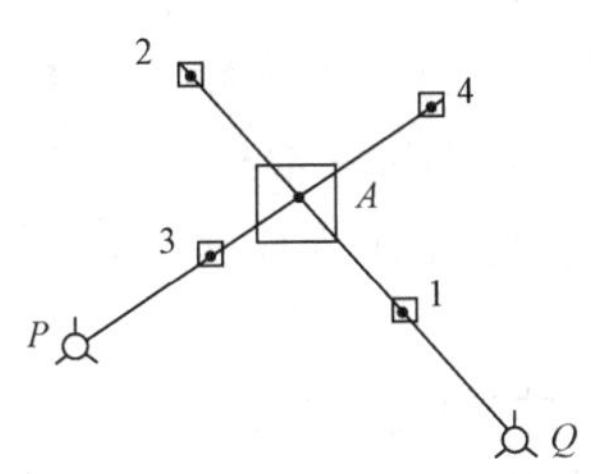

图 8-13　骑马桩测设

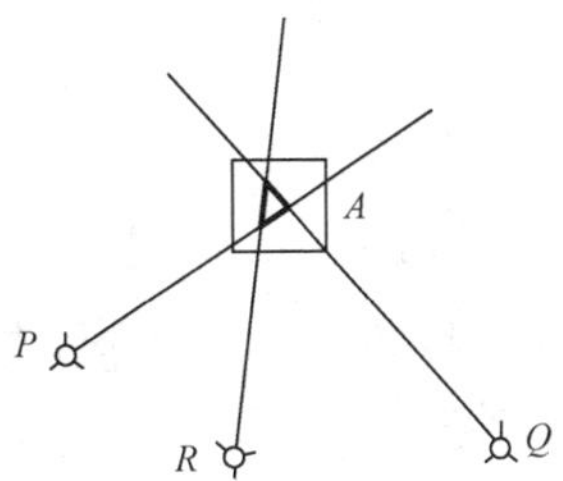

图 8-14　三点角度交会

角度交会法定位的主要误差来源是仪器对中误差、测角误差、点位标定的误差，应注意：

(1) 距离越远，测角时产生的横向误差就越大，不宜选择过长的边进行角度交会定位。

(2) 尽量使交会角相等，或者尽量选用锐角交会。

4. 距离交会法

(1) 计算测设数据。以 A 点为例计算测设数据——交会距离

$$\begin{cases} D_{PA} = \sqrt{(x_A - x_P)^2 + (y_A - y_P)^2} \\ D_{QA} = \sqrt{(x_A - x_Q)^2 + (y_A - y_Q)^2} \end{cases}$$

(2) 测设步骤。如图 8-15 所示，距离交会法测设平面步骤如下：

①以 P 点为圆心，以 D_{PA} 为半径在地面上画弧。

②以 Q 点为圆心，以 D_{QA} 为半径在地面上画弧。

③两条弧线的交点为测设的 A 点。

④同理，定出 B、C、D 三点。

⑤检核方法见表 8-4。

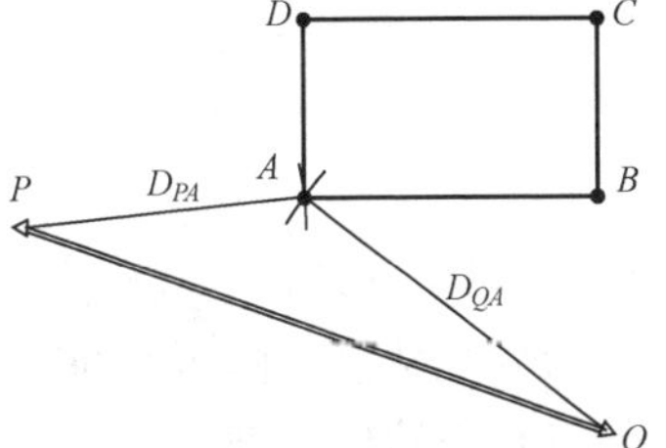

图 8-15　距离交会法定位

5. 方向线交会法

根据不同的现场条件，用以上 4 种方法在地面上测设 A、B、C、D 四个点，以确定基坑的开挖范围，基坑开挖时这 4 个点将被挖掉。因此，在基坑开挖之前必须把这 4 个点引到基坑开挖的边界线以外，当基坑挖到设计深度之后，再恢复这 4 个点，作为施工的依据。

如图 8-16 所示，方向线交会法测设平面点位的方法如下：

(1) 分别在 A 点和 C 点安置经纬仪，用外延定线的方法，在地面上定出 1、2、3、4、5、6、7、8 八个轴线控制点。

(2) 分别在 4 条轴线的控制点上安置经纬仪，瞄准每条轴线上的另一个控制点，将轴线

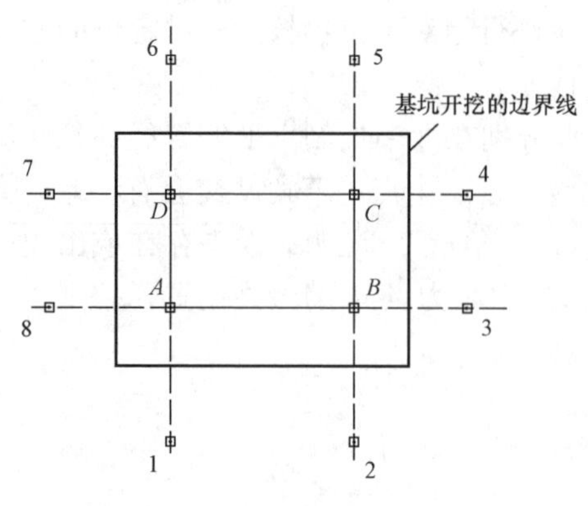

图 8-16　方向线交会法定位

引至基坑内。

（3）用骑马桩测设的方法，交会得到 A、B、C、D 四个点。

（4）检核并调整 A、B、C、D 的位置。检核方法见表 8-4。

三、全站仪放样

全站仪放样是建筑工程施工定位的主要方法，由棱镜配合全站仪完成。全站仪有三种放样模式，即进入放样菜单的"角度距离"模式和"坐标放样"模式，以及不进入放样菜单的"测角＋测距"的模式。在实际工作中应针对不同的工程，采用不同的定位方法和技巧，以满足定位精度的要求。

根据土木工程施工的特点，一般情况下，全站仪放样只测设平面位置。

只进行平面定位时，不必输入仪器高和目标高；若进行三维坐标放样，应输入仪器高和目标高，按照全站仪的指示操作。全站仪放样的操作界面指示如图 8-17 所示。

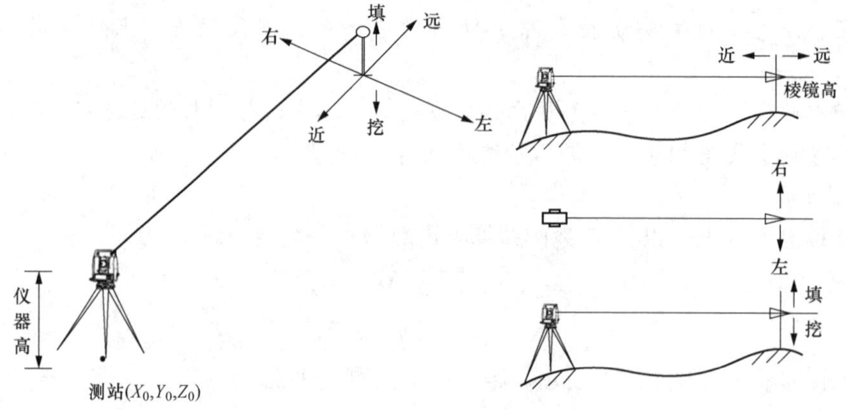

图 8-17　全站仪放样操作指示

1. 影响全站仪放样精度的因素

影响全站仪放样精度的因素有多种，归纳如下：

（1）全站仪本身的误差。

（2）棱镜常数是否正确设置。

（3）棱镜基座上的光学对中器、水准管、圆水准器误差。其中，光学对中器误差对定位精度的影响最大。

（4）镜杆上的圆水准器误差。

（5）观测误差，如对中误差、瞄准误差、标定点位的误差等。

（6）测站的选择：后视点与测站的距离是否大于放样点与测站的距离。

（7）测设点位时使用单杆。

（8）观测者与前点人员之间配合的默契程度。

2. 全站仪测设平面点位

全站仪测设平面点位分为两种情况：一是根据已知点的坐标测设平面点位；二是根据已知点的位置测设平面点位。二者的放样思路见表 8 - 6。

表 8 - 6　　全站仪平面点位测设的方法

测设条件	测设模式	定位方法
根据已知点的坐标放样	进入“角度距离”放样菜单	见表 8 - 7
	进入“坐标放样”放样菜单	
	不进入放样菜单操作（沿着测设方向量水平距离）	
根据已知点的位置放样	不进入放样菜单操作（沿着已知方向量水平距离）	

以瑞得 RTS - 800 工程型全站仪为例，讲解全站仪放样操作。

（1）模式一：进入“角度距离”放样菜单。

本模式也称为全站仪极坐标法放样。

1）内业。计算测设数据：$\frac{D_{PQ}}{\alpha_{PQ}}$、$\frac{D_{P1}}{\alpha_{P1}}$、$\frac{D_{P2}}{\alpha_{P2}}$、$\frac{D_{P3}}{\alpha_{P3}}$、$\frac{D_{P4}}{\alpha_{P4}}$（计算方法见极坐标法定位的方法二）。

2）外业。如图 8 - 18 所示，操作步骤如下：

①在 P 点安置全站仪，对中、整平，瞄准 Q 点建站。

②按放样键，在菜单中选1. 角度距离，回车后即显示如图 8 - 19（a）所示的界面。“HD”为测站至放样点的水平距离，输入 D_{P1}；“HA”为测站至放样点的坐标方位角，输入 α_{P1}；“dVD”为测站至放样点的高差，若只进行平面点位的测设，可将此项跳过。

③如图 8 - 19（b）所示，旋转照准部，使 $d\mathrm{HA}=0°00'00''$。

④指挥棱镜至该方向，瞄准棱镜按测量键，出现如图 8 - 19（c）所示的界面。

⑤指挥棱镜沿该方向前后移动，直到各项差值都为零，在地面上标定 1 点的位置。

⑥按取消键，进行下一点的放样工作。

⑦采用相同的方法测设，分别在地面上标定 2 点、3 点和 4 点。

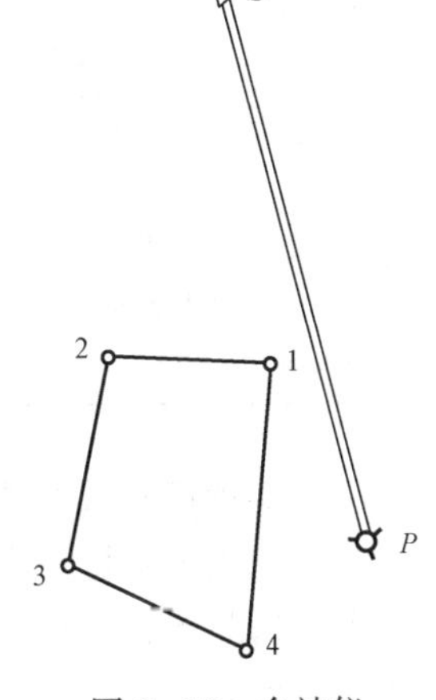

图 8 - 18　全站仪放样参考点位

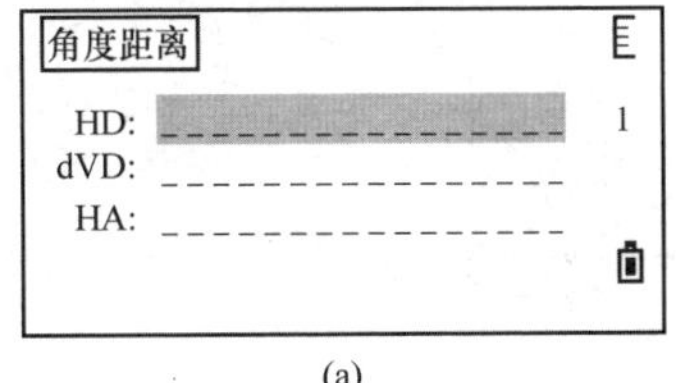

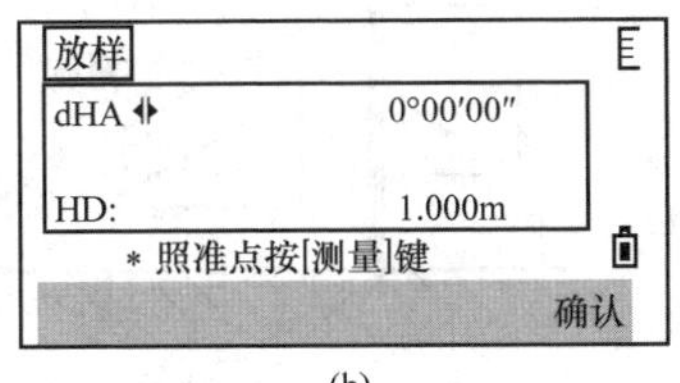

放样 1/8
dHN 0°00′00″
停 0.000m
近 0.971m
填 0.743m
* 按[回车]记录

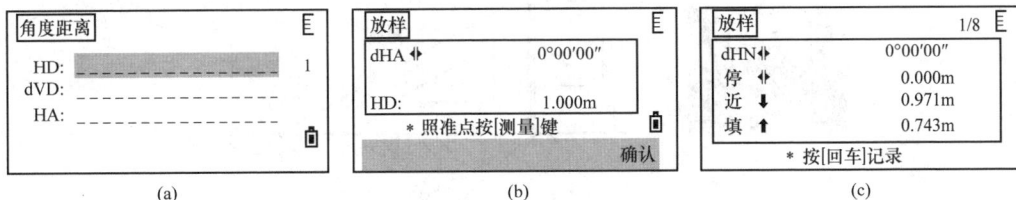

(a)　(b)　(c)

图 8 - 19　全站仪放样的界面显示

（2）模式二：进入“坐标放样”放样菜单。

本模式也称为全站仪坐标法放样。

1）内业。全站仪坐标法放样不需要计算测设数据。若放样点比较多，可以提前将放样点的坐标输入全站仪，放样时输入点号就可以调出坐标。

2）外业。如图 8-18 所示，操作步骤如下：

①在 P 点安置全站仪，对中、整平，瞄准 Q 点建站。

②按[放样]键，在菜单中选[2. 坐标放样]，回车后即显示如图 8-20 所示的界面。

③在“PT”一栏输入放样点号，放样点距离仪器的半径“Rad”和代码“CD”可以不输，回车跳过。

以下各步骤同模式一的③～⑦。

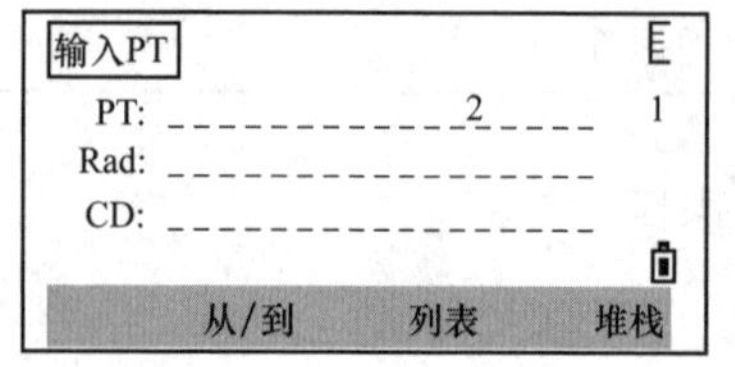

图 8-20　全站仪坐标放样输入界面

（3）模式三：不进入全站仪的放样菜单。

本模式在基本测量屏的界面完成全站仪的放样工作，用全站仪代替经纬仪测角，代替钢尺量距。与“进入放样菜单”模式的区别是：全站仪不提示操作。

3. 放样点的定位方法

放样点定位时，需要观测者与前点人员默契配合，且掌握一定的方法与技巧，以提高放样的精度和速度。根据不同的现场条件，全站仪放样的配套设施可归纳为 3 种，见表 8-7。

表 8-7　全站仪放样的配套设施

配套设施	适用条件		定位速度	定位精度
	地面的平坦程度	通视程度		
带觇板的棱镜头	平坦	与地面通视	较快	较高
在三脚架上安置单棱镜组	稍不平坦	稍有障碍，不超过脚架	稍慢	较高
在对中杆上安置棱镜头	不平坦	障碍较高，不超过镜杆	较快	相对低

（1）倒置带觇板的棱镜头。

定位时用大木桩，在木桩的顶面调整并标定点位。

①目估距离，将棱镜头指挥至测设方向。如图 8-21 所示，倒置棱镜头，用三角板的直角边贴紧觇板，使其竖直。

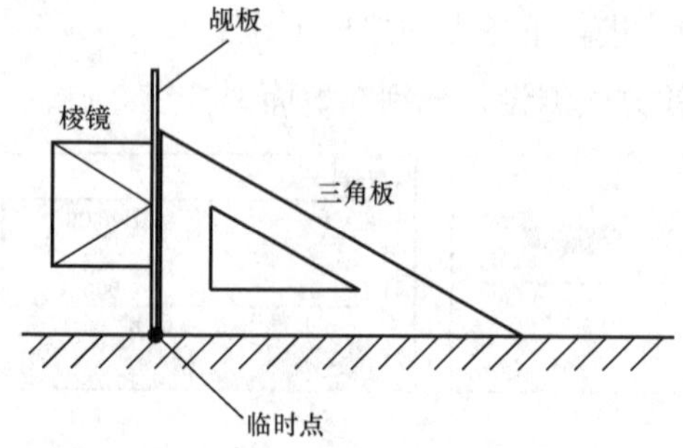

图 8-21　倒置棱镜头定位

②瞄准棱镜测距，按照显示的“差值”调整棱镜至测站的距离。

③在测设方向上钉大木桩。定位点在木桩顶面的标记过程如图 8-22 所示。

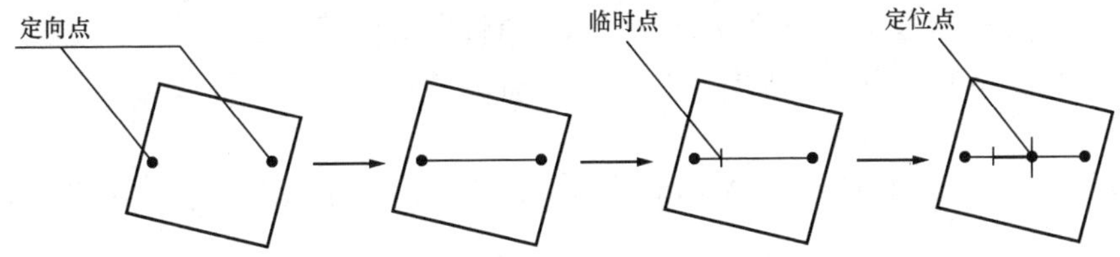

图 8-22 木桩顶面上定位点的标记过程

根据测设的方向在桩顶用铅笔标记两个定向点，然后连线；在直线上确定一个测距的临时点；按照显示的差值，从临时点开始沿着木桩顶面的直线向前或向后量距，确定最终的测设点位。

(1) 该定位方法类似经纬仪钢尺法放样的点位确定。

(2) 每次测距必须保证觇板竖直。

(3) 确定木桩打入位置的测距精度为 cm；精确定位的测距精度为 mm。

(4) 若精度要求高，在任意一个定向点上用三脚架安置单棱镜组。对中、整平后测距，按照显示的差值，沿着测设的方向用直尺在地面上量距，确定最终测设点位。这种操作不需要借助临时点。

(2) 在三脚架上安置单棱镜组。

定位时用大木桩，利用单棱镜组基座上的光学对中器，在木桩顶面直接投点。操作要点如下：

①在三脚架上安置单棱镜组，将基座上的脚螺旋调至中间位置。

②目估距离，移动三脚架，将单棱镜组指挥至测设方向，当架头大致水平、圆水准器的气泡居中后测距。

③按照显示的距离差值在测设方向上移动三脚架，再测。

④距离差值为 1cm 左右时，转动脚螺旋使棱镜基座上的水准管气泡居中。

⑤前点人员操作，使单棱镜组在架头上前、后、左、右平移，直至显示屏上的各项指标符合要求，水准管气泡居中。

⑥用光学对中器向下投点。在地面上钉木桩、在木桩顶面上作标记。

(3) 在对中杆上安置棱镜头。

如图 8-23 所示，定位时，利用对中杆底部的尖端，在地面上直接标定点位。

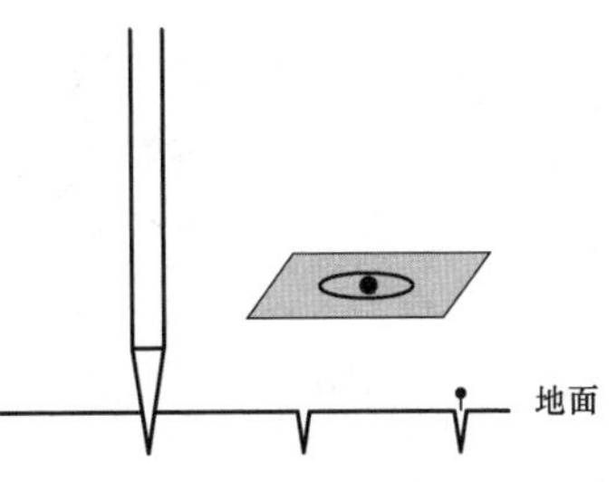

图 8-23 镜杆定位精度的原因分析

全站仪放样时使用的镜杆为骑腿式的对中杆，操作方法如下：

①目估距离，将棱镜指挥至测设方向。

②用十字丝的竖丝检核镜杆的竖直，指挥镜杆横向移动，直至对中杆移至测设的方向。

③瞄准棱镜中心测距，按照全站仪指示的距离差值，使对中杆测设方向前后移动。

④瞄准棱镜中心测距，直至全站仪显示的各项差值都为0，在地面上标记点位。

4. 放样点的检核方法

对放样点进行检核包括绝对位置的检核和相对位置的检核。

在“角度距离放样”和“坐标放样”时，按翻页键，可以显示各项差值，从而判断定位点的精度。

定位点之间相对位置的检核，常用的检核方法为“全站仪对向测量”或“全站仪对边测量”。

使用镜杆定位时，镜杆尖在地面上会留下小范围的凹痕，在一个面的范围内作一个点的标记，这就是镜杆定位精度相对低的原因。

四、不通视时的平面定位

不通视时的平面定位，是施工现场比较常见的情况。如图8-24所示，不通视一般有两种情况：（a）图为测站与后视点之间不通视；（b）图为测站与放样点之间不通视。

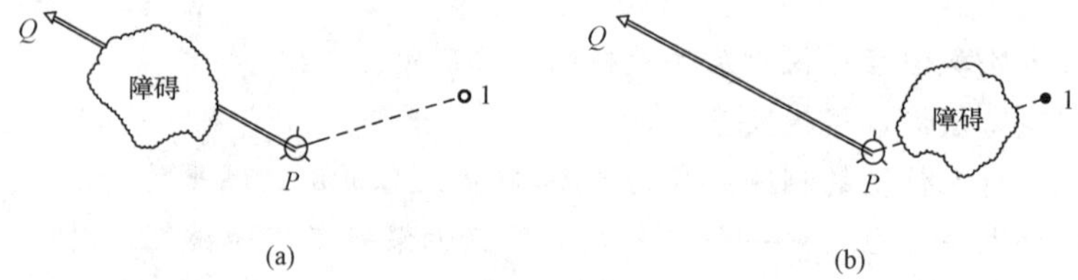

图8-24 不通视的两种情况

（a）测站与后视点不通视；（b）测站与放样点不通视

1. 测站与后视点不通视

（1）解决问题的思路。

①在不通视的两个已知点之间设置一个过渡点，用全站仪自由建站的方法，求出该点的坐标，然后测设平面点位。全站仪自由建站的方法见“全站仪的工程应用”。

②在不通视的两个已知点之间设置多个过渡点，用无定向导线测量的方法求出这些点的坐标，然后测设平面点位。

（2）解决问题应掌握的原则。在保证相邻点通视的情况下，过渡点越少越好。

如图8-25所示，在测站与后视点之间设置一个过渡点M，保证相邻点之间通视。在M点安置全站仪，利用两个已知点P和Q进行后交建站，求出M点坐标。

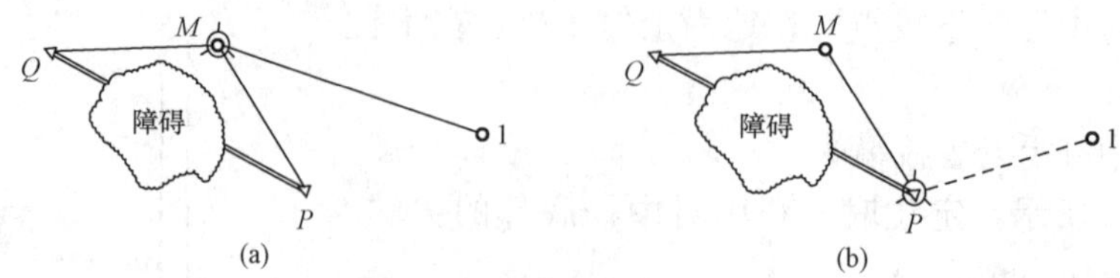

图8-25 测站点与后视点不通视设置一个过渡点

如图8-25（a）所示，若M点与测设方向通视，不需要迁站，在M点放样1点。

如图8-25（b）所示，若M点与测设方向不通视，在P点安置全站仪，后视M点进行已知建站，在P点放样1点。

【例8-2】 A、B两点是建设单位交给施工单位的平面控制点，位于道路转弯处，且两点之间不通视，坐标分别为：A 点$\frac{2507.693}{1215.637}$，$B$ 点$\frac{2192.402}{1556.507}$。要求放样建筑物的 4 个主点 1、2、3、4。各点的坐标分别为：1 点$\frac{2376.875}{1289.142}$，2 点$\frac{2267.350}{1338.175}$，3 点$\frac{2286.963}{1381.985}$，4 点$\frac{2396.488}{1332.952}$。请写出测设过程。

（1）测设思路。

①沿着道路在 A、B 两点之间布设 C、D 两点，并使相邻点之间通视，C 点的位置选择应便于 1、2、3、4 四个点的测设。

②沿着 $ACDB$ 的前进方向测左转折角，并测量 A、C、D、B 相邻两点间的距离，观测数据如图 8-26 所示。

③用无定向导线测量的方法求出 C 点和 D 点的坐标。

④以 C 点为测站，后视 A 点，用经纬仪钢尺法或全站仪坐标法测设 1、2、3、4 四个点。

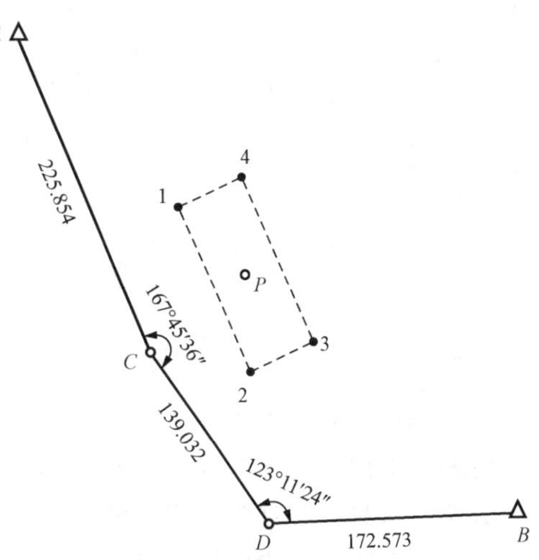

图 8-26　无定向导线的观测数据

（2）无定向导线坐标计算。

①假设起始边 AC 的坐标方位角为 $\alpha'_{AC}=0°00'00''$，推算 α'_{AB}，推算过程见表 8-8。

表 8-8　　无定向导线坐标计算表一

点号	观测角（左角）	坐标方位角	水平距离（m）	坐标增量	
				Δx	Δy
A					
		0°00′00″	225.854	225.854	0
C	167°45′36″				
		347°45′36″	139.032	135.872	−29.476
D	123°11′24″				
		290°57′00″	172.573	61.704	−161.165
B					
Σ			537.459	423.430	−190.641

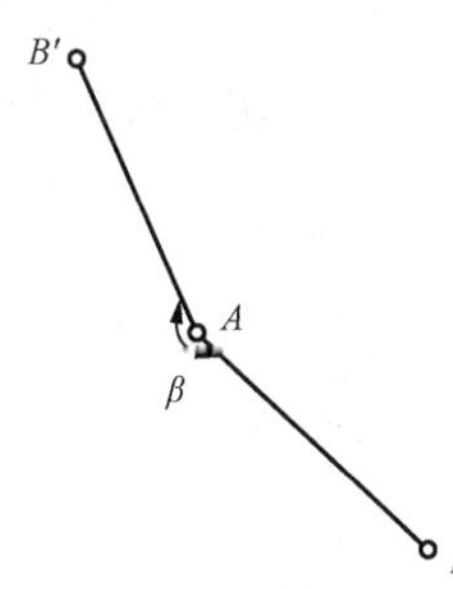

图 8-27　假设方向与实际方向的关系

$$\frac{\Delta x'_{AB}}{\Delta y'_{AB}}=\frac{423.430}{-190.641}\rightarrow\frac{464.367}{335°45'41''}\left(\frac{D'_{AB}}{\alpha'_{AB}}\right)$$

②计算 α_{AB}

$$\frac{\Delta x_{AB}}{\Delta y_{AB}}=\frac{-315.291}{340.870}\rightarrow\frac{464.328}{132°46'03''}\left(\frac{D_{AB}}{\alpha_{AB}}\right)$$

③计算旋转角 β。直线 AB 的假设方向与实际方向的关系如图 8-27所示，计算旋转角为

$$\beta=\alpha'_{AB}-\alpha_{AB}=335°45'41''-132°46'03''=202°59'38''$$

④计算 C、D 两点的坐标。计算过程见表 8-9。

表 8-9　　　　无定向导线坐标计算表二

点号	假设的坐标方位角	实际的坐标方位角	距离（m）	坐标增量		改正后的坐标增量		坐标值		点号
				Δx	Δy	Δx	Δy	x	y	
A								2507.693	1215.637	A
	0°00′00″	157°00′22″	225.854	+11 −207.909	−12 88.226	−207.898	88.214			
C								2299.795	1303.851	C
	347°45′36″	144°45′58″	139.032	+6 −113.562	−8 80.210	−113.556	80.202			
D								2186.239	1384.053	D
	290°57′00″	87°57′22″	172.573	+8 6.155	−9 172.463	6.163	172.454			
B								2192.402	1556.507	B
Σ			537.459	+25 −315.316	−29 340.899	−315.291	340.870			

$f_x=-0.025\text{m}$，$f_y=+0.029\text{m}$，$f_D=0.038\text{m}$，$K=\frac{1}{14\,143}$

（3）测设方案的选择。

方案一：以 C 点为测站，后视 A 点，用经纬仪钢尺法测设 1、2、3、4 四个点。

分析：这种方案需要计算测设数据（计算方法见极坐标法定位的方法二）；在施工场地采用钢尺丈量距离，测设精度较全站仪低，且外业的时间相对长。

方案二：以 C 点为测站，后视 A 点，用全站仪坐标法测设 1、2、3、4 四个点。

分析：这种方案不需要计算测设数据。为了缩短外业时间，应提前将放样点的坐标存入全站仪，放样时输入点号即能提取坐标。应注意最弱边不要为短边。

方案三：当放样点距测站较远，用一个测站完成所有点的放样工作，测设点位的精度较低。如图 8-26 所示，在所有放样点的中心位置设置一个过渡点 P，求出 P 点的坐标，然后以 P 点为测站，测设 1、2、3、4 四个点。

方案四：若施工区域与已知点之间有围墙等障碍，以 C 点为测站无法一次完成 1、2、3、4 四个点的测设工作，须考虑测站与放样点间不通视的情况。测设方法见后续内容“测站与放样点不通视”。

2. 测站与放样点不通视

（1）解决问题的思路。在测设的方向上定出一个或多个过渡点，然后利用这些过渡点绕过障碍，再用经纬仪钢尺法或全站仪坐标法进行平面点位的测设。

（2）解决问题应掌握的原则。过渡点越少越好，绕障碍的距离越短越好，实际应用时应视现场的实际情况和拥有的测量仪器等条件确定方案。

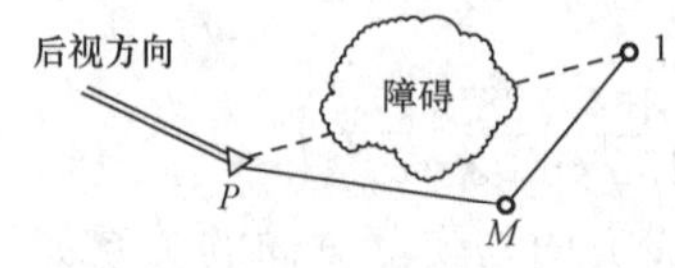

图 8-28　全站仪法测设不通视的放样点

思路如下：

（1）全站仪法。如图 8-28 所示，测设步骤如下：

1）在地面上选一点 M，使之与 P、1 两点通视；

2）以 P 点为测站，测出 M 点的坐标；

3）以 M 点为测站，后视 P 点，测设 1 点。

（2）经纬仪钢尺法。经纬仪钢尺法测设平面点位，绕过障碍的方法有矩形法、等边三角形法、等腰直角三角形法、任意三角形法等，参考点位及测设过程如图 8-29 所示。

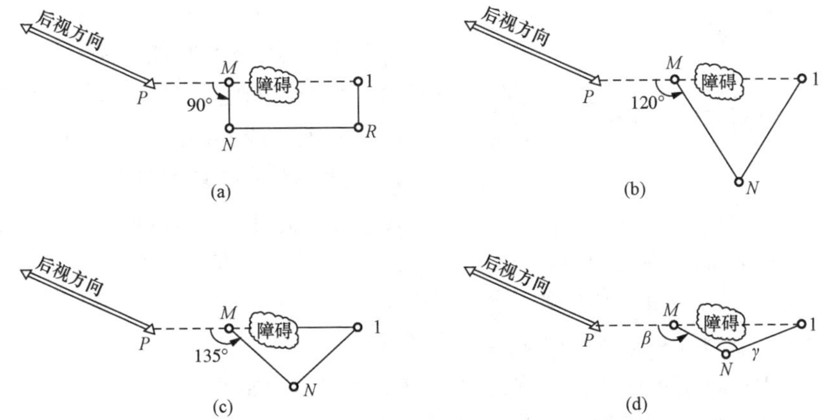

图 8-29　经纬仪钢尺法测设不通视的放样点

在图 8-29（d）所示的方法中，任意三角形法绕过障碍所需的场地范围小，但需要现场计算测设数据。

$$\begin{cases} \gamma = \arctan \dfrac{D_{M1}\sin\beta}{D_{MN}+D_{M1}\cos\beta} \\ D_{N1} = \dfrac{D_{M1}\sin\beta}{\sin\gamma} \end{cases} \tag{8-1}$$

各种放样方法的对比见表 8-10。

表 8-10　测设方向不通视的放样方法

测设方法	过渡测站数量	外业时间	计算的工作量	场地要求	测量精度
全站仪坐标法	1	短	无	小	较高
经纬仪矩形法	3	长	小	较小	较低
经纬仪等边三角形法	2	长	小	较大	较低
经纬仪等腰直角三角形法	2	长	小	较小	较低
经纬仪任意三角形法	2	长	大	较小	较低

从对比的结果看，若保证测设精度、提高工作效率，在可能的情况下，应尽量选择全站仪进行平面点位的测设。

“GNSS RTK 放样”是解决不通视情况的最佳方法，详细操作过程见后续内容。

任务三　高　程　测　设

一、高程测设的基本方法

如图 8-30 所示，已知 A、B 两点的平面位置和 A 点高程，要求测设 B 点高程 H_B。

测设步骤如下：

①在 A、B 两点中间安置水准仪，粗平。

②瞄准 A 点的水准尺，（精平），读数 a。

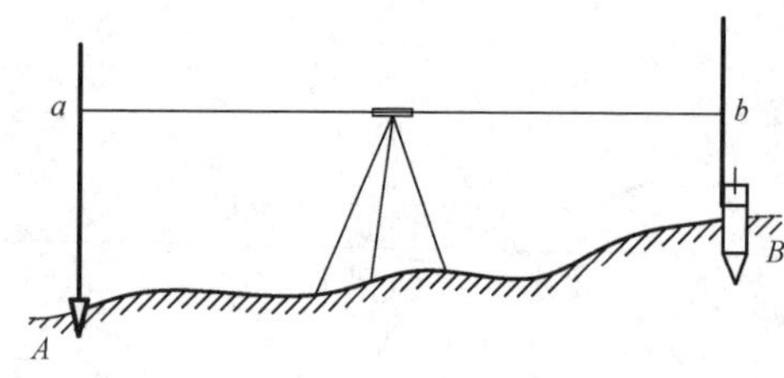

图 8-30　高程测设

③计算测设数据为

$$b = H_A + a - H_B$$

④瞄准 B 点的水准尺（精平），使水准尺上下移动，直至读数为 b 时，沿着尺底在 B 点木桩的侧面画一道横线，即高程测设的位置。

二、高程测设的常用方法

在实际工作中，测设高程的方法很多，不可能随时随地打木桩，施工测量中所谓的桩实际上是一个广义的桩。下面以实际工作中常用的高程测设方法为例，对测量工作中的“桩”进行理解。

（1）在建筑工程施工中，常用木板条代替水准尺抄平。

如图 8-30 所示，用木板条代替水准尺测设高程的步骤如下：

①在 A、B 两点的中间安置水准仪，整平。

②在 A 点立木板条，在木板条上标记中丝截取的位置，记为 1 点。

③计算已知点与待测点的高差 h_{AB}。

④以 1 点为基准向上或向下量取 h_{AB}，画一道红色的横线。若 $H_A < H_B$，则红线的位置在 1 点之下；若 $H_A > H_B$，则红线的位置在 1 点之上。

⑤木板条在 B 点木桩的侧面上下移动，直到红线与中丝重合，沿木板条的底部在木桩侧面画一道横线，即高程测设的位置。

（2）高程测设的位置高于桩顶或低于地面，无法在木桩的侧面画线。

解决问题的方法为：测定桩顶高程，以此为基准计算上返数或下返数，并在木桩的侧面画箭头作标记。

【例 8-3】 按照施工的要求，需要在木桩上测设高程为 1537.208m 的点，现测得木桩顶的高程为 1537.758m，木桩高于地面 30cm。请问如何测设高程？

①计算木桩顶与测设点的高差为

$$1537.758 - 1537.208 = 0.550\ (\text{m})$$

②判断上返或下返。

从已知条件可知，高程测设的位置低于桩顶 0.550m，而木桩顶面只高于地面 30cm，无法在木桩的侧面直接画出高程测设的位置。

③做标记。

从木桩顶面向下返 0.550m 是测设高程的位置。如图 8-31 所示，在木桩侧面画箭头作下返标记。

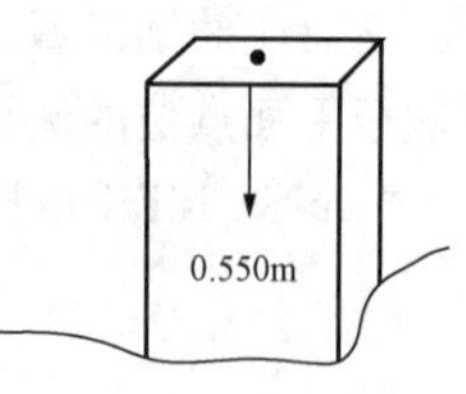

图 8-31　木桩侧面的下返标记

（3）水准尺放在桩顶，“砸桩”可使桩顶高程为测设的高程。如图 8-32 所示，基坑垫层抄平、楼地面抹灰或地坪混凝土浇筑时，先在地面上测设基准点。铲一堆土、砂浆或混凝土，用灰铲将顶面拍平，使其顶面为设计的高程，以此为基准控制其他点的高程。

（4）在槽壁测设水平桩，控制开挖深度和槽底高程。

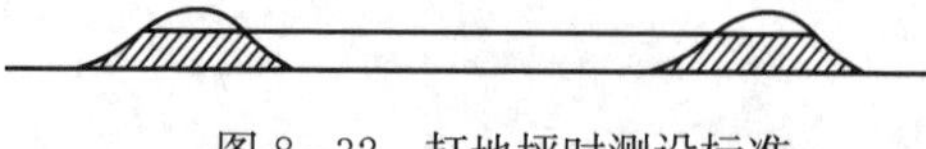
图 8-32　打地坪时测设标准

水平桩又称为腰桩，其位置及测设方法如图 8-33 所示。

测设水平桩顶面的高程为“槽底高程设计高

程+0.5m”。将木桩打入槽壁后应调整水平桩顶面位置。调整的方法是压实木桩上部或下部的土，不得将桩拔出重新测设。应用时，用钢卷尺量水平桩顶面至槽底的距离，不足0.5m，继续开挖。以此控制基坑的开挖深度，不得超挖。

（5）施工井点排水时，用粗绳测地下水位的高程。

如图8-34所示，地下水位的测量方法如下：

①在 A 和 B 两点中间安置水准仪，测得 B 点高程。

②沿 B 点放下粗绳，当感觉绳变轻时，沿 B 点在绳上做标记。

③取出粗绳，丈量标记至湿痕的长度 L。

④计算地下水位的高程：$H_{水}=H_B-L$。

⑤判断地下水位是否满足施工要求：$H_{水}$ 大于基坑底的设计高程时，继续排水；当地下水位至少在基坑底以下0.5m时可以开挖基坑。

施工排水时，应随时测量地下水位，向工人进行技术交底时只交代 L 值。

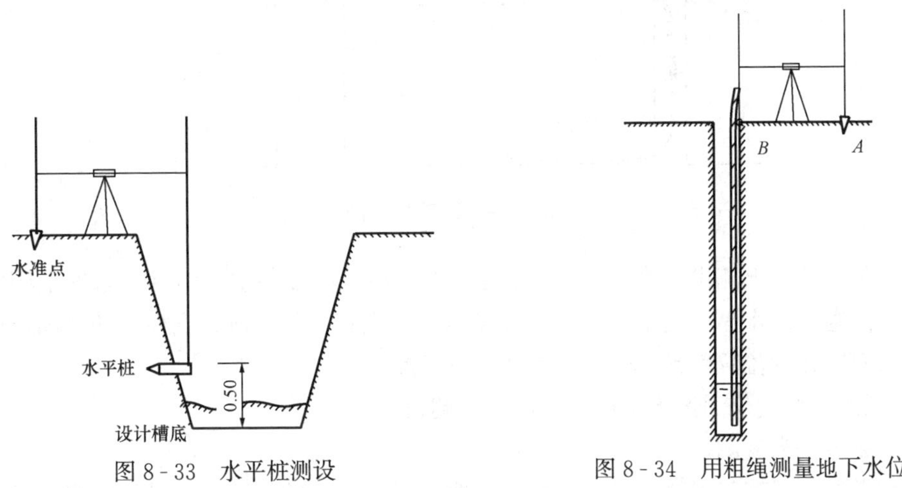

图8-33　水平桩测设　　图8-34　用粗绳测量地下水位

（6）精度要求高时，可在测设高程的位置埋设可以调整高度的标志。

如图8-35所示，测设高程时，可调节螺杆使标志顶端微小升降，一直到标志顶面高程达到设计高程，然后旋紧螺母以限制螺杆的升降。为了更加牢固，往往还用点焊等方法使螺杆不能再升降。

（7）测设的高程高于视线，且与视线的垂距不超过水准尺的长度。

解决这个问题的方法是“倒尺法”。如图8-36所示，B 点高程 $H_B=H_A+a+b$，推导测设数据为

$$b=H_B-(H_A+a)=H_B-H_i$$

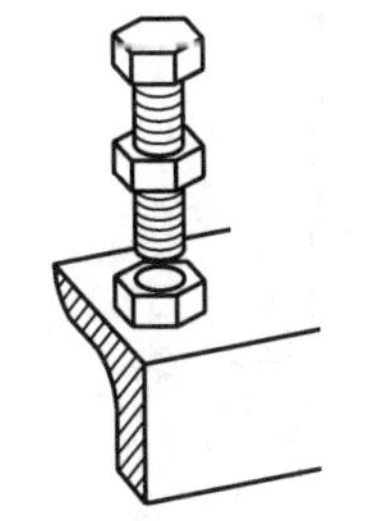

图8-35　高程可调标志

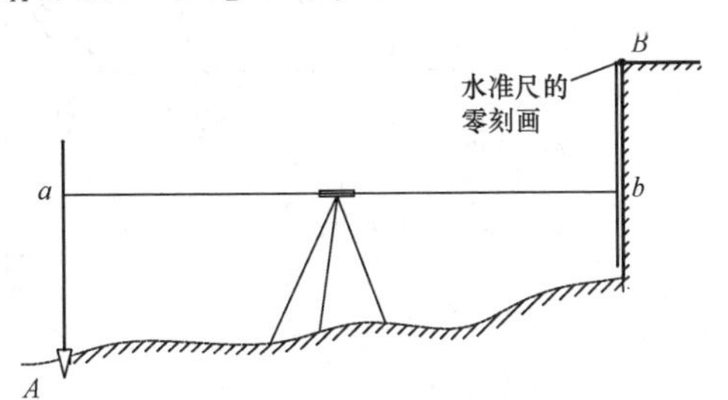

图8-36　倒尺法高程测设

高程测设时，前点人员将水准尺的零刻画朝上置于 B 点，当读数为 b 时，沿尺底零刻画的位置画一道横线，即高程测设的位置。

（8）高层建筑施工时，在柱子侧面测设 1m 线，以指导施工。

1m 线测设的常用方法有以下几种。

1）使用水准仪测设 1m 线。利用高程测设的基本方法，以本楼层的 1m 线为基准，在每个柱子上测设 1m 线。

由于不通视，一个测站不可能完成整个楼层的 1m 线测设工作，需要多个测站完成。

2）使用连通管测设 1m 线。如图 8-37 所示，利用液体静力水准测量的原理进行高程测设。特点是简单易行、工作效率高。

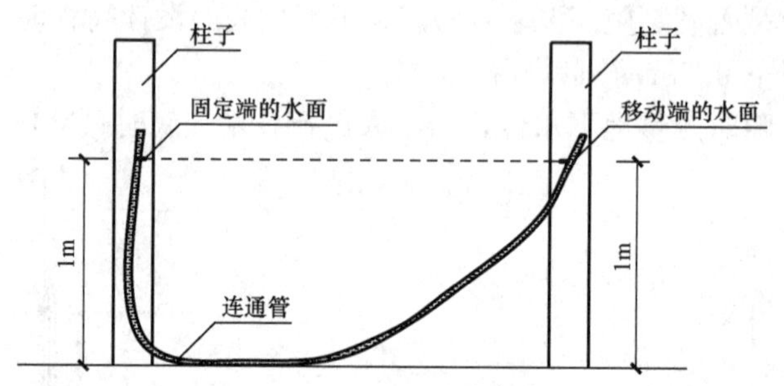

图 8-37　用连通管测设高程

首先在每个楼层上测设一个 1m 线的基准，在连通管内装满水，然后在基准上固定连通管的一端，使管内的水面与之平齐，将连通管的另一端管口朝上放置到柱子的侧面，则连通管移动端水面所在的位置就是 1m 线高程测设的位置。

3）利用激光标线仪测设水平线，可以同时测设铅垂线。

三、大高差法高程测设

高程测设的位置高于视线，且与视线的垂距超过水准尺的长度，此时的高程测设称为大高差法高程测设。

解决问题的方法为：用钢尺代替水准尺，使零刻画朝下，挂 10kg 的重锤使钢尺竖直，然后采用多测站水准测量的方法进行高程测设。

1. 由高处向低处传递高程

如图 8-38 所示，由高处向低处传递高程一般为：从地面向基坑传递高程。

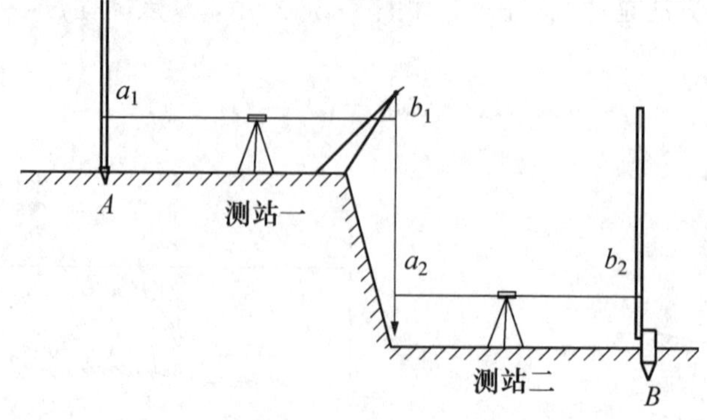

图 8-38　由高处向低处传递高程

测设 B 点的数据为

$$b_2 = H_A + a_1 + a_2 - b_1 - H_B$$

在实际工作中，在基坑内设置一个临时水准点，用水准测量的原理，将高程传递到基坑内，随时在基坑内测设点位。把大高差法高程测设的问题转化为一般方法的高程测设。

2. 由低处向高处传递高程

由低处向高处传递高程一般为：将底层的高程向各楼层传递。

如图 8-39 所示，以底层高程为基准测设每层楼的 1m 线，测设数据为

$$b_2 = H_A + a_1 + a_2 - b_1 - H_B = a_1 + a_2 - b_1 - (H_B - H_A)$$

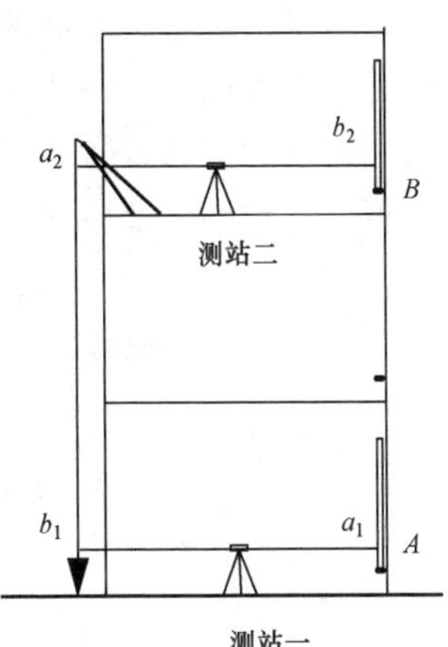

图 8-39 由低处向高处传递高程

四、坡度线测设

在实际工作中，坡度线测设的方法为水平视线法。水平视线法测设坡度线使用的测量仪器为水准仪。如图 8-40 所示，测设坡度线的步骤如下：

（1）计算相邻点间的高差为

$$h_{A1} = D_1 i、h_{12} = D_2 i、h_{23} = D_3 i、h_{3B} = D_4 i$$

计算高差时应注意，不管是上坡还是下坡，计算的相邻点高差只取正值。

（2）在坡度线以外的适当位置安置水准仪，整平。

（3）瞄准 A 点读数 a，计算测设数据。

因 1 点低于 A 点，所以 1 点读数应大于 A 点读数；2 点读数应大于 1 点读数，依此类推。

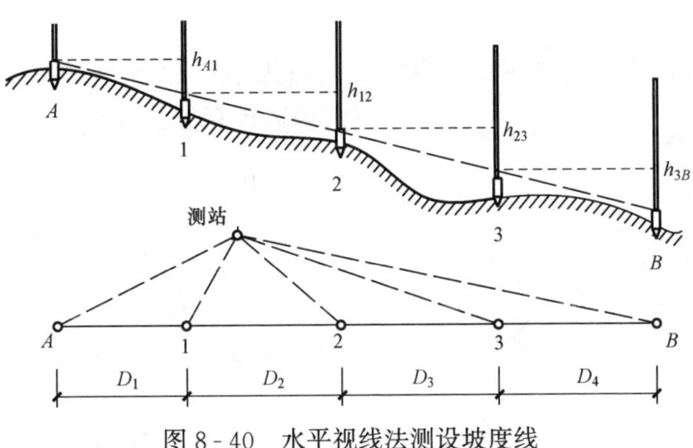

图 8-40 水平视线法测设坡度线

设 $D_1 = D_2 = D_3 = D_4 = 20$m，坡度 $i = -0.005$，后视读数 $a = 1.052$m，计算相邻点的高差为 $h = 20 \times 0.005 = 0.100$m。各点的水准尺读数如下：

1 点 1.052＋0.100＝1.152；

2 点 1.152＋0.100＝1.252；

3 点 1.252＋0.100＝1.352；

B 点 1.352＋0.100＝1.452。

（4）高程测设时，分别在 1、2、3、B 点上立水准尺，使水准尺上下移动，直到读数为

计算的测设数据时，沿尺底画线，即高程测设的各点位置。

任务四　曲　线　测　设

在建筑工程中，平面图形越来越多地应用了圆弧设计；在道路工程中，线路从一个方向转至另一个方向时，一般用曲线连接。施工放样时，应根据曲线的测设元素，进行相关计算后选用适宜的方法进行曲线测设。

道路工程的线形组成如图 8-41 所示。

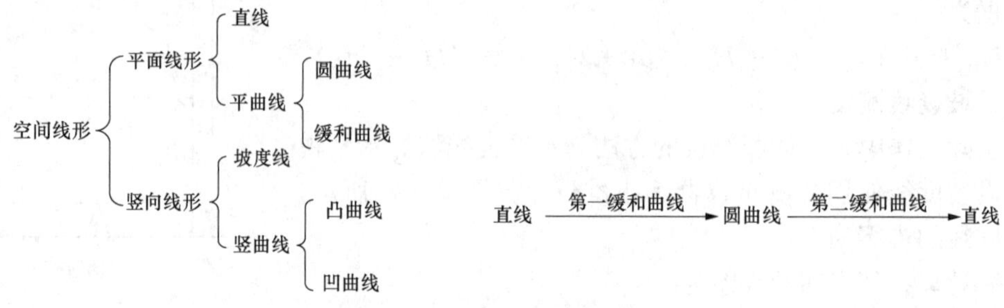

图 8-41　道路工程的线形组成

一、圆曲线测设

圆曲线是具有一定曲率半径的圆弧线。圆曲线测设包括主点测设和细部点测设两部分内容。

圆曲线的三个主点对曲线的图形起控制作用，包括：直圆点（ZY）、曲线中点（QZ）、圆直点（YZ）；细部点是在主点之间，按规定的桩距加密的其他点。

（一）主点测设

1. 测设元素计算

如图 8-42 所示，两条线路在直线方向的交点为 JD，线路转角为 α，圆曲线半径为 R，根据三角函数计算圆曲线测设元素，计算公式如下：

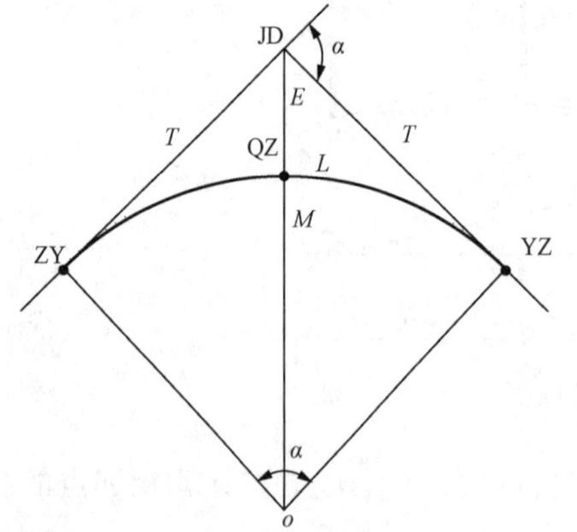

图 8-42　圆曲线测设元素

$$\left.\begin{aligned}&\text{切线长}\quad T=R\tan\frac{\alpha}{2}\\&\text{曲线长}\quad L=\frac{\alpha\pi R}{180^\circ}\\&\text{外矩}\quad E=R\left(\frac{1}{\cos\frac{\alpha}{2}}-1\right)\\&\text{切曲差}\quad D=2T-L\end{aligned}\right\}\qquad(8-2)$$

式中，T、E 用于以 JD 为控制基准的圆曲线主点测设，L 用于计算里程；D 用于计算里程的检核。

2. 主点里程计算

施工图中 JD 的里程是直线里程。主点里程计算，是根据 JD 里程和圆曲线的测设元素，计算曲线上各主点的里程并进行检核。计算公式为

$$\left.\begin{array}{ll} & \text{JD} \\ -) & T \\ \hline & \text{ZY} \\ +) & L \\ \hline & \text{YZ} \\ -) & L/2 \\ \hline & \text{QZ} \\ +) & D/2 \\ \hline & \text{JD（检核）} \end{array}\right\} \tag{8-3}$$

（二）细部点测设

在道路工程中，一般以桩号表示点的位置。设道路的起点桩号为 K0＋000，K3＋100 表示该点距道路起点的距离为 3100m。

细部点测设也称为细部测设，按规定的桩距测设圆曲线上除主点之外的其他桩点。加桩的方法有两种，即：整桩号法和整桩距法。设起点桩号为 K3＋114.05，桩间距为 20m，两种加桩的区别如下：

整桩号法加桩。后续点的桩号依次为：K3＋114.05→＋120→＋140→＋160…。

整桩距法加桩。后续点的桩号为：K3＋114.05→＋134.05→＋154.05→＋174.05…。

细部测设的方法有切线支距法、长弦偏角法、短弦偏角法、弦线支距法、弦线偏距法、“四分之一”法、坐标法等七种方法。其中，“坐标法”适用于全站仪放样和 RTK 放样；“弦线支距法”和“四分之一”法适用于道路工程桩点加密和建筑工程中局部圆弧的施工放样。

1. 弦线支距法

（1）测设数据计算。

如图 8-43 所示，以 y 为变量、以 x 为函数建立直角坐标系，根据圆的方程，圆曲线上各点坐标的计算公式为

$$x_i = \sqrt{R^2 - y_i^2} \tag{8-4}$$

（2）测设步骤。

如图 8 43 所示，弦线支矩法圆曲线测设的步骤如下：

①将直线 AB 八等分，定出 $1'$，$2'$，…，$7'$ 等 7 个等分点；

②以直线 AB 为基准从 7 个等分点垂直量出相应的 x_i-a 值，定出各细部点。

【例 8-4】 参照图 8-43，已知圆曲线的半径 R＝50m，直线 AB 的长度为 10m，要求用弦线支矩法在直线 AB 的上方测设圆曲线。

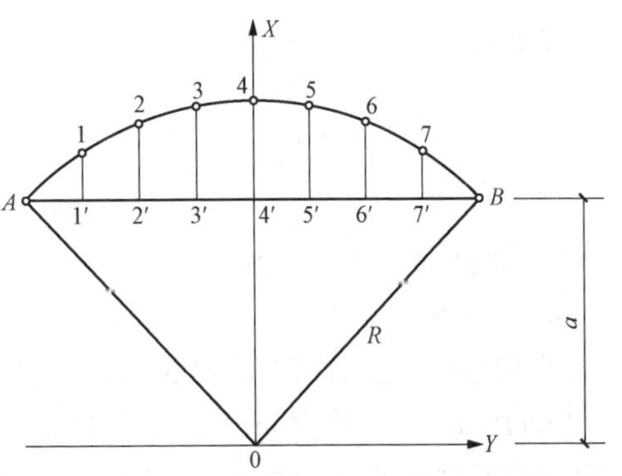

图 8-43 弦线支距法测设圆曲线

根据三角函数的关系，计算 $a=\sqrt{R^2-\left(\dfrac{D_{AB}}{2}\right)^2}=\sqrt{50^2-5^2}=49.749$（m）。将直线 8 等

分，根据式（8-4），弦线支矩法测设数据的计算过程及结果见表 8-11。

表 8-11 圆曲线弦线支矩法计算表

点号	A	1	2	3	4	5	6	7	B
y	$-\frac{4}{8}\times 10$	$-\frac{3}{8}\times 10$	$-\frac{2}{8}\times 10$	$-\frac{1}{8}\times 10$	0	$\frac{1}{8}\times 10$	$\frac{2}{8}\times 10$	$\frac{3}{8}\times 10$	$\frac{4}{8}\times 10$
x	49.749	49.859	49.937	49.984	50.000	49.984	49.937	49.859	49.749
$x-a$	0	0.110	0.188	0.235	0.251	0.235	0.188	0.110	0

2. “四分之一”法

“四分之一”法的操作较“弦线支矩法”更方便、更灵活。

（1）测设数据计算。

如图 8-44 所示，“四分之一法”的测设数据计算公式为

$$\left.\begin{aligned} & x = R-\sqrt{R^2-\left(\frac{D_{AB}}{2}\right)^2} \\ & x \xrightarrow{\frac{1}{4}} a \xrightarrow{\frac{1}{4}} b \end{aligned}\right\} \tag{8-5}$$

（2）测设步骤。

如图 8-44 所示，“四分之一”法圆曲线测设的步骤如下：

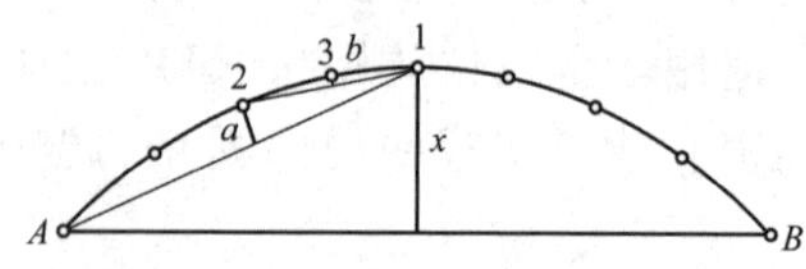

图 8-44 “四分之一”法测设圆曲线

①测量直线 AB 的水平距离 D_{AB}；

②以直线 AB 为基准从中点垂直量出 x，定出 1 点；

③以直线 $A1$ 为基准，从中点垂直量出 a，定出 2 点；

④以直线 21 为基准，从中点垂直量出 b，定出 3 点；

⑤用此方法定出圆曲线上其他细部点。

【例 8-5】 利用［例 8-4］的已知条件，用“四分之一”法在直线 AB 的上方测设圆曲线，要求计算测设数据。

根据式（8-5），计算“四分之一”法测设圆曲线的数据如下：

$$\begin{cases} x=R-\sqrt{R^2-(\frac{D_{AB}}{2})^2}=50-\sqrt{50^2-5^2}=0.251\ (\text{m}) \\ 0.251\text{m}\xrightarrow{\frac{1}{4}}0.063\text{m}\xrightarrow{\frac{1}{4}}0.016\text{m}\xrightarrow{\frac{1}{4}}0.004\text{m} \end{cases}$$

3. 坐标法—圆心法

利用圆心至各细部点的坐标方位角及半径，用正标正算的方法求细部点坐标。

【例 8-6】 建筑物的平面形状如图 8-45 所示，A、B、C、D 四个点围成矩形，E、F 两点为矩形与圆曲线的交点，Q 点为 CD 的中点，E、F 两点相对于 Q 点对称。已知 A、B、C 三点的坐标分别为：A 点 $\frac{2071.649}{3588.988}$，B 点 $\frac{2111.887}{3702.041}$，C 点 $\frac{2083.624}{3712.100}$，要求计算圆曲线细部点坐标。

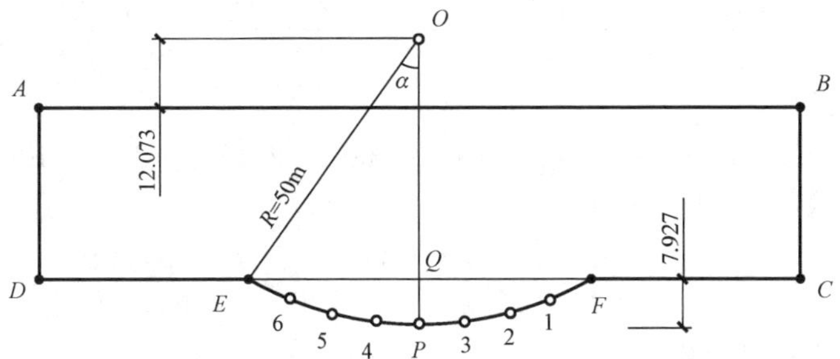

图 8-45 建筑平面定位中的圆曲线测设

(1) 圆曲线主点坐标计算。

①计算 D 点坐标。

$$\frac{\Delta x_{BC}}{\Delta y_{BC}}=\frac{2083.624-2111.887}{3712.100-3702.041}=\frac{-28.263}{10.059}\rightarrow\frac{30.000}{160°24'32.4''}=\frac{D_{BC}}{\alpha_{BC}}$$

已知 $D_{AD}=D_{BC}=30.000\text{m}$，$\alpha_{AD}=\alpha_{BC}=160°24'32.4''$，根据 A 点坐标进行坐标正算，得 D 点坐标为

$$\frac{D_{AD}}{\alpha_{AD}}=\frac{30.000}{160°24'32.4''}\rightarrow\frac{-28.263}{10.059}\xrightarrow{+A}\frac{2043.386}{3599.047}$$

②计算 Q 点坐标。

已知 $\frac{\Delta x_{AB}}{\Delta y_{AB}}=\frac{2111.887-2071.649}{3702.041-3588.988}=\frac{40.238}{113.053}\rightarrow\frac{120.000}{70°24'29.7''}\left(\frac{D_{AB}}{\alpha_{AB}}\right)$，$D_{DQ}=\frac{1}{2}D_{AB}=60.000\text{m}$，$\alpha_{DQ}=\alpha_{AB}=70°24'29.7''$，根据 D 点坐标进行坐标正算，得 Q 点坐标为

$$\frac{D_{DQ}}{\alpha_{DQ}}=\frac{60.000}{70°24'29.7''}\rightarrow\frac{20.119}{56.526}\xrightarrow{+D}\frac{2063.505}{3655.573}$$

③计算 E 点坐标。

$$D_{OQ}=R-7.927=42.073(\text{m})$$

$$D_{EQ}=\sqrt{R^2-D_{OQ}^2}=\sqrt{50^2-42.073^2}=27.016(\text{m})$$

$$D_{DE}=D_{DQ}-D_{EQ}=60.000-27.016=32.984(\text{m})$$

$$\alpha_{DE}=\alpha_{AB}=70°24'29.7''$$

根据 D 点坐标进行坐标正算，得 E 点坐标为

$$\frac{D_{DE}}{\alpha_{DE}}=\frac{32.984}{70°24'29.7''}\rightarrow\frac{11.060}{31.074}\xrightarrow{+D}\frac{2054.446}{3630.121}$$

④计算 F 点坐标。

已知 $D_{DF}=120.000-32.984=87.016$ (m)，$\alpha_{DF}=\alpha_{AB}=70°24'29.7''$，根据 D 点坐标进行坐标正算，得 F 点坐标为

$$\frac{D_{DF}}{\alpha_{DF}}=\frac{87.016}{70°24'29.7''}\rightarrow\frac{29.178}{81.978}\xrightarrow{+D}\frac{2072.564}{3681.025}$$

(2) 圆曲线细部点坐标计算。

①计算 P 点坐标。

已知 $D_{QP}=7.927\text{m}$，$\alpha_{QP}=\alpha_{AB}+90°=70°24'29.7''+90°=160°24'29.7''$，根据 Q 点坐标进行坐标正算得 P 点坐标为

$$\frac{D_{QP}}{\alpha_{QP}}=\frac{7.927}{160°24'29.7''}\rightarrow\frac{-7.468}{2.658}\xrightarrow{+Q}\frac{2056.037}{3658.231}$$

②计算 O 点坐标。

已知 $D_{PO}=R=50.000\text{m}$，$\alpha_{PO}=\alpha_{QP}+180°=160°24'29.7''+180°=340°24'29.7''$，根据 P 点坐标进行坐标正算得 O 点坐标为

$$\frac{D_{PO}}{\alpha_{PO}}=\frac{50.000}{340°24'29.7''}\rightarrow\frac{47.105}{-16.766}\xrightarrow{+P}\frac{2103.142}{3641.465}$$

③计算圆曲线上细部点坐标。

$$\alpha=\arccos\frac{D_{OQ}}{R}=\text{arctg}\,\frac{42.073}{50.000}=32°42'19.4''$$

细部点将 EF 弧分为 8 段，每段圆弧对应的圆心角为 $8°10'34.9''$。圆曲线坐标计算的起点为 F 点，起始方向为 OF 方向，其坐标方位角为

$$\alpha_{OF}=\alpha_{OP}-\alpha=160°24'29.7''-32°42'19.4''=127°42'10.3''$$

圆曲线上各点坐标的计算过程及结果见表 8 - 12。

表 8 - 12　圆心法圆曲线细部点坐标计算表

点号	各弧长对的圆心角	O 点至各点的坐标方位角	坐标增量		坐标值		备注
			Δx	Δy	x	y	
F	0°00′00″	127°42′10.3″	−30.578	39.560	2072.564	3681.025	主点
1	8°10′34.9″	135°52′45.2″	−35.894	34.809	2067.248	3676.274	
2	16°21′09.8″	144°03′20.1″	−40.479	29.350	2062.663	3670.815	
3	24°31′44.7″	152°13′55.0″	−44.242	23.295	2058.900	3664.760	
P	32°42′19.6″	160°24′29.9″	−47.105	16.766	2056.037	3658.231	主点
4	40°52′54.5″	168°35′04.8″	−49.011	9.896	2054.131	3651.361	
5	49°03′29.4″	176°45′39.7″	−49.920	2.825	2053.222	3644.290	
6	57°14′04.3″	184°56′14.6″	−49.814	−4.303	2053.328	3637.162	
E	65°24′39.2″	193°06′49.5″	−48.696	−11.344	2054.446	3630.121	主点

④计算检核。用表 8 - 12 计算的主点（F、P、E 点）坐标与坐标正算的主点（F、P、E 点）坐标进行对比，结果相等，说明计算正确。若相差 1mm，说明是凑整误差的影响，不是计算上的错误。

总结：

（1）列竖式计算圆曲线细部点的坐标比较繁琐。

（2）可以应用 Auto CAD 软件，按已知条件绘制图 8 - 45 所示的图形，将 $\overset{\frown}{EF}$ 8 等分，捕捉等分点的坐标。

4. 坐标法—换算法

利用切线支距法计算独立坐标，再利用坐标换算的方法求细部点坐标。

（1）用切线支距法计算独立坐标。

如图 8 - 46 所示，切线支矩法独立坐标系的建立：分别以 ZY 和 YZ 为原点，以切线为

A 轴，以指向 JD 的方向为 A 轴的正方向，以过原点的半径方向为 B 轴，以指向圆心的方向为 B 轴的正方向，建立独立平面直角坐标系。

在图 8-46 中，测设点 2 至 ZY 的弧长为 l_2，对应的圆心角为和 φ_2，2 点的独立坐标为 A_2 和 B_2。

根据三角函数，计算测设数据，公式如下

$$\begin{cases} \varphi_i = \dfrac{180^\circ l_i}{\pi R} \\ A_i = R\sin\varphi_i \\ B_i = R(1-\cos\varphi_i) \end{cases} \tag{8-6}$$

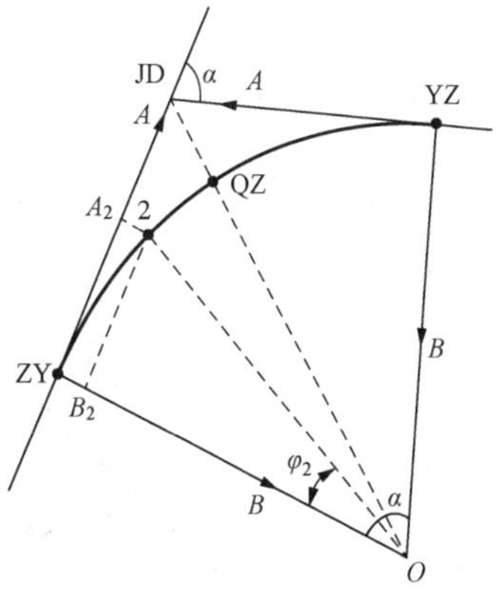

图 8-46　切线支距法测设圆曲线

(2) 将独立坐标换算为测量坐标。

如图 8-47 (a) 所示，ZY 和 QZ 所在的独立坐标系，A 轴旋转至与 X 轴同向时，B 轴与 Y 轴同向。应用式 (7-3) 时，直接套用公式 $\begin{cases} x = x_0 + A\cos\beta - B\sin\beta \\ y = y_0 + A\sin\beta + B\cos\beta \end{cases}$，其中，$x_0$ 和 y_0 为 ZY 点的坐标，β 为 ZY 至 JD 直线的坐标方位角。

如图 8-47 (b) 所示，YZ 和 QZ 所在的独立坐标系，A 轴旋转至与 X 轴同向时，B 轴与 Y 轴反向。应用式 (7-3) 时，B 坐标的系数反符号套用，即 $\begin{cases} x = x_0 + A\cos\beta + B\sin\beta \\ y = y_0 + A\sin\beta - B\cos\beta \end{cases}$，其中，$x_0$ 和 y_0 为 ZY 点的坐标，β 为 YZ 至 JD 直线的坐标方位角。

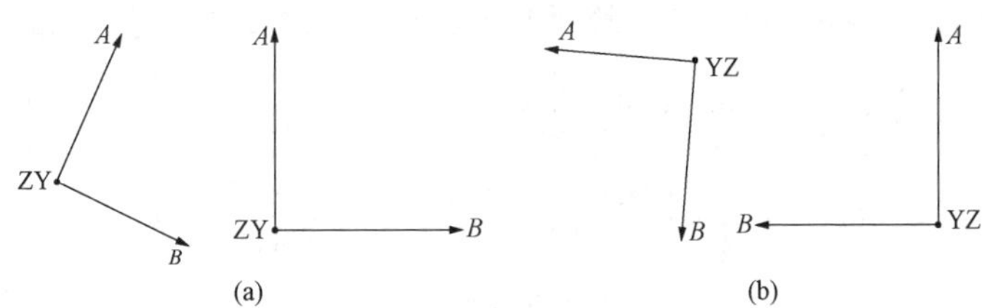

图 8-47　两个独立坐标系与测量坐标系的关系

二、缓和曲线测设

缓和曲线是在直线与圆曲线之间插入的一段过渡曲线。

如图 8-48 所示，两条线路在直线方向的交点为 JD，线路转角为 α，圆曲线半径为 R，缓和曲线长为 l_s，在直线与圆曲线之间插入缓和曲线时，将圆曲线向内移动 P，将切线向直线部分延长 q，缓和曲线一半占用直线部分，另一半占用原来的圆曲线部分。

缓和曲线的五个主点对曲线的图形起控制作用，包括：直缓点（ZH）、缓圆点（HY）、曲线中点（QZ）、圆缓点（YH）、缓直点（HZ）；细部点是在主点之间，按规定桩距加密的其他点。

1. 主点测设

(1) 曲线常数计算。

曲线常数的计算公式如下：

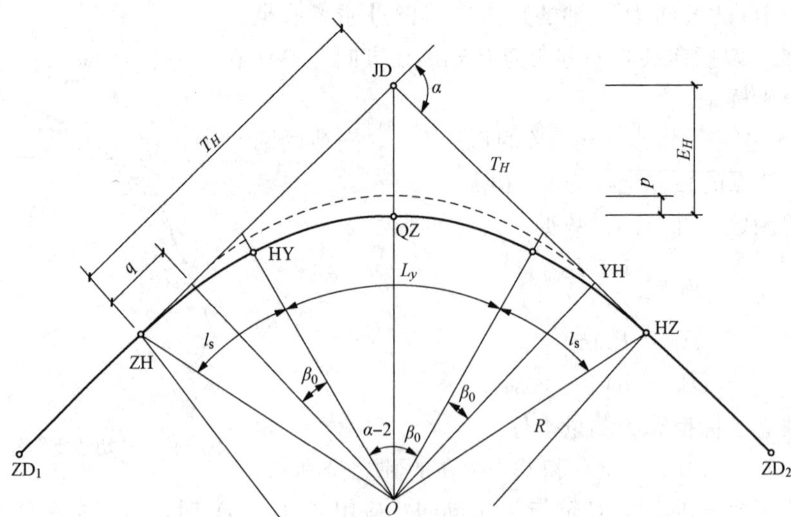

图 8-48　缓和曲线的曲线元素

$$\left.\begin{aligned}&\text{内移值：}p=\frac{l_s^2}{24R}\\&\text{切线增长值：}q=\frac{l_s}{2}-\frac{l_s^3}{240R^2}\\&\text{缓和曲线角：}\beta_0=\frac{l_s}{2R}\cdot\frac{180°}{\pi}\end{aligned}\right\}\tag{8-7}$$

（2）测设元素计算。

如图 8-48 所示，根据三角函数计算缓和曲线测设元素，计算公式如下：

$$\left.\begin{aligned}&\text{切线长}\quad T_H=(R+P)\tan\frac{\alpha}{2}+q\\&\text{曲线全长}\quad L_H=\frac{(\alpha-2\beta_0)\pi R}{180°}+2l_s=\frac{\alpha\pi R}{180°}+l_s\\&\text{圆曲线长}\quad L_y=\frac{(\alpha-2\beta_0)\pi R}{180°}=L_H-2l_s\\&\text{外矩}\quad E_H=\frac{R+p}{\cos\frac{\alpha}{2}}-R\\&\text{切曲差}\quad D_H=2T_H-L_H\\&\text{HY 和 YH 在切线坐标系中的坐标}\begin{cases}A_0=l_s-\dfrac{l_s^3}{40R^2}\\B_0=\dfrac{l_s^2}{6R}\end{cases}\end{aligned}\right\}\tag{8-8}$$

①缓和曲线上各点坐标的计算公式如下

$$\left.\begin{aligned}&A_i=l-\frac{l^5}{40R^2l_s^2}\\&B_i=\frac{l^3}{6Rl_s}\end{aligned}\right\}\tag{8-9}$$

式中　l——缓和曲线上任意点至 ZH 或 HZ 的曲线长度。

②圆曲线上各点坐标的计算公式如下

$$\left.\begin{aligned}\varphi_i &= \frac{l-l_s}{R}\cdot\frac{180^\circ}{\pi}+\beta_0\\ A_i &= R\sin\varphi_i+q\\ B_i &= R(1-\cos\varphi_i)+p\end{aligned}\right\}\tag{8-10}$$

式中　$l-l_s$——圆曲线上任意点至 HY 或 YH 的曲线长度；

φ_i——圆曲线弧长对应的圆心角。

（3）主点里程计算。

施工图中 JD 的里程是直线里程。主点里程计算，是根据 JD 里程以及缓和曲线的测设元素，计算曲线上各主点的里程并进行检核。计算公式如下

$$\left.\begin{array}{rl} & \text{JD}\\ -) & T_H\\ \hline & \text{ZH}\\ +) & l_s\\ \hline & \text{HY}\\ +) & L_y\\ \hline & \text{YH}\\ +) & l_s\\ \hline & \text{HZ}\\ -) & L_H/2\\ \hline & \text{QZ}\\ +) & D_H/2\\ \hline & \text{JD（检核）}\end{array}\right\}\tag{8-11}$$

2. 细部点测设

细部点测设的方法有切线支距法、偏角法和坐标法。实际工作中常用的方法为坐标法，以方便全站仪放样和 RTK 放样。

细部点坐标计算的思路参照“换算法圆曲线细部点坐标计算”。

三、竖曲线测设

竖曲线是指在线路纵断面图上，以变坡点为交点，连接两相邻坡段的曲线。

1. 竖曲线的形式

竖曲线的形式如图 8-49 所示。图 8-49（a）所示的竖曲线为凸形竖曲线；图 8-49（b）所示的竖曲线为凹形竖曲线。

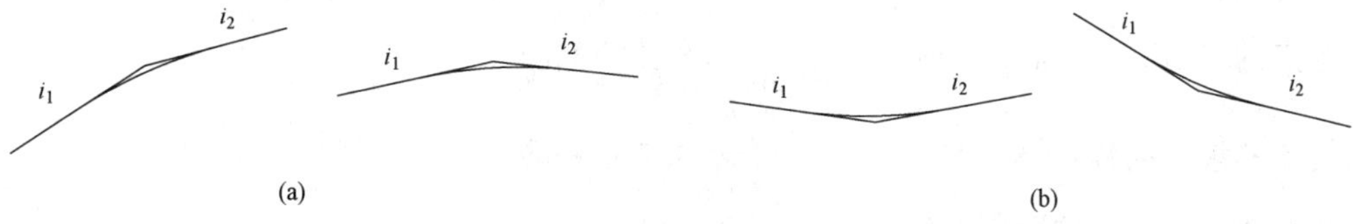

图 8-49　竖曲线的形式

2. 竖曲线的测设元素

竖曲线的线形一般采用二次抛物线。在一般情况下，道路相邻纵坡的坡度差很小，且选用的竖曲线半径很大，采用圆曲线等其他曲线的计算结果与二次抛物线的计算结果相同。

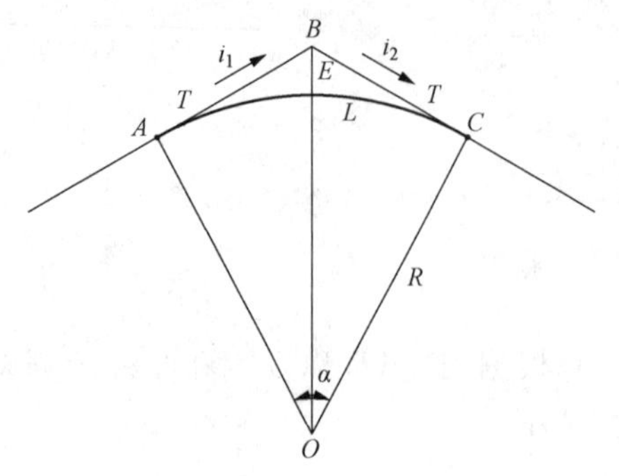

图 8 - 50 竖曲线的测设元素

如图 8 - 50 所示，已知相邻坡道的坡度为 i_1 和 i_2，设竖曲线的半径为 R，则竖曲线测设元素的计算公式如下：

$$\left.\begin{aligned}&\text{切线长}\quad T=\frac{R}{2}|i_1-i_2|\\&\text{竖曲线长}\quad L=R|i_1-i_2|=2T\\&\text{外矩}\quad E=\frac{T^2}{2R}\end{aligned}\right\}\quad(8-12)$$

3. 竖曲线高程的计算步骤

①根据式（8 - 12），计算竖曲线的测设元素 T、L；

②以变坡点的桩号为基准，计算竖曲线起点桩号和终点桩号；

③以变坡点的高程为基准，计算竖曲线的起点坡道高程和终点坡道高程（坡道高程记为 H'）；

④用外矩 E 的计算公式，计算竖曲线上任意一点的高程改正数，即：$y_i=\dfrac{x_i^2}{2R}$。

其中，x 为竖曲线上任意一点到曲线起点或终点的水平距离，即两点桩号之差。

⑤参照图 8 - 49 中竖曲线与坡道的关系，计算竖曲线上各点的高程 H。

凸形竖曲线：竖曲线高程＝坡道高程－改正数，即 $H=H'-y_i$。

凹形竖曲线：竖曲线高程＝坡道高程＋改正数，即 $H=H'+y_i$。

【例 8 - 7】 设竖曲线的半径 $R=5000$m，相邻坡段的坡度为 $i_1=-3‰$，$i_2=+5‰$，变坡点的桩号为 K2＋670、高程为 48.600m。求竖曲线上每 5m 间隔里程桩的设计高程。

根据已知条件，确定竖曲线与相邻坡道关系的草图如图 8 - 51 所示。

$i_1=-3‰$　$i_2=+5‰$　起点　变坡点　终点

图 8 - 51 竖曲线的坡道关系

切线长　$T=\dfrac{R}{2}|i_1-i_2|=\dfrac{5000}{2}\left|-\dfrac{3}{1000}-\dfrac{5}{1000}\right|=20$（m）

竖曲线长　$L=2T=2\times20=40$（m）

外矩　$E=\dfrac{T^2}{2R}=\dfrac{20^2}{2\times5000}=0.040$（m）

起点桩号　K2＋670－20＝K2＋650

终点桩号　K2＋650＋40＝K2＋690

起点的坡道高程　$48.600+20\times\dfrac{3}{1000}=48.660$（m）

终点的坡道高程　$48.600+20\times\dfrac{5}{1000}=48.700$（m）

竖曲线高程的计算过程及结果见表 8 - 13。

表 8-13　竖曲线高程计算表

桩号	各桩分别至起点、终点的距离 x_i	高程改正数 y_i	坡道高程 H'	竖曲线高程 H	备注
K2+650	0	0	48.660	48.660	起点
+655	5	0.003	48.645	48.648	−3‰
+660	10	0.010	48.630	48.640	
+665	15	0.023	48.615	48.638	
K2+670	20	0.040	48.600	48.640	变坡点
+675	15	0.023	48.625	48.648	+5‰
+680	10	0.010	48.650	48.660	
+685	5	0.003	48.675	48.678	
K2+690	0	0	48.700	48.700	终点

任务五　GNSS-RTK 放样

一、GNSS-RTK 简介

实时动态 RTK（Real Time Kinematic）测量技术，是利用载波相位实时动态差分测量技术测设点位的方法。它可以实时得到观测站的定位结果，也可以对观测数据的质量进行实时检核。RTK 定位的特点如下：

（1）定位速度快。每个放样点只需要停留 1～2s，即可完成点的绝对定位工作。

（2）在有效的作业半径范围内，定位精度可达到厘米级，且不存在误差积累。

（3）全天候作业，不要求测点间的通视。与传统测量方法相比，受限因素少。

（4）作业自动化、集成化程度高。

在建筑工程施工准备阶段的平整场地测量、场区围护定位等精度要求不高的测量工作中、RTK 放样的优势已明显高于传统测量方法。

1. 测量原理

如图 8-52 所示，GNSS-RTK 实时动态测量的原理是：在基准站上安置一台 GNSS 接收机，对所有可见的 GNSS 卫星进行连续观测，并将其观测数据通过无线电传输设备，实时地发送给用户观测站（也称为移动站）；在用户站上，GNSS 接收机在接收 GNSS 卫星信号的同时，通过无线电接收设备，接收基准站传来的观测数据，然后根据相对定位的原理，实时计算并显示用户站的三维坐标及精度。

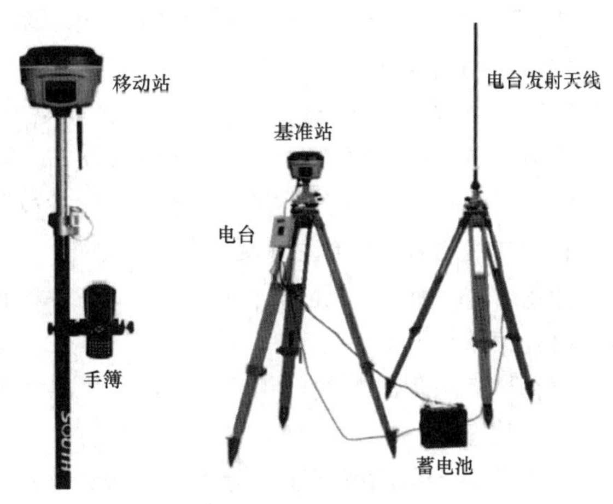

图 8-52　GNSS-RTK 定位的系统组成

2. 系统组成

RTK 测量系统一般由 GNSS 接收设备、数据传输系统和软件系统等三部分组成。

（1）GNSS 接收设备。

GNSS 接收设备即 GNSS 接收机。在 RTK 测量系统中至少包含两台 GNSS 接收机，一台安置在基准站上，另一台或若干台分别安置在不同的移动站上。如 1+2 配置，是指一台基准站、两台移动站。

南方测绘 GNSS 接收机“极点”作为南方测绘旗舰机型，全面支持中国北斗卫星三代系统。它支持中国移动全国高精度位置服务、Type-C 极速闪充、18h 超长续航、支持物联网服务平台、应用云端化、服务网络化等特点。

传统 RTK 测量需要基准站与移动站共同工作，而“极点”工作时只需要设置移动站即可测出该点在“CGCS2000 坐标系”中的大地坐标。

（2）数据传输系统。

基准站与移动站之间的联系靠数据传输系统完成。在基准站上，利用调制解调器将有关数据进行编码和调制，然后由无线电台发射出去；在移动站上接收基准站传来的无线信号，并由解调器将数据解调还原，送入移动站的 GNSS 接收机进行数据处理。

（3）软件系统。

RTK 实时动态测量软件系统具备的基本功能为：快速解算整周模糊度、实时解算移动站的三维坐标、求解坐标系之间的转换参数、进行坐标系统的转换、解算结果的质量分析与评价、作业模式的选择与转换、测量结果的显示与绘图等。

南方测绘 GNSS 接收机配套使用的软件为“工程之星”。与“极点”配套的版本为“工程之星 5.0”。可以在手机上下载“工程之星 5.0”，完成注册后才可使用。

3. RTK 放样相关要求

（1）基准站要求。

基准站应保持对所测卫星的连续跟踪，卫星信号失锁将会影响网络内所有移动站的正常工作。因此，对基准站的基本要求如下：

①基准站应安置在地势较高、观测条件良好的已知点或未知点上。远离各种强电磁的干扰，周边没有大面积的水域及大型建筑物。

②RTK 作业期间，基准站不允许移动或关机重启，否则必须重新求转换参数。

（2）移动站要求。

①RTK 作业前，应检查仪器的内存容量能否满足工作需要，并备足电源。

②数据链为电台模式时，必须保证移动站与基准站的电台通道一致。

③为了保证定位精度，应对已知点进行参数转换，精确测量并正确输入坐标。

4. “工程之星 5.0”主界面介绍

如图 8-53 所示，“工程之星 5.0”的主界面窗口分为菜单栏和状态栏。

（1）菜单栏。

菜单栏有工程、配置、测量、输入、工具、关于等六个部分的命令菜单。

（2）状态栏。

“P”代表当前的解状态，分为固定解、浮点解、差分解、单点解。

“S”代表搜星颗数。其中，“G”为 GPS、“R”为 GLONASS、“C”为北斗、“E”为 GALILEO、“J”为日本准天顶导航系统 QZSS。

"H"和"V"分别代表水平残差和竖直残差。

Time 代表时间。

左上角显示出的"20220704"为当前工程的工程名。

右上角的三个图标为快捷方式。

第一个图标可以查看当前主机的定位信息。

第二个图标可以查看及更改当前的工程属性。

第三个图标为界面定制，可对软件界面进行"经典风格"和"通用风格"的切换。

图 8 - 53　"工程之星 5.0"主界面

二、RTK 放样准备工作

1. 基准站设置

（1）准备工作。

①在符合要求的已知点或未知点上安置 GNSS 接收机，记录接收机编号的后 4 位。

②按 GNSS 接收机上的电源键，开机。

③打开手簿，双击桌面上的"EGStar"，运行"工程之星 5.0"软件。

（2）手簿与基准站连接。

"配置"→"仪器连接"→在"连接方式"中选择"蓝牙"→在"可用设备"中找到基准站上 GNSS 接收机编号→"连接"。

（3）基准站设置。

"配置"→"仪器设置"→"基准站设置"→语音播报：基准站，请设置数据链→"启动"。

2. 移动站设置

（1）准备工作。

①在移动站的测杆上安置 GNSS 接收机，记录接收机编号的后 4 位。

②按 GNSS 接收机上的电源键，开机。

③伸长测杆，并记录杆高。

（2）手簿与移动站连接。

手簿与移动站连接的操作路径同"手簿与基准站连接"。

（3）移动站设置。

"配置"→"仪器设置"→"移动站设置"→语音播报：移动站，请设置数据链。

3. RTK 放样示例

地面上有两个已知点，独立坐标分别为：C1 点$\frac{5000.000}{5000.000}$；F1 点$\frac{4987.485}{5092.258}$。放样点的独立坐标分别为：1 点$\frac{5025.4450}{5016.5628}$，2 点$\frac{5025.7220}{5016.3558}$，3 点$\frac{5026.0800}{5016.1798}$，4 点$\frac{5026.4660}{5016.0778}$，5 点$\frac{5026.8650}{5016.0558}$，6 点$\frac{5027.2660}{5016.1128}$，7 点$\frac{5027.6360}{5016.2468}$，8 点$\frac{5027.9780}{5016.4538}$，9 点$\frac{5028.2720}{5016.7238}$，

10 点$\frac{5028.5060}{5017.0468}$。要求用南方测绘 GNSS 接收机“极点”进行放样。

放样步骤如下：

(1) 新建工程。

“工程”→“新建工程”→输入工程名称（一般以创建日期为工程名）→确定。

选择坐标系统为“CGCS2000”；确认测点所在的中央子午线，重庆地区为 105。

(2) 工程设置。

“配置”→“工程设置”。

在“工程设置”中应关注天线高、存储、限制和系统设置等四个部分。

1) 天线高。

天线高的量取方式有四种：直高、斜高、杆高和测片高。移动站选择杆高，即主机下面的测杆高度，默认为 1800，应与实际杆高一致。

2) 存储。

存储设置对话框中有存储类型设置、存储点屏幕显示、属性设置等三项设置。此选项一般默认，不做改动。

3) 限制。

限制对话框中一般关注位置精度因子 PDOP 和卫星截止角，其他选项一般默认，不做改动。

①PDOP 称为几何位置精度因子，一般设置为 3。

②高度截止角为主机搜星的最小角度，一般设置为 10。

(3) 仪器连接及仪器设置。

①仪器连接的方式为蓝牙连接。

②基准站设置。

③移动站设置。

“银河 1”等其他 GNSS 接收机的数据链设置为“内置电台”时，电台通道应与基准站一致。

“极点”的数据链设置为：“手簿网络模式”→“高精度位置服务”。

(4) 测量已知点坐标。

“测量”→“点测量”，进入坐标测量界面。

①显示固定解后，将移动站分别放置在 C1 点和 F1 点上。

②测杆上的圆水准器气泡居中后，保存测量点的坐标，输入天线高。

③点“平滑”可以对平滑存储进行设置，一般输入 5，输入平滑存储的点名分别为 c1 和 f1。

(5) 在“坐标管理库”中添加已知点的独立坐标。

“输入”→“坐标管理库”→“添加”→输入两个已知点 C1 和 F1 的独立坐标。

(6) 求转换参数。

“输入”→“求转换参数”→“添加”→分别选择坐标管理库中已知点的测量坐标 c1 和 f1，以及独立坐标 C1 点和 F1→“计算”→“应用”→“确定将该参数应用到当前工程”。

将该参数应用到该工程以后，查看四参数的北偏移、东偏移、旋转角和比例尺。为了保证测量精度，比例尺应接近 1。若误差较大，应分析原因，重新测量并求转换参数，直到满足要求。

（7）放样点输入。

如图 8 - 54 所示，放样点输入的方法有两种。

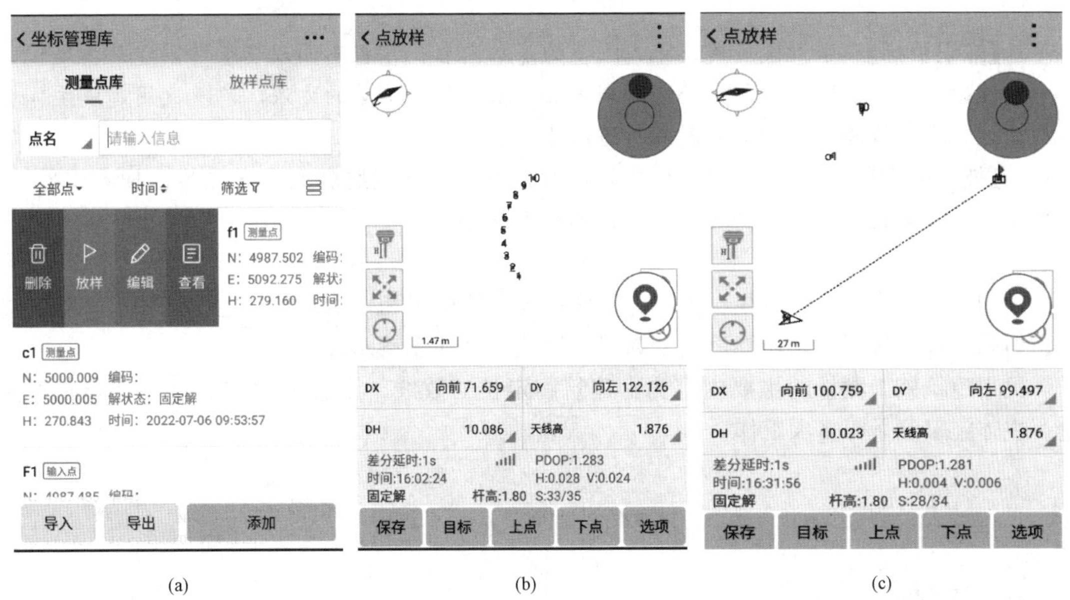

(a) (b) (c)

图 8 - 54 放样点输入界面

图（a）的路径为：“输入”→“坐标管理库”→“添加”→输入放样点的独立坐标→点“放样”图标，即进入放样界面。

图（b）的路径为：“测量”→“点放样”→“目标”→进入“坐标管理库”。后续操作同上。

点击“选项”，进入点放样设置，选择“提示范围”为 1m，打开“显示所有放样点”。设置完成后，如图（b）所示在放样界面显示放样点的位置。

放样时，当 GNSS 接收机移动到离目标点 1m 范围以内时，系统会语音提示。

（8）放样点位确定。

如图 8 - 54（c）所示，按阴影位置的按钮，显示目前所在位置与放样点位的关系：表示目前所在位置，表示放样点的绝对位置。按照“向前 100.759、向左 99.497”的指示，即可到达放样点附近。

按照语音提示移动 GNSS 接收机，水平残差“H”和竖直残差“V”在几毫米时，使测杆上的圆水准器气泡居中，在地面上标记点位。

在图 8 - 54（b）所示的界面中，按“下点”，依次进行各点的放样，并在地面上标记点位。

项目九　民用建筑施工测量

【知识目标】 了解民用建筑施工测量的基本内容；掌握不同现场条件下建筑物定位与放线的方法、基坑开挖前的轴线引测方法、基础施工测量的方法，以及民用建筑主体施工过程中轴线投测的方法和高程传递的方法。

【技能目标】 根据总平面图中建筑物四大角的坐标获取轴线交点坐标；轴线投测，在上一楼层弹柱子边线；高程传递，在各楼层弹 1m 线。

民用建筑是指供人们居住、生活、工作和学习的房屋和场所，如住宅、学校、医院、食堂、俱乐部等。按照使用功能可划分为居住建筑和公共建筑两大类。

民用建筑施工测量的主要内容为：建筑物定位、放线、设置轴线控制桩、基础施工测量、主体施工测量等多项工作。

任务一　概　　述

一、施工前的准备工作

1. 熟悉施工图

施工图是施工放样时计算测设数据的依据，在施工图中，与计算测设数据有关的为总面图、平面图、立面图、剖面图，基础平面图和基础大样图等。其中，总平面图、平面图、基础平面图是放线的依据，立面图、剖面图、基础大样图是抄平的依据。

总平面图反映了拟建的建筑物与周边建筑物或构筑物的平面位置关系，在总平面图上可以显示建筑物外墙角点的坐标；平面图反映了建筑物的轴线尺寸及功能区的划分；立面图和剖面图反映了建筑物的楼层和标高；基础平面图反映了基础轴线与定位轴线的平面尺寸，是基础定位的依据；基础大样图反映了基础立面尺寸和设计标高，是基坑抄平和基础抄平的依据。

施工图识读时，必须进行有关数据的核对，避免发生错误，在施工中造成不必要的损失。如：反算总平面图中两点的距离，与平面图中相关轴线的累计尺寸进行对比。

2. 现场踏勘

了解施工控制点的分布情况，对所有的平面控制点和水准点进行检核，并根据建筑物的位置以及施工现场的具体情况初步拟定测设方案。

3. 制订测设方案

根据建筑物的位置、附近控制点的位置，以及施工现场的条件制定测设方案。测设方案应包括如下内容：

（1）是否进行控制测量和控制点的加密，如果进行控制测量，各控制点应如何布设，如何测量，以及控制点加密的方法。

（2）使用什么精度的测量仪器及配套设施。

（3）建筑物平面定位的方法和高程测设的方法。

（4）轴线引测的方法及控制桩的保护方法。

（5）主体施工过程中轴线投测的方法和高程传递的方法。

（6）采用哪种材质的定位标志，如何制作，需要的数量等。

（7）施工测量的人员安排，各项测量工作的时间安排等。

另外，有关施工过程中的变形观测应单独制订方案。

4．其他准备工作

根据制订的测设方案进行测量人员、测量仪器和工具、定位标志等相关准备工作。测量仪器必须按照有关规定送到相关部门进行检验和校正。钢尺必须经过检定，配套设施必须准备齐全。另外，必须维护脚架、制作定位用的标桩等准备工作。

二、施工控制测量

在施工准备阶段，建设单位应将施工区域附近的已知点交给施工单位，并同时向施工单位交付“点之记”，已知点的数量至少两个。

一般情况下，若施工的建筑物距离已知点很近，可以直接利用已知点进行建筑物的平面点位测设和高程测设；若施工的建筑物距离已知点很远，或不通视，或已知点的数量较少，不足以控制整个施工区域，应进行控制测量，在施工区域内布设足够数量的控制点，求出这些点的坐标和高程，再以这些点为已知点，进行施工测量。

在建筑工程施工中，常用的施工平面控制网见表 9-1。

表 9-1　施工平面控制网的布设形式

平面控制网	地面平坦程度	施工范围	建筑物排列的整齐程度
建筑基线	平坦	小	排列整齐
建筑方格网	平坦	大、中	排列整齐
导线网	平坦	大、中	不一定排列整齐
三角网	不一定平坦	大、中	不一定排列整齐

注　在本表所示的 4 种网形中，建筑基线和建筑方格网的控制点需要用测设的方法进行布设，在布设的过程中需要对测设的点位进行若干次调整；三角网的测角工作量大，且内业计算复杂；导线网因为布设比较灵活是实际工作中常用的平面控制网的布设形式。

1．建筑基线布设

建筑基线是建筑施工场地的平面控制基准线，其特点是与建筑物的主轴线平行或垂直。平面定位时，以建筑基线为基准，用直角坐标法测设点位。

基线点布设时需要进行点位调整，方法为“归化法测设”。

（1）水平角测设。如图 9-1 所示，已知 O、A 两点，要求顺时针测设水平角$\angle AOB$。

归化法水平角测设的步骤如下：

①用直接法定出过渡点 B'；

②测回法检核$\angle AOB'$，计算实测值与理论值的差值 $\Delta\beta$；

③测量 OB'的水平距离 $D_{OB'}$；

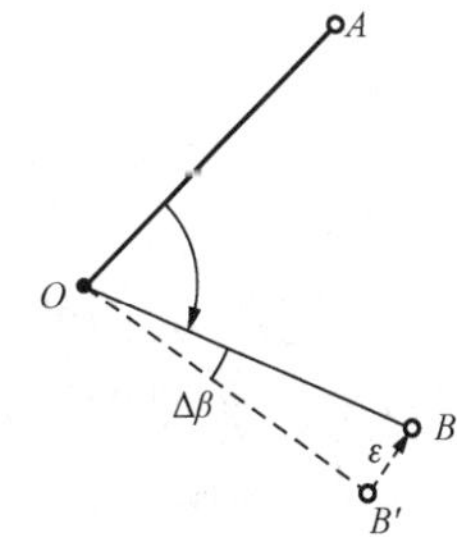

图 9-1　归化法水平角测设

④计算改正值为 $\varepsilon=\frac{\Delta\beta}{\rho''}\cdot D_{OB'}$（$\rho''=206\ 265''$）；

⑤调整点位：过 B' 点作 OB' 的垂线，沿着垂线量取 ε，定出 B 点，则 $\angle AOB$ 就是精密法测设的角度。

若 $\Delta\beta<0$ 时，实测值小于理论值，应向 $\angle AOB'$ 外量取改正值；若 $\Delta\beta>0$ 时，实测值大于理论值，应向 $\angle AOB'$ 内量取改正值。

（2）水平距离测设。如图 9-2 所示，已知 A 点及 AB 方向，要求用归化法测设水平距离 D_{AB}。

图 9-2 归化法水平距离测设

归化法水平距离测设的步骤如下：

①用直接法定出过渡点 B'；

②测量 A、B' 之间的距离 $D_{AB'}$；

③计算改正值：$\varepsilon=D_{测}-D_{理}$；

④调整点位：在 AB' 的方向线上量取 ε，定出 B 点，则 D_{AB} 就是精密法测设的水平距离。

若 $\varepsilon<0$ 时，实测值小于理论值，应以 B 点为基准向外量取改正值；若 $\varepsilon>0$ 时，实测值大于理论值，应以 B 点为基准向内量取改正值。

2. 导线点布设

如图 9-3 所示，导线点布设的基本程序如下：

（1）在设计总平面图上，按照建筑物的分布选定各导线点，并参照施工总平面图确定各导线点的最终位置。

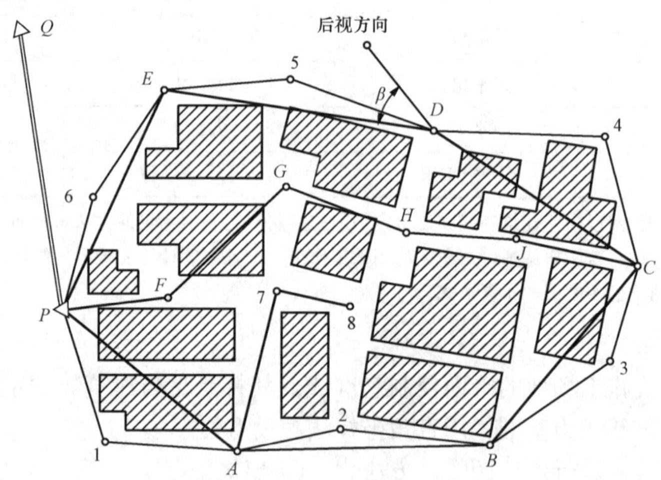

图 9-3 施工区域导线点布设参考点位

（2）按照施工图的比例尺，量算各导线点的坐标。

（3）利用附近的控制点测设各导线点的平面位置。

（4）根据测设的平面点位，建立永久性标志。

（5）根据永久性标志的点位，进行导线测量，求各导线点的坐标。

（6）考虑到建筑物成形以后，相邻的导线点之间可能不通视，必须在每个导线点上确定后视方向（通视、高处、远、固定、目标小）。如 D 点至后视方向的坐标方位角为 $\alpha_{DE}+\beta$。

3. 施工水准点布设

施工水准点应布设在施工区域，埋设在地面上的控制点容易被破坏。

在实际工作中常采用灵活多样的方法进行施工水准点的设置。如在电线杆上弹墨线，标记建筑物室内地坪±0.00 的位置、主体施工时在柱子的钢筋上用红油漆画横线，标记本层楼的 1m 线的位置，这都是用测设的方法设置的施工水准点。另外，基坑开挖时，在基坑支护的凸起处用红油漆作标记，将地面上水准点的高程引至此处，用以控制基坑开挖和基础施工测量，这是用测定的方法设置的施工水准点。

总之，施工水准点是广义的“点”而不是狭义的“点”。

三、施工测量的精度要求

民用建筑施工测量的主要工作即放线与抄平，《工程测量标准（GB 50026—2020)》规定了施工放样的精度，见表 9 - 2。

表 9 - 2　　建筑物施工放样、轴线投测、高程传递的允许误差

项目	内容		允许偏差（mm）
基础桩位放样	单排桩或群桩中的边桩		±10
	群桩		±20
各施工层上放线	外廓主轴线长度 L(m)	轴线点	±4
		$L\leqslant30$	±5
		$30<L\leqslant60$	±10
		$60<L\leqslant90$	±15
		$90<L\leqslant120$	±20
		$120<L\leqslant150$	±25
		$150<L\leqslant200$	±30
		$L>200$	按 40%的施工限差取值
	细部轴线		±2
	承重墙、梁、柱边线		±3
	非承重墙边线		±3
	门窗洞口线		±3
轴线竖向投测	每层		3
	总高 H(m)	$H\leqslant30$	5
		$30<H\leqslant60$	10
		$60<H\leqslant90$	15
		$90<H\leqslant120$	20
		$120<H\leqslant150$	25
		$150<H\leqslant200$	30
		$H>200$	按 40%的施工限差取值

续表

项目	内容		允许偏差（mm）
标高竖向传递	每层		±3
	总高 H(m)	$H \leqslant 30$	±5
		$30 < H \leqslant 60$	±10
		$60 < H \leqslant 90$	±15
		$90 < H \leqslant 120$	±20
		$120 < H \leqslant 150$	±25
		$150 < H \leqslant 200$	±30
		$H > 200$	按 40%的施工限差取值

任务二　建筑物的定位与放线

一、定位

1. 定义

定位就是把建筑物外轮廓的轴线交点测设到地面上，并做标记。

定位时应注意的事项如下：

（1）定位是指在地面上确定建筑物的平面位置。

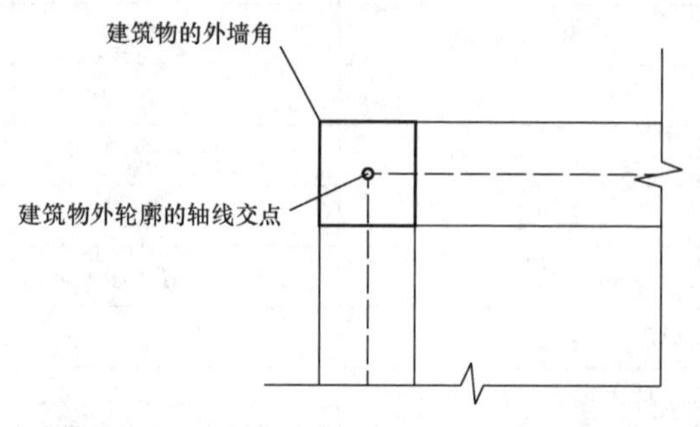

图 9-4　“角点”与“交点”的位置示意

（2）定位时一般测设建筑物的 4 个主点，俗称“四大角”，其位置应根据建筑物的形状进行选择。

（3）定位时需要的原始数据应在施工图中的总平面图中获取。

（4）总平面图中标注的坐标是指建筑物外墙角的坐标，定位时应根据外墙角的坐标和外墙厚计算外轮廓轴线交点的坐标。“角点”和“交点”的区别如图 9-4 所示。

核对图纸和计算测设数据时应注意“角点”和“交点”的区别。

2. 定位方法

定位的方法应根据总平面图中的已知条件，并同时考虑施工现场的环境，以及所拥有的测量仪器的情况而定，在众多的方案中选择最优方案。

（1）根据建筑基线定位。

对于改、扩建工程，总平面图中标记新建房屋位置的数据，一般表示拟建房屋与已建房屋的相对位置关系，此时应根据建筑基线定位。

定位的建筑基线为建筑红线，或根据建筑红线测设的建筑基线，或根据已有的房屋、道路等地物测设建筑基线，定位的方法为直角坐标法。

（2）根据控制点定位。对于新建工程，总平面图中标记新建房屋位置的数据为测量坐标。此时应根据控制点定位。

在施工准备阶段，建设单位以“点之记”的形式将施工区域附近的控制点进行“交桩”。施工测量时，根据施工区域的大小，或直接根据控制点定位，或建立施工控制网，再利用布设的控制点定位。

利用控制点定位的关键是测设数据的获取与计算。

【例 9-1】 如图 9-5 所示，建筑物的外墙厚 0.4m，建筑总平面图中查得外墙角点的坐标分别为：A 点$\frac{5444.132}{2291.798}$，$B$ 点$\frac{5441.653}{2320.292}$，$C$ 点$\frac{5432.974}{2290.827}$，$D$ 点$\frac{5430.495}{2319.321}$，图中的数字为建筑物的轴线尺寸标注，轴线为正交轴线。要求确定定位点；获取轴线上各主点的坐标。

如图 9-6 所示，分析建筑物的平面图形，确定的首级定位点为 1、10、11、24 四个点，确定的次级定位点为 12、13、22、23 四个点。其中，11、12、23、24 四个点同线。

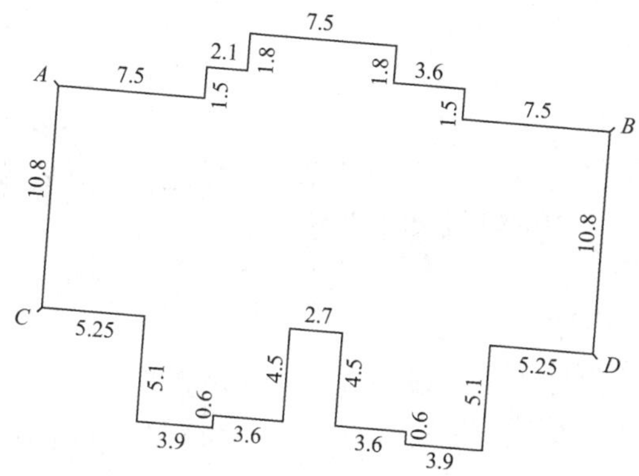

图 9-5　建筑物主点坐标获取的相关数据

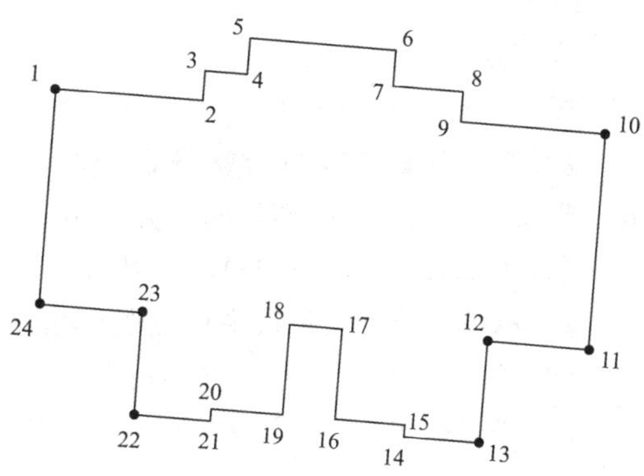

图 9-6　建筑物主点编号

获取轴线上各主点坐标的方法有两种，一种是坐标正算，另一种是在 Auto CAD 软件上画图形后，捕捉点的坐标。

（1）方法一：坐标正算。

坐标正算获取建筑物主点轴线坐标的步骤如下：

①根据已知的 A、B、C、D 四个点坐标，计算直线 AB 和直线 AC 的坐标方位角。作为检核，再计算直线 CD 和直线 BD 的坐标方位角。

$$\frac{\Delta x_{AB}}{\Delta y_{AB}}=\frac{-2.479}{28.494}\rightarrow\frac{28.602}{94°58'20.1''}\left(\frac{D_{AB}}{\alpha_{AB}}\right)=\frac{D_{CD}}{\alpha_{CD}}$$

$$\frac{\Delta x_{AC}}{\Delta y_{AC}}=\frac{-11.158}{-0.971}\rightarrow\frac{11.200}{184°58'24.6''}\left(\frac{D_{AC}}{\alpha_{AC}}\right)=\frac{D_{BD}}{\alpha_{BD}}$$

②计算结果分析。

理论上，直线 AB 与直线 AC 垂直，直线 CD 与直线 BD 垂直，即坐标方位角相差 90°00′00″，可计算的结果是两条直线的坐标方位角相差 90°00′04.5″，存在 4.5″的误差。这是在坐标反算的过程中，由于凑整误差造成的。

为了避免误差的积累，计算轴线上的主点坐标时，分别以四个已知点为起始数据向中间推算。

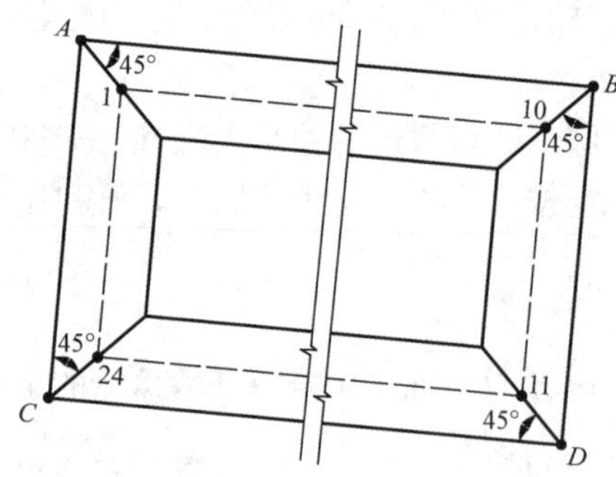

图 9-7 根据四大角计算定位点坐标

③如图 9-7 所示，根据 A、B、C、D 四个角点的坐标，计算四个首级定位点 1、10、11、24 的坐标。

④根据图 9-5 所示的轴线尺寸和图 9-6 所示的点位编号，以两个首级定位点 11 和 24 的坐标为起算数据，求两个次级定位点 12 和 23 的坐标。

⑤根据图 9-5 所示的轴线尺寸和图 9-6 所示的点位编号，以两个次级定位点 12 和 23 的坐标为起算数据，求另两个定位点 13 和 22 的坐标。

⑥如图 9-6 所示，建筑物其他主点的坐标求解顺序如下：

1→2→3→4→5；

10→9→8→7→6；

13→14→15→16→17；

22→21→20→19→18。

⑦检核：反算直线 56 的水平距离和坐标方位角，与图 9-5 中的轴线尺寸进行对比；反算直线 18-17 的水平距离和坐标方位角，与图 9-5 中的轴线尺寸进行对比。

（2）方法二：Auto CAD 坐标捕捉。

Auto CAD 捕捉建筑物主点轴线坐标的步骤如下：

①如图 9-8（a）所示，在 Auto CAD 默认的坐标系下，按照先输入 y，后输入 x 的顺序，依次画直线 A→B→D→C→A，形成一个闭合图形，并绘制直线 AB 和直线 CD 的中垂线。

②如图 9-8（b）所示，分别向图形的内侧复制直线 AB、AC、CD、BD，沿着垂线方向输入距离 0.2m。

③如图 9-8（c）所示，根据图 9-5 所示的轴线尺寸画出左侧图形。

④对图 9-8（c）中的图形进行镜像，得到图 9-8（d）所示的图形。

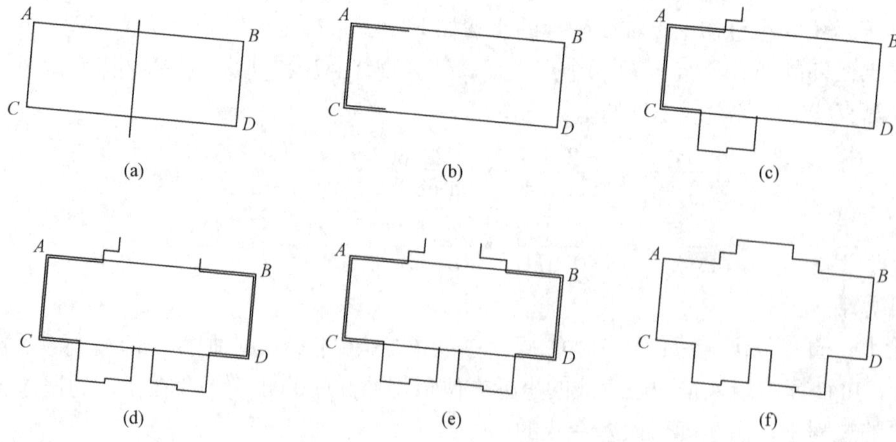

图 9-8 Auto CAD 绘制建筑物轴线图形的步骤

⑤如图 9-8（e）所示，根据图 9-5 所示的轴线尺寸，绘制直线 67 和 78，并对图形中的缺口部分进行标注检核。

⑥如图 9-8（f）所示，尺寸检核正确后，连接图形中的缺口，形成一个闭合的图形。

⑦隐蔽辅助线，捕捉定位点的坐标。

总结：

与坐标正算相比，在 Auto CAD 软件上画图形捕捉坐标的方法不存在误差积累、工作量少、工作效率高，若有电子版施工图，可以直接捕捉定位点的坐标。

二、放线

1. 定义

定位后进行细部测设，并用白灰标定基坑的上口开挖边界线，俗称撒灰线。

在实际工作中，一般将定位和放线统称为放线，将与平面定位相关的轴线投测也称为放线。

2. 细部测设

细部测设，即用内分法标定建筑物各轴线的位置。基础定位中，细部测设的依据是基础平面图，楼层轴线投测时，细部测设的依据是首层、标准层、顶层平面图。在测设之前应与平面图进行对比、核对尺寸，避免出现差错。

对于条形基础的民用建筑，应在定位桩标定之后进行细部测设，并沿着外墙和承重墙的位置在局部进行开挖或根据施工方案进行大开挖。

对于筏形基础的民用建筑，应在基础垫层的顶面进行细部测设，确定基础梁、框架柱、剪力墙的位置。

对于预制桩基础的民用建筑，应在场地平整后的地面上进行细部测设，确定预制桩打入的位置。

对于灌注桩基础的民用建筑，应根据定位桩放基坑的上口开挖边界线，进行大范围开挖。当基坑开挖到设计深度后，在基坑内进行细部测设，标定灌注桩的平面位置。

3. 放线时考虑的因素

放线时，应以定位桩为基准向外量一定的尺寸。如图 9-9（a）所示，基坑上口的开挖尺寸为

$$B = L + 2(S + mh) \tag{9-1}$$

式中 B——基坑的上口开挖尺寸，m；

L——建筑物的外缘结构尺寸，m；

h——开挖深度，m；

S——工作面的宽度，m。

放线时应考虑的因素有工作面宽度、开挖深度、坡度系数、基坑支护的结构尺寸等。其中坡度系数应根据施工现场的土质情况确定，工作面宽度根据有关规范确定。

根据设计要求，若开挖的基坑为深基坑，则放线时应按如图 9-9（b）所示计算基坑的上口开挖尺寸并合理设置中间平台的宽度 x 和高度 h_2。

$$B = L + 2(S + m_1h_1 + x + m_2h_2) \tag{9-2}$$

三、轴线引测

基坑开挖时会挖掉定位桩，为了在基坑开挖后及时恢复定位桩的位置，放线后应及时进行轴线引测，将定位桩所在的轴线引至基坑上口开挖边界线以外的安全位置。轴线引测的传

统方法有两种：设置龙门板和设置轴线控制桩。

设置龙门板引测轴线的方法，因大量耗用木材、占用场地大、不容易保护等原因，目前已逐渐淘汰。

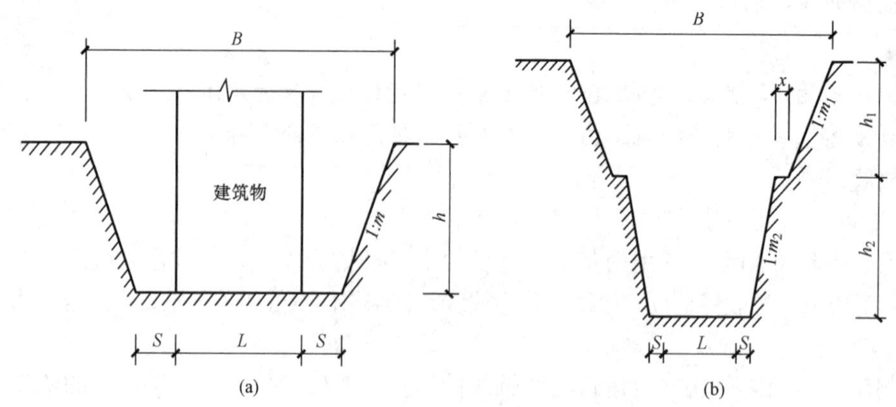

图 9-9　基坑上口开挖尺寸的确定

轴线控制桩也称为引桩，因其设置的方法灵活方便，目前被广泛采用。如图 9-10 所示，轴线控制桩的测设思路为：在 N、Q（或 M、P）两点安置经纬仪，用外延定线的方法将轴线引到基坑上口开挖边界线以外的位置，钉大木桩，上面用小钉标记。

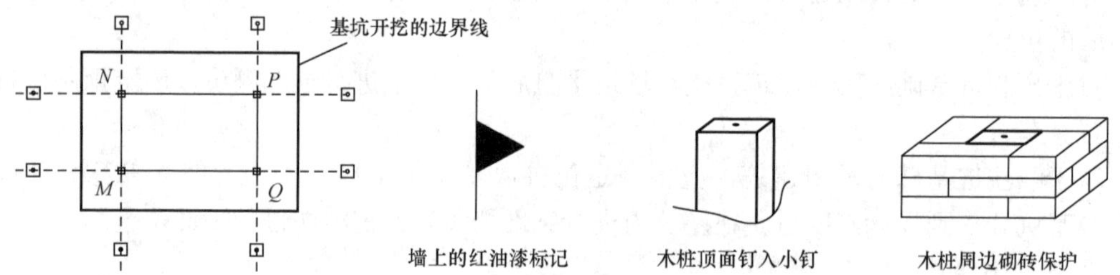

图 9-10　轴线控制桩的设置及保护

轴线控制桩设置时，应注意以下几个方面：

（1）轴线控制桩是广义的桩，根据施工现场的条件可以在木桩上钉小钉或在墙上画标记。

当基坑开挖至相邻建筑物的外墙，已无处可钉木桩，此时应在已有建筑物的外墙上用红油漆标记引测的轴线位置。

（2）地面上的轴线控制桩应位于基坑的上口开挖边界线以外，且不远离基坑，使其稳固、安全。一般距离基坑上口 2～4m。

（3）地面上轴线控制桩的保护方法是在木桩的四周砌砖，中间灌浆，并用水泥砂浆抹面。

（4）为了恢复轴线时能够安置仪器，要求每条轴线上至少有一个控制桩布设在地面上。

任务三　基 础 施 工 测 量

一、条形基础施工测量

条形基础是指基础长度远远大于宽度的一种基础形式，分为有筋条形基础和无筋条形基础。

如图 9 - 11 所示，条形基础的底部为素混凝土垫层，上部为与基础连成一体的墙体，砌筑部分与垫层连接处为大放脚，图 9 - 11（a）所示为等高式大放脚条形基础，图 9 - 11（b）所示为不等高式大放脚条形基础。

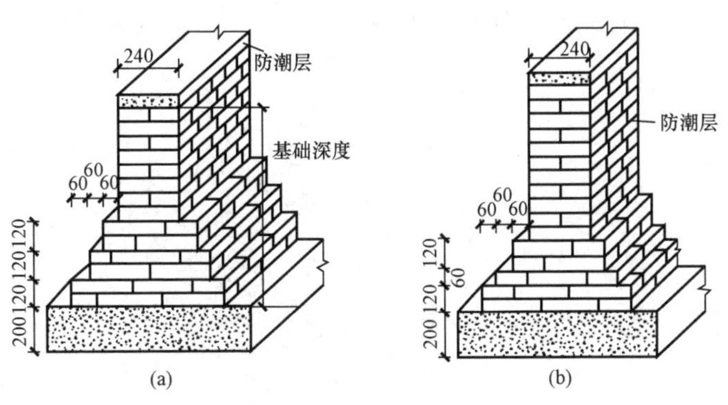

图 9 - 11　条形基础

（a）等高式大放脚；（b）不等高式大放脚

1. 沟槽放线与抄平

条形基础的沟槽放线时，先在地面上测设轴线，然后以轴线为基准，按照大放脚下面的混凝土垫层尺寸计算沟槽的上口开挖尺寸。

条形基础一般比较浅，当沟槽开挖至一定深度后，用水准仪在沟槽的两端设置基准进行抄平，中间拉线绳控制开挖深度。

垫层施工前应验槽。如图 9 - 12 所示，利用设置的轴线控制桩，用方向线交会法或挂线的方法在沟槽底恢复轴线，检核轴线两侧的宽度是否满足要求。

2. 垫层施工测量

验槽合格后即浇筑混凝土垫层。

垫层顶面高程的测设方法依施工方法的不同而异。若支模板浇筑混凝土，则应在模板内壁弹墨线或调整模板顶面的高度为测设垫层顶面的高程位置；若不支模板浇筑混凝土，则应在槽壁画线。

画线的位置应以垫层顶面高程为基准向上调整一个整数，并在槽壁上作标记。这样做既可以控制垫层底部的高程，又可以控制混凝土的浇筑厚度。

3. 基础墙定位

如图 9 - 12 所示，将轴线投测到垫层顶面，用墨线弹出基础中心线和基础边线，作为砌筑基础的依据。

如图 9 - 13 所示，在基础砌筑前将轴线引至基础的立面上，同时把门、窗和其他洞口的边线在外墙立面上画出，并在地面上设引桩，作为二层及以上楼层进行轴线投测的基准。

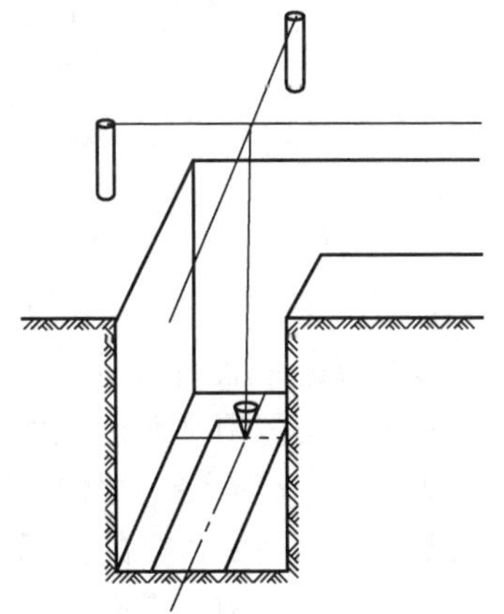

图 9 - 12　挂线方法恢复轴线

4. 基础墙抄平

如图 9 - 14 所示，基础墙的抄平标准为基础皮数杆。

皮数杆是指上面划有每皮砖和灰缝厚度的一种木制标杆。砌筑时用来控制墙体竖向尺寸及各部位构件的竖向标高，并保证灰缝厚度的均匀性，是施工中一种自制的砌筑标尺。

基础皮数杆的±0.000位置在上部，在皮数杆上标有每皮砖的厚度、灰缝的厚度，以及底层室内地面、防潮层、大放脚、洞口、管道、预埋件等高度位置。

实施砌筑时，将皮数杆固定在转角处和纵横墙的交接处，拉线控制每皮砖的高度。

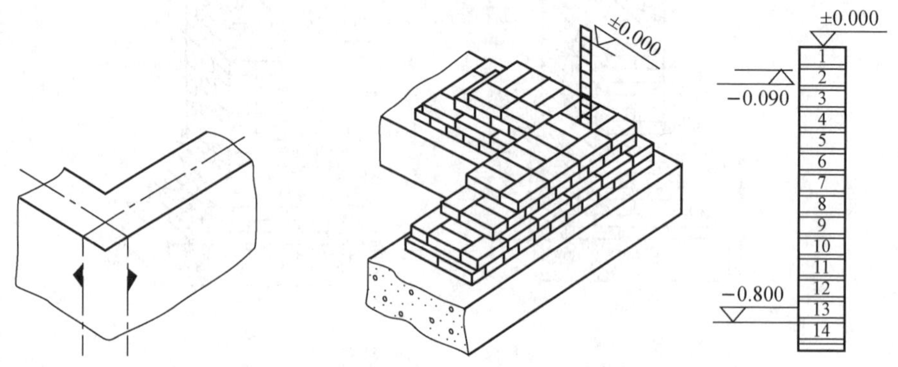

图 9-13 基础立面的轴线标记　　　　图 9-14 基础皮数杆抄平

二、筏形基础施工测量

筏形基础也称为筏板基础或满堂基础，其形状如倒置的楼板，又似筏子。当地质条件差、上部荷载大时，将整个建筑范围内的基础连在一起，下面整体浇筑混凝土底板，使基础的整体性好。

如图 9-15 所示，筏板基础分为板式筏板基础和梁板式筏板基础。图 9-15（a）所示为板式基础，图 9-15（b）所示为梁板式基础，且筏板为下位板。

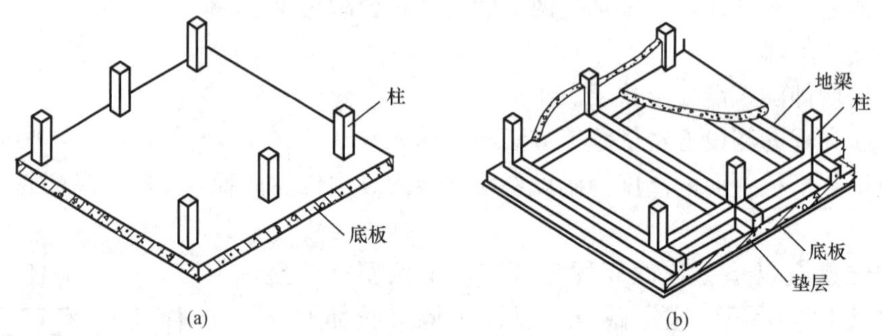

图 9-15 筏板基础类型

1. 施工图识读

筏板基础平面图如图 9-16 所示，筏板为下位板。集水坑 JK1 剖面图如图 9-17 所示。

基础平面图中平面定位的数据为：筏板相对于纵、横轴线的位置；基础主梁、基础次梁、集水坑、剪力墙、端柱、暗柱相对于纵、横轴线的位置及轴线尺寸。

基础平面图中抄平的数据为筏板顶面标高−4.400m。

集水坑剖面图中平面定位的数据为：两个集水坑平面图形的纵向尺寸 2250mm、两个集水坑中间的剪力墙宽 200mm、集水坑放坡底宽 1400mm、放坡角度 45°、放坡底至集水坑侧边的距离 400mm。

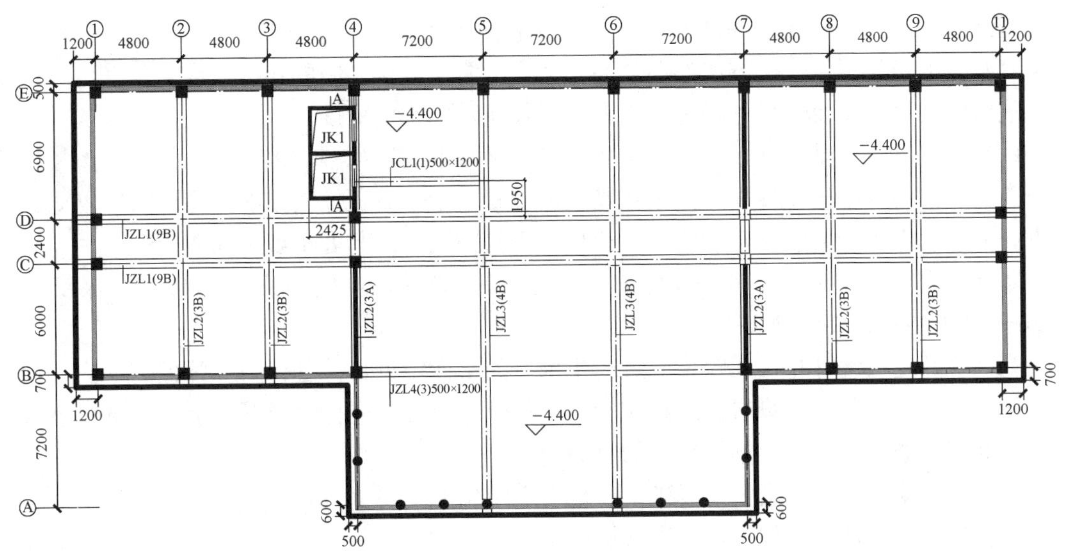

图 9 - 16 筏板基础平面图

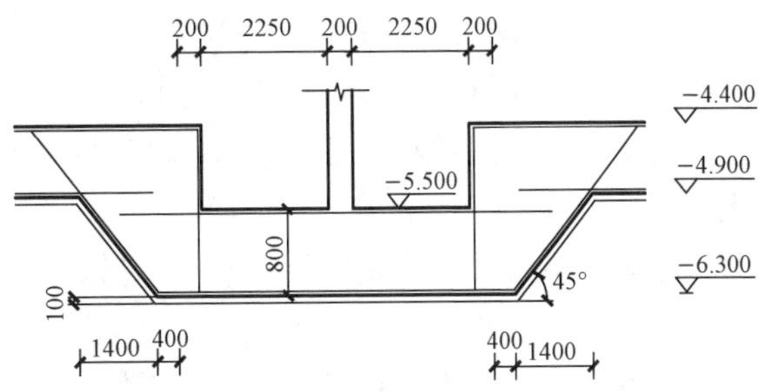

图 9 - 17 集水坑剖面图

集水坑剖面图中的抄平数据为：垫层厚 100mm、集水坑底板的厚度 800mm、垫层顶面标高－6. 300m、集水坑的底面标高－5. 500m。筏板底标高－4. 900m、筏板顶标高－4. 400m。

2. 基础施工测量的主要工作

（1）筏板定位。筏板基础平面定位时，应将施工图中的标注数据换算为测量数据。

如图 9 - 18 所示，平面定位时确定的定位点为 8 个点，其中，1、2、3、8 为首级定位点，4、7、6、5 为次级定位点。根据 T 形筏板的尺寸计算 8 个定位点的坐标，并根据施工控制点测设 8 个定位点。

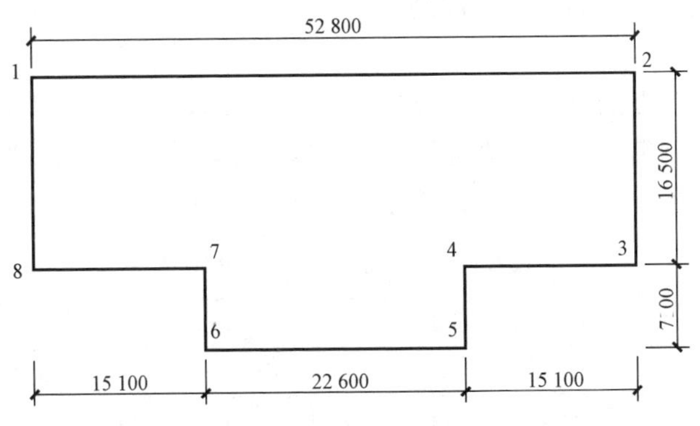

图 9 - 18 筏板基础平面尺寸及定位点编号

（2）大开挖放线。大开挖放线时应考虑工作面宽度、开挖深度、坡度系数等因素。设室外地坪为－0. 45m，开挖至混凝土垫层底，计算开挖深度为

$$-0.45-(-4.9)+0.1=4.55(\mathrm{m})$$

基坑开挖应保证在无水的情况下进行，要求地下水位低于基坑底至少500mm，若采用井点降水，测量地下水位的方法参照“高程测设的常用方法”中的相关内容；若采用明沟排水，放线时，计算基坑上口开挖宽度应考虑增加排水明沟的宽度。

（3）基坑抄平。基坑抄平的工作量大，受施工因素的干扰多，因此，抄平时不必频繁从地面向基坑内引高程进行抄平，而是在基坑内设置若干个高程控制基准。基坑内比较稳固的地方一般是基坑支护的装置，如锚杆、架杆、土钉的顶部凸起处用红色油漆标记。

基坑开挖时要求原土不得扰动、严禁超挖。一般在基坑底面设计标高以上保留至少10cm厚的土层用人工清理和平整。

当基坑开挖至设计垫层底时，应进行集水坑的平面定位，并进行局部开挖。

（4）垫层施工测量。垫层施工前应验槽，符合要求后即进行垫层混凝土的浇筑。垫层施工测量参照“条形基础施工测量”中的相关内容。

（5）基础梁、柱、墙定位。基础梁、柱、墙定位的主要工作如下：

①在垫层顶面恢复定位点，并进行检核。

②根据基础平面图中的数据，进行基础梁、剪力墙、框架柱定位，在垫层顶面弹出构件的边线。

③以垫层顶面的构件轮廓线为基准，进行模板安装和加固。模板的垂直度用锤球吊线控制，平整度用水平管检核，模板高度应等于基础梁的高度。

对于梁板式的筏板基础，基础底板、基础梁、集水坑应同时施工，一次连续浇筑混凝土，因此要求梁侧模的支护必须稳固。

④集水坑的模板应采用组合模板，拼装成筒状，安装时根据集水坑的位置安装模板，进行水平和斜向支撑的加固。

⑤根据施工图中的钢筋信息，在安装的模板内进行构件钢筋的绑扎工作，钢筋工程验收合格后即进行混凝土浇筑。

三、预制桩基础施工测量

预制桩基础是指用沉桩设备将预制桩打入、压入或振入土中的基础形式。目前在民用建筑中应用较多的预制桩为钢筋混凝土预制桩。

1. 桩位测设

预制桩平面定位的方法有多种。一般情况下，平面定位时，应计算每个预制桩的中心坐标，然后利用施工控制点，采用极坐标法或全站仪坐标法进行预制桩的平面定位，最后对测设的桩位进行检核。预制桩桩位的允许偏差见表9-3。

表9-3 预制桩（钢桩）桩位的允许偏差

序号	检查项目		允许偏差（mm）
1	带有基础梁的桩	垂直基础梁的中心线	≤100+0.01H
		沿基础梁的中心线	≤150+0.01H
2	承台桩	桩数为1～3根桩基中的桩	≤100+0.01H
		桩数大于或等于4根桩基中的桩	≤1/2桩径+0.01H或1/2桩长+0.01H

注 H为施工现场地面标高与桩顶标高的距离。

2. 沉桩

沉桩的方法有锤击法、振动法、压桩法等多种方法。预制桩的定位工作完成后，应根据沉桩方法将相应的桩机就位。

沉桩时，首先应按照确定的桩位进行插桩，桩身垂直度检查合格后即进行沉桩；若单根桩打入地下没有达到设计深度，应进行接桩；接桩时的测量工作为检查上下节桩的中心线偏差是否满足要求，规定桩顶高的允许偏差为±50mm，垂直度≤1/100。

为了保证预制桩按照设计标高进行就位，在沉桩的过程中，应测量并记录每根桩的桩顶标高。

3. 承台施工测量

截桩桩顶与承台的连接如图 9-19 所示。承台施工测量的主要工作如下：

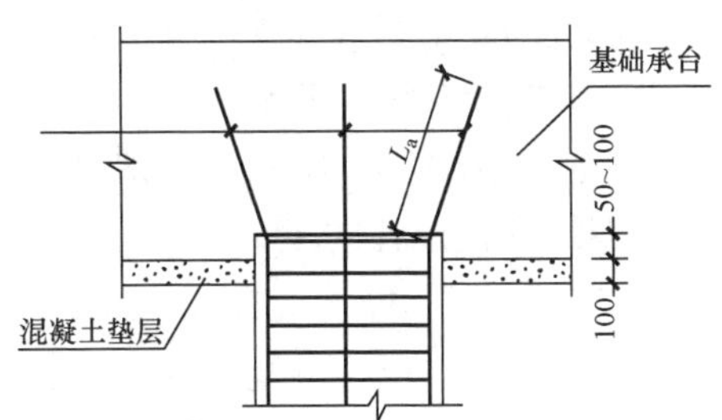

图 9-19　截桩桩顶与承台连接

（1）以垫层底为基准，对地面上参差不齐的预制桩进行高程测设，并在桩侧面作标记。

（2）截桩、破桩头，将预制桩的纵筋弯折为喇叭口，作为桩构件插入承台的锚固钢筋。

（3）按照设计标高进行垫层底抄平，浇筑 100mm 厚素混凝土垫层。

（4）在垫层顶面弹线，进行基础梁定位或承台轮廓测设。

（5）立侧模、测设承台顶标高或基础梁的顶标高，控制承台的高度。

（6）绑扎基础梁钢筋、承台钢筋、柱插筋、浇筑混凝土。

四、灌注桩基础施工测量

灌注桩是在桩位上用机械成孔或人工挖孔、在孔内安放钢筋笼、浇筑混凝土而成形的桩。与预制桩相比，灌注桩不需要接桩和截桩，施工工艺相对简单。

灌注桩的成孔方法有多种。其中，人工挖孔灌注桩因成孔机具简单，作业时无振动、无噪声，对施工现场周边原有建筑物影响小、可同时成孔等特点，得到广泛应用。

灌注桩基础平面图如图 9-20 所示。图中 CT1、CT2、CT3 三种承台对应的灌注桩直径分别为 600、800、1000mm。承台与灌注桩、框架柱的连接大样如图 9-21 所示。

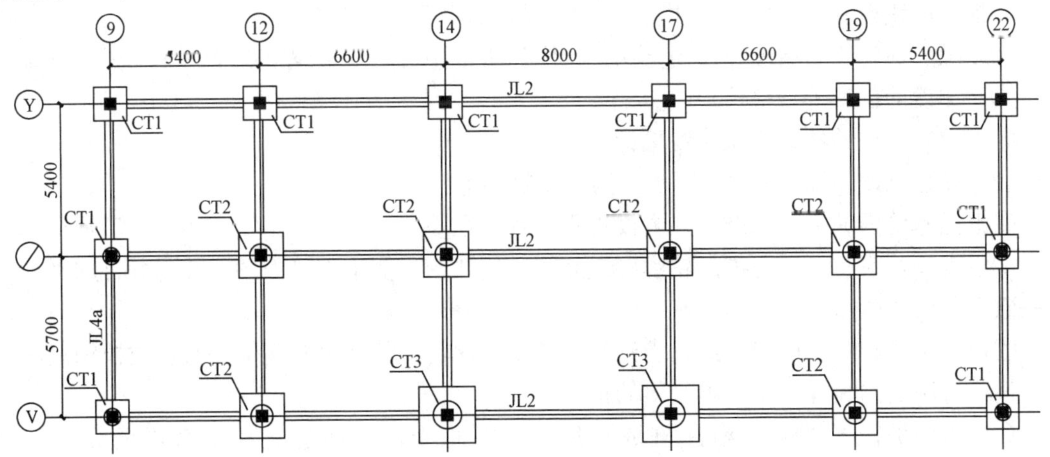

图 9-20　灌注桩基础平面图

1. 基坑放线与开挖

基础定位时，应根据基础平面图选择定位点并进行测设。

基坑上口开挖尺寸的计算依据为图 9-20 所示平面尺寸和图 9-21 所示节点大样尺寸和标高，并考虑工作面宽度，以及施工现场见证取样的土质确定边坡系数。

基坑开挖的方式为大开挖，基坑放线与开挖的方法参照“筏形基础施工测量”的相关内容。

基坑抄平应注意以下几方面：

（1）用钢尺代替水准尺进行大高差法高程传递，在基坑内设置若干个临时水准点，控制不同部位的施工测量。

（2）利用基坑内的水准点，随时控制开挖的深度。

（3）如图 9-22 所示，一般情况下，实际的开挖深度较设计低 0.3m，供桩顶砖模砌筑并容纳开挖成孔的土。

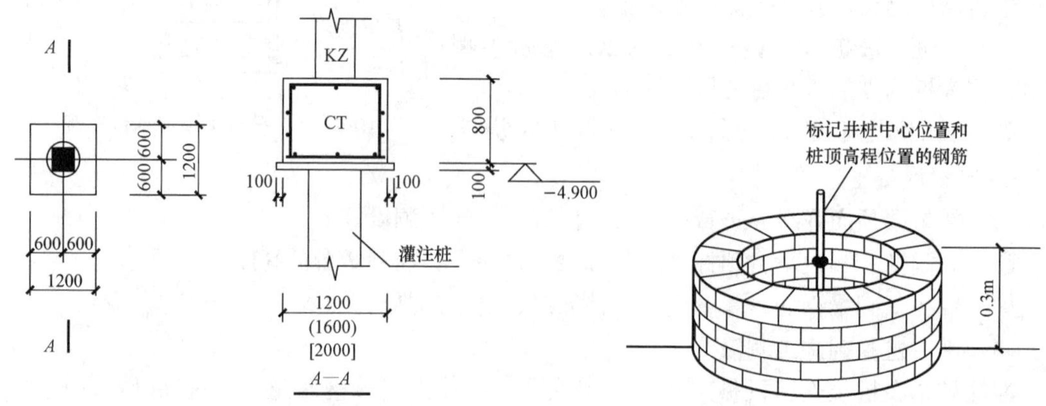

图 9-21 灌注柱基础大样图

图 9-22 灌注桩平面与高程控制

2. 灌注桩施工测量

（1）平面定位。人工挖孔灌注桩的桩位测设步骤如下：

①验槽，对基坑底的开挖尺寸进行检核；

②根据轴线控制桩，用方向线交会法在基坑内恢复定位点；

③以纵、横轴线为基准，用内分法确定灌注桩的中心，用废钢筋头插入地面进行标记；

④对测设的桩位进行检核；

⑤测设灌注桩的轮廓，撒灰线标记。

（2）高程测设。如图 9-22 所示，测设步骤如下：

①根据基坑内的临时水准点，测设桩顶高程，在灌注桩中心的钢筋上用红油漆标记；

②沿着基坑底测设灌注桩的轮廓砌筑井圈，使井圈内侧施工平面的尺寸与井桩的平面尺寸一致；

③用全丁式砌筑 5 皮砖井圈，当砌筑的高度与钢筋上的红色标记平齐时，拔掉钢筋。至此，灌注桩顶面的高程已传至砌筑体的顶面。

（3）灌注桩成孔检查。灌注桩成孔后应进行检查，平面位置和垂直度的允许偏差见表 9-4。

表 9 - 4 灌注桩的桩径、垂直度及桩位允许偏差

序	成孔方法		桩径允许偏差（mm）	垂直度允许偏差	桩位允许偏差（mm）
1	泥浆护壁钻孔桩	$D<1000$mm	≥0	≤1/100	≤70+0.01H
		$D\geq1000$mm			≤100+0.01H
2	套管成孔灌注桩	$D<500$mm	≥0	≤1/100	≤70+0.01H
		$D\geq500$mm			≤100+0.01H
3	干成孔灌注桩		≥0	≤1/100	≤70+0.01H
4	人工挖孔桩		≥0	≤1/200	≤50+0.005H

注 1. H 为桩基施工面至设计桩顶的距离（mm）；
2. D 为设计桩径（mm）。

3. 承台施工测量

灌注桩混凝土浇筑完成后，进行垫层施工，继而进行承台和基础梁施工。

承台施工测量的内容和方法参照“筏形基础施工测量”中的相关内容。

任务四 主体施工测量

建筑的主体是指位于基础以上的结构部分。常见的房屋结构为砖混结构、框架结构、框架 - 剪力墙结构、钢结构等。

一、砖混结构施工测量

砖混结构适合开间小、进深小、房间面积小的多层或低层建筑，其主体由承重墙、构造柱、圈梁、预制楼板或现浇楼板组成。

1. 墙体定位与抄平

砖混结构的基础形式一般为条形基础，施工测量的内容见“条形基础施工测量”。

墙体定位的方法参照条形基础的基础墙定位，抄平使用墙身皮数杆。如图 9 - 23 所示，墙身皮数杆的±0.000 位置在下部，在皮数杆上标有每皮砖的厚度、灰缝的厚度，以及圈梁、门窗洞口、过梁、楼板等的高度位置。

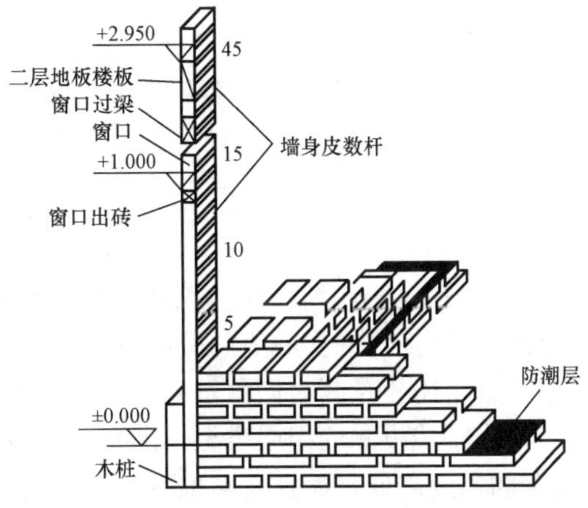

图 9 - 23 墙身皮数杆

实施砌筑时，皮数杆的使用方法如下：

①在砌体的转角处和纵横墙的交接处钉木桩，并在木桩的侧面测设±0.000，画横线标记。

②将皮数杆上的±0.000 位置与木桩上的±0.000 横线对齐，临时固定。

③用水准仪检核±0.000 的位置，用锤球吊线校正皮数杆的垂直度，固定皮数杆。

④以皮数杆为基准进行砌体墙端部的砌筑，墙体中段的砌筑用拉线控制。

⑤按照皮数杆上标注的圈梁、门窗洞口、过梁、楼板等构件的位置进行施工。

2. 轴线投测

轴线投测就是将底层的轴线投测到二层及以上楼层。砖混结构房屋施工时，轴线投测的方法一般为外控法，即轴线投测的基准在建筑物的外部。

（1）锤球吊线法。锤球吊线的方法操作简单、易行，不受施工场地限制，一般情况下能保证轴线投测的精度，但有风力影响时，投测的精度较差。

如图 9-24 所示，锤球吊线法的操作步骤如下：

①锤球吊线前，将基础立面上的轴线投测基准引至有窗洞的墙面下方。在底层至少设置 8 个轴线投测的基准点。

②移动吊线，使吊线的底部对准轴线投测的基准，在上层楼板边缘与吊线的交接处做标记。

③在上层楼板的顶面用墨线弹出 16、25、38、47 四条线，交会得到 A、B、C、D 四个点。

④用钢尺检核 A、B、C、D 四个交点之间的水平距离，以及直线的垂直关系。

⑤根据平面图中的轴线尺寸，在上层楼面上弹出墙体的轴线和边线。

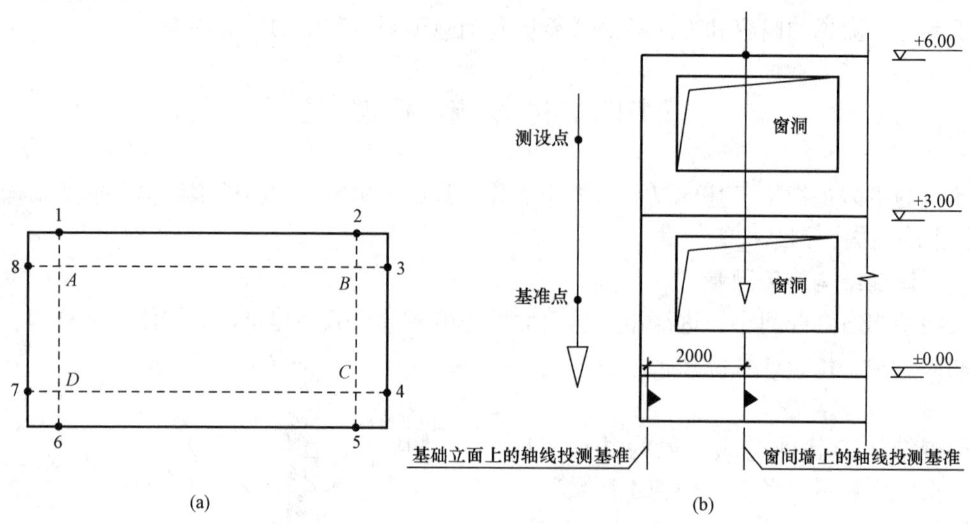

图 9-24 锤球吊线外控法投测轴线

（2）经纬仪法。经纬仪外控法的精度较锤球吊线法高，但随着楼层的增高施测比较困难。经纬仪外控法的实施应具备如下条件：

1）为了防止投测时仰角过大，经纬仪距建筑物的水平距离应大于建筑物的高度。

2）当轴线投测的楼层增至一定高度以后，经纬仪视准轴向上投测的仰角增大，不但点位投测的精度降低，而且观测也不方便。因此，必须将原轴线控制桩延长，引测到远处的稳固地点或附近大楼的屋面上，然后再向上投测。

如图 9-25 所示，在轴线控制桩上安置经纬仪，严格整平以后，瞄准底层的轴线投测标记，用正倒镜投中的方法，将轴线投测到楼层边缘，用钢尺检核投测点之间的距离，检查合格后内分轴线，在上层楼板上弹出墙体的轴线和边线。此方法已逐渐淘汰。

3. 高程传递

多层建筑施工时，应将高程从底层向二层及以上楼层传递，砖混结构建筑的高程传递方法以传统方法为主。

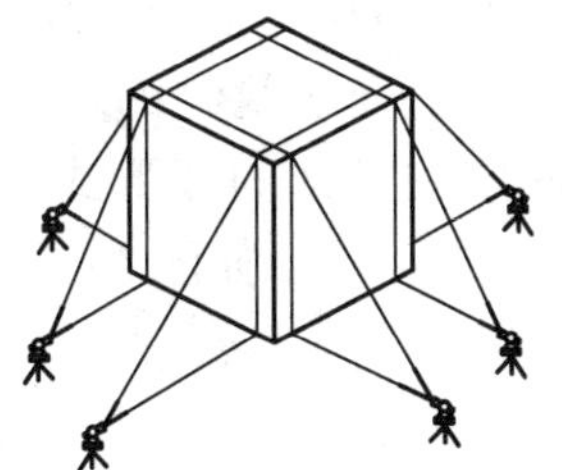
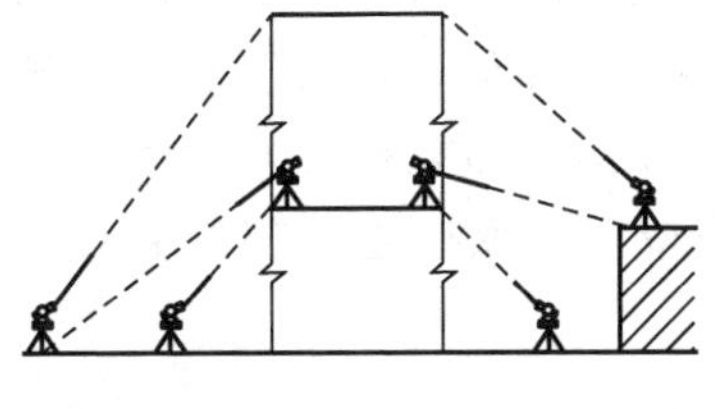

图 9-25 经纬仪外控法投测轴线

多层建筑高程传递的步骤如下：

①安装或现浇楼板前对砌筑的墙体进行高程检核，检核的方法参照“高程测设的常用方法”。

②设置高程控制的基准，控制楼板安装的坐浆厚度或现浇楼板的厚度。

③以±000 或底层的 1m 线为基准，按照立面图或剖面图上的标高，沿着建筑物的外缘用钢尺向上垂直量距。

④在二层确定皮数杆的固定位置，继续以墙身皮数杆为基准进行墙体砌筑。

为了保证高程传递的精度、减少测量误差积累，三层及以上楼层的高程传递，都以±000或底层的 1m 线为基准进行传递，且每个楼层的高程应从四大角处向上传递。

二、高层建筑施工中的轴线投测和高程传递

在高层建筑中，钢筋混凝土结构是应用比较广泛的结构类型。其中，现浇钢筋混凝土结构整体性好、造价较低，可浇筑成各种复杂的断面形状，可以组成框架结构、剪力墙结构、框架-剪力墙结构等多种结构体系。

与多层建筑相比，高层建筑的自重大、基坑深、楼层多、结构施工组织复杂、施工周期长、对垂直度的要求较高。

1. 内控点设置

高层建筑轴线投测的方法分为外控法和内控法。轴线投测时，内控法较外控法的施工干扰少，但存在预留孔洞填堵的质量隐患。轴线投测方法的选择，应根据工程的质量要求及施工单位拥有测量仪器的情况等多方面因素综合考虑。

为了保证轴线投测的精度、消减外部因素的影响，目前高层建筑施工中，轴线投测的方法一般采用内控法。

内控法投测轴线的基准称为内控点，设置在建筑物底层内部的结构地面，其标记形式如图 9-26 所示。一般在浇筑筏板时，预埋小块钢板或钢筋，然后再精确测设内控点的位置，在钢筋截面上或钢板上刻十字。由于浇筑混凝土时对预埋件的位置有影响，且钢筋的截面小，而小钢板上的点位调整范围较大，一般情况下，设置内控点时预埋小块钢板，其制作方法如图 9-27 所示。

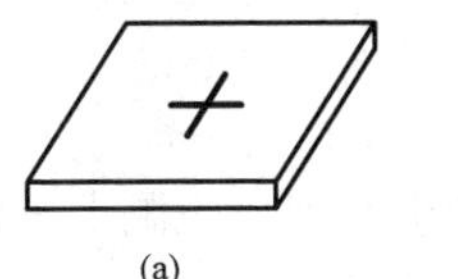

(a)

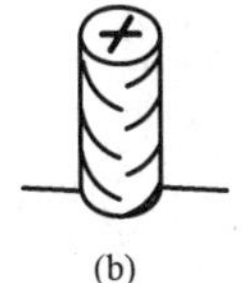

(b)

图 9-26 内控点的标记形式

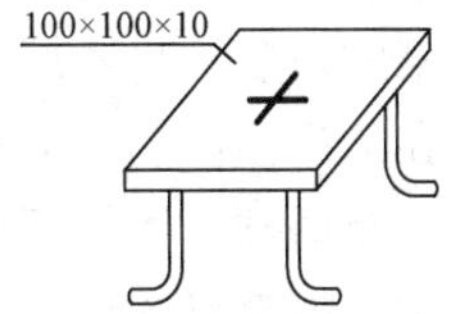

图 9-27 预埋标板形式

内控点布设时应考虑避开框架柱，保证相邻点间的通视，且能控制整个楼层的轴线分配。如图 9-28 所示，内控点布设的位置一般有三种。当建筑物的定位轴线为矩形轴网时，如图 9-28（a）所示布设内控点；当建筑物的定位轴线为弧形或斜交轴网时，如图 9-28（b）所示布设内控点；建筑物每层的建筑面积较小时，如图 9-28（c）所示布设内控点。

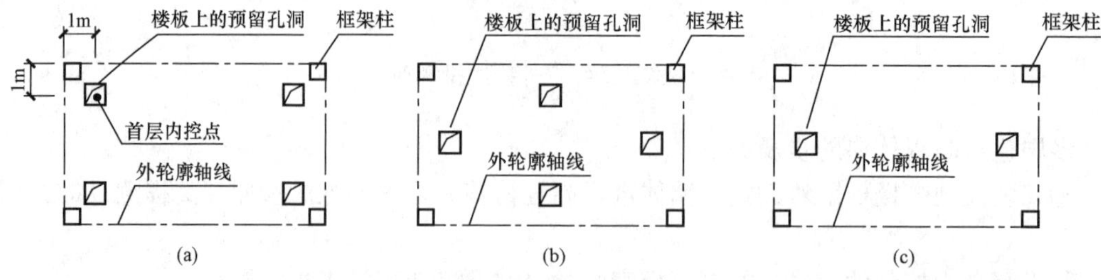

图 9-28　内控点的布设位置示意

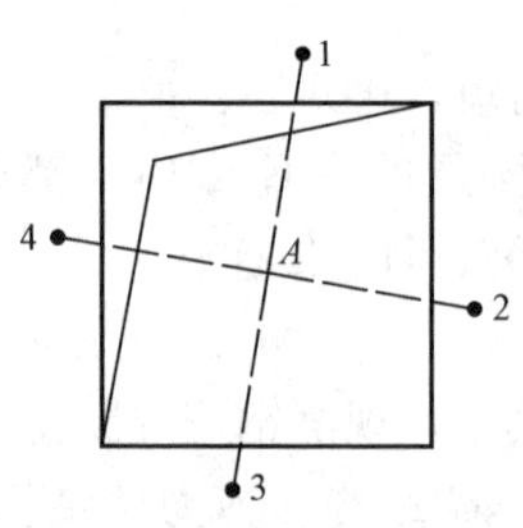

图 9-29　经纬仪内控法轴线投测标记

轴线投测时，为了方便从底层向上面的楼层投测轴线，应在每层楼面的相应位置预留孔洞供投测轴线用。一般情况下，孔洞的尺寸为 20cm×20cm 或 25cm×25cm。

2. 内控法投测轴线

（1）经纬仪法。带弯管目镜的经纬仪，能使视线折转 90°，适用于内控法轴线投测。如图 9-29 所示，经纬仪内控法投测轴线的步骤如下：

①将经纬仪的目镜卸下，换上弯管目镜。

②在底层的内控点上安置经纬仪，严格对中、整平。

③向上转动望远镜，瞄准楼板下部孔洞边缘的 1 点，作标记，同时读取水平度盘的读数，并竖直制动望远镜。

④转动照准部，每旋转 90°的水平角在预留孔洞边缘依次作一个标记，分别记为 2、3、4 点。

⑤分别连接 1、3 两点和 2、4 两点，在预留孔洞边缘弹墨线，相交点 A 即向上投测的点。

⑥将楼层底面的投测点转至楼面上。

⑦检核并调整内控点的位置后，利用内分法在楼面上弹出柱子的边线。

（2）天顶准直法。使用激光垂准仪投测轴线，其方法见“施工测量基本工作”中图 8-7 所示的方法。

（3）锤球吊线法。如图 9-30 所示，锤球吊线法内控点投测的步骤如下：

①从预留孔洞中吊下钢丝，在底层挂上锤球，将钢丝固定在上层楼的支架上。

②调整支架的位置，将锤球对准底层的内控点。

③沿吊线在上层预留洞孔的边缘弹十字形墨线。

④取掉钢丝及锤球，用钢板填封孔洞，利用孔洞周围的墨线恢复投测上来的内控点。

⑤检核并调整内控点的位置后，用内分法在楼面上弹出柱子的边线。

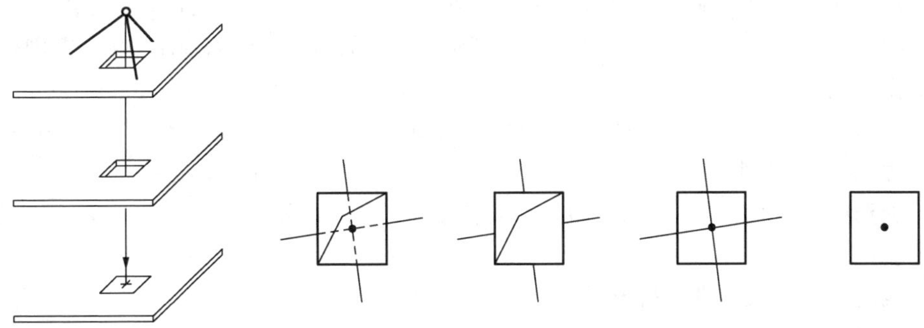

图 9 - 30　内控点投测及标记过程

(1) 吊线采用细钢丝，吊线用的锤球一般重 6～10kg。为了保证轴线投测的精度，随着楼层的增高，应逐渐加重锤球。

(2) 为了保证安全，锤球始终置于底层，不得搬至上层。

(3) 为了减少误差的积累，每个楼层的轴线投测都必须以底层的投测标记为基准。

(4) 楼层施工到一定高度时，应设置轴线投测的转换层，将内控点精确引至转换层上，以上楼层的轴线投测应以转换层上的点为基准，而不需要再从底层开始。

【例 9 - 2】 如图 9 - 31 所示，某建筑物底层的内控点 *A*、*B*、*C*、*D* 距外墙外边线的距离分别为 1m。已知柱子的截面尺寸为 400×400。若在上层的楼面弹出柱子的轮廓线，请计算测设数据，并叙述操作过程。

测设数据如图 9 - 31 所示，轴线投测的方法选择锤球吊线法。测设步骤如下：

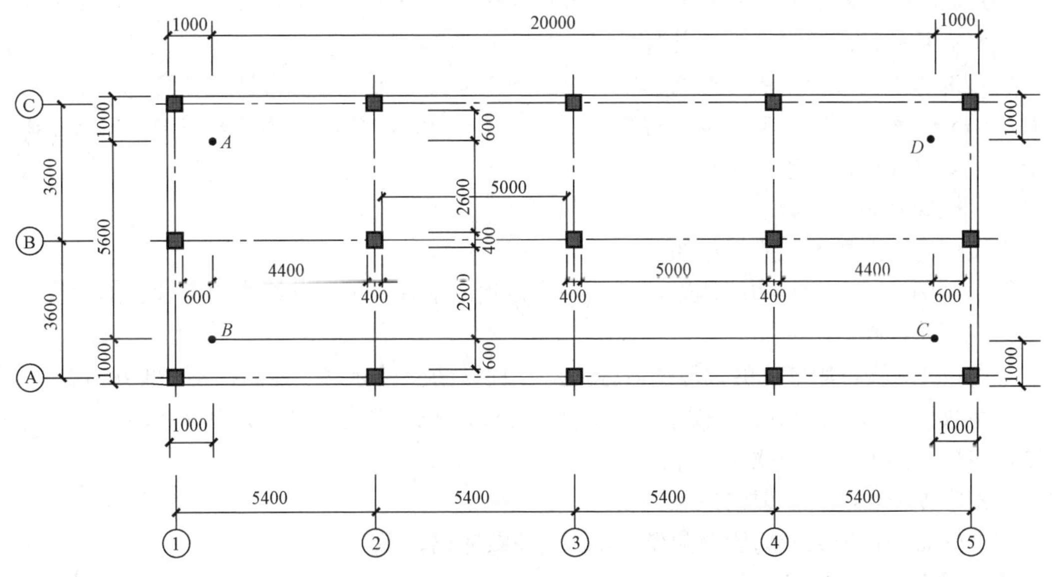

图 9 - 31　上层框架柱边线测设

①用内控法投测轴线，将底层的四个内控点 *A*、*B*、*C*、*D* 投测到上面的楼层，作标记。

②检核 AB、CD 的间距是否为 5.600m，检核 AD、BC 的间距是否为 20.000m。

③在测量误差满足要求的前提下，对四条直线 AB、BC、CD、AD 的距离进行内分，在楼面上作标记。

将直线 AB 和 CD 从下到上内分为 2.600、0.400、2.600m 3 段，将直线 BC 和 AD 从左到右内分为 4.400、0.400、5.000、0.400、5.000、0.400、4.400m 7 段。

④分别对四条直线 AB、BC、CD、AD 进行外延定线，外延的距离为 0.600m，在楼面上作标记。

⑤弹线前，对各尺寸进行检核。

⑥将对应的标记点进行连接，弹出柱子的轮廓线。

⑦柱子施工时，使模板的内边与柱子的轮廓线重合，进行铅垂线测设，调整模板的垂直度，为下一步的施工作准备。

3. 高程传递

高程测设应以首层室内地坪±0.000 为基准，测设每个楼层的“标高基准线”，向上作为控制纵向钢筋绑扎高度和楼板底模支护的基准，向下作为施工楼地面的基准。

“标高基准线”即通常所说的“30 线”“50 线”或“1m 线”，是用墨线弹出的、高于每层楼地面 30cm、50cm 或 1m 的水平线。为了方便计算，“标高基准线”大多采用“1m 线”。

悬吊钢尺的方法是目前高层建筑施工中高程传递的主要方法，操作时，以±0.000 或底层的 1m 线为基准，在楼梯间或外墙悬挂钢尺代替水准尺，用大高差水准测量的方法向上传递高程，测设各楼层的 1m 线。

注意：

（1）为了减少误差的积累，每个楼层的高程传递都必须以底层的 1m 线为基准。

（2）每把钢尺都有固定的尺长，当高层建筑的施工高度大于钢尺的整尺长度，传递高程时无法以底层的标高基准线控制整尺段以上楼层的施工。

（3）用悬吊钢尺的方法传递高程时，应在一个整尺可及的高度内设置转换层，精确测设该层的 1m 线位置，作为高程传递的基准，以上楼层的 1m 线测设再以转换层上的 1m 线为基准进行高程传递，而不需要再从底层开始。

三、框架柱施工测量

框架柱施工测量的主要工作如下：

①用［例 9-2］中柱边线测设的方法在承台顶或基础梁顶用墨线弹出框架柱的边线。

②柱钢筋绑扎。

③测设 1m 线，用红色的油漆或其他方法在柱纵筋上做标记，控制柱钢筋的绑扎高度。

④验收钢筋后，以测设的柱边线为基准支模板。用锤球吊线的方法检查并调整模板的垂直度，用尺量的方法检查截面尺寸。

⑤固定模板，浇筑框架柱的混凝土。

⑥拆模后，在框架柱的侧面测设 1m 线，并做标记。

四、现浇梁、板施工测量

在现浇混凝土框架结构施工中，框架梁与楼板为一体施工，施工测量工作如下：

①模板位置测设。

②搭设支架，以框架柱侧面的 1m 线为基准，确定支架立杆的高度。

如图 9-32 所示，支底模时为了避免混凝土浇筑时因荷载加大而使现浇楼梁、板板中间下沉，应按规范或设计要求的起拱高度支模，起拱线要顺直，不得有拆线。

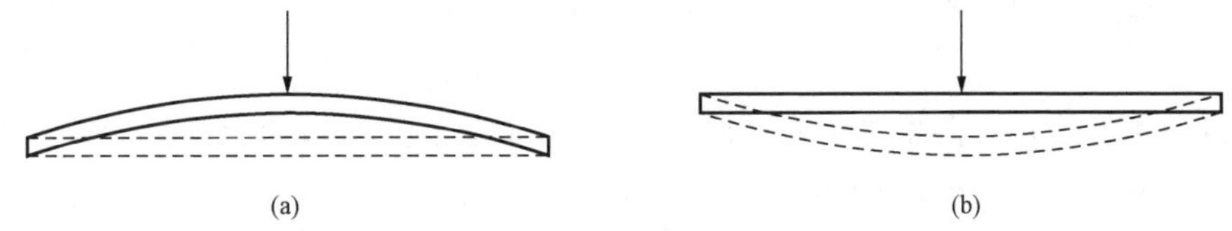

图 9-32　现浇楼板施工的预留拱度
(a) 预留拱度；(b) 没有预留拱度

③模板安装。允许偏差及检验方法见表 9-5。

④绑扎梁、板的钢筋，浇筑混凝土。

表 9-5　现浇结构模板安装的允许偏差及检验方法

项目		允许偏差（mm）	检查方法
轴线位移		5	尺量检查
底模上表面标高		±5	水准仪或拉线、尺量检查
截面内部尺寸	基础	±10	尺量检查
	柱、墙、梁	+4，−5	尺量检查
层高垂直度	不大于 5m	6	经纬仪或吊线、尺量检查
	大于 5m	8	经纬仪或吊线、尺量检查
相邻两板表面高低差		2	尺量检查
表面平整度		5	2m 靠尺和塞尺检查

注　检查轴线位置时，应沿纵、横两个方向量测，并取其中偏差的较大值。

五、楼梯施工测量

楼梯是建筑物的重要组成部分，是楼层与楼层之间连接的构件。现浇钢筋混凝土楼梯由梯柱、梯梁、梯板和平台板等部分组成。

楼梯施工前，应该根据楼梯的平面图进行样板放样，以保证施工质量，避免踏步出现半步台阶，并保证相邻踏步的高度误差不超过 10mm。

1. 施工图识读

如图 9-33（a）所示，楼层平台的标高为 5.980m、休息平台的标高为 4.480m、连接两个平台的梯段由 9 个踏步组成，踏步宽为 300mm。

识读施工图时，在标高方面容易忽视如下细节问题：

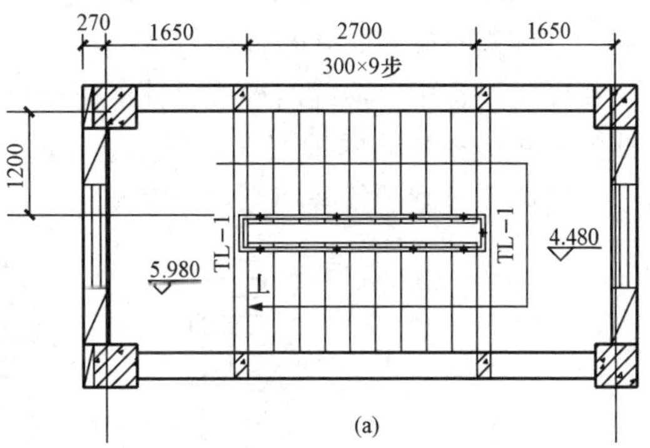

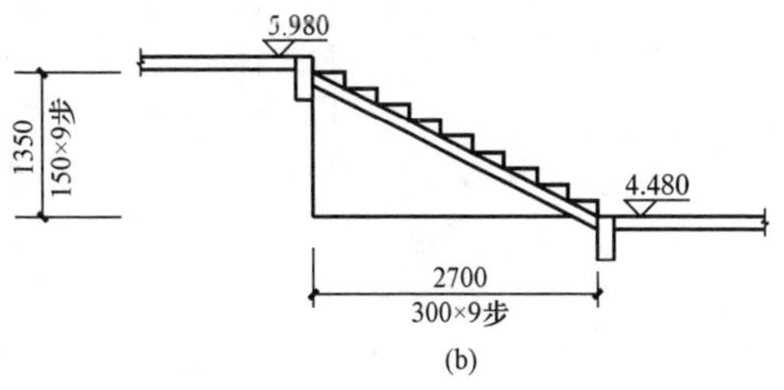

图 9-33　楼梯施工图

①根据图 9-33（a）计算两个平台的高差为 5.980－4.480＝1.5m。

②如图 9-33（b）所示，标注尺寸 150×9＝1350mm 是指梯段上的 9 个踏步的总高，而不是两个平台板之间的高差。

2. 施工测量

梯柱施工测量的方法参照“框架柱施工测量”，梯梁和平台板施工测量的方法参照“现浇梁、板施工测量”，梯段施工测量的主要工作如下：

①根据图 9-33 所示的尺寸绘制梯段大样，制作在踏步面开门留洞的封闭模板。

②搭设支架，安装模板。

③根据图 9-33（a）检核模板的平面位置，根据图 9-33（b）检核模板的安装高度。

④进行梯段底板和踏步的混凝土浇筑。

六、填充墙施工测量

对于高层建筑，主体是框架结构，墙体是填充部分，因此墙体的施工不是关键工序。墙体施工测量的主要内容为墙体定位、墙体施工的垂直度和平整度控制。

1. 墙体定位

填充墙的砌筑工作是在主体框架完成后进行的。

如图 9-34 所示，墙体的平面定位，应根据施工平面图、以柱子为基准，在楼地面上弹墨线标记墙体的边线。

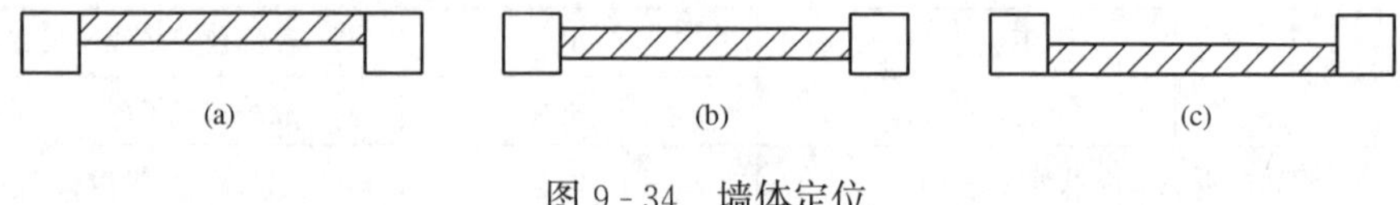

图 9-34　墙体定位

2. 墙体砌筑

设置砌筑基准时，按照砌筑材料的规格在柱子侧面弹线，标出每层砌体和灰缝的厚度，以此为基准进行砌筑，代替皮数杆。

在砌筑过程中，应随时检查墙体的垂直度和平整度。检查方法如图 9-35 所示，用锤球吊线的方法检查墙体的垂直度，墙体垂直时如（a）图所示，墙体不垂直时如图（b）、（c）所示，墙体平整度的检查用靠尺和塞尺。

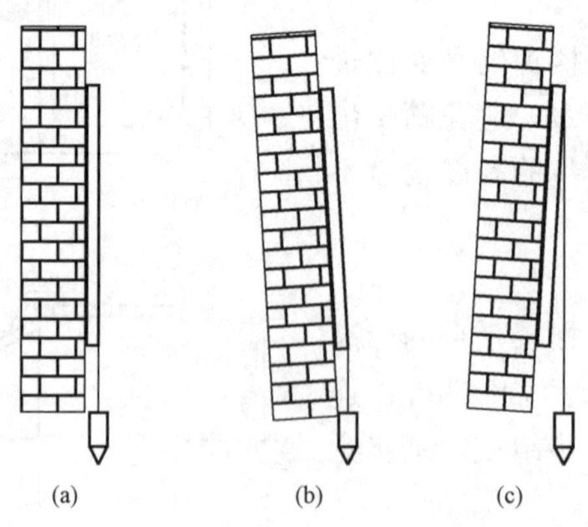

图 9-35　墙体垂直度检核

项目十　工业建筑施工测量

【知识目标】 了解工业建筑施工测量的基本内容，掌握预制构件安装的测量方法。

【技能目标】 构件安装前的弹线工作；安装过程中的校正工作。

工业建筑是指供人们从事各类生产活动的用房，包括厂房和各种构筑物。一般的工业建筑是以厂房为主体，采用预制构件在现场拼装的方法进行施工，因此，工业建筑施工测量的主要工作有两个：一是在预制构件上弹线，二是起用吊装机械保证预制构件拼装到位。

工业建筑以装配构件为主，对于大型工业厂房，由于生产工艺的严格要求及结构特征的不同，其精度要求高于现浇混凝土结构的民用建筑。

任务一　钢筋混凝土构件单层厂房施工测量

一、基础施工测量

1. 基础定位

对于小型工业厂房，可采用民用建筑施工测量的方法，直接测设厂房四大角的柱轴线交点，然后测设轴线控制桩，同时用内分法直接在地面标定独立基础的中心，并设置定位小木桩控制独立基础的轴线，如图 10 - 1 所示的 a、b、c、d。

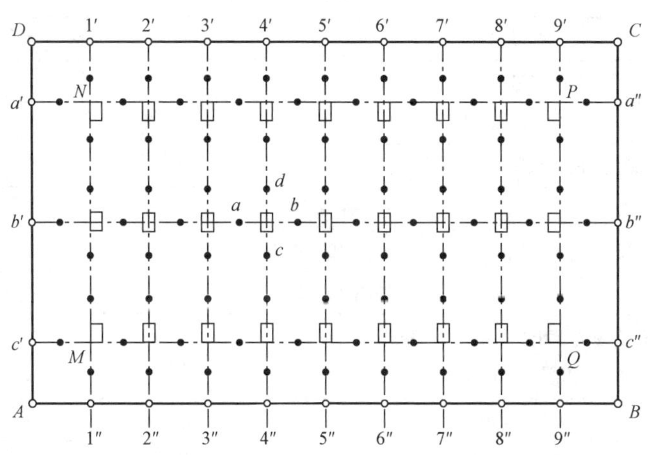

图 10 - 1　单层工业厂房定位点示意

一般情况下，应建立厂房矩形控制网，作为厂房施工测量的控制基准和框架。如图 10 - 1 所示，单层工业厂房基础定位的步骤如下：

①设计矩形控制网，并计算控制点 A、B、C、D 的坐标。

②利用施工区域内的控制点测设 A、B、C、D 四个点。

③根据施工图纸上各排柱子的跨度和柱间距，用内分法在矩形 $ABCD$ 的各边上测设 $1'$、

2′、1″、2″、a'、b'、a''、b''等各点，并在地面上设标志。

④用方向线交会法定出基础中心的平面位置。

⑤沿着基础轴线，在开挖边界线以外设置 4 个定位小木桩 a、b、c、d，作为开挖基坑和立模板的依据。

2. 基坑开挖及垫层处理

参见民用建筑施工测量中的相关内容。

3. 杯形基础立模测量

①将模板竖直，并将内边对准垫层上的墨线，安装并临时固定。

②用锤球检查模板的竖直度，加固模板并在其四周进行支撑，确保在浇筑混凝土的过程中不“跑模”。

③在模板内壁测设柱基顶面设计标高，作为浇筑混凝土高度的依据。

为了减少施工误差的影响，测设杯底高程时应比设计略低 3～5cm。

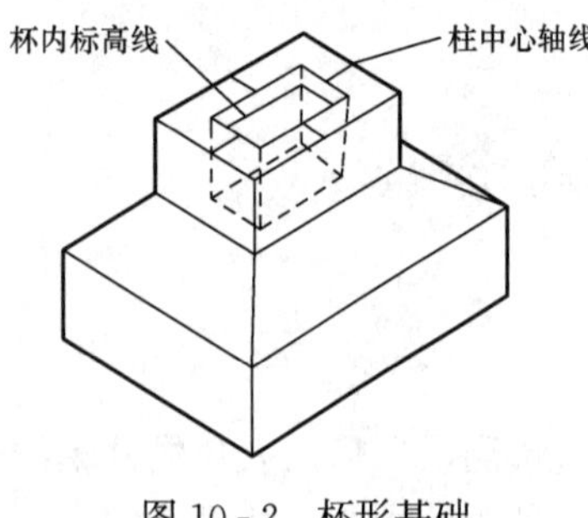

图 10-2 杯形基础

④如图 10-2 所示，拆模后，利用轴线上的控制点，把柱子轴线投到杯口顶面，并用红油漆作标记，供安装柱子使用，同时在杯口内壁用水准仪测设一条标高线，供调整杯底用。

二、预制构件安装测量

单层厂房钢筋混凝土构件的安装包括柱子安装、吊车梁安装、轨道安装和屋架安装等工作。构件安装的精度要求见表 10-1。

表 10-1 构件安装的精度要求

测量内容		允许偏差（mm）
钢柱垫板标高		±2
钢柱±0 标高检查		±2
混凝土柱（预制）±0 标高检查		±3
柱子垂直度检查	钢柱牛腿	5
	柱高 10m 以内	10
	柱高 10m 以上	H/1000，且≤20
桁架和实腹梁、桁架和钢架的支承结点间相邻高差的偏差		±5
梁间距		±3
梁面垫板标高		±2

注 H 为柱子高度，mm。

1. 柱子安装测量

（1）安装前的准备工作。

将每根柱子按轴线位置进行编号，分别对应设置安装标记的杯形基础。

①柱身弹线。将每根柱子按轴线位置进行编号。如图 10-3 所示，在每根柱子的 3 个侧面弹出柱中心线，并在每条线上作 3 处标记：上端与牛腿面平齐，中端为±0.000 处，下端

一般为−0.600m，与杯口内壁标高线一致。

柱中线用“▶”标记，标高线用“▼”标记。

②杯底找平。利用杯口内壁的标高线，用水泥砂浆在杯底坐浆并进行找平。

(2) 柱子安装测量。

柱子安装测量的目的是使柱子位置正确、柱身竖直、牛腿面的高程符合设计要求。柱子安装测量的主要工作如下：

①平面位置检核：将柱子插入杯口后用木楔或钢楔临时固定，使柱子三面的中心线与杯口中心线对齐。

②高程检核：用水准仪检核柱身上±0.000标高线的位置是否符合设计要求。

③垂直度调整：如图10-4所示，用两台经纬仪，分别安置在柱基的纵、横轴线附近，离柱子的距离约为柱高的1.5倍，先瞄准柱底的中心线标志再抬高望远镜，观测柱中线偏离十字丝竖丝的方向，指挥吊车调整钢丝绳拉直柱子，直到两台经纬仪观测到的柱子中心线都与十字丝竖丝重合。

为了提高工作效率，可以将成排的柱子同时竖起来调整垂直度。

④在杯口与柱子的缝隙中浇入混凝土，固定柱子。

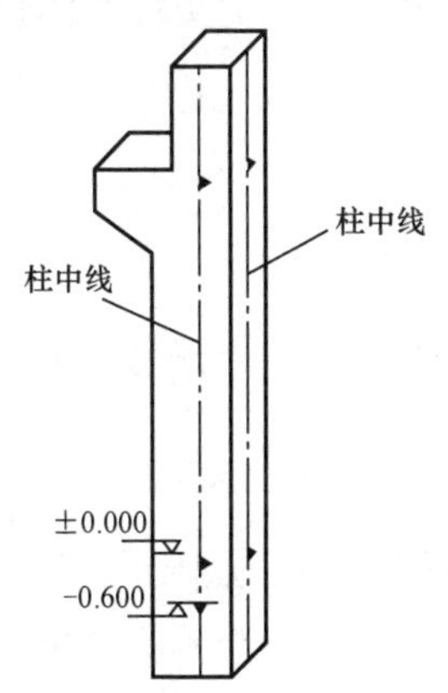

图10-3 安装前柱身弹线

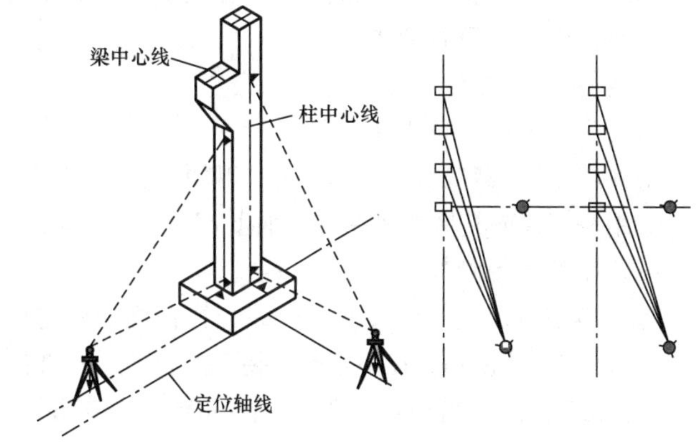

图10-4 柱子安装时的垂直度调整

2. 吊车梁安装测量

(1) 安装前的准备工作。

①如图10-5 (a) 所示，在吊车梁的顶面和两端面上，用墨线弹出梁的中心线，作为安装定位的依据。

②根据柱子上的±0.000标高线，用钢尺沿柱身向上丈量，在柱侧面接近牛腿面的位置设置高程基准线，作为调整吊车梁面高程和轨道安装测量的依据。

③如图10-5 (b) 所示，以柱列轴线为基准，在地面上测设一条平行线，使A、B两点位于这条直线上。

④在A点安置经纬仪，后视B点，望远镜向上转动，瞄准横放在牛腿面上的木尺，向内量距b，在每个牛腿面的前后两端分别定出两点，沿着两个定位点弹墨线，即吊车梁安装的定位线。

(2) 吊车梁安装测量。吊车梁安装测量的目的是把吊车梁按照设计的平面位置和高程准

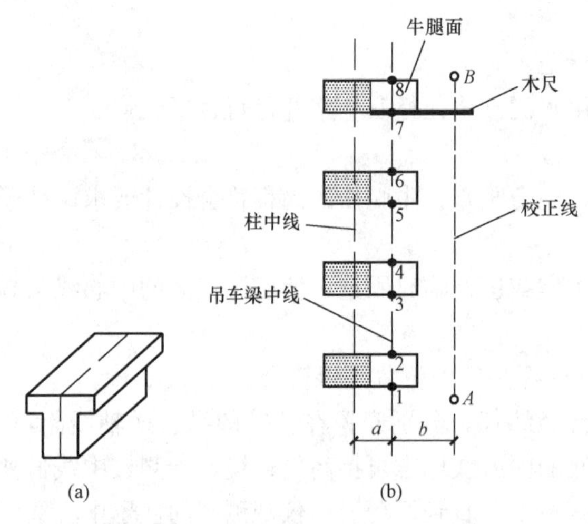

图 10-5 吊车梁安装测量参考点位

确地安装到牛腿面上。

①将吊车梁安装在牛腿面上，使吊车梁上的中心线与牛腿面上的定位线重合。

②用锤球吊线的方法检查吊车梁端面的中线的垂直度，调整并固定吊车梁。

3. 轨道安装测量

（1）安装前的工作。

①设置梁顶水准点，检查吊车梁顶面高程是否符合要求。

②如图 10-6 所示，进行吊车梁跨距检查，为轨道安装作准备。

（2）安装后的检查工作。

①中线检查。在轨道两端的顶面测设中点，以一个点为测站，后视另一个点，检查视线是否穿过中间各点，记录偏差值。

②高程检查。测量轨道顶面的高程，轨道接头处的误差和中间各处的误差应符合要求。

③跨距检查。轨道跨距检查的方法同吊车梁跨距的检查，使用钢尺悬空丈量两侧轨道中线的距离，误差应符合要求。

4. 屋架安装测量

（1）安装前的准备工作。

①在屋架两端弹出屋架中心线，以便进行安装定位。

②用经纬仪或其他方法在柱顶面上，测设出屋架定位轴线，与柱顶面的轴线形成十字线。

（2）屋架安装测量。

屋架吊装时，应使屋架的中心线与柱顶面上的定位轴线重合。

①如图 10-7 所示，在屋架上安装 3 把卡尺。一把卡尺安装在屋架上弦中点附近，另外两把分别安装在屋架的两端。自屋架几何中心沿卡尺向外量出一定距离，一般为 500mm，作出标志。

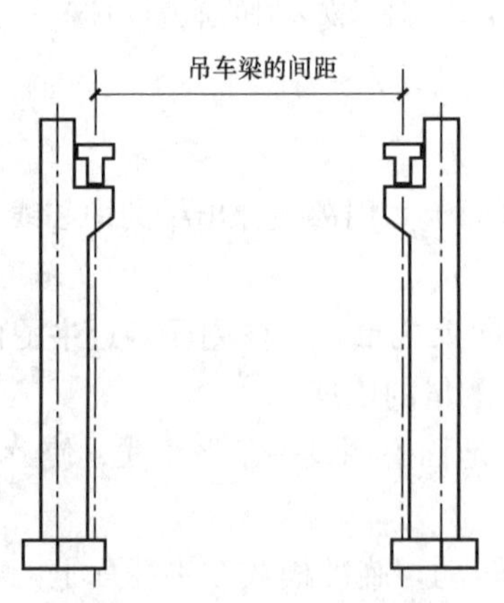

图 10-6 吊车梁跨距检查

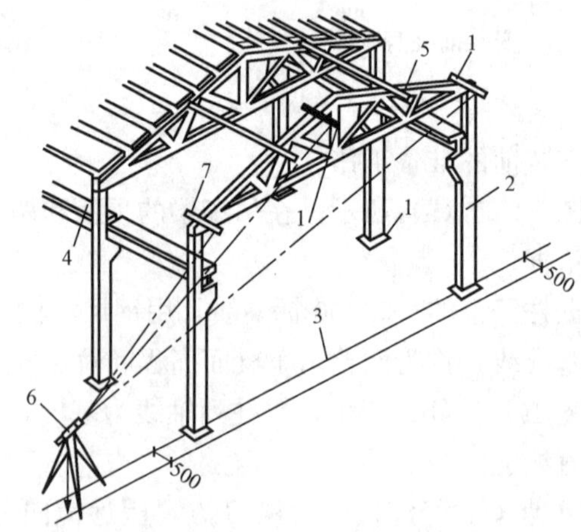

图 10-7 屋架安装测量

1—柱基；2—柱子；3—定位轴线；4—吊车架；5—屋架；6—经纬仪；7—卡尺

②在地面上，距屋架中线同样距离处，安置经纬仪，观测 3 把卡尺的标志是否在同一竖直面内，如果竖向偏差过大，用机具调整到位后将屋架固定。

任务二 钢结构厂房施工测量

钢结构厂房的主要承重构件是钢柱、钢梁、支撑体系等，因其强度高、重量轻、安装简单、造价低、施工周期短等特点，广泛应用于工业厂房的建设。

一、钢柱基础施工测量

1. 基础定位

图 10 - 8 所示的钢结构厂房为现浇钢筋混凝土结构和钢结构组合的混合结构。其中，现浇钢筋混凝土柱的基础为独立基础，施工测量方法同“钢筋混凝土构件单层厂房施工测量”中的相关内容。钢柱的基础为现浇混凝土短柱预埋地脚螺栓，基础定位的步骤如下：

①建立控制网后定出 10 轴、12 轴、K 轴、C 轴的位置，用方向线交会的方法定出轴线交点 1、2、3、4 四个点位。

②确定独立基础的中心位置。图 10 - 8中独立基础的中心位置有两种，一是位于轴线交点上，二是与轴线的交点存在偏移量。

以 K 轴上的 1 号、2 号、3 号基础为例，3 号基础的中心位置即轴线交点 2 的位置，不须另外测设；2 号基础的中心位置，须从交点 1 开始沿 K 轴向右量 4.5+0.2=4.7（m）定位；1 号基础的中心位置，须从交点 1 开始沿 K 轴向左量 0.7+0.1−0.4=0.3（m）定位。

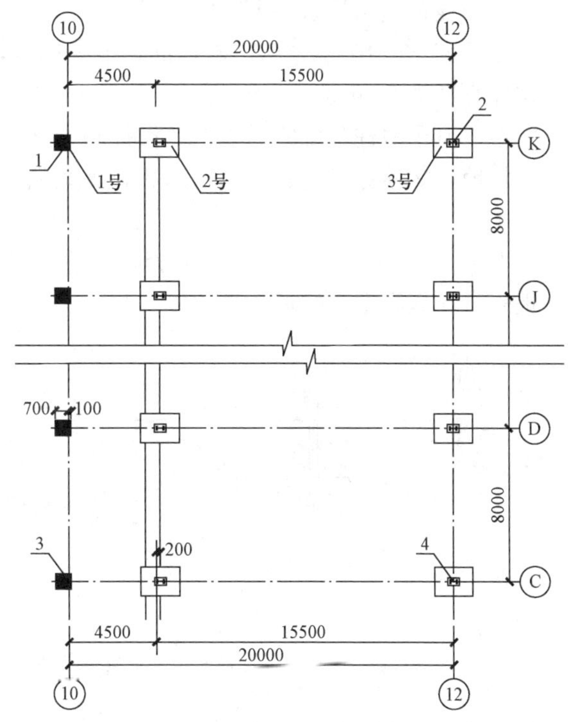

图 10 - 8 钢结构基础平面位置

2. 短柱基础施工放线

如图 10 - 9 所示，混凝土垫层的平面尺寸为 $1.7\times2.2\text{m}^2$ 的矩形，垫层厚 0.1m，顶面标高为−2.7m。基坑及垫层施工测量测设数据的计算及相关测量工作，参见“民用建筑施工测量”的相关内容。

3. 地脚螺栓预埋

地脚螺栓预埋是一道重要的工序，其安装精度关系到整个钢结构施工测量的精度。若偏差超限将会给钢柱的安装造成困难，甚至影响工程结构的使用功能及安全。

地脚螺栓的预埋方法为直埋式、预留孔式、钻孔灌浆式等多种方法，不管哪种方法都涉及定位和固定的问题。

如图 10 - 10（a）所示，地脚螺栓应竖直置于混凝土中，但未浇筑混凝土之前，地脚螺栓呈悬空状，若保证地脚螺栓按设计位置安装到位，应给地脚螺栓设计落脚点。

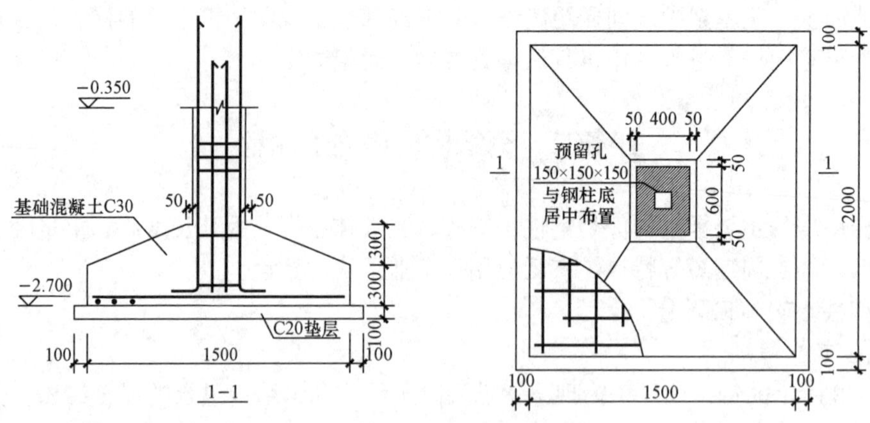

图 10-9　现浇混凝土短柱基础

地脚螺栓预埋的步骤如下：

①按照图 10-10（a）所示数据准备地脚螺栓，加工上套板和下套板，使套板的钻孔直径比螺栓直径大 2mm。

②在混凝土短柱基础的纵筋上测设标高为－0.300m 和标高为－0.350m 两个位置。

③将地脚螺栓穿过上、下两块套板，使地脚螺栓的螺杆高出上套板 200mm，用调节螺母固定。

④如图 10-10（b）所示，将上套板的底面与柱基础纵筋的抄平位置对齐并焊接固定，下套板固定在地脚螺栓的近下端位置。

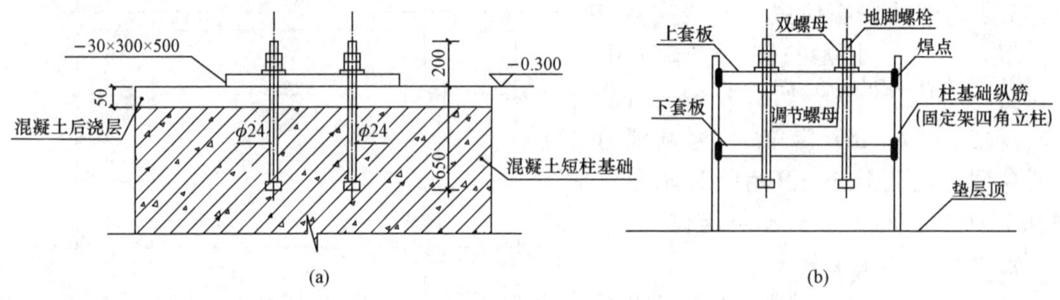

图 10-10　地脚螺栓安装位置及固定方式

⑤浇筑柱基础混凝土至－0.350m 标高，在混凝土初凝之前完成地脚螺栓的检查和调整工作。

⑥支承面、地脚螺栓的偏差见表 10-2。

表 10-2　　支承面、地脚螺栓（锚栓）的允许偏差　　mm

项目	支承面		地脚螺栓（锚栓）螺栓中心偏移	预留孔中心偏移
	标高	水平度		
允许偏差	±3.0	L/1000	5.0	10.0

二、钢架安装测量

钢架安装的立面图如图 10-11 所示，钢架安装一般有两种方法。

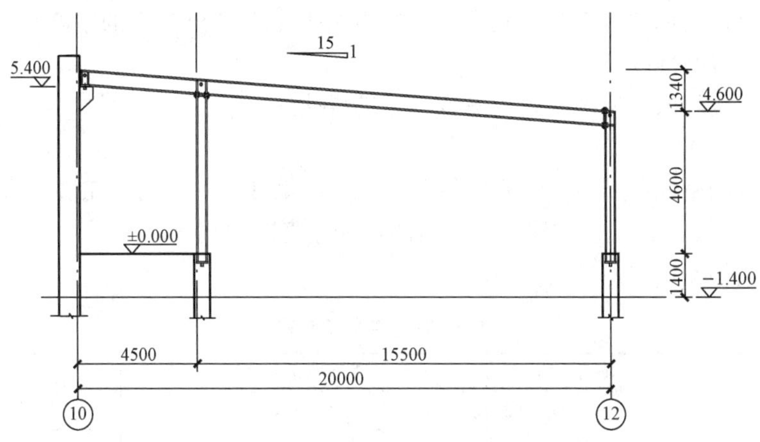

图 10-11　钢架安装立面图

第一种方法是顺序安装钢柱、主梁、次梁等。这种方法的缺点是占用工作面的时间较长、安装测量工作比较零散、空间作业时间较长，不安全因素多，优点是现场下料，不会因为误差超限而无法安装。

第二种方法是将钢柱与主梁在地面进行拼装，再将主梁的悬臂端安装到混凝土柱的牛腿面上，检校合格后，再现场下料安装次梁。这种方法的缺点是，因吊装构件的重量增加，需要大型的吊装机械，且吊装难度增大，优点是容易控制拼装的精度，工作面占用时间短，安装测量工作比较集中。

1. 安装前的准备工作

钢架安装前的准备工作如下：

①土建工序与安装工序进行交接，检核轴线，实测地脚螺栓的位置，作为柱底板加工的依据。

②根据图 10-12（a）所示尺寸进行柱底板、底板加劲板、垫板下料，根据立面图中的标高进行钢柱长度下料。

③如图 10-12（b）所示，进行柱脚加工，保证柱身与底板的垂直度。

④在柱身四面分别画出中线和安装线，作为垂直度检查和构件拼装的依据。

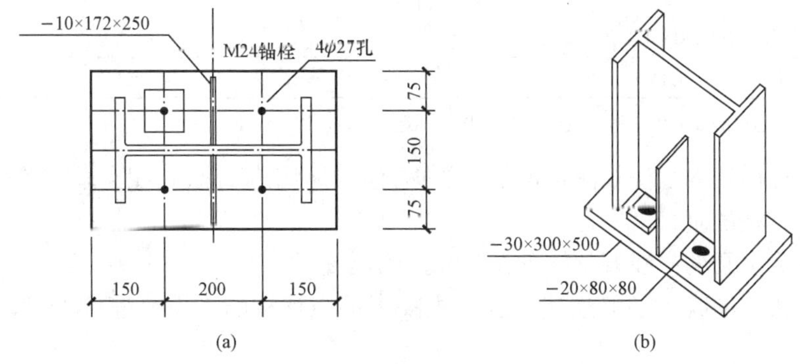

图 10-12　柱底制作大样图

⑤钢梁等构件下料准备。

⑥组装平台、支撑架等组装设施准备。在组装平台上画出构件的中心线、端面位置线、轮廓线、标高线等基准线。

⑦标定每根构件的几何中心，为吊装工作进行准备。

2. 钢架安装测量

钢结构安装的精度要求高，其安装精度的控制以钢柱为主。钢柱在自由状态校正时，垂直度偏差应校正到 0，在安装过程中也应监测钢柱垂直度的变化。

钢结构安装的允许偏差见表 10 - 3。

表 10 - 3　　钢结构安装允许偏差

<table>
<tr><th>项目类别</th><th colspan="4">项目内容</th><th>允许偏差（mm）</th><th>测量方法</th></tr>
<tr><td rowspan="10">钢柱</td><td colspan="4">柱脚底座中心线对定位轴线的偏移</td><td>5.0</td><td>吊线、钢尺</td></tr>
<tr><td colspan="4">柱子定位轴线</td><td>1.0</td><td>—</td></tr>
<tr><td colspan="2" rowspan="2">柱基准点标高</td><td colspan="2">有吊车梁的柱</td><td>+3.0，−5.0</td><td rowspan="2">水准仪</td></tr>
<tr><td colspan="2">无吊车梁的柱</td><td>+5.0，−8.0</td></tr>
<tr><td colspan="4">有弯曲矢高</td><td>$H/1200$，且≤15.0</td><td>经纬仪、拉线、钢尺</td></tr>
<tr><td rowspan="3">柱轴线垂直度</td><td colspan="3">单层柱</td><td>$H/1000$，且≤25.0</td><td rowspan="3">经纬仪、吊线、钢尺</td></tr>
<tr><td colspan="2" rowspan="2">多层柱</td><td>单节柱</td><td>$H/1000$，且≤10.0</td></tr>
<tr><td>柱全高</td><td>35.0</td></tr>
<tr><td colspan="4">钢柱安装偏差</td><td>3.0</td><td>钢尺</td></tr>
<tr><td colspan="4">同一层各节柱柱顶高度</td><td>5.0</td><td>全站仪、水准仪</td></tr>
<tr><td rowspan="2">钢梁</td><td colspan="4">同一根梁两端顶面高差</td><td>$\pm L/1000$，且≯10</td><td>水准仪</td></tr>
<tr><td colspan="4">与主梁上表面高差</td><td>±2</td><td>直尺、钢尺</td></tr>
</table>

注　H 为钢柱和主体结构高度；L 为梁长。

钢架安装的测量工作如下：

①预拼装。钢架在安装前应进行预拼装，并考虑预起拱、焊接收缩量及其他工艺要求，如采用螺栓连接的节点连接件，在预拼装定位后再进行钻孔。预拼装的精度要求见表 10 - 4。

表 10 - 4　　构件预装允许偏差

测量内容	测量的允许偏差（mm）
平台面抄平	±1
纵横中心线的正交度	$\pm 0.8\sqrt{l}$
预装过程中的抄平工作	±2

注　l 为自交点起算的横向中心线长度的米数。长度不足 5m 时，以 5m 计。

②使用锤球吊线的方法校测每根钢柱的垂直度，使用经纬仪在相互垂直的两轴线方向上同时校测多根钢柱的垂直度。

③按照柱身上画的中线调整柱子在轴线上的位置。

④进行主梁与混凝土柱的连接、进行主梁中部与钢柱的连接、进行主梁端部与钢柱的连接。

⑤主梁与钢柱的连接校测合格后再进行次梁与主梁的连接。

如图 10 - 13 所示，次梁的设计长度为 8000mm，但考虑安装误差，为了将钢架安装到位，避免产生废料，安装时需要现场下料。

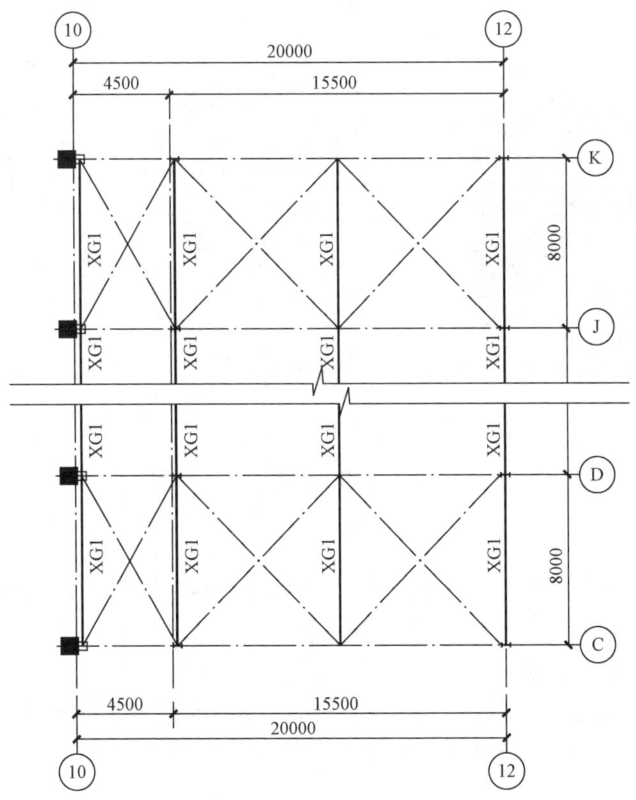

图 10 - 13　屋面结构平面图

⑥钢架安装精度校测合格后，二次浇筑 50mm 厚基础混凝土至钢柱底板。

⑦安装工作完成后，进行拉结固定，保证螺母不再转动。

⑧根据檩条平面图及大样图进行支托安装或拉杆安装。

任务三　网 架 安 装 测 量

网架是由多根杆件按照一定的网格形式通过节点连接而成的空间结构。由于网架具有结构新颖，受力合理，自重轻、刚度大、用钢量低、抗震性能好等优点，广泛应用于大型体育场馆、展览中心、影剧院、商场、航站楼、候车厅等建筑的屋顶结构。

网架的球节点分为螺栓球和焊接球。其中，螺栓球节点网架因构件加工在工厂内完成、现场安装便捷、现场工期短而广泛应用。

图 10 - 14（a）所示球节点为螺栓球与杆件的连接节点，从图 10 - 14（b）所示的大样图中可以看出，螺栓球在网架中的位置不同，与杆件连接的部位也不同。

网架安装应符合设计文件的要求。螺栓球节点网架施工图包括设计说明、网架平面图、网架上下弦及腹杆布置图、支座及支托详图、杆件材料表、螺栓球材料表、螺栓球加工详图等。

施工测量需要识读和检核的施工图为：网架平面图、网架下弦支座安装图及支座节点大样图、网架上弦支托安装图及支托节点大样图。

网架安装的方法有多种，其中常用的是高空散装法和地面拼装后的整体吊装法。

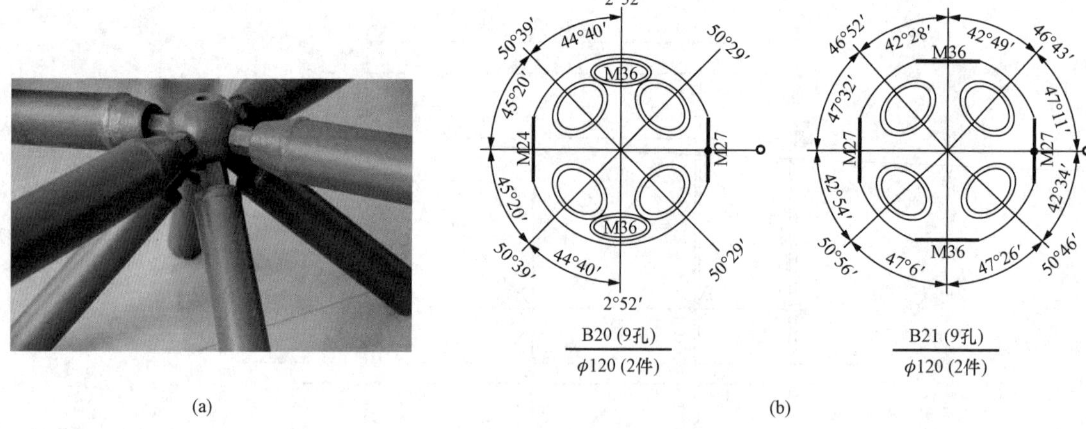

(a) (b)

图 10-14 网架螺栓球节点加工详图

1. 高空散装法

高空散装法是在安装平台上将构件直接安装到位。这种安装方法的特点是不需要大型机械、现场作业的时间长、不安全因素多，适用于小型网架的安装。

散装法施工测量的程序如下：

①将下弦球、上弦球、上弦杆、下弦杆、腹杆等构件按施工图中螺栓球节点进行编号，节点编号如图 10-14 所示的“B20”、“B21”。

②定位轴线复核。

③按照网架平面图中支座的位置，预埋支座地脚螺栓。地脚螺栓的定位和抄平方法参照本项目相关内容。

④进行支座安装。

⑤每个网格按照如下程序安装网架：安装下弦球→连接下弦杆→将已拼装成的上弦球及腹杆三角锥连接到下弦层→连接第二网格上弦杆及腹杆。

⑥如图 10-15 所示，从左上角的网格开始向周围拓展，完成网架的拼装工作。

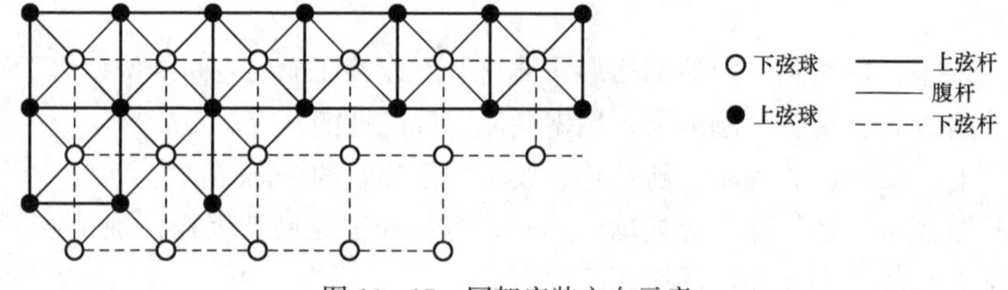

图 10-15 网架安装方向示意

2. 整体吊装法

整体吊装法是将网架的构件在地面平台上拼装，利用吊装机械垂直或水平吊装就位，最后进行调整和固定。

在地面平台上拼装再进行整体吊装不需要搭设脚手架，不受高空作业安全方面的特殊限制、容易控制安装质量。

如图 10-16 所示，报告厅采用螺栓球网架屋盖，网架尺寸为 58.6m×33.4m，网格数量

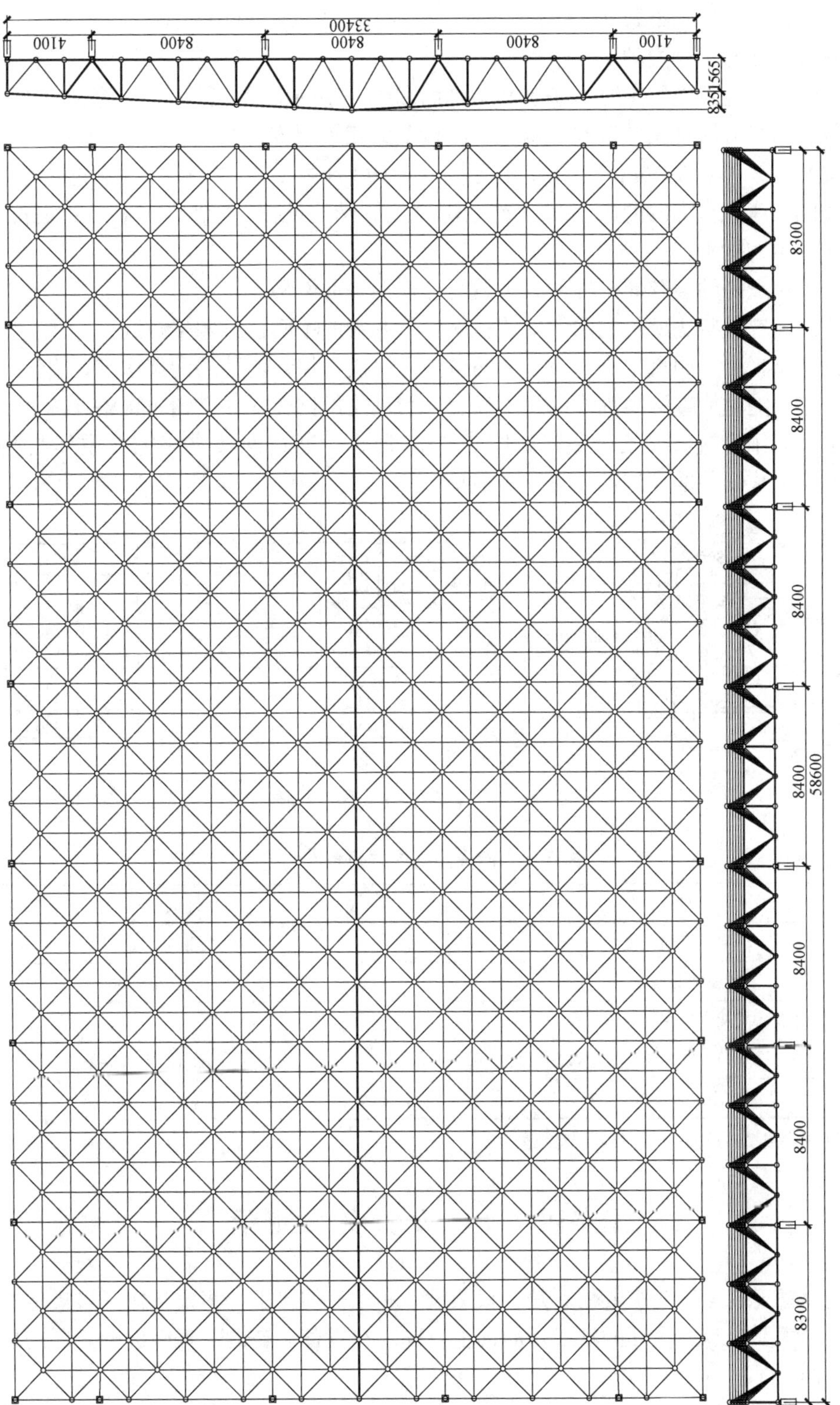

图 10-16 网架平面布置图

为 21×12＝252 个，横向支座的轴线尺寸为 8300、8400、8400、8400、8400、8400、8300mm，纵向支座的轴线尺寸为 4100、8400、8400、8400、4100mm。

整体吊装法施工测量的主要工作如下：

①主体施工浇筑混凝土时，按照网架平面图中支座的位置，预埋支座地脚螺栓。地脚螺栓的定位和抄平方法参照“钢柱基础施工测量”的相关内容。

②按照网架尺寸 58.6m×33.4m 的范围进行场地平整。

③按照支座纵横方向的轴线尺寸建立矩形控制网，进行 24 个地面平台的定位和施工，并进行平台顶的抄平。

④安装第一跨的下弦球、杆件，组成纵、横向平面网格。

⑤按照高空散装法所示的网架安装程序，从两端向中间进行网架拼装。

⑥拼装过程中的测量工作：每 3 个网格抄平一次，保证所装的网架水平，直至完成所有的拼装工作；随时检查网架轴线的纵横长度，与理论值比较，并应随时调整。

⑦选择起吊点进行网架吊装。如图 10-17 所示，通过网架支座完成主体与网架的连接。钢网架完成安装的允许偏差见表 10-5。

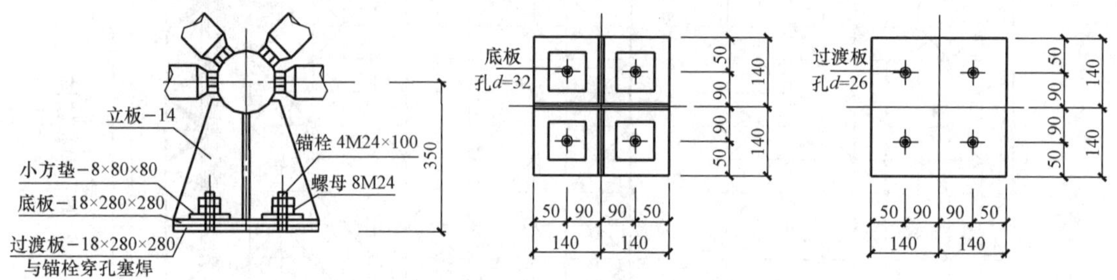

图 10-17 网架支座安装大样图

表 10-5 **钢网架、网壳结构安装的允许偏差** (mm)

项目	允许偏差
纵向、横向长度	±l/2000，且不超过±40.0
支座中心偏移	l/3000，且不大于 30.0
周边支承网架、网壳相邻支座高差	l_1/400，且不大于 15.0
多点支承网架、网壳相邻支座高差	l_1/800，且不大于 30.0
支座最大高差	30.0

注 l 为纵向或横向长度；l_1 为相邻支座距离。

任务四 机械设备安装测量

工业设备安装工作的主要任务是，根据设计和工艺的要求，将设备构件按规定的精度和工艺流程的需要安装到设计的轴线、曲面上，同时在设备运转的过程中进行必要的检测和校准测量工作。

大型工业设备的安装包括高能粒子加速器磁铁安装准直、大型水轮发电机组安装调试、民用客机整体安装、飞船对接等；小型工业设备的安装是指工业部件的组装等。针对不同的服务对象，安装测量涉及的测量仪器、设备和方法也不相同。

机械设备安装属于小型的工业设备安装，一般用于单层工业厂房中的独立机械设备安装和生产流水线的安装。安装的主要测量工作是调整设备的中心线、水平度和标高，使其精度满足要求。

一、设备基础施工测量

设备基础的施工程序有两种。对于大型设备的基础，可以根据厂房矩形控制网进行直接定位，与柱基础同时施工；另一种情况是待厂房部分建成后，将厂房外面的控制网在厂房围墙砌筑之前引进厂房内部，建立一个内控网，作为设备基础施工与安装的依据。

设备基础有独立基础和联动生产线两种。其中联动生产线的定位，不仅要按厂房轴线定位，同时必须建立统一的主轴线或控制网，以保证设备安装时能吻合衔接。

1. 基础定位

（1）中、小型设备基础定位。

中、小型设备基础相当于厂房独立柱基础，其定位方法与柱基础定位方法相同。若设备基础的位置是以基础中心线与柱子中心线的相对关系表示，基础定位时，应将基础中心线的位置换算为与厂房矩形控制网中控制桩的关系进行表示。

（2）大型设备基础定位。

大型设备基础中心线较多，为了便于施测，应根据施工平面图编制测设方案，将全部中心线与地脚螺栓组中心线统一编号，注明与柱子中心线和厂房矩形控制网中控制桩的尺寸关系。

基础定位时，在厂房矩形控制网或内部控制网的对应边上定出各中心线的端点，根据施工平面图确定设备基础的开挖边界线。

基坑开挖、基础抄平的方法参照“钢筋混凝土构件单层厂房施工测量”中的相关内容。

2. 地脚螺栓预埋

由于大型设备的地脚螺栓较多，大小类型及标高不统一，预埋地脚螺栓前应编制方案，将地脚螺栓进行分区编号。

如图 10 - 18 所示，地脚螺栓预埋位置的确定方法如下：

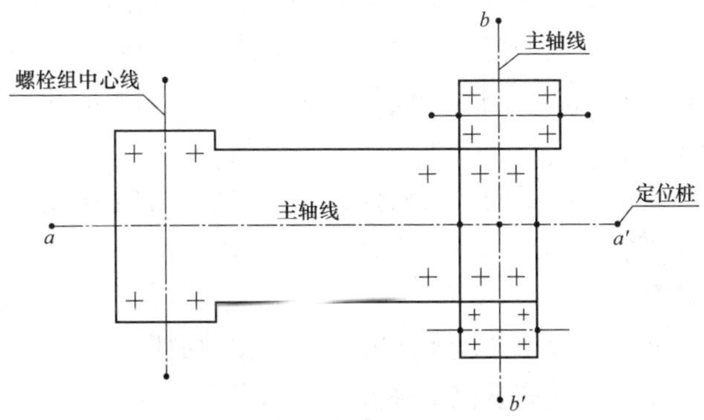

图 10 - 18　地脚螺栓预埋位置控制示意图

①确定基础主轴线 $a—a'$ 和 $b—b'$；

②根据主轴线 $a—a'$ 和 $b—b'$ 确定设备基础中线、螺栓组中线，并在混凝土垫层上弹墨线

标记；

③根据施工平面图中螺栓与设备中心线的相对位置，设计地脚螺栓在固定架中的位置；

④螺栓固定及固定架定位。地脚螺栓预埋的方法参照“钢柱基础施工测量”的相关内容。

3. 设备基础中心线标板预埋及投点

对于重要设备的基础，为了在施工过程中能够完好地保存中线标记，一般在中线位置埋设标板，然后投点。如联动生产线的基础轴线、重要设备的纵横轴线、结构复杂的工业锅炉基础、环形设备基础的中心点等轴线位置应埋设钢质标板，标板的形式见图 9-27。

4. 标高基准点设置

（1）对于独立设备安装的标高基准点，可在设备基础或附近墙上、柱上的适当位置用油漆画标记，然后根据附近的水准点测出油漆标记的高程。

（2）对于连续生产线上的设备安装，可用直径为 $\phi 19 \sim \phi 25$、杆长不小于 50mm 的铆钉作为标高基准点，牢固设置在设备基础表面的边缘处，铆钉的球形头露出基础表面 10～14mm。标高基准点应尽可能靠近被测设备，处于易于测量的位置。

5. 基础混凝土浇筑过程中的测量工作

对于大型设备基础，在混凝土浇筑的过程中，应随时监测基础位置是否发生位移，并控制混凝土的浇筑高度。发现位置和标高与设计不符时，必须及时处理。

二、设备安装施工测量

1. 基础验收

（1）根据各行业的施工及验收规范，检查并验收设备基础中心线、结构中心线、水准点的精度是否符合要求。

（2）检查基础表面高程、地脚螺栓顶部高程是否符合设计要求。若不符合要求应采取相应措施进行调整，保证后续的安装工作顺利进行。

2. 设备安装过程中的测量工作

（1）设备安装定位测量。

设备安装定位的精度，应根据设备的特点和要求确定，且应满足各行业的施工及验收规范。定位测量的方法除了传统的弹墨线、拉线、用光线代替拉线等，还应根据工程的精度和特点选择专门的测量仪器和方法，如采用特制的标志形式、精密的活动觇牌、平行光管及激光准直等专用仪器和工具。

对于大型机组及导轨等设备的安装，必须保证设计位置的平直度，应根据设备几何轴线及实地主轴线进行定位安装工作。

（2）设备安装标高测量。

根据附近的水准点，将高程引至设备基础施工时预埋的标高基准，作为控制设备安装标高的依据，同时作为设备安装期间观测沉降变形的基准。

（3）设备安装期间的变形观测。

设备安装期间进行变形观测的目的是保证设备在安装期间的质量和安全。变形观测应根据工程的需要和设备的特点而定，一般内容为沉降观测、水平位移观测、倾斜观测、裂缝观测及挠度观测等。

3. 设备安装测量的相关要求

(1) 设备基础竣工中心线必须进行复测，两次测量的较差不应大于 5mm。

(2) 对于埋设中心标板的重要设备基础，其中心线应由竣工中心线引测，同一中心标点的偏差不应超过±1mm；纵横中心线应进行正交度的检查，并调整横向中心线；同一设备基准中心线的平行偏差或同一生产系统的中心线直线度应在±1mm 以内。

(3) 每组设备基础均应设置临时标高控制点。标高控制点的精度：对于一般的设备基础，其标高偏差应在±2mm 以内；对于与传动装置有联系的设备基础，其相邻两标高控制点的标高偏差应在±1mm 以内。

任务五 高耸构筑物施工测量

构筑物一般是指人们不直接在其中进行生产和生活的建筑，如水塔、烟囱、栈桥、堤坝、挡土墙、蓄水池和囤仓等。下面以烟囱为例说明高耸构筑物施工测量的特点。

烟囱是截圆锥形的高耸构筑物，其特点是占地面积小，主体高，施工测量的主要工作是严格控制其中心位置，保证烟囱主体竖直。

一、定位与放线

1. 定位

烟囱的定位是定出基础中心的位置，如图 10-19 所示，定位方法如下：

①按设计要求，利用施工场地已有的控制点或与周边建筑物的尺寸关系，在地面上测设出烟囱的中心位置 O（即中心桩）。

②在 O 点安置经纬仪，任选一点 A 为后视点，并在视线方向上定出 a 点，用正倒镜投中法定出 b 点和 B 点。

③瞄准 A 点，逆时针测设 90°定出 d 点和 D 点，用正倒镜投中法定出 c 点和 C 点，得到两条互相垂直的定位轴线 AB 和 CD。

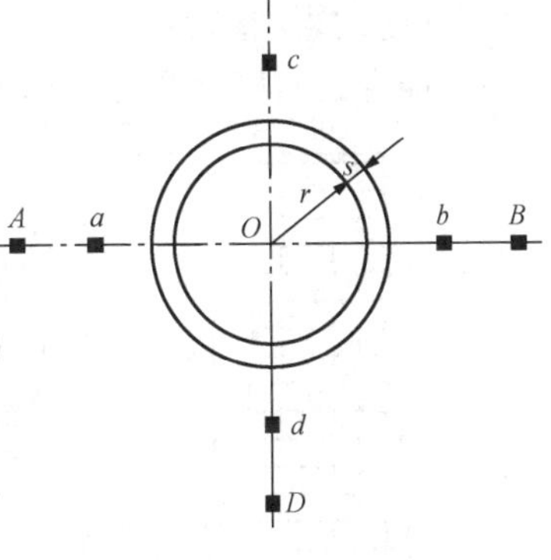

图 10-19 烟囱定位

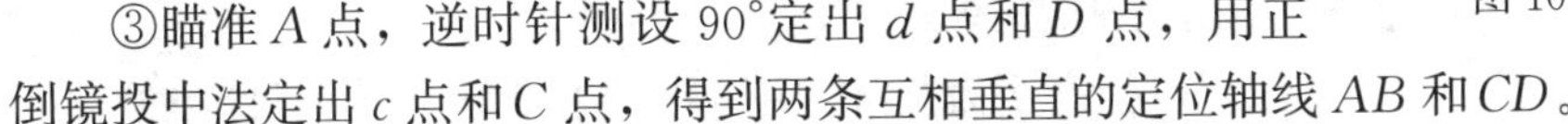

a、b、c、d 及 A、B、C、D 都是外控制法轴线投测的护桩。其中，a、b、c、d 是施工定位桩，用于修坡和确定基础中心，应设置在靠近烟囱而不影响桩位稳定的位置。对于平面为圆形的烟囱，可以在图中 O 点设置内控点，作为铅垂线测设的基准点，向上投测轴线。

2. 放线

烟囱定位后，以 O 点为圆心，以烟囱底部半径 r 加上基坑放坡宽度 s 为半径，在地面上用皮尺画圆，并撒出灰线，作为基坑开挖的边界线。

二、基础施工测量

1. 基坑抄平

参见民用建筑施工测量中基坑抄平的方法，在槽壁测设水平桩，作为控制开挖深度和垫层高程测设的依据。

2. 中心桩投测

利用护桩，用挂线或经纬仪方向线交会的方法，在基坑内恢复中心桩的位置。

3. 基础放线与抄平

以中心桩为基准测设基础的平面位置；以水平桩为基准测设基础的高程；浇筑混凝土基础时，在基础中心预埋小钢板作为标志，然后根据定位轴线，用经纬仪把烟囱中心投测到标志上，并刻上“+”字，作为施工过程中，控制筒身中心位置的依据。

三、筒身施工测量

1. 作业面上中心点的投测

在施工中，应随时将中心点投测到施工作业面上，方法为铅垂线测设。

投测中心点时应注意以下几个方面：

（1）一般每砌一步架或每升一次模板，就应引测一次中心线，以检核该施工作业面的中心与基础中心是否在同一条铅垂线上。

（2）每砌筑完 10m 的高度，必须引测一次中心线。

（3）对于高大的钢筋混凝土烟囱，模板每滑升一次，应采用激光铅垂仪进行一次烟囱的铅直定位，施工因素的影响如下：

1）组装操作平台时，应将烟囱施工面中心和平台中心调整到一个点上。

2）注意操作平台上施工荷载的均匀分布。应采取措施，将混凝土浇筑时对支撑杆与环向水平钢筋的影响降到最小。

3）应考虑滑模在滑升过程中的阻力、施工荷载不均匀、混凝土干湿度等因素的影响。

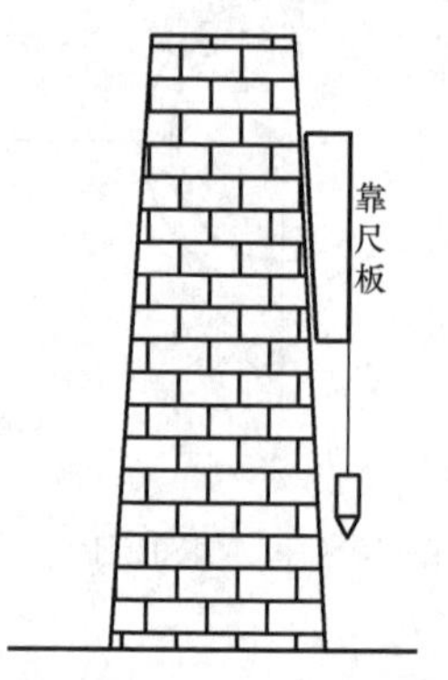

图 10-20 外筒壁边坡控制

2. 外筒壁收坡控制

（1）应严格按照外筒壁的设计坡度制作靠尺板。

（2）如图 10-20 所示，检查坡度时，将靠尺板的斜边贴靠在筒体外壁上，观察吊线与竖直边的关系，若吊线紧贴靠尺板的直边，且没有打折，说明外筒壁的坡度符合设计要求。

3. 筒体高程控制

（1）用水准测量的方法，在烟囱底部的外壁上，测设 1m 线或 50cm 的标高线。

（2）以标高线为基准，用钢尺直接向上量取高度。

（3）筒体施工到一定高度后，用水准测量的方法进行检核。

模块三　拓　展　篇

项目十一　地 形 图 测 绘

【知识目标】 理解相关概念；了解传统方法测绘地形图的内容和方法；掌握数字测图的方法；掌握地形图识读的方法。

【技能目标】 地形图识读；数字测图。

任务一　地形图的基础知识

地形图是地物和地貌在水平面上的投影图，是通过实地测量，将地面上各种地物、地貌的平面位置，按一定的比例尺，用《地形图图式》统一规定的符号和注记，缩绘在图纸上的平面图形，既表示地物的平面位置又表示地貌形态。它比较全面、客观地反映了地面的情况，是工程建设和规划设计不可缺少的重要资料。正确识读地形图是工程技术人员必须掌握的基本技能。

一、地形图比例尺

1. 比例尺

地形图上任意直线的长度 d 与它所代表的地面上的实际水平长度 D 之比，称为地形图比例尺。

地形图比例尺有数字比例尺和图示比例尺，常用的比例尺为数字比例尺。

数字比例尺用分子为 1 的分数表示，可写成$\frac{1}{M}$或 1∶M。比值越大，表示比例尺越大，地物和地貌越详细，图上点位精度越高。

2. 比例尺精度

一般情况下，人眼能分辨的最小距离为 0.1mm。因此，图上 0.1mm 所代表的实地水平距离称为比例尺精度 ε。

$$\varepsilon = 0.1M \tag{11-1}$$

在实际工作中，可根据比例尺精度，确定量距的精度；也可以根据工程需要，选择一定比例尺的地形图。如：用 1∶1000 比例尺测图，比例尺精度为 0.1m，测距时只精确到 0.1m 即可，不必读厘米位和毫米位。再如：在图上清晰表述的最短距离为 0.5m，即 $0.1M=0.5\text{m}=500\text{mm}\rightarrow M=5000$，则测图比例尺不小于 1∶5000。

二、地物符号

地物符号分为比例符号、非比例符号和半比例符号。

1. 比例符号

轮廓尺寸比较大的地物（如房屋、稻田、湖泊等），其大小可以根据比例尺进行缩绘。这些地物在地形图上的形状与实际形状是相似图形。

2. 非比例符号

轮廓尺寸比较小的地物（如导线点、水准点、独立树等），若根据比例尺进行缩绘，在地形图上无法绘出。对于这种地物，不考虑实际大小，仅采用规定的符号表示。

非比例符号示例如图 11-1 所示。

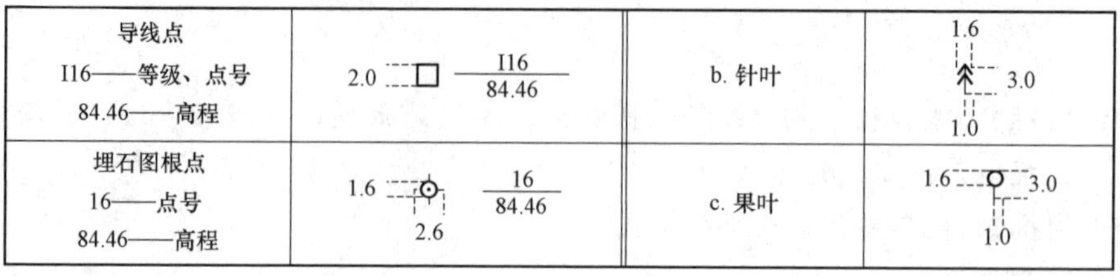

导线点 I16——等级、点号 84.46——高程	2.0 □ I16/84.46	b. 针叶	1.6 3.0 1.0
埋石图根点 16——点号 84.46——高程	1.6 ⊙ 2.6 16/84.46	c. 果叶	1.6 3.0 1.0

图 11-1 非比例符号示例

3. 半比例符号

半比例符号也称为线形符号。在地形图中，小路、管道、篱笆、围墙等线形地物，其长度按比例尺进行缩绘、宽度不按比例表示。

半比例符号的中心线一般代表地物的中心位置。半比例符号的示例如图 11-2 所示。

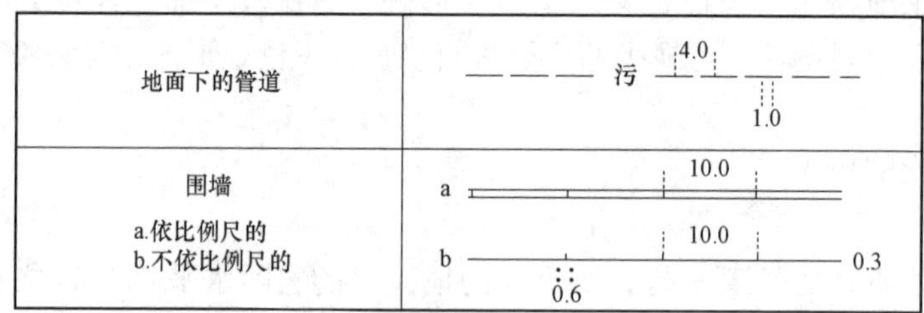

图 11-2 半比例符号示例

三、地貌符号

在大比例尺地形图上通常用等高线表示地貌，它可以真实地反映地貌的形态和地面的高低起伏。

1. 等高线的原理

等高线是地面上高程相等的相邻点连接形成的闭合曲线。

如图 11-3 所示，有一座山分别被海拔 70、80、90、100m 的平面所截，每个平面与这座山相截会得到相应的封闭曲线，将这些曲线投影到水平面 H 上，并按一定的比例缩绘，就形成了这座山的地貌图。

2. 等高距和等高线平距

等高距是指相邻两条等高线的高差，用 h 表示。同一幅地形图中的等高距相等。图 11-3 中的等高距为 10m。

等高线平距是指相邻等高线之间的水平距离，用 d 表示。

由坡度的计算公式 $i=\frac{h}{d \cdot M}$ 可知，坡度 i 与等高线平距 d 成反比。

如图 11-3 所示，北侧的等高线平距小，坡度大，东侧的等高线平距大，坡度小。

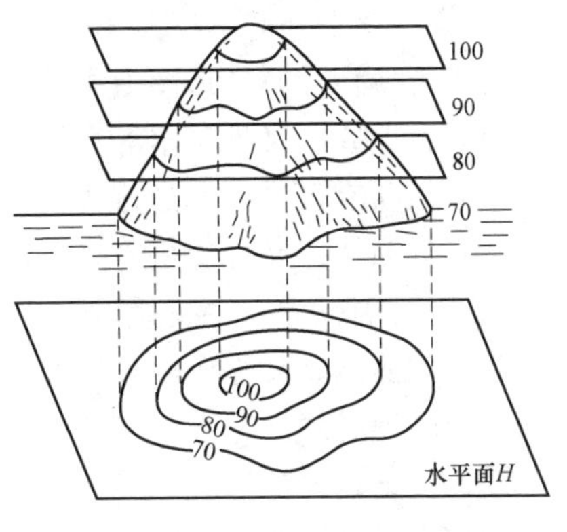

图 11-3 等高线的原理

3. 等高线的特征

(1) 同一条等高线上的各点高程相等，但高程相等的点不一定在同一条等高线上。

(2) 等高线是一条闭合的曲线，即使不在同一幅图中闭合，也会跨越多个图幅以后闭合。

(3) 非特殊地貌的等高线不能重叠与相交。

(4) 等高线与山脊线（分水线）、山谷线（汇水线）正交。

(5) 等高线遇地物、数字注记应中断。

4. 典型地貌的等高线

如图 11-4 所示，地球表面复杂多样的地貌是由一些典型地貌组合而成的。典型地貌等高线的特点如下：

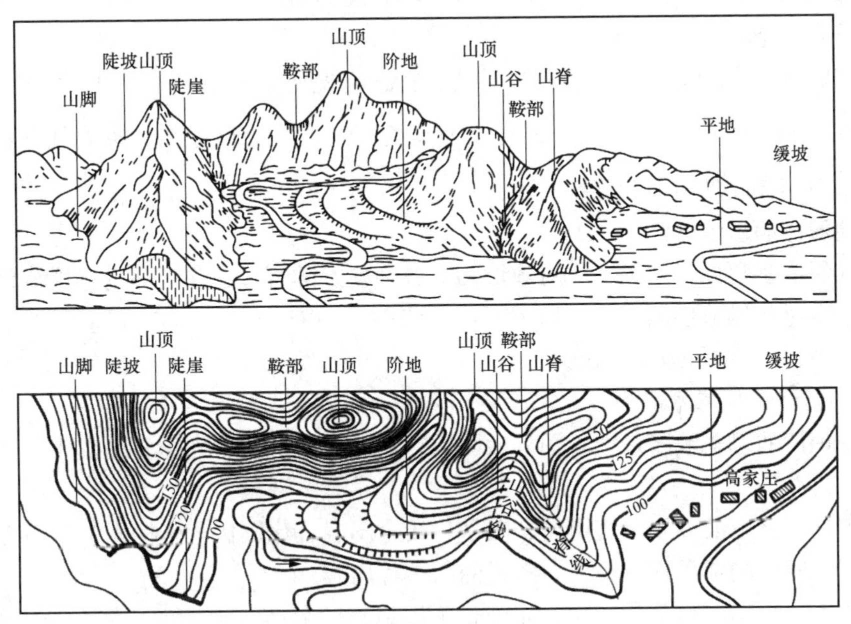

图 11-4 典型地貌的等高线

山头：在一组等高线中，里圈的高程大于外圈。

洼地：在一组等高线中，里圈的高程小于外圈。

鞍部：在一圈大的闭合曲线中套有两组小的闭合曲线。

山脊：等高线为一组凹向山头的曲线。

山谷：等高线为一组凸向山头的曲线。

陡坎：等高线在陡坎处重叠在一起。

悬崖：等高线在悬崖处相交。

5. 等高线的分类

为了方便识读，地形图上主要采用以下三种等高线。

（1）首曲线。又称基本等高线，是按基本等高距绘制的等高线。图 11 - 4 中，按 5m 等高距绘制的所有等高线就是首曲线。

（2）计曲线。又称加粗等高线，是为了计算和用图方便，每隔四条首曲线加粗一条等高线。图 11 - 4 中，数字注记为 100、125、150 的等高线就是计曲线。

（3）间曲线。又称半距等高线，是为了显示首曲线不能显示的地貌特征，按 1/2 基本等高距绘制的等高线。

四、注记符号

注记符号是对地物符号和地貌符号的说明与补充。

（1）文字注记。

文字注记包括对地物名称的注记，以及对地物性质、土质、植被等的说明。如图 11 - 4 所示的“高家庄”为村庄的名称；“山脊线”和“山谷线”是对地貌的说明。

（2）数字注记。

数字注记包括对河流的流速及深度、房屋的层数、控制点的高程、计曲线的高程等进行的说明。如图 11 - 4 中，100、125、150 表示计曲线的高程。

（3）符号注记。

用特定的符号表示地物或地貌，或对其进行补充说明。如图 11 - 4 中，“→”表示河流的流向；“”表示梯田坎，长直线为高处，短直线为示坡线，指向低处；“”粗实线表示山体在此处坍塌为绝壁。

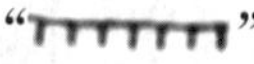

五、地形图的识读方法

为了方便绘制和识读地形图，对地形图上各种要素的符号、注记等进行规范化管理。依照《国家基本比例尺地形图图式　第 1 部分 1∶500、1∶1000、1∶2000 地形图图式》（GB/T 20257.1—2017）进行地形图识读。

1. 地形图识读的基本顺序

地形图识读的基本顺序是“先图外后图内、先地物后地貌、先主要后次要、先注记后符号”。

（1）图外。读图前应先了解图名、图号、接合图表、比例尺、坐标系统、高程系统、等高距、测图时间、测图类别、地形图图式的版本等内容。

（2）图内。根据地物符号及相关注记，了解地物的分布、地物的位置、地物的性质等；根据等高线的特点读出山头、洼地、鞍部、山脊、山谷等基本地貌和冲沟、陡坎、悬崖等特殊地貌，根据等高线的密集程度分析地面坡度的变化情况。

2. 地形图识读示例

如图 11 - 5 所示，可以读到的信息如下。

（1）图中右上角的符号表示共有 15 张地形图，此图为第一张图。

（2）图中没有指北针，但可以根据图中十字交叉的方格网确定坐标轴的北方向。

（3）图中右上方有一个村庄，名称为“宁乡”。进出这个村庄有两条路，一条是村西的大车路，一条是村东的小路。

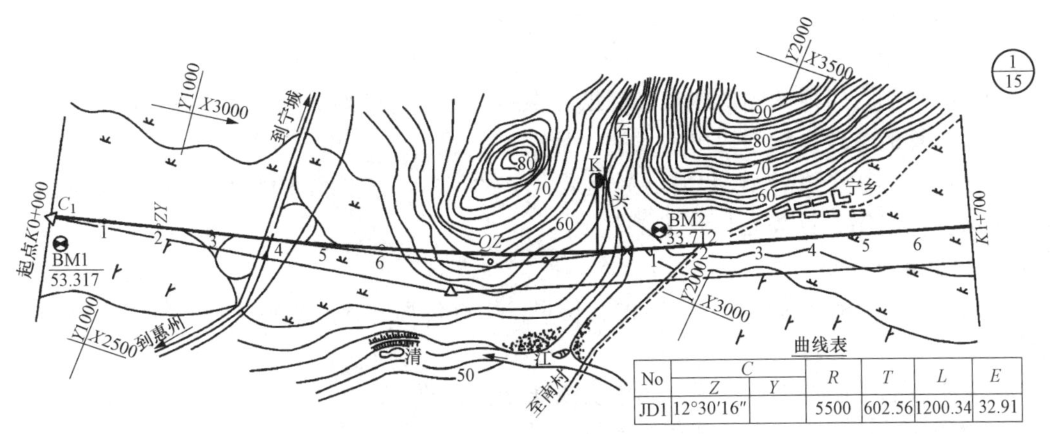

No	C		R	T	L	E
	Z	Y				
JD1	12°30′16″		5500	602.56	1200.34	32.91

图 11 - 5　地形图识读示例

（4）图中有三条已有道路：第一条为“慧州至宁城”的公路，位置在图的左部，方向为东北至西南方向；第二条路为“宁乡至南村”的大车路，它从“宁乡”的西面出来朝向西南方向；第三条路为小路，它从“宁乡”的东面出来沿山的南侧朝向东北方向。

（5）图中左侧是平原，右上方有两个山头。从计曲线的数字注记分析，等高线的等高距为 2m，推算“宁乡”北面一座山的海拔为 94m；西面山头的海拔为 82m，且这座山西北面的坡度比较平缓；从文字注记可知，这两座山是石头山。

（6）在两座山的中间，自北向南有一条河，河的名称为“清江”。“清江”在图的中下部分支：一支自东向西流，在江的北岸修建了一个有堤岸的水渠；另一支与“宁乡至南村”的大车路交会；分叉处有岸滩，江中有洲。

（7）图中自左至右有一条粗实线，即新建的公路。左端 K0＋000 为公路的起点，右端 K1＋700 为线路在本图的截断点，即第二张图的起点从 K1＋700 开始。

（8）新建公路与原有道路有两处交接：一是与“慧州至宁城”的公路立体交接，图中有两个水滴形的立交匝道；二是与“宁乡至南村”的大车路相交。

（9）新建公路的平面线形是直线与圆曲线。圆曲线 QZ 点的位置设在西边山头的南侧山脚；曲线表在图中的右下角，表中包括圆曲线半径 R、切线长 T、曲线长 L、外距 E 等曲线参数。

（10）图中的测量控制点有两个水准点，两个三角点。在图左有一个水准点 BM1，高程为 53.317m；图中部新建线路附近有一个水准点 BM2，高程为 33.712m。在线路的起点附近有一个三角点，在西面山头的南侧有一个三角点。

（11）图中的地物注记符号“ ”表示旱田，图中东、西各有旱田；“ ”表示水田，图中东、西各有水田；“ ”表示公里桩，图中“1、2、3、4、5、6”为线路的里程桩。

任务二　传统方法测绘地形图

测图之前应整理测区的控制点成果，确定测图范围。若控制点在测区范围内则直接使用，若控制点不在测区范围内，应布设图根点，进行图根测量。图根测量的技术要求见“项目七 小地区控制测量”。

一、展控制点

1. 展点前的准备工作

为了将控制点组成的图形展在坐标纸的中间位置，应做如下的准备工作：

①从计算的各点坐标中找出最大 X、最大 Y 和最小 X、最小 Y。

②根据最小 X 至最大 X 和最小 Y 至最大 Y 的范围，按照测图比例尺，按坐标轴的方向在坐标纸上标出每 5cm 整格所代表的整数坐标。

2. 在坐标纸上展控制点

如图 11-6 所示，按照 1∶1000 的比例尺，根据计算的各点坐标，在坐标纸上标出各点的位置。

展完所有的平面控制点以后，用细实线连接相邻的点，进行检核。测量坐标纸上两点间的距离与实测边长对比。为碎部测量作准备。

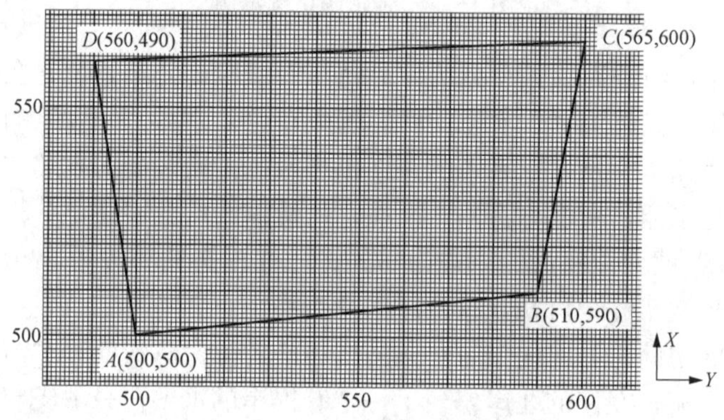

图 11-6　在坐标纸上展控制点

二、碎部测量及展绘碎部点

碎部点是指地物、地貌的特征点，对碎部点进行的测量称为碎部测量。

测站观测的记录表格见表 11-1，每个测站碎部测量的工作如下：

表 11-1　碎部测量记录表

测站：C 点　后视：B 点　仪器高：1.450m			
碎部点：		高程点：	
1. 28°18′，30.4	……	7. 52°07′，50.5	……
2. 42°21′，15.8	……	8. 72°00′，53.4	……
3. 78°38′，32.2	……	……	……

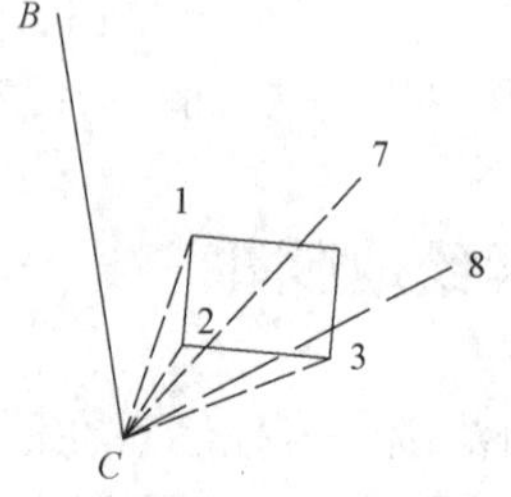

①在 C 点安置经纬仪，对中、整平。

②盘左位置瞄准 B 点，配置水平度盘的读数为 $0°00'00''$。

③用十字丝的竖丝瞄准立在 1 点的塔尺，在水平度盘读数窗中读数，即 $\angle BC1$。

④望远镜大致水平后竖直制动。在望远镜中读取上丝读数和下丝读数，计算视距。若距离较近，可以用皮尺直接丈量测站至碎部点的距离。

根据每个测站的观测数据，按照测图比例尺，用量角器和直尺将碎部点展在坐标纸上，并勾绘出地物的轮廓。

三、高程点测量及等高线勾绘

高程点平面位置的测量方法同碎部点测量。高程的测量方法为水准测量或三角高程测量。

勾绘等高线时，先描绘山脊线、山谷线等地性线，再根据高程点勾绘等高线。对于不能用等高线表示的特殊地貌，如悬崖、土坎等用“地形图图式”规定的相应符号表示。

如图 11 - 7 所示，等高线勾绘的过程如下：

①量取图 11 - 7（a）中“54.5—49.4”直线的长度为 21.5mm，按比例标出高程为 50 的点。

计算式为 $\frac{50-49.4}{54.5-49.4}\times 21.5=2.5$，即：从高程为 49.4 的点沿直线量 2.5mm，定出高程为 50 的点，同理定出高程为 54 的点，如图 11 - 7（b）所示。

②将图 11 - 7（b）中“50—54”的直线四等分，标出高程为 51、52、53 的三个点。

③用上述方法，在其他三条直线上标记整数高程点。

④用光滑的曲线连接高程相同的点，绘制如图 11 - 7（c）所示的等高线。

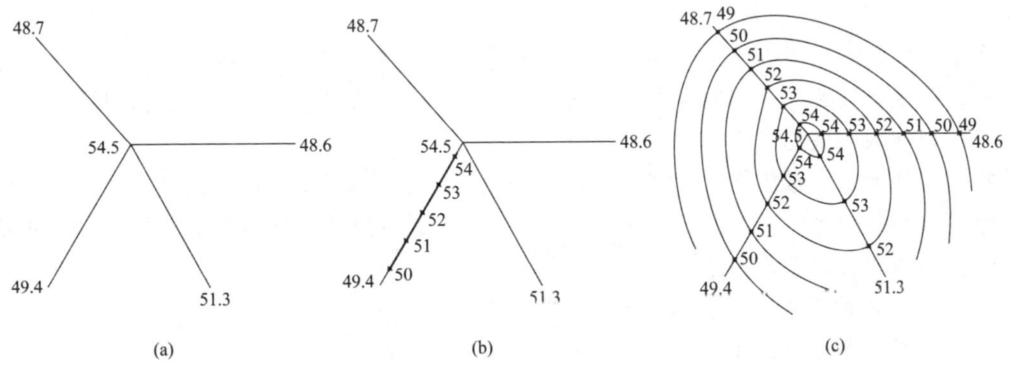

图 11 - 7　等高线勾绘

四、地形图整饰

地形图整饰是在调绘后进行，其目的是使图面清晰和美观。具体做法是将图上的注记、地物以及等高线按“地形图图式”的规定进行注记和绘制，应注意等高线不能通过注记和地物。最后，按“地形图图式”的要求注写图名、图号、比例尺、坐标系统及高程系统、施测单位、测绘者及测量日期等。

任务三　数　字　测　图

一、概述

相对于传统方法测图，数字测图实现了地形信息和地理信息数字化，作业过程自动化或半自动化。缩短了野外测图的时间，减轻了外业观测的劳动强度。将大量的手工作业成图转化为计算机软件成图，提高了工作效率。

数字测图是利用全球卫星导航系统（GNSS）、全站仪或其他外业测量仪器，在野外进行数字化地形数据采集，在制图软件的支持下，通过计算机处理生成数字测绘成果的方法。

1. 成果要求

（1）地形图的基本等高距根据地形类别和用途的需要进行选用，对于1∶500地形图，平坦地区的基本等高距为0.5m，丘陵地的基本等高距为1.0m。

（2）图上地物点相对于邻近图根点的点位中误差和邻近地物之间的点间距中误差应符合相关要求。对于1∶500地形图，在城镇、工业建筑区、平地、丘陵地的点位中误差不大于±0.30m，邻近地物点间距中误差不大于±0.20m。

（3）各类控制点的高程值应符合已测高程值。

高程注记点相对于邻近图根点的高程中误差不应大于相应比例尺地形图基本等高距的1/3；困难地区可放宽至0.5倍。

2. 图根控制测量

图根点是直接满足地形测图需要的控制点，对图根点进行的测量工作称为图根控制测量。

图根平面控制和高程控制可同时进行，也可分别施测。对于小测区，图根控制可作为首级控制。图根导线测量和图根水准测量的技术要求，见“项目七　小地区控制测量”。

二、外业数据采集

将地形和地理要素转化为数字量的过程称为“数据采集”，数据的获取方法为RTK测图、全站仪测图、地面三维激光扫描测图、移动测量系统测图、低空数字摄影测图、机载激光雷达扫描测图及扫描数字化等。

1. 数据采集的要求

（1）要素采集应不失真、不移位、无错漏。

（2）点状要素（独立地物）能按比例表示时，应按实际形状采集，不能按比例表示时应精确测定其定位点或定线点。有方向的点状要素应先采集其定位点，再采集其方向点（线）。

（3）具有多种属性的线状要素（线状地物、面状地物公共边、线状地物与面状地物边界线的重合部分）应只采集一次，但应处理好要素之间的关系。

（4）线状要素采集时，应视其变化情况进行测量，较复杂时可适当增加地物点密度，以保证曲线的准确拟合。

（5）数据成果包含数字高程模型时还应采集特征点、特征边、边界线、水域线面和高程推测区等信息。

①特征点包括山头、洼地、鞍部、沟心、谷底、道路交叉点等地形特征点和地貌突出点等。所采集特征点的高程精度应与高程注记点的精度一致。

②特征线包括山脊线、山谷线、断裂线以及堤坝、沟渠、采石场、大的陡坎等人工地貌上沿、下沿等地形变换处，所采集特征线的高程精度应与等高线精度一致。

③边界线是指构筑物和道路的边界线。构筑物应采集其散水线作为边界线，道路按变坡点采集边界，并测量相应高程值，不同边界线之间可邻接，但不应重叠或相交。

④水域线面包括双线河、面状静止水域等。双线河应根据实际情况采集河岸上下沿线，双线河水涯线的高程以实测值为准。面状静止水域应采集水涯线，赋统一高程值，所赋高程应与周边高程相协调且符合等高线高程精度要求。

⑤高程推测区应按照推测区的区域采集范围线。

2. 数据采集的要素取舍

(1) 水系及其附属物应按实际形状采集。河流应测记水流方向；水渠宜测记渠顶边及渠底高程；堤坝应测记顶部及坡脚高程；泉、井应测记泉的出水口及井台高程，并标记井台至水面深度。

(2) 各类建筑物、构筑物及其主要附属设施均应采集。房屋以墙基为准采集。居民区可视测图比例尺大小或需要适当综合。建筑物、构筑物轮廓凸凹在图上小于 0.5mm 时，可予以综合。

(3) 公路与其他双线道路应按实际宽度依比例尺采集。采集时，应同时采集范围内的绿地或隔离带，并正确表示各级道路之间的通过关系。

(4) 地上管线的转角点应实测，管线部分直线部分的支架线杆和附属设施密集时，可适当取舍。

(5) 地貌一般以等高线表示，特征明显的地貌不能用等高线表示时，应以符号表示。高程点一般选择明显地物点或地形特征点，山顶、鞍部、凹地、山脊、谷底及倾斜变换处，应测记高程点。

地性线和断裂线处应按地形变化情况增大采点密度。平坦地区高程点可适当放宽，但最低不应少于每 $100m^2$ 内 5 个点。对于 1∶500 地形图，地形点的平均间距为 15m。

(6) 斜坡、陡坎比高小于 1/2 基本等高距或在图上长度小于 5mm 时可舍去。当斜坡、陡坎较密时，可适当取舍。

(7) 一年分几季种植不同作物的耕地，以夏季主要作物为准；地类界与线状地物重合时，按线状地物采集。

(8) 居民地、机关、学校、山岭、河流等有名称的应标注名称。

(9) 碎部点的视距长度应符合有关规定。对于 1∶500 地形图，地物点的视距长度为 80m，地形点的视距长度为 150m。

3. 数据采集的方法

(1) 全站仪数据采集。

全站仪数据采集常用的方法为草图法。其核心内容为：建项目，以方便数据管理；建站后测量碎部点的坐标。观测要点如下：

①为了保证测量精度应进行定向检核。

②数据采集时，水平角、垂直角读记至度盘最小分划，觇标高量至厘米，测距读数读至

毫米，归零检查和垂直角指标差应不大于 1′。

③应按测站绘制草图；草图应标注所测点的测点编号且与数据采集记录中的测点编号一致；草图上面的要素位置、属性和相互关系应清楚正确；地形图上需要注记的各种名称、地物属性等，在草图上应标注清楚。

（2）RTK 数据采集。

RTK 数据采集常用的方法为草图法。对草图的要求同“全站仪数据采集”。

数据采集之前，利用“工程之星 5.0”新建工程、工程设置、仪器连接、基准站设置、移动站设置、求转换参数。其操作方法，参照项目八中的“任务五 GNSS-RTK 放样”。

数据采集时，手簿的操作路径为：测量→点测量。在碎部点上立杆，使 GNSS 接收机与测点位于铅垂方向，点击“保存”，进行下一点的测量。

在 RTK 数据采集过程中信号中断或更换电池，应重新求转换参数，并检核一个重合点，当检核点位坐标较差不大于图上 0.5mm 时方可继续测量。

三、内业成图

数字测图的内业成图软件较多，目前市场占有率最高的为南方 CASS 成图系统。

绘图前应进行“地物绘制、电子平板、高级设置”等参数设置，以及图廓属性设置。

1. 数据导入

数据导入的过程如下：

（1）在“绘图处理”的下拉菜单中选择“定显示区”，单击要成图的文件（*.dat），打开。

（2）在属性菜单“坐标定位”中选择“点号定位”，选择文件（文件名同上）。

（3）在“绘图处理”的下拉菜单中选择“展野外测点点号”，选择绘图比例尺（1∶500）。

（4）回车后，在弹出的图框中再次选择文件（文件名同上），即显示所有的测点及点号（红色）。

2. 地物绘制

地物绘制的过程为：选择地物属性，输入测点号，绘制与实际相似的地物形状。

（1）绘制四点房屋。

如图 11-8（a）所示，在属性菜单“居民地”中选择“一般房屋”，在图框中选择“四点房屋”，进行绘制。

（2）绘制多点房屋。

如图 11-8（b）所示，在属性菜单“居民地”中选择“一般房屋”，在图框中选择“多点砼房屋”，进行绘制。

①从 49 点开始输入，输入 51 回车后，输入 J（隔一点绘制）再输入 52 回车，自动显示图中虚线条的折线。

②输入 53 回车后，输入 C（闭合命令），最后一点与起点自动连线，形成闭合图形。

（3）绘制城市道路圆形路口。

如图 11-8（c）所示，在属性菜单“交通设施”中选择“城市道路”，在图框中选择“街区主干路”，输入 Q，进行圆弧绘制。

（4）绘制双线道路。

在属性菜单“交通设施”中选择相关道路，完成一侧绘制后，利用“边点式”或“边宽

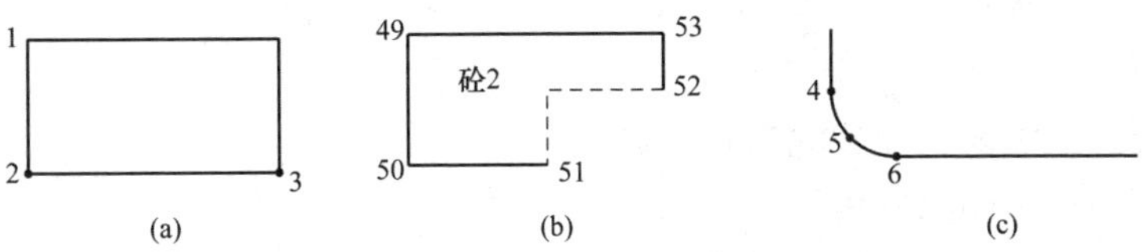

图 11-8　碎部点数据采集的位置

式”完成另一侧道路绘制。

(5) 绘制围墙。

在属性菜单“居民地”中选择“垣栅”，在图框中选择“不依比例围墙”或“依比例围墙”，进行绘制，绘制完成后注意区分墙内和墙外。

(6) 绘制台阶。

如图 11-9 所示，点号输入的顺序不同，台阶的方向不同。依次输入 66、67、69，显示如图 11-9（a）所示的台阶；依次输入 69、67、66，显示如图 11-9（b）所示的台阶。选择“U 形台阶”，按提示操作，显示如图 11-9（c）所示的弧形台阶。

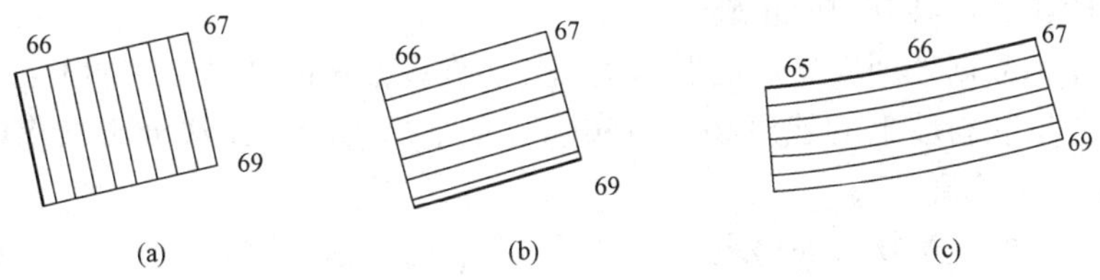

图 11-9　点号输入顺序不同的台阶区别

(7) 绘制植被。

在属性菜单“植被土质”中选择相应属性的植被，选择在封闭区域绘制植被，在封闭区域自动显示注记符号。

(8) 绘制陡坎。

绘制陡坡时应注意示坡线的位置。若陡坎的示坡线方向与实际不符，应进行调整。方法如下：

在命令行输入“h”，按“空格键”，点选陡坎，右键确定，如图 11-10 所示，自动调整示坡线的方向，图（a）中位于直线上部的示坡线调整为图（b）中的直线下部。

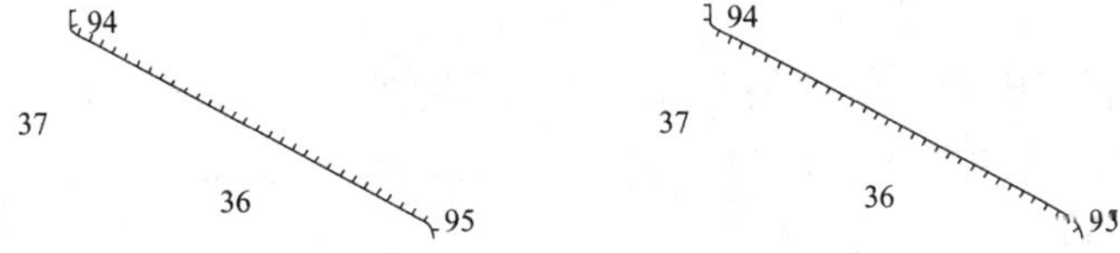

图 11-10　不同高低方向的未加固陡坎

(9) 绘制高程点。

在属性菜单“地貌土质”中选择“高程点”，在图框中选择“一般高程点”。按提示操作，输入点号，输入该点的高程，单个处理高程点。

在“绘图处理”下拉菜单中选择“展高程点”，选择展高程点的文件，输入距离间隔进行筛选，批量处理高程点。

3. 等高线绘制

（1）绘制等高线之前必须建立三角网。

（2）生成等高线后删除三角网。

（3）修剪等高线后，进行等高线注记。应注意以下几点：

①从低处向高处画一条与等高线正交的直线。

②沿直线注记等高线时选择“只处理计曲线”。

③等高线注记后应对注记部分进行等高线“消隐”或“剪切”。

4. 地形图整饰

（1）对于图形要素，应检查以下几点：

①点状要素的位置应准确。

②面状要素应封闭，无悬挂节点或过头现象。

③线状要素应连续，线划相交处不应有悬挂，线划不应有被错误打断、重复或折回的现象，需连通的要素应保持连通。

④有方向的要素，其方向应正确。

（2）符号化的数据处理应满足地形图图式的要求。常见的处理方法如下：

①建筑在陡坎或斜坡上的建筑物，按实际位置绘出。陡坎无法准确绘出时，可移位表示，并留 0.3mm 的间隔。

②悬空于水上的建筑物（如房屋）与水涯线重合时，建筑物照常绘出，间断水涯线。

③点状地物与房屋、道路、水系等其他地物重合时，可间断其他地物符号，并与点状地物间隔 0.3mm，以保证独立符号的完整性。

④铁路与公路（或其他道路）水平相交时，铁路符号不中断，公路（或其他道路）符号中断。

⑤同一杆架上架有多种线路时，表示其中的主要线路，且各种线路走向应连贯，线类应分明；城镇建成区内的电力线、通信线可不连线，但应在杆架处绘出边线方向。

⑥水涯线与陡坎重合时，可用陡坎边线代替水涯线；水涯线与斜坡脚重合时，应在坡脚将水涯线绘出。

（3）等高线处理时应对照实地进行检查，发现错误及时改正。若基本等高距不能显示地貌特征时，应加绘半距等高线。

5. 添加图框

地物和地貌绘制完成后，应添加图框。在“绘图处理”的下拉菜单中选择“标准图幅（50cm×50cm）”“标准图幅（50cm×40cm）”“任意图幅”“小比例图幅”“倾斜图幅”“工程图幅”“图纸空间图幅”等。

绘图前进行图廓设置。在“文件”的下拉菜单中选择“CASS 参数配置”，在“图廓属性”中进行相关设置。

添加图框时，自动显示坐标系统、高程系统、应用的图式版本、绘图日期等。

四、无人机航摄概述

无人机是一种由动力驱动、机上无人驾驶、可重复使用的航空器，具有遥控、半自主、自主三种飞行控制方式。与载人飞机相比，它具有体积小、造价低、使用方便等优点。

航摄无人机是一种现代化、高效率的测绘工具。相对于传统的人工测绘方法，航摄无人机测绘具有安全性、灵活性和移动性，以及数据的准确性等特点。

1. 无人机航测系统的基本构成

如图 11-11 所示，无人机的航摄系统，是以无人机为飞行平台、以摄影传感器为任务设备的航空遥感影像获取系统。它的基本构成包括飞行平台、飞行导航与控制系统（简称飞控系统）、地面监控系统、任务设备、数据传输系统、发射与回收系统、地面保障设备。

（1）飞行平台主要包括机体、动力系统、执行机构、电气系统、起落架，以及其他保证飞行平台正常工作的设备和部件，用于搭载任务设备并执行航摄飞行任务。

（2）飞控系统主要包括飞控板、惯性导航系统、GNSS 接收机、气压传感器、空速传感器、转速传感器等部件，用于无人机的导航、定位和自主飞行控制。

（3）地面监控系统主要包括无线电遥控器、RC 接收机、监控计算机系统、地面供电系统及监控软件等。主要功能为：进行飞行任务规划与设计；可以通过数据传输系统，向飞控系统发送数据和控制指令；可接收、存储、显示、回放无人机的高度、空速、地速、方位、航向、航迹、飞行姿态等飞行数据；显示任务设备工作状态，显示发动机转速、机载电源电压等数值；在机载电池电压不足、GNSS 卫星失锁、发动机停车、无人机失速、飞行数据误差等超限时，有报警提示功能。

图 11-11 无人机的航测系统组成

（4）任务设备主要包括数码相机、数码相机控制系统及有关的附设装置，用于航摄影像的获取存储。

（5）数据传输系统分为空中与地面两个部分，用于地面监控站与飞行控制系统及其他机械设备之间的数据和控制指令的传输。

（6）发射与回收系统。发射系统是为无人机在一定距离内可加速到起飞速度提供保障；回收系统是为无人机从空中安全着陆提供保障。

（7）地面保障设备分为运输保障设备和航摄作业保障设备，其功能是为无人机航摄安全作业提供基本设备保障。

2. 无人机航测地形图的流程

航空摄影测量技术作为空间信息技术体系，是空间数据获取的重要工具之一。无人机航摄是以生产数字高程模型（Digital Elevation Model）、数字正射影像图（Digital Orthophoto Map）、数字线划地图（Digital Line Graphic）、数字栅格地图（Digital Raster Graphic）等 4D 产品为目的，制作各种比例尺的测绘产品。

无人机航摄地形图的流程如图 11-12 所示。

（1）准备工作。

收集航摄资料、基础控制点成果、各种地形资料，如相关的地形图、交通图、水利图、行政区域图、地名录等；进行现场踏勘，了解测区内与生产和生活有关的情况；对作业使用的各种仪器进行检查校正。

（2）基础控制测量与像片控制点测量。

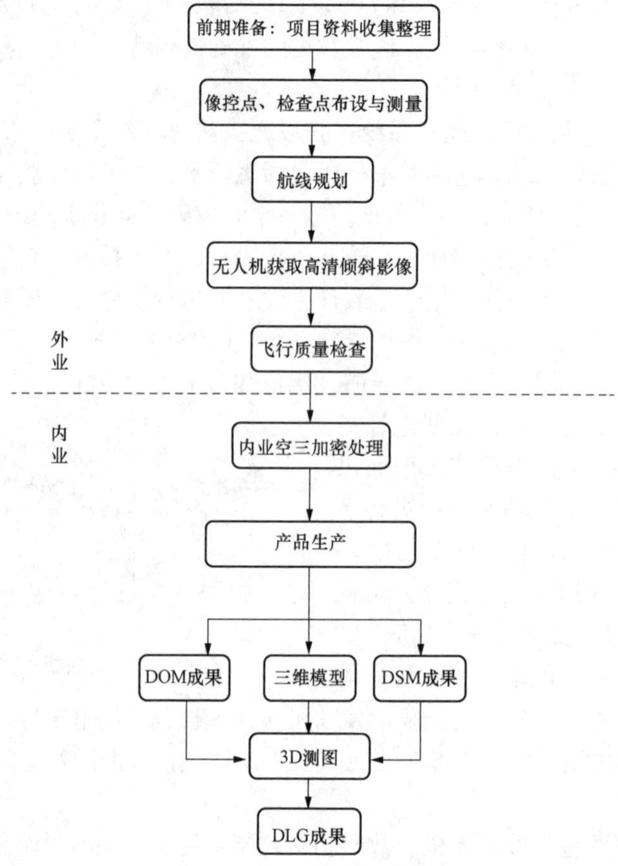

图 11-12 无人机航测地形图的流程

基础控制网的平面控制点与高程控制点宜共点布设。

像片控制点的测量方法为 GNSS-RTK 测量。像片控制点的目标影像应清晰，易于判别，使用“L”标、“⊗”标或“⧗”标。标靶像控点应布设在空旷且无特征点的地区；特征像控点应选在场景开阔、颜色区分明显的拐点，并对特征像控点作“点之记”。

（3）航空摄影。设计航线，进行飞行高度、飞行速度、返航高度、相机等参数设置。选择相对平坦、安全的区域进行无人机的起降操作。在飞行过程中，实时监测无人机的飞行高度、飞行速度、电池电量、飞行拍摄轨迹等飞行参数，并根据各种实时状况做出相应调控。

（4）内业生产。利用航摄获取的影像数据、POS 数据，使用航测一体化平台系统，完成航摄数据导出和预处理，以及地形图测绘的工作。平台系统是针对航测数据的全流程作业覆盖，所有航测数据处理的相关工作都可在平台内完成，极大保障用户数据处理的连贯性，有助于保持数据及流程的完整性与准确性，节省内业时间，提高整体生产效率。

无人机航摄大幅度提高了测绘工作的水平和效率，为测绘行业的可持续发展注入了新的活力，目前已在测绘行业广泛应用。

项目十二　测量竞赛项目解读

按照全国职业院校技能竞赛高职组“地理空间数据采集与处理”赛项的相关要求，“项目十二”选用了与“工程测量”课程相关的赛项，以及省赛、校赛等各级竞赛的相关项目，讲解操作要点。

任务一　赛　项　解　读

一、水准测量

水准测量的路线长 1.2km，竞赛路线如图 12-1 所示，要求在规定的时间内完成规定水准路线的观测、记录、计算和成果整理，提交合格成果。

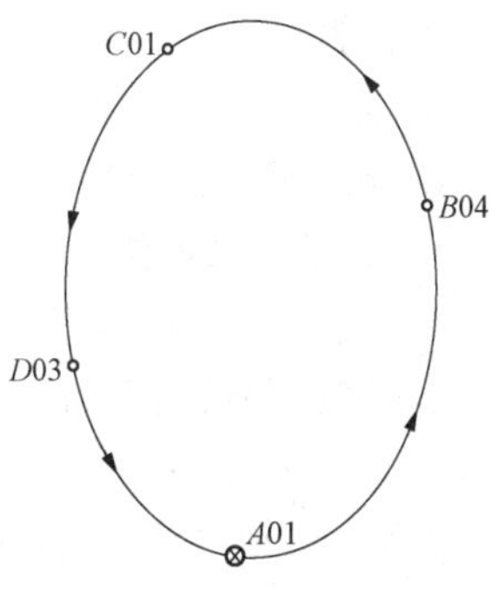

图 12-1　水准测量竞赛路线

1. 二等水准测量

（1）测量仪器及配套设施。电子水准仪及配套脚架 1 套、电子水准仪配套水准尺 2 把、3kg 尺垫 2 个、尺撑 2 个。

（2）观测顺序。测段数为偶数，奇数站和偶数站的观测顺序不同。奇数站：后前前后；偶数站：前后后前。

（3）技术要求。二等水准测量的技术要求见表 12-1。

表 12-1　　二等水准测量的技术要求

视线长度（m）	前后视距差（m）	前后视距累积差（m）	视线高度（m）	两次读数所得高差之差（mm）	水准仪重复测量次数	测段、环线闭合差（mm）
≥3 且≤50	≤1.5	≤6.0	≤2.8 且≥0.55	≤0.6	≥2 次	≤$4\sqrt{L}$

注　L 为路线的总长度，单位为 km。

（4）记录及计算过程。铅笔填写观测记录，观测数据填写位置及计算过程见表 12-2。

表 12-2　　二等水准测量观测手簿示例

测站编号	后距 / 视距差	前距 / 累积视距差	方向及尺号	标尺读数 第一次读数	标尺读数 第二次读数	两次读数之差	备注
1	31.5	31.6	后 A01	153 969	153 958	+11	
			前	139 269	139 260	+9	
	−0.1	−0.1	后−前	+014 700	+014 698	+2	
			h	+0.146 99			
2	36.9	37.2	后	137 400	137 411	−11	
			前	114 414	114 400	+14	
	−0.3	−0.4	后−前	+022 986	+023 011	−25	
			h	+0.229 98			

（5）记录表中的数据取位要求。

①视距读数：以 m 为单位，小数点后面取 1 位数。

②标尺读数：6 位数，不写小数点。

③高差计算：6 位数，不写小数点。

④平均高差：以 m 为单位，按“四舍六入五凑偶”的原则，小数点后面取 5 位数。

（6）操作要点。

①每隔 10 米打结系红绳，25m 处系其他颜色绳。测绳折 0.5m，避免整测绳时视距超限。观测前展开测绳，使 0 标记在前。

②长测绳在先，尽量整绳确定测站及转点位置，或以红绳为标记计数。

③测站在转弯处时，转点立尺人员采用技巧让测绳通过，避免转点移动。

④记录人员牵绳头向前跑，标记测站位置。同时，注意测站数，以及最后一段剩下的距离，防止视距不足 3m。

⑤记录时，读数填写时位数对齐，以方便高差计算；第一位数不要顶格写，留有填写正负号的位置。

⑥表 12-2 中，“后-前”满 6 位数字填写，避免平均高差取位出错。

⑦测站观测完成后，脚架稍并拢，变动仪器高，若记录中有超限，时刻准备返工。

2. 四等水准测量

（1）测量仪器及配套设施。

自动安平水准仪及配套脚架 1 套、双面尺 1 套、尺垫 2 个。

（2）观测顺序。

测段数为偶数，奇数站和偶数站的观测顺序相同：后后前前。

（3）技术要求。

四等水准测量的技术要求见表 12-3。

表 12-3　四等水准测量的技术要求

视线长度（m）	前后视距差（m）	前后视距累积差（m）	视线高度	红黑面所测高差之差（mm）	测段、环线闭合差（mm）
≥3 且≤100	≤3.0	≤10.0	三丝能读数	≤5.0	$\leqslant 20\sqrt{L}$

注　L 为路线的总长度，单位为 km。

（4）记录及计算过程。

铅笔填写观测记录，观测数据填写位置及计算过程见表 12-4。

表 12-4　四等水准测量观测手簿示例

测站编号	点号	后尺 上丝 / 下丝 / 后视距离 / 视距差（m）	上丝 / 下丝 / 前视距离 / 累积差（m）	方向及尺号	标尺读数 黑面	标尺读数 红面	$K+$ 黑-红（mm）	高差中数（m）	备注
1	1C—2C	1587	0755	后	1400	6187	0	+0.832	$K_1=4787$ $K_2=4687$
		1213	0379	前	0567	5255	−1		
		37.4	37.6	后-前	+0833	+0932	+1		
		−0.2	−0.2						

（5）记录表中的数据取位要求。

①标尺读数：4 位数，不写小数点。

②视距计算：以米为单位，小数点后面取 1 位数。

③高差计算：4 位数，不写小数点。

④平均高差：以米为单位，按“四舍六入五凑偶”的原则，小数点后面取 3 位数。

(6) 操作要点。

①记录人员快走计步数确定测站位置及转点位置。

②记录时，读数填写时位数对齐，以方便高差计算。

③计算黑红面读数较差时，应用简便算法，用后两位读数进行计算。公式为“（黑－13）－红”或“黑－（红＋13）”。如：“00－（87＋13）＝0”，“（67－13）－55＝－1”。

④测站观测完成后，脚架稍并拢，变动仪器高。若记录中有超限，时刻准备返工。

⑤随时注意测站数，以及最后一段剩下的距离，防止视距不足 3m。

3. 赛项要求

(1) 二等水准测量和四等水准测量的共同要求，完成规定水准路线的观测、记录、计算和成果整理，提交合格成果。相关要求见表 12-5。

表 12-5　　水准测量相关要求

路线形式	竞赛时间	线路总长度	已知点个数	待求点个数	测段数	上交成果
闭合路线	100min	硬地面单程观测 1.2km	1	3	偶数	①观测手簿 ②高程误差配赋表 ③高程点成果表

(2) 各等级水准测量的高程误差配赋表相同，区别在于高差闭合差的容许范围。四等水准测量的高程误差配赋表见表 12-6。

表 12-6　　高程误差配赋表

点号	路线长度 (km)	实测高差 (m)	改正数 (mm)	改正后高差 (m)	高程 (m)	备注
1A					**10.500**	已知点
	0.50	+1.220	+1	+1.221		
2A					11.721	
	2.00	−1.418	+4	−1.414		
3A					10.307	
	1.50	+1.789	+3	+1.792		
4A					12.099	
	2.00	−1.603	+4	−1.599		
1A					**10.500**	已知点
∑	6.00	−0.012	+12	0.000		
辅助计算：$f_h=-12\text{mm}$　$f_{h允}=\pm 20\sqrt{L}=\pm 49$ (mm)　$v_{1km}=-\frac{f_h}{L}=+2\text{mm/km}$						

(3) 各等级水准测量的成果表相同，区别在于填写的水准测量等级。把表 12-6 计算的高程填写至表 12-7。

表 12-7　　水准点成果表

点号	等级	高程 (m)
2A	四等	11.721
3A	四等	10.307
4A	四等	12.099

注　本表只填写三个待定点，不填写已知点。

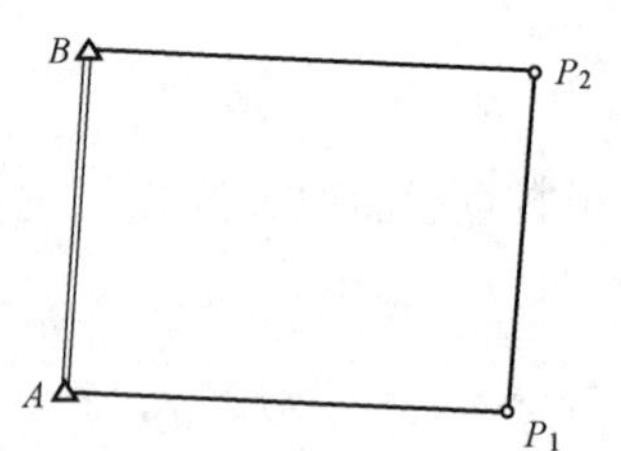

图 12-2　导线测量竞赛路线

二、导线测量

导线测量的平均边长为 150m，竞赛路线如图 12-2 所示，要求在规定的时间内完成规定导线的观测、记录、计算和成果整理，提交合格成果。

1. 一级导线测量

（1）测量仪器及配套设施。

全站仪及配套脚架 1 套、单棱镜组及配套脚架 2 套。

（2）观测内容。

3 条边长，4 个内角。

（3）技术要求。

一级导线测量的技术要求见表 12-8。

表 12-8　　一级导线测量的技术要求

水平角测量（2″级仪器）			距离测量		
测回数	同一方向值各测回较差	一测回 $2c$ 较差	测回数	读数	读数差
2	9″	13″	1	4	5mm
闭合差	方位角闭合差		$\leqslant \pm 10'' \sqrt{n}$		
	导线相对闭合差		≤1/14 000		

注　表中 n 为测站数。

（4）记录及计算过程。

铅笔填写观测记录，观测数据填写位置及计算过程见表 12-9。

表 12-9　　导线测量观测记录表

观测日期：　　年　　月　　日　　　　测站 P_1

	觇点	读数		$2c$	$\frac{左+右\pm 180°}{2}$	一测回方向	各测回平均方向	附注
		盘左	盘右					
水平角观测	A	0 00 30	180 00 36	−06	0 00 33	0 00 00	0 00 00	
	P_2	125 08 16	305 08 24	−08	125 08 20	125 07 47	125 07 46	
	A	90 00 30	270 00 42	−12	90 00 36	0 00 00		
	P_2	215 08 18	35 08 24	−06	215 08 21	125 07 45		

边长		平距观测值	平距中数	边长		平距观测值	平距中数
P_1—A	1	356.784		P_1—P_2	1	287.132	
	2	356.785			2	287.132	
	3	356.785			3	287.132	
	4	356.785			4	287.132	
			356.785				287.132

2. 二级导线测量

二级导线测量的技术要求见表 12-10。

表 12-10　　二级导线测量的技术要求

水平角测量（2″级仪器）			距离测量		
测回数	同一方向值各测回较差	一测回 2c 较差	测回数	读数	读数差
1	—	18″	1	4	5mm
闭合差	方位角闭合差		$\leqslant \pm 16''\sqrt{n}$		
	导线相对闭合差		≤1/10 000		

注　表中 n 为测站数。

3. 赛项要求

（1）导线测量的相关要求见表 12-11。

表 12-11　　导线测量相关要求

路线形式	竞赛时间	导线边长	已知点个数	待求点个数	上交成果
附合路线（闭合形式）	80min	150m	2	2	①观测手簿 ②导线平差计算表 ③导线点成果表

（2）各等级导线测量的平差方法相同，区别在于闭合差的容许范围。一级导线测量的平差记录见表 12-12。

表 12-12　　导线测量平差记录表

序号	点名	观测角（° ′ ″）	方位角（° ′ ″）	边长	v_x ΔX_i	X_i	v_y ΔY_i	Y_i
1	A_1							
			182 16 37				+0.004 +298.750	
2	B_1	−03 84 31 13				3 854 687.016		8 451 293.665
			86 47 47	299.218	+0.004 +16.722		+0.004 +13.010	
3	C_1	−04 95 50 07				3 854 703.742		8 451 592.419
			2 37 50	283.476	+0.004 +283.177		+0.005 −299.518	
4	D_1	−04 88 57 20				3 854 986.923		8 451 605.433
			271 35 16	299.633	+0.004 +8.228			
5	A_1	−03 90 41 34				3 854 995.215		8 451 305.920
			182 16 37					
6	B_1							
							+12.242	
	$\Sigma\beta$	360 00 14						
			Σ	882.327	+308.187			
		$f_\beta = +14''$	$f_x = -0.012$			$f_y = -0.013$		$f_s = 0.018$
$f_{\beta允} = \pm 10''\sqrt{4} = \pm 20''$ $K = \frac{1}{49\ 018}$ $K_允 = \frac{1}{14\ 000}$			导线略图					

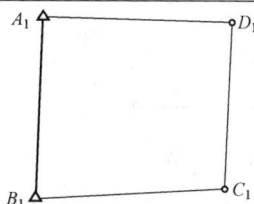

（3）各等级导线测量的成果表相同，把表 12 - 12 计算的导线点坐标填写至表 12 - 13。

表 12 - 13 导线点成果表

点号	坐标	
	x（m）	y（m）
C_1	3 854 703.742	8 451 592.419
D_1	3 854 986.923	8 451 605.433

注 本表不填写已知点。

4. 操作要点

（1）测站超限可以重测，重测必须变换度盘起始位置，新的度盘起始位置与原起始位置至少相差 30″以上，但不得相差整分。

（2）利用计算器的功能键完成坐标存储及导线坐标计算工作。

（3）角度闭合差调整时，不能平均分配的多余量，摊到相邻导线边长差值较大的角上。

（4）计算坐标增量的导线为 B_1-C_1、C_1-D_1、D_1-A_1，即起点为 B_1，终点为 A_1，用 A_1 坐标减 B_1 坐标计算坐标增量。

三、施工放样

1. 施工放样

（1）竞赛内容。

依据给定的控制点坐标和待定点坐标，计算放样数据，利用全站仪放样待定点，并进行检核测量。要求在规定的时间内完成施工放样，施工放样的上交成果见表 12 - 14。

表 12 - 14 施工放样的上交成果

放样数据	测站至三个待定点的边长和坐标方位角
检核数据	利用第二套控制点坐标，测量放样点的坐标

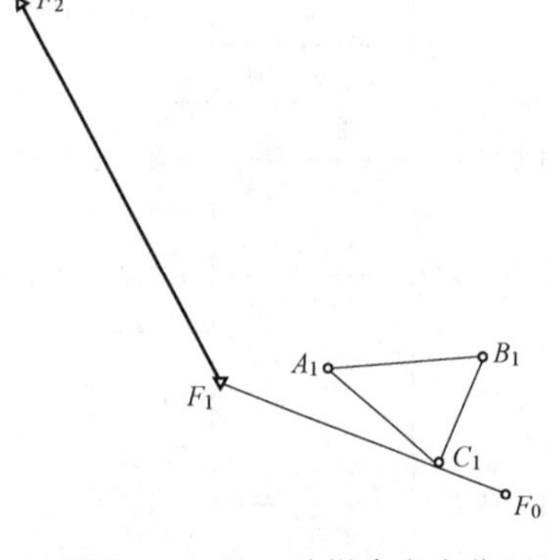

图 12 - 3 施工放样参考点位

（2）现场条件。

比赛场地为硬化地面，面积约 100m×100m。施工放样的参考点位如图 12 - 3 所示。控制点坐标、放样点坐标、检核用的控制点坐标见表 12 - 15。

表 12 - 15 施工放样的已知坐标

控制点坐标				放样点坐标			检核用的控制点坐标			
点名	x（m）	y（m）	备注	点名	x（m）	y（m）	点名	x（m）	y（m）	备注
F_1	134.938	723.524	测站	A_1	136.429	735.924	F_1	234.938	823.524	测站
F_2	300.832	634.015	后视	B_1	137.769	753.694	F_2	400.832	734.015	后视
F_0	122.795	756.152	检核	C_1	125.880	748.497	F_0	222.795	856.152	检核

（3）测量仪器及配套设施。

全站仪及配套脚架 1 套、单棱镜组及配套脚架 3 套，对中杆 1 个、单棱镜 1 个。

（4）放样程序。以表 12-15 所示数据说明放样过程。

①计算放样数据，距离取位至 0.001m，角度取位至 0.1″。

测站点 F_1：$\dfrac{134.938}{723.524}$

定向点 F_2：$\dfrac{300.832}{634.015} \rightarrow \dfrac{188.501}{331°39'02.5''}\left(\dfrac{D_{F1-F2}}{\alpha_{F1-F2}}\right)$

待定点A_1：$\dfrac{136.429}{735.924} \rightarrow \dfrac{12.489}{83°08'36.8''}\left(\dfrac{D_{F1-A1}}{\alpha_{F1-A1}}\right)$

B_1：$\dfrac{137.769}{753.694} \rightarrow \dfrac{30.303}{84°38'21.7''}\left(\dfrac{D_{F1-B1}}{\alpha_{F1-B1}}\right)$

C_1：$\dfrac{125.880}{748.497} \rightarrow \dfrac{26.565}{109°56'10.6''}\left(\dfrac{D_{F1-C1}}{\alpha_{F1-C1}}\right)$

②在 F_1 点安置全站仪，后视 F_2 点建站。

③瞄准检核点 F_0 点，测量坐标，与表 12-15 中的控制点 F_0 坐标进行对比。

④根据计算的放样数据，在地面上放样 A_1、B_1、C_1 三个点，并做标记。

⑤利用第二套控制点坐标，完成后视建站、坐标检核，以及放样点的坐标测量工作。

⑥测量的待定点坐标与已知的待定点坐标进行对比，误差不超过 5mm。

（5）操作要点。

①四名参赛选手共同完成计算及测设工作。

②两人建站，两人计算，后视定向后，四人共同完成点位标记及检核工作。

③在硬地面上放样，用棱镜头倒置的方法放样，可提高放样速度。

2. 曲线测设

（1）竞赛内容。

依据给定的测设参数，计算放样元素，利用全站仪在实地测设相应点位，并进行检核测量。要求在规定的时间内完成曲线测设，曲线测设的上交成果见表 12-16。

表 12-16　曲线测设的上交成果

计算数据	曲线常数、曲线元素、主点里程	
	中桩坐标计算	3 个主点（ZH、HY、QZ）、2 个给定桩号的放样点
检核数据	利用第二套控制点坐标，测量放样点的坐标	

（2）现场条件。

比赛场地为硬化地面，面积约 150m×150m。曲线测设的参考点位如图 12-4 所示。

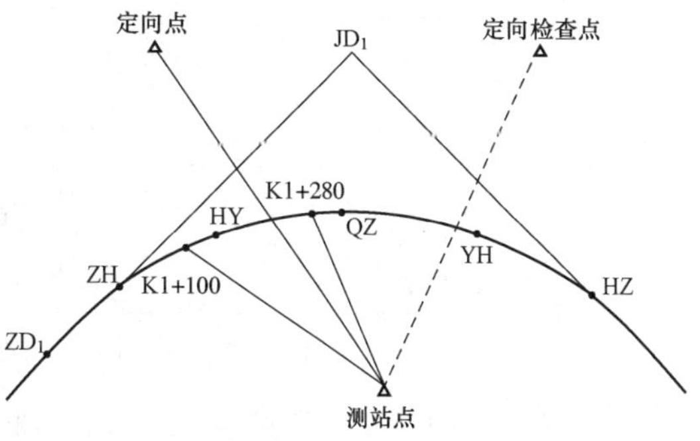

图 12-4　曲线测设参考点位

（3）测量仪器及配套设施。

全站仪及配套脚架 1 套、单棱镜组及配套脚架 3 套，对中杆 1 个、单棱镜 1 个。计算表、铅笔、橡皮。

（4）操作要点。

①在此赛项中，计算速度决定竞赛用时。给定的已知条件中不包括公式，要求必须熟

记公式，熟练计算。后续复杂的计算式只用于帮助理解，比赛时只写结果。

②计算取位。坐标、曲线要素、里程等计算结果均取位至 0.001m，角度取位至 0.1″。

③测设点位的方法及要求同“施工放样”。

（5）计算示例。

已知某道路曲线第一切线上控制点 ZD_1 的坐标为$\frac{500.000}{500.000}$，JD_1 的坐标为$\frac{750.000}{750.000}$，该曲线的设计半径为 $R=1000$m，缓和曲线长 $l_s=100$m，JD_1 的里程为 K1＋300，转向角 $\alpha_{右}=23°03'38''$。请按要求使用非程序型函数计算器计算曲线主点 ZH、HY、QZ 点坐标，及第一缓和曲线和圆曲线上指定中桩点（如 K1＋100、K1＋280）坐标，共计算 5 个点。然后根据现场已知测站点、定向点、定向检查点，利用全站仪的点放样功能，进行第一缓和曲线和圆曲线上指定中桩点放样，共放样 2 个点。

1）计算曲线常数。

$$\begin{cases}\text{内移值 } p=\dfrac{l_s^2}{24R}=\dfrac{100^2}{24\times1000}=0.417\text{（m）}\\ \text{切线增长值 } q=\dfrac{l_s}{2}-\dfrac{l_s^3}{240R^2}=\dfrac{100}{2}-\dfrac{100^3}{240\times1000^2}=49.996\text{（m）}\\ \beta_0=\dfrac{l_s}{2R}\cdot\dfrac{180°}{\pi}=\dfrac{100}{2\times1000}\cdot\dfrac{180°}{\pi}=2°51'53.2''\end{cases}$$

2）计算测设元素。

$$\begin{cases}\text{切线长 } T_H=(R+p)\tan\dfrac{\alpha}{2}+q=(1000+0.417)\tan\dfrac{23°03'38''}{2}+49.996=254.084\text{(m)}\\ \text{圆曲线长 } L_Y=\dfrac{\alpha\pi R}{180°}-l_s=\dfrac{23°03'38''\times\pi\times1000}{180°}-100=302.483\text{（m）}\\ \text{曲线全长 } L_H=L_Y+2l_s=302.483+2\times100=502.483\text{（m）}\\ \text{外矩 } E_H=\dfrac{R+p}{\cos\dfrac{\alpha}{2}}-R=\dfrac{1000+0.417}{\cos\dfrac{23°03'38''}{2}}-1000=21.022\text{（m）}\\ \text{切曲差 } D_H=2T_H-L_H=2\times254.084-502.483=5.685\text{（m）}\end{cases}$$

3）计算主点里程。

JD_1：	K1＋300	YH：	K1＋448.399
－）T_H：	254.084	＋）L_s	100.000
ZH：	K1＋045.916	HZ：	K1＋548.399
＋）L_s：	100.000	－）$L_H/2$：	251.2145
HY：	K1＋145.916	QZ：	K1＋297.1575
＋）L_Y	302.483	＋）$D_H/2$	2.8425
YH：	K1＋448.399	JD_1：	K1＋300

4）各桩点的桩号统计见表 12－17，各桩点的位置如图 12－4 所示。

表 12 - 17　　桩号统计表

计算坐标的中桩点	备注	位置
K1+045.916	ZH	缓和曲线
K1+100	放样点	
K1+145.916	HY	圆曲线
K1+280	放样点	
K1+297.158	QZ	

5）用坐标正算的方法计算 ZH 点和 QZ 点的坐标。

①利用直线 JD_1 - ZD_1 的坐标方位角和距离 T_H，求 ZH 点坐标。

$$\frac{500-750}{500-750}\xrightarrow{\text{pol}}\frac{353.553}{225°00'00''}\left(\frac{D_{JD1-ZD1}}{\alpha_{JD1-ZD1}}\right)$$

$$\frac{T_H}{\alpha_{JD1-ZD1}}=\frac{254.084}{225°00'00''}\xrightarrow{\text{Rec}}\frac{-179.665}{-179.665}\xrightarrow{+JD1}\frac{570.335}{570.335}\left(\frac{x_{ZH}}{y_{ZH}}\right)$$

②利用直线 JD_1 - QZ 的距离 E_H 和坐标方位角，求 QZ 点坐标。

$$\alpha_{JD1-QZ}=\alpha_{JD1-ZD1}-\frac{180°-\alpha_{右}}{2}=225°00'00''-\frac{180°-23°03'38''}{2}=146°31'49''$$

$$\frac{E_H}{\alpha_{JD1-QZ}}=\frac{21.022}{146°31'49''}\xrightarrow{\text{Rec}}\frac{-17.536}{11.594}\xrightarrow{+JD_1}\frac{732.464}{761.594}\left(\frac{x_{QZ}}{y_{QZ}}\right)$$

6）利用坐标转换的方法计算 HY 点和两个放样桩点的坐标。

计算思路为：先计算切线支距系中的独立坐标，再利用式（7 - 3）转换为测量坐标。

独立坐标系的坐标原点为 ZH 点，坐标纵轴正方向的坐标方位角为 $\alpha_{ZD1-JD1}=225°00'00''-180°00'00''=45°00'00''$，坐标转换时套用的公式为：

$$\begin{cases}x=570.335+A\cos45°-B\sin45°\\y=570.335+A\sin45°+B\cos45°\end{cases}$$

①利用式（8 - 8）求 HY 点的切线支距坐标及测量坐标。

$$\begin{cases}A_{HY}=l_s-\dfrac{l_s^3}{40R^2}=100-\dfrac{100^3}{40\times1000^2}=99.975(\text{m})\\B_{HY}=\dfrac{l_s^2}{6R}=\dfrac{100^2}{6\times1000}=1.667(\text{m})\end{cases}$$

$$\begin{cases}x=570.335+99.975\cos45°-1.667\sin45°=639.849(\text{m})\\y=570.335+99.975\sin45°+1.667\cos45°=642.207(\text{m})\end{cases}$$

②利用式（8 - 9）求缓和曲线上的桩点 K1+100 的切线支距坐标及测量坐标。

$$l_{+100-HY}=1100-1045.916=54.084(\text{m})$$

$$\begin{cases}A_{+100}=54.084-\dfrac{54.084^5}{40\times1000^2\times100^2}=54.083(\text{m})\\B_{+100}=\dfrac{54.084^3}{6\times1000\times100}=0.264(\text{m})\end{cases}$$

$$\begin{cases}x_{+100}=570.335+54.083\cos45°-0.264\sin45°=608.391(\text{m})\\y_{+100}=570.335+54.083\sin45°+0.264\cos45°=608.764(\text{m})\end{cases}$$

③利用式（8 - 10）求圆曲线上的桩点 K1+280 的切线支距坐标及测量坐标。

$$l_{+280-HY}=1280-1145.916=134.084(\text{m})$$

$$\begin{cases}\varphi_i=\dfrac{l}{R}\cdot\dfrac{180^\circ}{\pi}+\beta_0=\dfrac{134.084}{1000}\cdot\dfrac{180^\circ}{\pi}+2^\circ51'53.2''=10^\circ32'50.0''\\A_{+280}=R\sin\varphi_i+q=1000\times\sin10^\circ32'50.0''+49.996=233.042(\text{m})\\B_{+280}=R(1-\cos\varphi_i)+p=1000(1-\cos10^\circ32'50.0'')+0.417=17.313(\text{m})\end{cases}$$

$$\begin{cases}x_{+280}=570.335+233.042\cos45^\circ-17.313\sin45^\circ=722.878(\text{m})\\y_{+280}=570.335+233.042\sin45^\circ+17.313\cos45^\circ=747.363(\text{m})\end{cases}$$

7）提交成果。曲线测设的成果统计表见表 12 - 18。

表 12 - 18　　曲线测设的成果统计表

桩点	桩号	x（m）	y（m）
主点 ZH	K1＋045.916	570.335	570.335
主点 HY	K1＋145.916	639.849	642.207
主点 QZ	K1＋297.158	732.464	761.594
放样点	K1＋100	608.391	608.764
放样点	K1＋280	722.878	747.363

四、数字测图

测图范围为 100m×100m，控制点及检查点的布设位置如图 12 - 5 所示，要求在规定的时间内，按照测图比例尺的要求，完成外业数据采集和内业编辑成图工作，提交数据采集的原始文件、草图，以及 DWG 格式数字地形图。

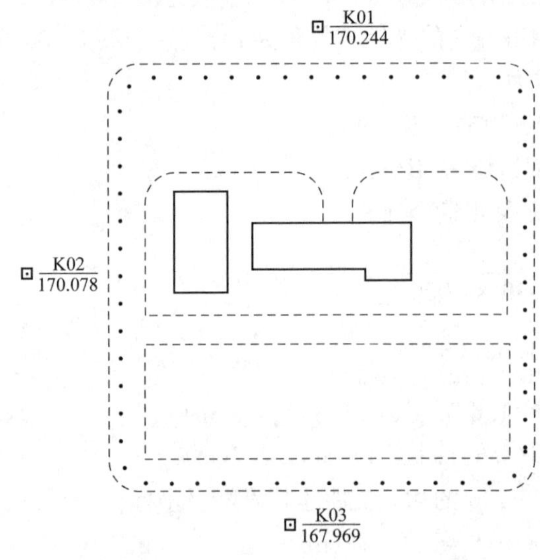

图 12 - 5　数字测图区域及控制点布设

（1）测量仪器及配套设施。

国产 GNSS 接收机及配套对中杆，能够接收 GNSS 网络 RTK 信号的手机信号卡。

（2）现场条件。

外业数据采集的区域通视条件良好，地物、地貌要素齐全，难度适中。

内业编辑成图用 CASS 软件完成。

（3）操作要点。

①四名参赛选手共同完成数据采集和内业成图工作外业时，四人的任务分配为：指点、持杆、手薄、草图。

②建工程时，坐标系统和目标椭球均设置为 2000 国家大地坐标系，投影方式选择高斯投影。按给定条件设置中央子午线的经度和投影高。

③用平滑测量的方法测量图 12 - 5 中 K01 和 K03，求转换参数后再测 K02 进行检核。比例尺接近 1 时，进行数据采集。

④绘制的草图应清晰，草图上的测点编号应与数据采集的编号一致，草图上的地物位置与成图的地物位置相符，草图上的注记符号或文字标注应与成图的符号一致。

⑤数据采集工作完成后，将“. dat”格式的文件导出，在 CASS 软件中成图。

⑥内业成图时，按要求选择测图比例尺 1∶500 或 1∶1000。

根据草图进行点、线、面状地物绘制和文字、数字、符号注记。注记的文字字体采用绘图软件默认字体。地物属性应选择正确。

⑦三角网建立的范围应选择绘制等高线的区域，而不是整个图幅。

⑧按要求对地形图进行整饰。包括对等高线进行修剪，对地物压盖的点进行处理。

⑨按比赛要求进行图廓整饰，不可增加或减少文字及标点符号。

任务二　竞赛项目训练

竞赛项目的已知条件可根据学校的具体情况自行设定。训练时间要求如下：水准测量 100min、导线测量 80min、数字测图 150min、施工放样 80min、曲线测设 80min。

一、二等水准测量

参照图 12-1 所示的闭合路线，进行二等水准测量。已知 $A01$ 点高程为 136.653m，测算 $B04$、$C01$ 和 $D03$ 点的高程，测算要求应遵循赛项技术规程。上交成果：二等水准测量竞赛成果，包括观测手簿、高程误差配赋表和高程点成果表。

二、三等水准测量

参照图 12-1 所示的闭合路线，进行三等水准测量。已知 $A01$ 点高程为 289.578m，测算 $B04$、$C01$ 和 $D03$ 点的高程，测算要求应遵循赛项技术规程。上交成果：三等水准测量竞赛成果，包括观测手簿、高程误差配赋表和高程点成果表。

三等水准测量的观测顺序和技术要求见“项目七　小地区控制测量”。

三、四等水准测量

参照图 12-1 所示的闭合路线，进行四等水准测量。已知 $A01$ 点高程为 403.656m，测算 $B04$、$C01$ 和 $D03$ 点的高程，测算要求应遵循赛项技术规程。上交成果：四等水准测量竞赛成果，包括观测手簿、高程误差配赋表和高程点成果表。

四、一级导线测量

导线参考点位如图 12-6 所示，A、B 为已知点，P_1、P_2 为待定点，测算待定点坐标，测算要求应遵循赛项技术规程。上交成果：导线测量记录计算成果，包括观测手簿、导线平差计算表和导线点成果表。

控制点坐标为：A 点$\frac{1901.667}{2880.822}$，$B$ 点$\frac{1882.985}{2992.218}$。

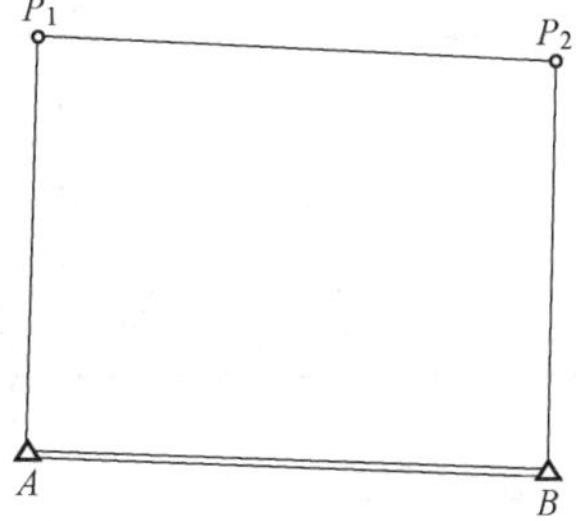

图 12-6　导线测量参考点位

五、二级导线测量

导线测量参考点位如图 12-6 所示，A、B 为已知点，P_1、P_2 为待定点，测算待定点坐标，测算要求应遵循赛项技术规程。上交成果：导线测量记录计算成果，包括观测手簿、导线平差计算表和导线点成果表。

控制点坐标为：A 点$\frac{5931.022}{5323.547}$，$B$ 点$\frac{5886.683}{5516.832}$。

六、施工放样

已知测站点、定向点、检查点，以及放样点的坐标见表 12-19，检核用的控制点坐标见

表 12 - 20。要求在实地测设三个点，用测站点、定向点和检查点的第二套坐标对放样点的坐标进行测量。上交成果：测站到测设点的边长、方位角，以及三个测设点的检测坐标。

表 12 - 19　施工放样的已知点坐标和放样点坐标

控制点坐标				放样点坐标		
点名	x（m）	y（m）	备注	点名	x（m）	y（m）
F_1	316 116.545	361 626.625	测站	A_1	316 129.435	361 635.765
F_2	316 198.236	361 597.106	后视	B_1	316 138.769	361 646.785
F_0	316 089.673	361 663.521	检核	C_1	316 141.356	361 653.536

表 12 - 20　用于检核的控制点坐标

点名	x（m）	y（m）	备注
F_1	116 116.548	261 926.628	测站
F_2	116 198.239	261 897.109	后视
F_0	116 089.676	261 963.524	检核

七、曲线测设

已知道路曲线交点 JD_3 和 JD_4 的坐标、JD_4 的里程、圆曲线半径、缓和曲线长、转向角等数据见表 12 - 21。用于曲线测设的控制点坐标见表 12 - 22。要求如下：

（1）计算曲线主点 ZH、HY、QZ 3 个点的坐标，以及里程为 K36＋030、K36＋060 中桩点的坐标。

（2）对桩号为 K36＋030、K36＋060 的两个中桩点进行放样。

（3）根据第二套测站数据和定向点数据对放样点进行检核测量，可自行设计第二套坐标。

表 12 - 21　曲线测设的已知数据

点名	x（m）	y（m）	里程	圆曲线半径（m）	缓和曲线长（m）	转向角（左）
JD_3	2 838 741.535	192 353.826				
JD_4	2 850 194.966	191 510.265	K36＋256.086	2100	180	16°36′20.6″

表 12 - 22　用于曲线测设的控制点坐标

点名	x（m）	y（m）	备注
O	2 849 980.953	191 498.186	测站
A	2 849 988.775	191 547.570	后视
B	2 849 985.311	191 547.996	检核

八、1∶500 数字测图

数字测图的区域及控制点位置参照图 12 - 5。K01、K02、K03 为控制点，请利用国产 GNSS 接收机按测图要求绘制 1∶500 数字测图。上交成果：数据采集的原始文件、野外数据采集草图和 dwg 格式的地形图文件。测图要求按赛项技术规程。控制点坐标如下：

K01：X＝1901.667m，Y＝2880.822m，H＝170.244m；

K02：X＝1802.985m，Y＝2762.218m，H＝170.078m；

K03：X＝1714.228m，Y＝2805.325m，H＝167.969m。

九、1∶1000 数字测图

数字测图的区域及控制点位置参照图 12－5。K01、K02、K03 为控制点，请利用国产 GNSS 接收机按测图要求绘制 1∶1000 数字测图。上交成果：数据采集的原始文件、野外数据采集草图和 dwg 格式的地形图文件。测图要求按赛项技术规程。控制点坐标如下：

K01：X＝3194.040m，Y＝1839.724m，H＝279.680m；

K02：X＝3095.358m，Y＝1721.120m，H＝279.514m；

K03：X＝1764.227m，Y＝3066.601m，H＝277.405m。

模块四　实　训　篇

项目十三　思 考 题 与 习 题

任务一　概　　述

一、填空题

（1）测量工作的实质是确定____________________。

（2）测量工作的基准线是______________，基准面是____________________。

（3）测量的对象是______________和______________；测量的方法分为______________和____________。

（4）在数学上表示点的空间位置，需要________、________、__________等三个量；测量中，将这三个量归纳为____________和__________。

（5）已知两个地面点 A 和 B 的高程分别为：$H_A=1552.768\text{m}$，$H_B=1549.277\text{m}$，则两点之间的高差 $h_{AB}=$____________ m，$h_{BA}=$____________ m。

（6）地面点到大地水准面的铅垂距离称为________________。

（7）测量工作的基本内容是______________、______________和________________；确定地面点位置的三个要素是________________、______________和________________。

（8）进行测量工作时，在布局上遵循____________________________原则；在程序上遵循____________________原则；在精度上遵循______________________原则；在测量过程中遵循______________________原则。

二、判断题

（1）测量工作中的地面点是指地球表面的点，建筑物上的某个点不属于地面点。（　　）

（2）在大地测量学中，把地球的局部作为研究对象，认为地球的表面是平面。（　　）

（3）不同的测量学科，确定地面点位的方法不同。（　　）

（4）测绘地形图时，先做内业后做外业。（　　）

（5）测量工作的原则之一是“边工作边检核”。（　　）

（6）进行高程测量时，可以不考虑地球曲率的影响。（　　）

（7）两点之间的高差与所选的基准面无关。（　　）

（8）对地面上已有的地形进行测量是测设。（　　）

（9）地面点的高程必须直接与水准原点进行对比才能求得。（　　）

（10）测量坐标系与数学坐标系完全相同。（　　）

三、选择题

（1）水准面有无数个，其中与（　　）重合的叫大地水准面。

A. 海平面　B. 平均海水面　C. 湖水面　D. 黄河平均水面

(2) 下列形态属于地物的是（　）。

A. 教学楼　B. 高山　C. 洼地　D. 平原

(3) 在建筑工程中，一般以（　）为假定水准面，其高程为±0.00。

A. 院落地面　B. 首层室内地坪　C. 基础顶部　D. 地基最底部

(4) 若A点的绝对高程为$H_A=1548.762$m，相对高程为$H'_A=32.000$m，则假定水准面的高程为（　）。

A. −32.000m　B. 1516.762m　C. 1580.762m　D. 72.260m

(5) 通常认为，代表整个地球的形状是（　）所包围的形体。

A. 水准面　B. 参考椭球面　C. 大地水准面　D. 似大地水准面

(6) 在未与国家水准网联测的独立的小区域进行测量时，会用到（　）。

A. 绝对高程　B. 相对高程　C. 海拔高程　D. 绝对高度

(7) 测量坐标系中，x轴的正方向为（　）。

A. 东　B. 西　C. 南　D. 北

(8) 进行高斯投影后，离中央子午线越远的地方，长度（　）。

A. 保持不变　B. 变形越小　C. 变形越大　D. 变形无规律

四、简答题

(1) 画简图示意测量坐标系。

(2) 施工放样中的“图”和测绘工作中的“图”是不是一种图？分别是什么？

(3) 图1-1中的旋转椭球面是否为大地水准面？

(4) 已知A点坐标为$\frac{815.411}{751.989}$、B点坐标为$\frac{516.812}{239.255}$。请在测量坐标系中画草图示意A、B两点的位置。

(5) 在建筑工程中如何应用绝对高程和相对高程？

(6) 绝对高程是否可以用负数表示？在建筑施工图上，地下室的地坪标高为−3.60m。问−3.60m是绝对高程还是相对高程？

(7) 学校的教学楼高于地面24m。请问24m是指什么？

(8) 请说明$\frac{X_A=3792834.315}{Y_A=39523860.653}$、$\frac{A30+19.00}{B42+49.52}\left|\frac{1545.11}{}\right.$分别表示什么？

五、计算题

(1) 某建筑物首层地面标高为±0.000m，其绝对高程为46.000m；施工图中标注的室外散水标高为−0.550m，问室外散水的绝对高程是多少？

(2) 根据“1956黄海高程系统”测得A点高程为302.129m，在“1985国家高程基准”中，A点的高程应该是多少？

(3) A点位于东经116°23′，问该点所在的6°带和3°带的中央子午线经度和投影带的带号分别是多少？

六、思考题

(1) 项目十四“任务一　实操的注意事项”中“关于测量仪器使用”，写了哪些注意事项？

（2）如图 13-1 所示，在地面上确定 1、2、3、4、5 等五个点的平面位置。根据所学知识，确定以下哪种方法正确。

两种方法确定点位的过程见下表。

方法一：图 13-1（a）所示	方法二：如图 13-1（b）所示
①测量∠$BA1$，量 $A1$ 的距离，确定 1 点位置。 ②测量∠$A12$，量 12 的距离，确定 2 点位置。 ③测量∠123，量 23 的距离，确定 3 点位置。 ④测量∠234，量 34 的距离，确定 4 点位置。 ⑤测量∠345，量 45 的距离，确定 5 点位置。	①测量∠$BA1$，量 $A1$ 的距离，确定 1 点位置。 ②测量∠$BA2$，量 $A2$ 的距离，确定 2 点位置。 ③测量∠$BA3$，量 $A3$ 的距离，确定 3 点位置。 ④测量∠$BA4$，量 $A4$ 的距离，确定 4 点位置。 ⑤测量∠$BA5$，量 $A5$ 的距离，确定 5 点位置。

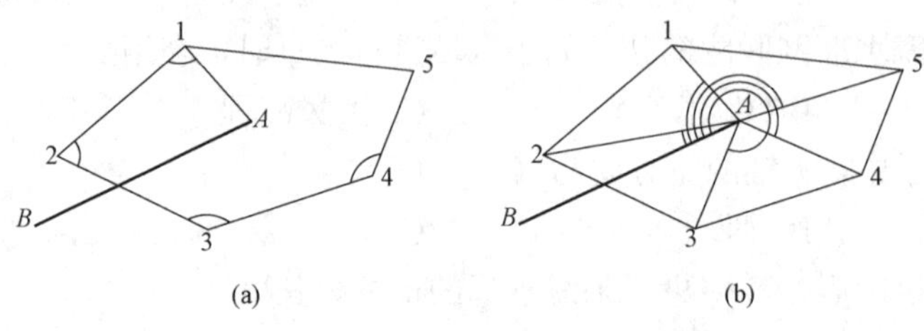

图 13-1　任务一思考题（2）

任务二　水　准　测　量

一、填空题

（1）水准仪按精度划分，分为 DS_{05}、DS_1、DS_3、DS_{10} 水准仪。其中精度最高的是____________。

（2）在水准测量中，计算高程的方法有两种，一种是________法，另一种是________法。其中____________法在实际工作中应用比较广泛。

（3）操作水准仪时，使圆水准器的气泡居中需转动________螺旋，使十字丝清晰需转动____________螺旋，使目标清晰需转动______________螺旋，使管水准器的气泡居中需转动__________螺旋。

（4）水准测量时，测量高差用十字丝的________部位去截取水准尺读数。

（5）已知 $H_A=96.236$m，$a=1.423$m，$b=1.826$m，$h_{AB}=$________m，$H_B=$________m，$H_i=$____________m，A 点和 B 点相比，________点高。

（6）粗平时，用________手大拇指指示气泡的移动方向，且左右手转动脚螺旋的方向对称。

（7）图 13-2 所示为水准仪粗平的过程。要求在图中画出脚螺旋的转动方向。

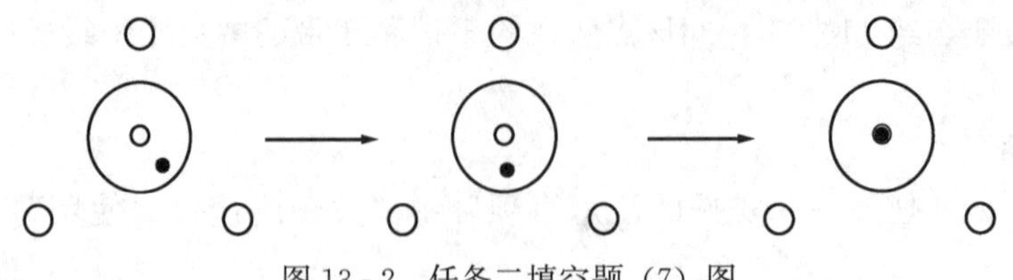
图 13-2　任务二填空题（7）图

(8) 图 13-3 所示为塔尺的读数界面。图(a)的读数为______；图(b)的读数为______；图(c)的读数为______。

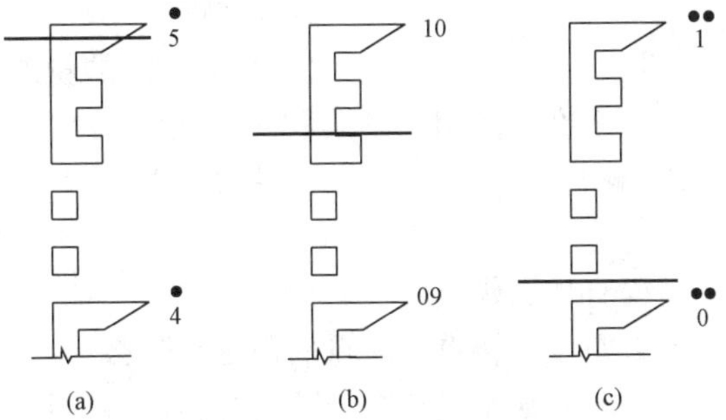

图 13-3 任务二填空题(8)

二、判断题

(1) 测量两点之间的高差，保证前后视距相等的测站位置只有一个。( )

(2) 水准测量是高程测量的方法之一。( )

(3) 在同一个测站上观测，水准尺的读数越小，表明该点的绝对高程越小。( )

(4) 用高差法和视线高法计算同一组观测数据，高程的计算结果不同。( )

(5) 在一个测站上操作水准仪时，瞄准每一个目标都要粗平。( )

(6) 后视读数是指待测点上水准尺的读数。( )

(7) 转点的作用是传递高程。( )

(8) 计算检核的目的是检核每个测站的观测精度。( )

(9) 水准点的表面必须凸起。( )

(10) 使用自动安平水准仪进行水准测量，不需要精平。( )

三、选择题

(1) 两个地面点落差较小，选用精确测量地面点高程的方法为( )。

A. 卫星定位高程测量　　B. 三角高程测量

C. 水准测量　　D. 物理高程测量

(2) 在水准测量中，读取水准尺读数以及计算点的高程，小数点后面应保留( )位。

A. 4　　B. 3　　C. 2　　D. 1

(3) 在水准测量中，保证前后视距相等的测站有( )个。

A. 1　　B. 2　　C. 3　　D. 若干

(4) 在水准测量中，尺垫只能在( )安放。

A、水准点　　B. 转点　　C. 待测点　　D. 中间点

(5) 在水准测量记录中，某点既有后视读数又有前视读数，则该点属于( )。

A. 已知点　　B. 转点　　C. 待测点　　D. 中间点

(6)“点之记”由草图和成果两部分组成。其中，草图的作用是( )；成果的作用是( )。

A. 寻找已知点　　B. 作为备忘　　C. 作为起算数据　　D. 作为检核数据

(7) 在水准测量中，若后视点 A 的读数大，前视点 B 的读数小，则有( )。

A. A 点比 B 点低　　B. A 点比 B 点高

C. A 点与 B 点可能同高　　D. 无法判断

（8）计算往返水准路线高差平均值，高差正负号一般是以（　　）为准。

A. 往测高差　　B. 返测高差

C. 往返测高差的代数和　　D. 往返高差的较差

（9）水准测量过程中，若水准尺倾斜，则读数（　　）。

A. 偏大　　B. 偏小　　C. 均有可能　　D. 无影响

四、简答题

（1）用视线高法计算高程有什么优点？

（2）在水准测量中为什么要设置转点？转点的作用是什么？

（3）在水准测量中要求“前后视距相等”。请问如何测量视距？“视距相等”是否为绝对相等？

（4）待测点高程计算的公式为：$H_B=H_A+a-b$，其中 a 和 b 分别表示什么？写出视线高程的计算式和高差的计算式。

（5）已知 A 点高程，求 B 点高程，需要测量 A、B 两点间的高差。问：根据已知条件，需要求 h_{AB} 还是 h_{BA}？

（6）水准仪十字丝的中丝、竖丝、视距丝，作用分别是什么？

（7）视差产生的原因是什么？如何消除视差？

（8）用自动安平水准仪进行水准测量，读数前是否需要精平？

五、计算题

（1）以 A 点的高程 226.652m 为基准，测得 B 点高程为 223.789m。经过验证，A 点高程是错用了“点之记”中其他点的成果，A 点的真正高程为 213.365m。问 B 点真正的高程是多少？

（2）水准测量的观测数据如图 13-4 所示，已知 $H_A=1589.327$m，分别用高差法和视线高法计算 B 点及各转点的高程。

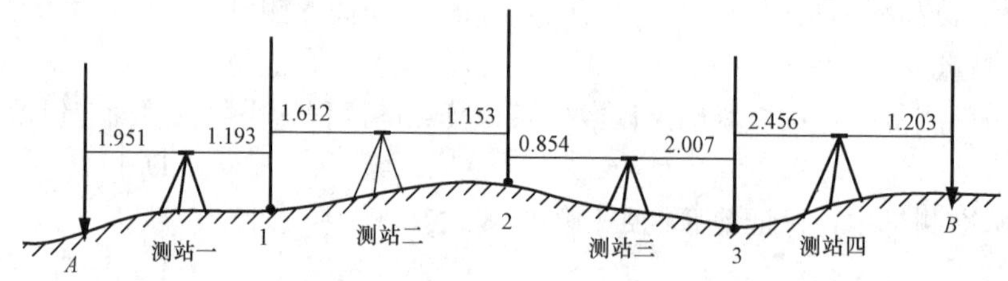

图 13-4　任务二计算题（2）

（3）水准测量的观测数据如图 13-5 所示，已知 A 点高程为 136.742m。要求按照所学知识选择高程计算的表格，在表格中计算图中各点高程。

六、思考题

（1）如何判断自动安平水准仪处于正常工作状态？

（2）水准测量中的“前后视距相等”可以消除哪些测量误差的影响？

（3）附合水准路线的观测数据如图 13-6 所示。计算 B 点的实测高程，并进行计算检核。说明附合水准路线具备检核的条件是什么？图中 n_1～n_4、L_1～L_4 是否为多余的条件？

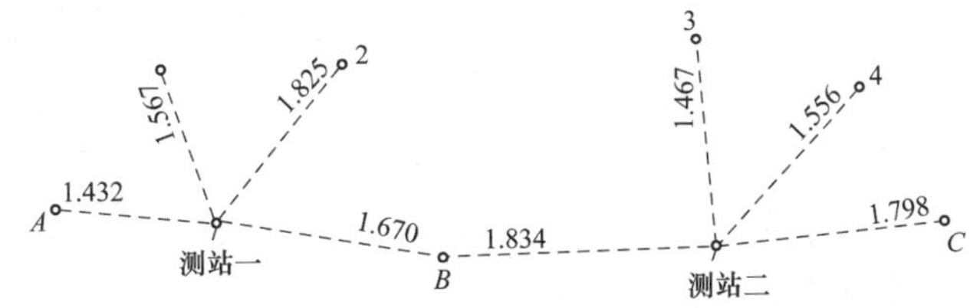

图 13 - 5　任务二计算题（3）

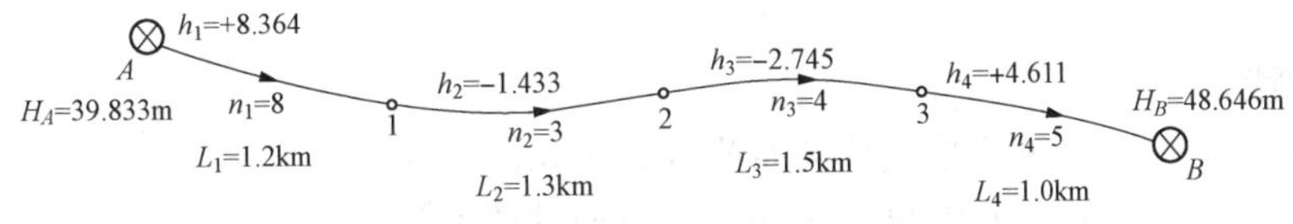

图 13 - 6　任务二思考题（3）

任务三　角　度　测　量

一、填空题

（1）角度测量包括________角测量和________角测量。

（2）操作经纬仪时，使圆水准器的气泡居中需________，使十字丝清晰需转动________螺旋，使目标清晰需转动________螺旋，使管水准器的气泡居中需转动________螺旋。

（3）DJ_6 光学经纬仪的分微尺读数器最小估读单位为________。

（4）倾斜视线在水平视线的上方，所测竖直角称为________，取值范围为________。

（5）测角精度要求较高时，应变换水平度盘不同位置，观测 n 个测回取算术平均值，变换水平度盘位置的计算公式是________。

（6）盘左和盘右瞄准同一方向，水平度盘的读数理论上应相差________。

（7）方向观测法观测水平角，同一个方向盘左读数为 203°12′06″，盘右读数为 23°12′12″，用该方向观测值计算的 $2c$ 值为________。

（8）图 13 - 7 为经纬仪精平的过程。请在图中画出脚螺旋的转动方向。

（9）如图 13 - 8 所示 DJ_6 经纬仪的读数为________。

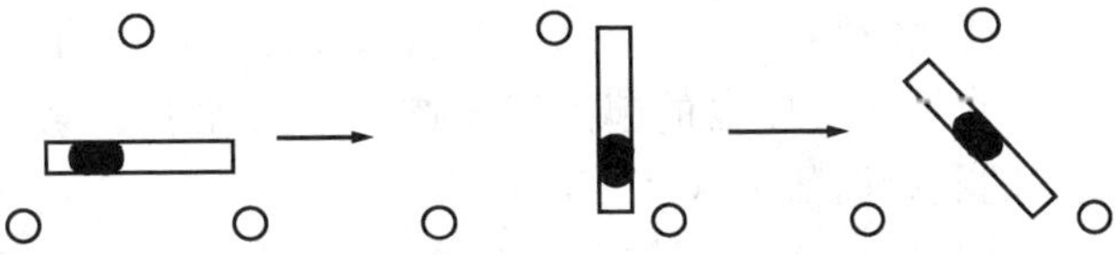

图 13 - 7　任务三填空题（8）

（10）如图 13 - 9 所示 DJ_2 经纬仪的读数为________。

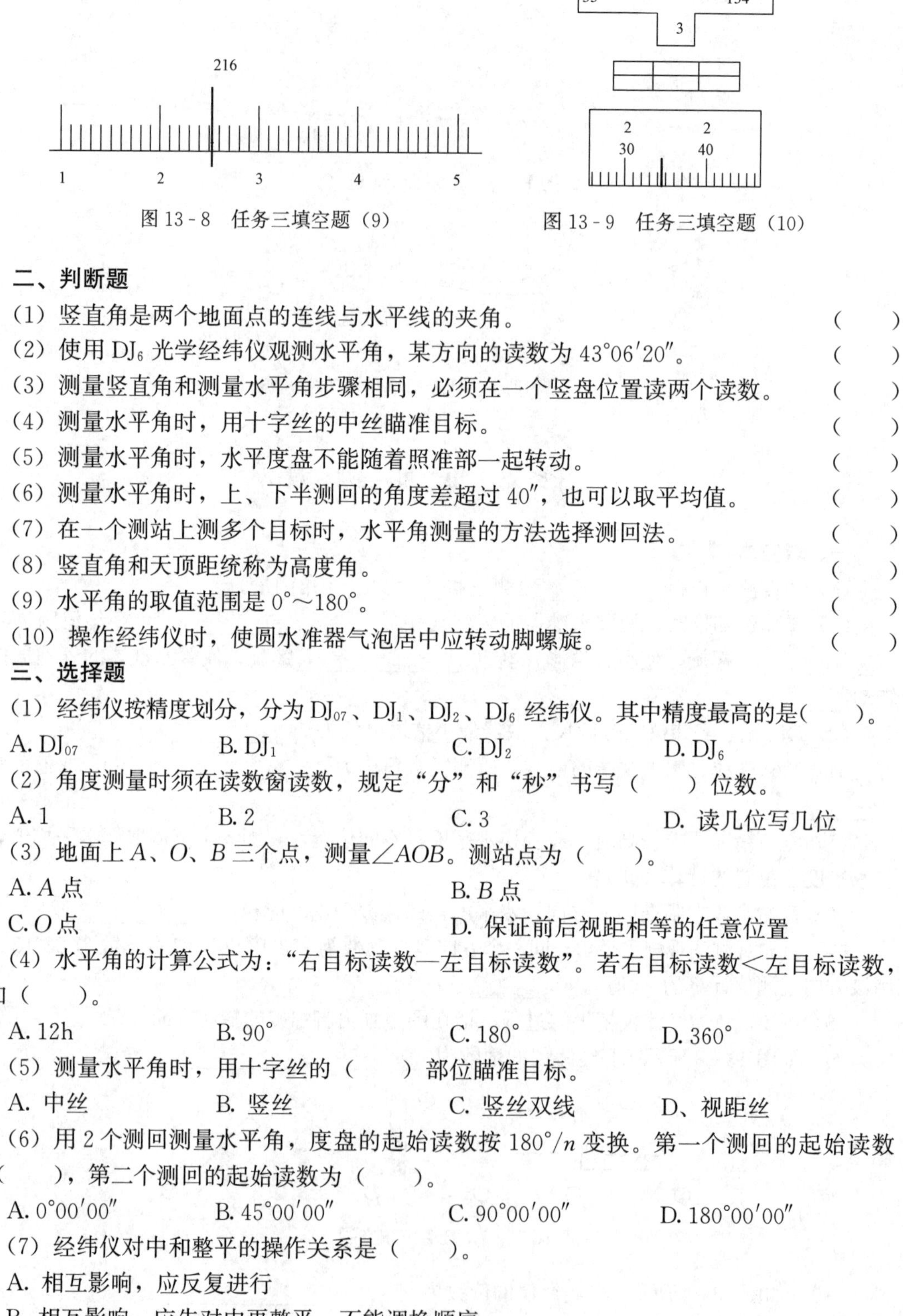

图 13-8　任务三填空题（9）

图 13-9　任务三填空题（10）

二、判断题

（1）竖直角是两个地面点的连线与水平线的夹角。（　　）

（2）使用 DJ_6 光学经纬仪观测水平角，某方向的读数为 43°06′20″。（　　）

（3）测量竖直角和测量水平角步骤相同，必须在一个竖盘位置读两个读数。（　　）

（4）测量水平角时，用十字丝的中丝瞄准目标。（　　）

（5）测量水平角时，水平度盘不能随着照准部一起转动。（　　）

（6）测量水平角时，上、下半测回的角度差超过 40″，也可以取平均值。（　　）

（7）在一个测站上测多个目标时，水平角测量的方法选择测回法。（　　）

（8）竖直角和天顶距统称为高度角。（　　）

（9）水平角的取值范围是 0°～180°。（　　）

（10）操作经纬仪时，使圆水准器气泡居中应转动脚螺旋。（　　）

三、选择题

（1）经纬仪按精度划分，分为 DJ_{07}、DJ_1、DJ_2、DJ_6 经纬仪。其中精度最高的是(　　)。

A. DJ_{07}　　B. DJ_1　　C. DJ_2　　D. DJ_6

（2）角度测量时须在读数窗读数，规定“分”和“秒”书写（　　）位数。

A. 1　　B. 2　　C. 3　　D. 读几位写几位

（3）地面上 A、O、B 三个点，测量∠AOB。测站点为（　　）。

A. A 点　　B. B 点

C. O 点　　D. 保证前后视距相等的任意位置

（4）水平角的计算公式为：“右目标读数—左目标读数”。若右目标读数＜左目标读数，应加（　　）。

A. 12h　　B. 90°　　C. 180°　　D. 360°

（5）测量水平角时，用十字丝的（　　）部位瞄准目标。

A. 中丝　　B. 竖丝　　C. 竖丝双线　　D、视距丝

（6）用 2 个测回测量水平角，度盘的起始读数按 180°/n 变换。第一个测回的起始读数为（　　），第二个测回的起始读数为（　　）。

A. 0°00′00″　　B. 45°00′00″　　C. 90°00′00″　　D. 180°00′00″

（7）经纬仪对中和整平的操作关系是（　　）。

A. 相互影响，应反复进行

B. 相互影响，应先对中再整平，不能调换顺序

C. 互不影响，可随意进行

D. 互不影响，但应按先对中后整平的顺序进行

（8）测量竖直角时，用十字丝的（　　）部位瞄准目标。

A. 中丝　　B. 单线竖丝　　C. 双线竖丝　　D视距丝

（9）测量竖直角时，竖盘随着望远镜一起转动，则读数靠（　　）指示。

A. 竖盘指标　　B. 转动竖直微动螺旋

C. 转动竖直制动螺旋　　D. 转动竖盘指标水准管微动螺旋

四、简答题

（1）经纬仪的安置高度是否影响水平角测量角度的大小？

（2）用测回法测量水平角，测完半个测回后发现水准管气泡偏移3格。请问是否可以继续观测？

（3）怎样判断水平角观测的精度？怎样判断竖直角观测的精度？

（4）测量水平角时，盘左瞄准左目标时，是否必须配盘？

五、计算题

（1）整理表13-1中的观测数据，要求在表中计算水平角，并判断测角精度是否满足要求。

表13-1　测回法水平角观测记录表

测站	测回数	竖盘位置	目标	水平度盘读数	半测回角值	一测回角值	各测回平均角值	备注
O	1	左	A	0°02′36″				
			B	193°18′24″				
		右	A	180°02′48″				
			B	13°18′12″				
	2	左	A	90°05′18″				
			B	283°20′48″				
		右	A	270°05′36″				
			B	103°20′54″				

（2）整理表13-2中的观测数据，要求在表中计算水平角，并对计算结果进行检核。

表13-2　方向观测法水平角观测记录表

测站	目标	水平度盘读数		2c (″)	平均读数 (° ′ ″)	归零方向值 (° ′ ″)	水平角 (° ′ ″)	备注
		盘左 (° ′ ″)	盘右 (° ′ ″)					
O	A	0 00 42	180 00 38					
	B	76 25 37	256 25 31					
	C	128 48 08	308 47 59					
	D	290 56 25	110 56 36					
	A	0 00 52	180 00 49					

（3）整理表 13-3 中的观测数据，要求在表中计算竖直角，并判断竖盘指标差是否满足要求。

表 13-3　　**竖直角观测记录表**

测站	竖盘位置	目标	竖直度盘读数	半测回角值	竖盘指标差	一测回角值	备注
O	左	A	77°02′06″				顺时针天顶式注记
	右	A	282°58′12″				
	左	B	94°36′36″				
	右	B	265°23′48″				

六、思考题

（1）水平角测量时产生误差的原因有哪些？为了提高测角精度，应采取哪些措施？

（2）用盘左盘右观测取平均值的方法，可以消除哪些仪器误差？

（3）经纬仪有哪些轴线？各轴线之间应满足什么关系？

任务四　距离测量与直线定向

一、填空题

（1）测量 AB 段的水平距离，往测为 145.258m，返测为 145.278m，则量距的相对误差 $K=$________，若容许值为 1/3000，则 AB 段的量距精度______（符合或不符合）要求；若 CD 段的相对误差 $K=1/5000$，________段量距精度高。

（2）如图 13-10 所示，图（a）的钢尺读数为______________；图（b）的钢尺读数为____________。

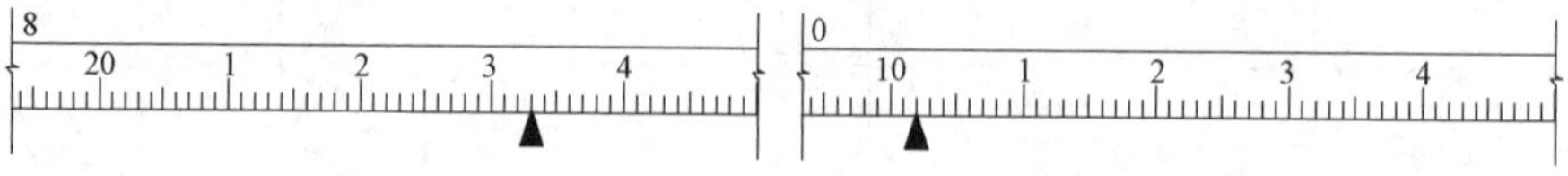

(a)　　(b)

图 13-10　任务四填空题（2）

（3）确定一条直线与标准方向的关系，称为______________。

（4）直线 AB 的象限角为南偏西 75°，直线 BA 的坐标方位角为________________。

（5）已知直线 AB 的坐标方位角是 145°06′48″，则直线 AB 的象限角是____________，直线 BA 的坐标方位角是____________。

（6）坐标方位角的标准方向是__________________；取值范围是________________。

（7）视距测量中，计算距离的公式为__________________________，计算高差的公式为________________________。

（8）坐标正算的竖式表示方法为 $\frac{D}{\alpha}\rightarrow\frac{\Delta x}{\Delta y}\rightarrow\frac{x}{y}$。其中，$D$ 为________；$\frac{x}{y}$ 为________。

（9）已知直线 AB 的水平距离为 200.000m、坐标方位角为 133°10′22″，直线 AB 在 X 轴的坐标增量为________，直线 AB 在 Y 轴的坐标增量为__________。

(10) 一条指向正东方向的直线，坐标方位角为__________，象限角为__________。

二、判断题

(1) 用全站仪测量两点之间的水平距离必须进行直线定线。 ( )

(2) 象限角可能是锐角，也可是钝角。 ( )

(3) 同一条直线的正、反坐标方位角相差180°。 ( )

(4) 用钢尺进行平量法量距时要求尺身水平。 ( )

(5) 在测量工作中，直线的方向一般用真方位角表示。 ( )

(6) 视距测量的精度较高，相对误差可以达到1/3000。 ( )

(7) 零刻画在尺身上的钢尺是端点尺。 ( )

(8) 测量磁方位角使用罗盘仪。 ( )

(9) 坐标正算的条件是已知两点坐标。 ( )

(10) 坐标方位角可以大于360°。 ( )

三、选择题

(1) 距离测量中，用( ) 衡量测距的精度。

A. 相对误差 B. 闭合差 C. 往返较差 D. 丈量工具

(2) 某段距离的观测平均值为100m，往返较差为20mm，则相对误差为( )。

A. 0.02/100 B. 0.002 C. 1/5000 D. 20mm。

(3) 在测量工作中，( ) 的精度要用相对误差来衡量。

A. 水准测量 B. 水平角测量 C. 竖直角测量 D. 距离测量

(4) 用水准仪进行视距测量，水平距离应为尺间隔l的( ) 倍。

A. 50 B. 100 C. 200 D. 300

(5) 下列距离测量的方法中，精度最高的是( )。

A. 钢尺量距 B. 全站仪测距 C. 塔尺测距 D. 经纬仪测距

(6) C点是直线AB的中点，测量D_{AB}，则直线的起点为( )。

A. A点 B. B点 C. C点 D. 哪点都行

(7) 求直线AB的坐标方位角α_{AB}，需要在( ) 建立标准方向。

A. A点 B. B点

C. 哪点都行 D. A点和B点的中点

(8) 直线坐标方位角的标准方向是( )。

A. X轴的南方向 B. X轴的北方向 C. Y轴的东方向 D. Y轴的西方向

(9) 一把钢尺的名义长度为30m，与标准长度比较得实际长度为30.015m，用这把钢尺测得A、B两点间的距离为64.780m，则AB的实际长度是( )。

A. 64.748m B. 64.812m C. 64.821m D. 64.784m

(10) 直线的坐标方位角按( ) 表示。

A. 坐标纵轴北端逆时针 B. 坐标横轴东端逆时针

C. 坐标纵轴北端顺时针 D. 坐标横轴东端顺时针

四、简答题

(1) 视距测量时，为什么读数顺序为“上、下、中”丝读数，而不是“上、中、下”丝读数?

（2）以 A 点为测站、以 B 点为目标，用经纬仪测量高差，计算的高差为负值。问 A、B 两点哪个点低？

（3）直线定线的方法有哪几种？分别适用于什么样的现场条件？

（4）在坐标正算和坐标反算中，计算坐标增量的方法有什么不同？

五、计算题

（1）用经纬仪进行视距测量，望远镜中上丝读数为 1.525m，下丝读数为 1.807m，盘右位置时竖盘读数为 300°，若不考虑竖盘指标差影响，计算这两点间的水平距离。

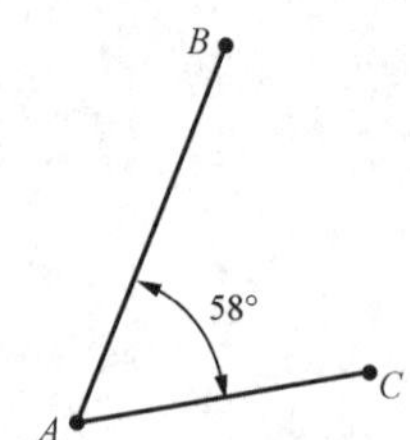

图 13-11　任务四计算题（2）

（2）如图 13-11 所示，已知 $\angle BAC=58°$、A 点坐标为 $\frac{825.666}{483.823}$、$D_{AC}=118.326$m，$\alpha_{AB}=23°12'54''$。求 C 点坐标。要求列横式和列竖式两种方法进行计算。

（3）已知 A 点坐标为 $\frac{521.562}{496.327}$，B 点坐标为 $\frac{815.411}{751.989}$，要求画出直线方向并示意象限角和坐标方位角。求 $\frac{D_{AB}}{\alpha_{AB}}$ 和 $\frac{D_{BA}}{\alpha_{BA}}$。要求列横式和列竖式两种方法进行计算。

（4）如图 13-12 所示，已知 $\alpha_{12}=132°22'04''$，四边形的四个内角分别为：$\angle 1=66°55'33''$、$\angle 2=109°54'40''$、$\angle 3=71°53'51''$、$\angle 4=111°15'56''$，求其余直线的坐标方位角并回答下列问题：

①沿前进方向 1-2-3-4-1，转折角为左角还是右角？

②坐标方位角的推算过程为 $\alpha_{12}\rightarrow\alpha_{23}\rightarrow\alpha_{34}\rightarrow\alpha_{41}\rightarrow\alpha_{12}$。说明两个 α_{12} 的作用分别是什么？

③根据 α_{12} 推算 α_{23}，用的哪个转折角？

④如果不进行检核，是否可以用到∠4 推算坐标方位角？

（5）观测数据如图 13-13 所示，已知 A 点坐标为 $\frac{2308.940}{1108.942}$，$B$ 点坐标为 $\frac{1545.612}{1826.134}$，求 C、D 两点坐标。

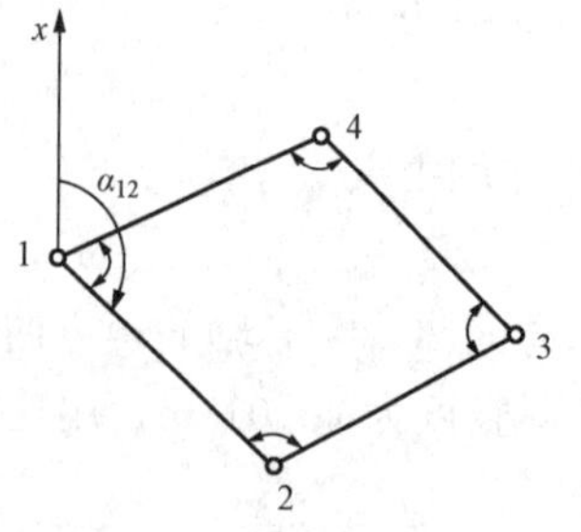

图 13-12　任务四计算题（4）

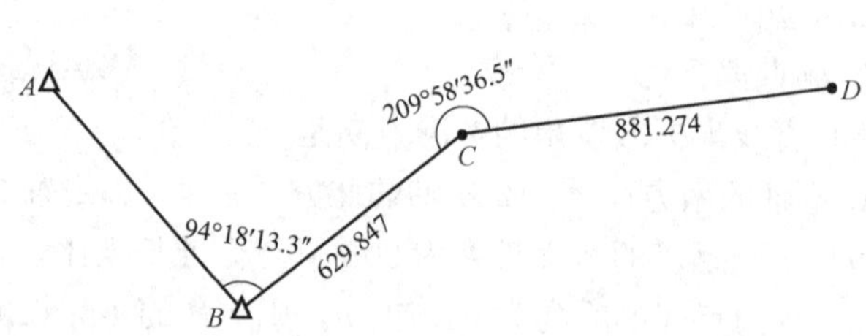

图 13-13　任务四计算题（5）

六、思考题

（1）对某段距离丈量了 2 次，可以用相对误差 K 衡量丈量的精度。若丈量了 6 次，用什么衡量丈量的精度？

（2）如果测区内没有已知点，如何进行直线定向？

任务五 全站仪测量

一、填空题

(1) 全站仪是由________、________、________及其________组成的智能型光电测量仪器。

(2) 全站仪的标称精度为±($3+2\times10^{-6}\times D$)mm，用该全站仪测量的距离为 3km 时，中误差为________。测量的距离为 0.5km 时，单向一次测距达到的精度是________；若进行往返观测，其算术平均值的中误差是________。

(3) 全站仪进行距离测量或坐标测量前，应设置正确的大气改正数，设置的方法可以是直接输入测量时的气温和________；然后设置正确的________。

(4) 全站仪的三种常规测量的内容分别为________、________、________。

(5) 全站仪直接测量的观测量为________、________、________。

(6) 全站仪显示屏显示“VD”，表示________。

(7) 全站仪测量的合作目标是________、________、________。

(8) 全站仪观测时，不能输入汉字，只能输入________和________；配盘时输入角度 0°01′30″，应在全站仪中输入________。

二、判断题

(1) 坐标方位角是全站仪测量的基本观测量。 (　　)

(2) 全站仪距离测量时，必须设置正确的棱镜常数。 (　　)

(3) 全站仪的物镜不可对着阳光或其他强光源进行测量。 (　　)

(4) 全站仪可以进行控制测量、地形测量、施工放样、变形监测等。 (　　)

(5) 全站仪右角测量就是盘右位置进行水平角测量。 (　　)

(6) 全站仪可以在同一个测站上完成测角、测距、测高差的工作。 (　　)

(7) 全站仪显示屏上显示的“HD”表示倾斜距离。 (　　)

(8) 取下全站仪的电池之前，应先关闭全站仪。 (　　)

三、选择题

(1) 某全站仪测距标称精度为±($a+b\times10^{-6}\times D$)mm，数字 a 和 b 分别表示(　　)。

A. 固定误差、相对误差　　B. 比例误差系数、绝对误差

C. 固定误差、比例误差系数　　D. 比例误差系数、相对误差

(2) 使用全站仪进行坐标测量，在测站点瞄准后视点后，其方向值应设置为(　　)。

A. 测站点至后视点的方位角　　B. 坐标北方向

C. 后视点至测站点的方位角　　D. 0°

(3) 全站仪测量地面点高程的原理是(　　)。

A. 水准测量　　B. 导线测量

C. 三角测量　　D. 三角高程测量

(4) 下列选项中不属于全站仪程序测量功能的是(　　)。

A. 水平距离和高差的切换显示　　B. 自由建站

C. 悬高测量　　D. 对边测量

（5）全站仪分为基本测量功能和程序测量功能，不属于基本测量功能的是（　　）。

A. 坐标测量　　B. 距离测量

C. 角度测量　　D. 面积测量

（6）全站仪显示屏显示“HR”代表（　　）。

A. 盘右水平角读数　　B. 盘左水平角读数

C. 水平角（右角）　　D. 水平角（左角）

（7）若某全站仪的标称精度为±（$3+2\times10^{-6}\times D$）mm，则用此全站仪测量2km长的距离，中误差为（　　）。

A. ±7mm　　B. ±5mm　　C. ±3mm　　D. ±2mm

（8）全站仪测量的倾斜距离为S，天顶距为α。显示屏上显示的水平距离用下列哪个公式计算。（　　）

A. $S\cdot\sin\alpha$　　B. $S\cdot\cos\alpha$　　C. $S\cdot\tan\alpha$　　D. $S\cdot\cot\alpha$

四、简答题

（1）建站时没有输入仪器高，为什么全站仪测量坐标时也显示高程？

（2）全站仪“对向测量”水平距离与全站仪“对边测量”水平距离，有什么不同？

（3）若不设置棱镜常数，是否可以进行水平角测量工作？

（4）后交建站时需要几个已知点？

（5）悬高测量时，基准点一定在待测点的铅垂线方向吗？

（6）如果测量圆柱中心，调用全站仪的什么功能？

五、思考题

（1）在待测点上不安置棱镜是否可以测量距离？

（2）测量距离时是否需要建站？

（3）测量水平角时，是否必须在目标上安置棱镜？

（4）测量坐标时，是否必须建立项目（或任务）？

（5）查阅相关资料，说明智能型全站仪与普通型全站仪的区别是什么？

任务六　测量误差的基础知识

一、填空题

（1）粗差是指测量中出现的错误，对它的处理方法是剔除，粗差的特点是________。

（2）对两个已知点进行水平距离测量，等精度观测3次。观测值分别为：125.263、125.267、125.265m。观测量的算术平均值为________ m，中误差为________ mm，相对中误差为________。

（3）在测量工作中，________是不可以避免的，________是不允许存在的。

（4）对某段距离观测4次，观测中误差为±2cm，则算术平均值的中误差为________。

（5）水准测量中，水准管轴不平行于视准轴的误差属于________误差。

（6）观测一个测回的测角中误差为±3″，若使该角的观测精度达到±1.4″，需要观测________个测回。

（7）一般情况下，测角中误差的单位为________，测距中误差的单位为________。

(8) 真误差也称为测量误差，是__________与__________的差值。

二、判断题

(1) 测量误差可以避免，甚至可以消除。 ( )

(2) 测量误差是通过多余观测产生的差异体现出来的。 ( )

(3) 在测量工作中，对某量进行无限次的观测是提高观测精度的唯一方法。 ( )

(4) 测量仪器的精密度不高是产生测量误差的原因之一。 ( )

(5) 外界温度、湿度、风力及阳光照射等条件，不会给观测值的精度带来影响。( )

(6) 粗差不是误差，而是测量工作中出现的错误。 ( )

(7) 观测三角形的任意两个内角，属于非独立观测。 ( )

(8) 极限误差是指观测中允许的最大误差。 ( )

(9) 中误差是衡量一组观测值精度的指标。 ( )

(10) 观测条件相同的观测为直接观测。 ( )

三、选择题

(1) 一把名义长度为 30m 的钢尺，实际长度为 30.005m，每量一整尺段就会有 5mm 误差，这种误差称为( )。

A. 系统误差　B. 偶然误差　C. 限差　D. 真误差

(2) 我国统一采用( )作为衡量精度的指标。

A. 系统误差　B. 偶然误差　C. 中误差　D. 容许误差

(3) 衡量一组观测值精度的指标是( )。

A. 容许误差　B. 中误差　C. 较差　D. 算术平均值中误差

(4) 观测了三角形的三个内角，计算其内角和为 179°59′24″。则( )。

A. 36″的测量误差属于中误差　B. 179°59′24″为观测值

C. 179°59′24″不是观测值　D. 对三个内角的观测都是必要观测

(5) 在测量工作中，确定某个量或某个图形所需要的最少观测次数，是指( )。

A. 必要观测　B. 正常观测　C. 多余观测　D. 限制观测

(6) 请指出下列观测哪个属于直接观测。( )

A. 用经纬仪测量两个已知点之间的距离

B. 用水准仪测量两个已知点之间的距离

C. 用钢尺丈量两个已知点之间的距离

D. 用全站仪测量两个已知点之间的距离

(7) 在测量工作中，对于观测数与必要观测数，规定：( )。

A. $n=t$　B. $n<t$

C. $n>t$　D. n 与 t 的关系无法确定

(8) 在等精度观测下，对某角度进行了一组观测，则该角的最可靠值是该组观测值的( )。

A. 算术平均值　B. 加权平均值　C. 平方和　D. 平方差

四、简答题

(1) 对三角形 ABC 的三个内角进行观测，测得 $\angle A=67°25'42''$、$\angle B=46°57'09''$、$\angle C=55°37'29''$。问：三个内角和的真值是多少？观测值分别是什么？观测误差是多少？

（2）对$\angle ABC$进行两测回的观测。甲组用DJ_6经纬仪进行观测，测得$\angle ABC=87°42'12''$，乙组用DJ_2经纬仪进行观测，测得$\angle ABC=87°42'17.2''$，问这两组的观测是否为等精度观测？

（3）对三角形的三条边和三个内角均进行测量。问：观测总数是多少？必要观测数是多少？多余观测数是多少？

（4）测量长方形的长为20±0.004m，宽为15±0.003m，判断长和宽的测量精度是否相同。

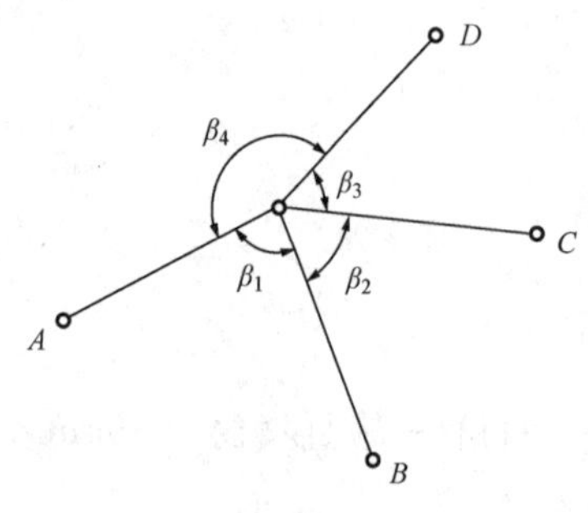

图13-14 任务六计算题（1）

五、计算题

（1）如图13-14所示，用测回法等精度观测了β_1、β_2、β_3三个角，其观测值和中误差分别为：$\beta_1=89°30'40''\pm8''$、$\beta_2=60°25'36''\pm6''$、$\beta_3=40°18'52''\pm10''$。求$\beta_4$及其中误差$m_{\beta4}$。

（2）在相同的观测条件下，对某个角进行了四个测回的观测，每个测回的算术平均值为：67°12′18″、67°12′06″、67°12′36″、67°12′12″。求一测回观测值的中误差、算术平均值及其中误差。

（3）有两段距离，AB段的距离为116.156m，中误差$\sigma_1=\pm12.6$mm；CD段的距离为252.659m，中误差$\sigma_2=\pm14.9$mm。问哪段的观测精度高？

（4）测得AB段的水平距离为1500m，CD段的水平距离为1300m，中误差均为+22mm。求两段量距的相对中误差，判断哪段的量距精度高。

六、思考题

（1）为什么等精度观测的算术平均值是最可靠值？

（2）计算图13-6所示附合水准路线中的不符值，并说明计算的不符值属于哪种不符值。

任务七 小地区控制测量

一、填空题

（1）控制测量分为________控制测量和________控制测量。

（2）在测区内由若干个控制点构成的几何图形，称为________。

（3）按照用途划分，工程控制网分为________控制网、________控制网和________控制网。

（4）单一导线的布设形式为________导线、________导线、________导线。建筑工程中，导线的布设形式一般选用________导线。

（5）《工程测量标准》（GB 50026—2020）规定，三级导线的导线全长相对闭合差不超过________，方位角闭合差不超过________；四等水准测量平地观测的环线闭合差不超过________。

（6）闭合导线坐标增量闭合差调整后，坐标增量之和应等于________。

（7）导线内业计算中，按反符号分配的闭合差是________和________。

(8) 已知导线全长为 392.919m，计算 $f_x=+0.006$mm，$f_y=-0.008$mm。其中一条导线边的距离为 80.236m，则该导线边的坐标增量改正数 Δx 和 Δy 分别为________和________。

(9) 双面尺的基辅差为________mm 和________mm。

(10) 目前四大全球卫星导航定位系统 GNSS 是指中国的________、美国的________、欧盟的________、俄罗斯的________。

二、判断题

(1) 附合导线的角度闭合差指终边方位角推算值与终边方位角已知值之差。（　）

(2) 导线测量的起算数据是起始点坐标和起始方向的坐标方位角。（　）

(3) 平面控制测量的方法包括卫星定位测量、导线测量、三角测量。（　）

(4) 导线全长相对闭合差小，则导线测量的精度高。（　）

(5) 后方交会加密控制点时，测量仪器安置在已知点上。（　）

(6) 导线测量的目的是求导线点的坐标。（　）

(7) 在控制测量中，应考虑测量误差，对观测数据进行平差处理。（　）

(8) 无定向导线坐标计算缺少约束条件，在控制测量中慎用。（　）

(9) 水准测量是高程控制测量的常用方法。（　）

(10) 双面尺的红面尺底是从零开始注记。（　）

三、选择题

(1) 导线测量属于（　）。

A. 高程控制测量　　B. 平面控制测量

C. 碎部测量　　D. 施工测量

(2) 在各种形式的导线中，缺乏检核条件的是（　）。

A. 闭合导线　　B. 附合导线　　C. 支导线　　D. 无定向导线

(3) 闭合导线的转折角观测，应观测（　）。

A. 左角　　B. 右角　　C. 外角　　D. 内角

(4) 坐标换算的基本公式为：$x=x_0+A\cos\beta-B\sin\beta$；$y=y_0+A\sin\beta+B\cos\beta$，其中 x_0 和 y_0 是指（　）。

A. 独立坐标系的坐标原点在测量坐标系中的坐标

B. 独立坐标系的坐标原点

C. 测量坐标系中坐标原点的坐标

D. 测量坐标系的坐标原点

(5)《工程测量标准》(GB 50026—2020) 规定，用 6″经纬仪进行一级导线测量，应观测（　）个测回。

A. 1　　B. 2　　C. 3　　D. 4

(6) 下列导线内角的观测成果，满足三级导线要求的是（　）。

A. 85°22′15″、90°00′01″、94°35′50″、89°57′54″

B. 86°11′26″、96°34′32″、87°14′50″、90°00′48″

C. 90°12′21″、95°25′41″、84°20′10″、90°01′52″

D. 92°22′14″、88°30′11″、89°07′10、90°02′15″

（7）导线测量内业计算时，角度闭合差平均改正数的总和应等于（　　）。

A. f_β　　B. $-f_\beta$　　C. $\sum\beta$　　D. 0

（8）《工程测量标准》（GB 50026—2020）规定，四等水准测量的双面尺红、黑面读数较差不超过（　　）mm。

A. 0　　B. 3　　C. 5　　D. 4687 或 4787

（9）控制测量中，可以不考虑控制点是否通视的是（　　）。

A. GNSS 测量　　B. 导线测量　　C. 三角网测量　　D. 边角网测量

（10）四等水准测量中，测得黑面高差为 0.561m，红面高差为－0.438m，则高差中数为(　　)m。

A. 0.561　　B. 0.562　　C. 0.062　　D. 0.500

四、简答题

（1）单一导线的布设形式有哪些？各有什么特点？

（2）四等水准测量外业观测 12 个测站，只有第 5 测站的视距差累积超限，其他测站均满足要求。问：所有测站的观测数据是否可以用于内业计算？

（3）三等水准测量和四等水准测量相比，除技术要求不同以外，观测顺序是否相同？

（4）独立坐标与测量坐标的换算方法有哪些？

（5）导线测量内业计算过程中，角度闭合差符合要求，坐标增量闭合差超限，请问：是哪个环节出了问题？

（6）如图 13-15 所示，当附合导线以闭合环形式展现时，按照 $AB \to BC \to CD \to DA \to AB$ 的观测路线，AB 和 BA 中，哪条导线边为已知边？已知边的坐标增量如何计算？

五、计算题

（1）如图 13-16 所示，已知 A、B 两点的坐标分别为：A 点 $\frac{367.863}{551.676}$、B 点 $\frac{254.956}{502.394}$，测得三角形的三个内角分别为 $\angle A=57°36'24''$，$\angle B=63°35'42''$，$\angle P=58°47'54''$。要求计算单三角形的 P 点坐标。

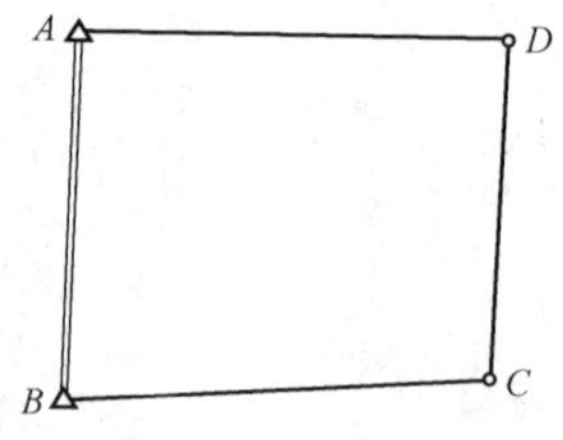

图 13-15　任务七简答题（6）

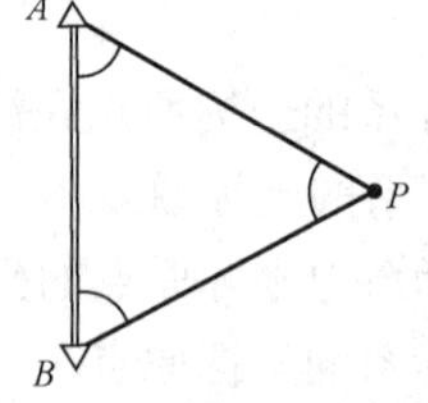

图 13-16　任务七计算题（1）

（2）闭合导线的观测数据如图 13-17 所示，已知 1 点坐标为 $\frac{1000.000}{800.000}$，$\alpha_{12}=134°15'00''$，导线测量的技术要求为 $f_{\beta容}=\pm 40''\sqrt{n}$、$K_{容}=\frac{1}{2000}$。要求计算导线点坐标。

（3）闭合水准路线的观测数据如图 13-18 所示，水准测量的技术要求为 $f_{h容}=\pm 12\sqrt{n}$。要求计算各点高程。

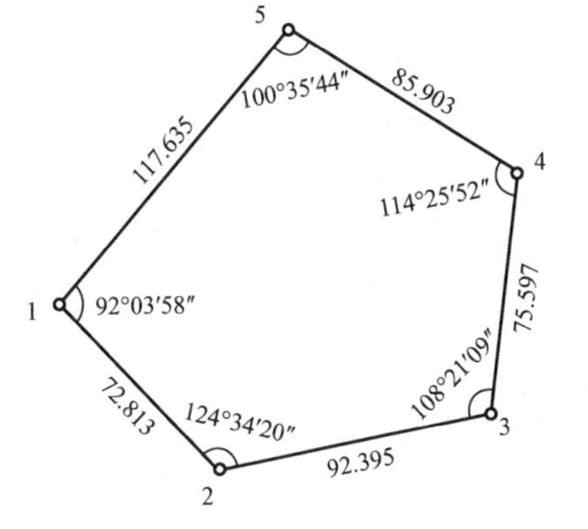

图 13-17　任务七计算题（2）

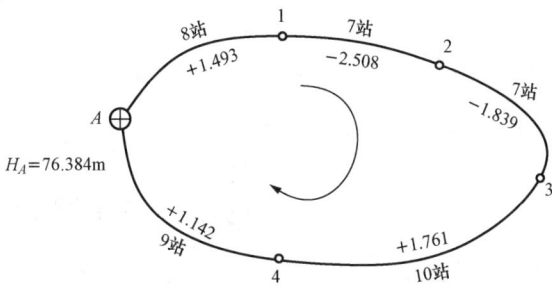

图 13-18　任务七计算题（3）

（4）附合导线的观测数据及已知点坐标如图 13-19 所示。导线测量的技术要求为 $f_{\beta容}=\pm40''\sqrt{n}$、$K_{容}=\dfrac{1}{2000}$。要求如下：

①以 AB 为起始边，计算附合导线的导线点坐标。

②以 DC 为起始边，计算附合导线的导线点坐标。

③去除 A、D 两点，按无定向导线 B-1-2-3-C 计算导线点坐标。

④对三种方法计算的导线点坐标进行对比。

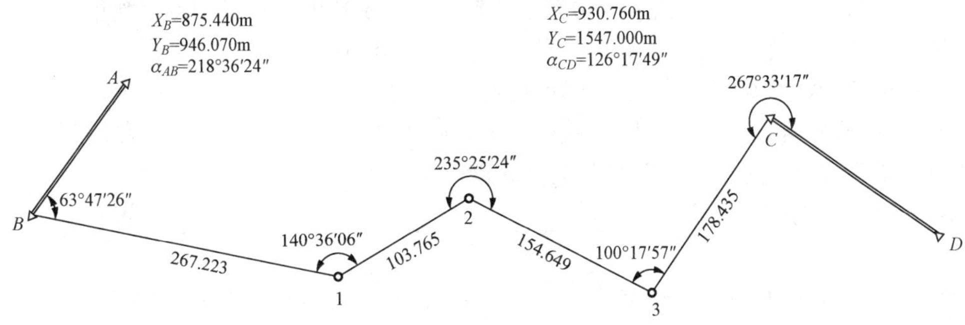

图 13-19　任务七计算题（4）

（5）如图 13-6 所示的附合水准路线，测量等级为四等。要求：

①按“水准路线长度”进行闭合差调整，计算各点高程。

②按“测站数”进行闭合差调整，计算各点高程。

③对两种方法平差计算的高程进行对比。

六、思考题

（1）查阅相关资料，说明进行平面控制点加密和高程控制点加密的条件分别是什么？

（2）归纳总结 GNSS 静态观测的步骤。

（3）水准网的布设形式如图 13-20 所示，已知 $H_A=5.016$m、$H_B=6.016$m，求平差后的各点高程。观测高差及各水准路线的长度如下：

$h_1=1.359$m、$S_1=1.1$km；

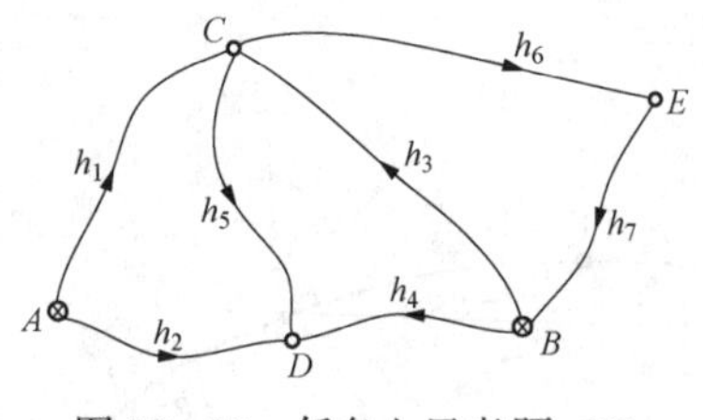

图 13-20 任务七思考题（3）

$h_2 = 2.009\text{m}$、$S_2 = 1.7\text{km}$；
$h_3 = 0.363\text{m}$、$S_3 = 2.3\text{km}$；
$h_4 = 1.012\text{m}$、$S_4 = 2.7\text{km}$；
$h_5 = 0.657\text{m}$、$S_5 = 2.4\text{km}$；
$h_6 = 0.238\text{m}$、$S_6 = 1.4\text{km}$；
$h_7 = -0.595\text{m}$、$S_7 = 2.6\text{km}$。

任务八 施工测量的基本工作

一、填空题

（1）施工放样的核心工作是__________和__________。

（2）对两个测设点位进行检核，实测距离为 60.004m，理论值为 60.000m，则相对误差 $K=$________，若按 $K_{容}=\dfrac{1}{5000}$控制，则测设精度______（符合或不符合）要求。

（3）已知 $H_A=1590.304\text{m}$，欲测设 $H_B=1590.868\text{m}$。若后视读数为 1.425m，则测设数据为____________m，若在同一测站上测设与 B 点高程相同的 C 点，则测设数据为____________m。

（4）全站仪放样时，点位误差与放样距离成__________比，放样的距离不宜过长且要求放样边__________于定向边。

（5）全站仪坐标法放样。建站后输入放样点坐标，仪器即自动显示测设数据。此时应转动照准部，使角度差为__________，视线方向即为测设方向。

（6）角度交会法测设平面点位时，计算的测设数据为__________。

（7）RTK 放样时，手簿与 GNSS 接收机的连接方式是__________；移动站 GNSS 接收机的数据链设置为“内置电台”时，电台通道应与__________一致。

（8）线路工程的圆曲线主点为________、________、________；缓和曲线主点为________、________、________、________、________。

（9）按整桩号法每 20m 一整桩，K3+269.70 的下一个整桩的桩号为__________，两桩之间的距离为__________。

（10）请在括号内填写“测定”或“测设”。

①测量两个地面点 A、B 之间的水平距离。（ ）

②在电线杆上标定某建筑物±0.000 的位置。（ ）

③后视 A 点，前视 B 点，测得 $H_B=1556.278\text{m}$。（ ）

④已知地面上有 A、B、C 三个点，在 B 点安置经纬仪，测$\angle ABC$。（ ）

⑤从 A 点开始，沿已知方向量 $D_{AB}=42.000\text{m}$。（ ）

⑥在 A、B 两点上立水准尺，测量两点之间的高差。（ ）

⑦在框架柱上弹 1m 线的位置。（ ）

⑧已知地面上有两个点，在一个点上安置经纬仪，瞄准另一个点顺时针拨 90°。（ ）

⑨钢筋竖直插入地面标记测设的平面点位，以此为中心画井桩的轮廓。（ ）

二、判断题

（1）施工测量的主要工作是测设。（ ）

(2) 施工放样时，观测者与前点人员的配合对放样速度有影响。 ( )
(3) 坡度线测设的常用方法是水平视线法。 ( )
(4) 全站仪放样时，用单杆定位的方法较其他定位方法精确。 ( )
(5) 铅垂线测设的目的，是将测设的点与基准点位于同一条铅垂线上。 ( )
(6) 施工测量应服务于施工。 ( )
(7) 用一个盘位进行外延定线，可以消除仪器的误差，高精度地测设平面点位。 ( )
(8) 施工定位时，由于不通视，所以无法完成测设工作。 ( )
(9) 全站仪坐标法放样是测设平面点位的唯一方法。 ( )
(10) 在不通视的情况下，RTK 放样的优点显著。 ( )

三、选择题

(1) 施工测量是（ ）的测量工作。

A. 贯穿于整个施工过程　　B. 只在施工前进行

C. 只在定位和放线时用　　D. 工程监理阶段

(2) 高程测设时，计算的测设数据应为________。

A. 后视读数　　B. 前视读数

C. 视线高程　　D. 测设点与已知点的较差

(3) 用经纬仪测设水平角，仪器安置后首先瞄准（ ）方向。

A. 已知方向　　B. 左方向　　C. 右方向　　D. 哪个方向都行

(4) 当测设点高于已知点，且在水准尺可及的范围内，测设高程的方法为（ ）。

A. 无法测设　　B. 用吊钢尺的方法测设

C. 用吊线锤的方法测设　　D. 倒尺法

(5) 水平角测设时，可以在测设的方向上定出（ ）个点。

A. 1　　B. 2　　C. 3　　D. 若干

(6) 下面选项中，（ ）不是影响全站仪放样精度的因素。

A. 棱镜常数的设置　　B. 放样模式的选择

C. 测设点位时使用单杆　　D. 观测者与前点人员之间的配合

(7) 已知点高程为 24.397m，测设高程为 25.000m 的室内地坪±0.000，已知点上水准尺的读数为 1.445m，室内地坪处水准尺的读数应为（ ）。

A. 1.042m　　B. 0.842m　　C. 0.642m　　D. 0.042m

(8) 全站仪坐标法放样时，屏幕显示的水平距离差为（ ）。

A. 设计平距减实测平距　　B. 实测平距减设计平距

C. 设计平距减实测斜距　　D. 实测斜距减设计平距

四、简答题

(1) 平面定位时，不通视分为哪两种情况？解决问题的方法分别是什么？

(2) 如图 13-21 所示，地面上 A、B、C 三点的位置已定。请叙述如何测设角平分线方向上的 1 点和 2 点？

(3) 如图 13-22 所示，施工中要求在木桩的侧面测设高程，已知测设的高程为 1537.708m，现测得桩顶的高程为 1537.258m，木桩高于地面 30cm。请问能否在木桩的侧面画出高程测设的位置？如何解决这个问题？

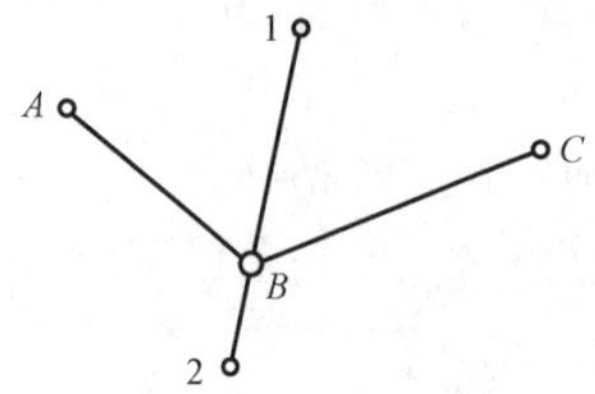

图 13-21 任务八简答题（2）

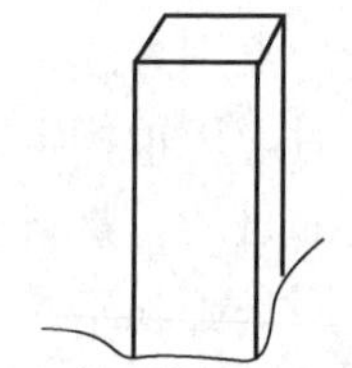
图 13-22 任务八简答题（3）

（4）按照测设点位与已知直线的关系，直线测设的方法有哪些？请画简图说明。

（5）若棱镜常数错误设置，全站仪放样出的点位图形是否与原图形相似？

（6）如果不进入全站仪的放样菜单是否可以进行放样工作？请说明大致的思路。

（7）RTK 放样时，南方“银河 1”和“极点”的移动站设置有什么不同？

（8）RTK 放样时，更换电池后如果不进行参数转换，会出现什么现象？

五、计算题

（1）如图 13-23 所示，用水平视线法测设坡度为+3%的直线。已知水准尺在 A 点的读数为 1.465m，问水准尺在 1、2、3、B 各点上的读数分别为多少？

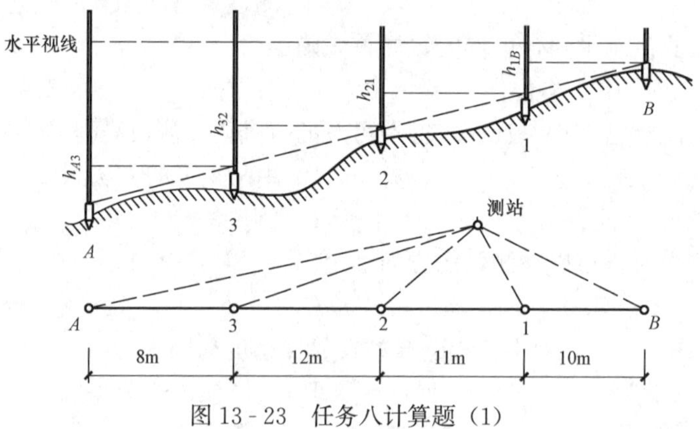

图 13-23 任务八计算题（1）

（2）已知 P、Q 为控制点，坐标分别为：P 点 $\frac{1218.843}{612.539}$，Q 点 $\frac{1183.982}{563.706}$，放样点 A、B 的坐标分别为：A 点 $\frac{1243.950}{619.654}$，B 点 $\frac{1232.018}{573.161}$。在 P 点安置经纬仪，要求：①画出四个点的相对位置关系草图；②计算“方位角-距离”放样的测设数据。

（3）如图 13-24 所示，已知圆曲线半径 $R=500$m，转角 $\alpha_{右}=27°30'$，JD 坐标为 $\frac{3678.112}{4332.359}$，JD 里程为 K7+526.610，$\alpha_{JD-ZY}=87°34'45''$。要求按整桩号法每 20m 一整桩，用圆心法和换算法两种方法，求圆曲线细部点坐标。

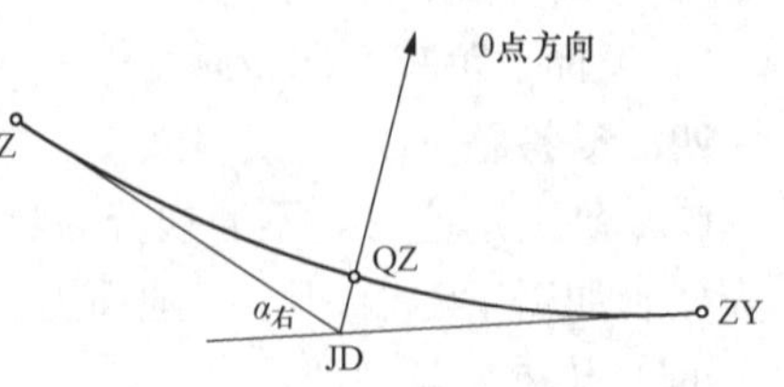

图 13-24 任务八计算题（3）

（4）如图 13-25 所示，建设单位提供了两个不通视的已知点 A_{30} 和 A_{13}，坐标分别为：A_{30} 点 $\frac{54\,658.416}{47\,253.291}$，$A_{13}$ 点 $\frac{54\,529.265}{47574.351}$，要求放样 1、

2、3、4、5、6、7、8 八个点。设计图纸标注坐标的点位为：1 点$\frac{54\ 711.895}{47\ 294.930}$，2 点$\frac{54\ 695.481}{47\ 286.288}$，3 点$\frac{54\ 665.214}{47\ 396.475}$，4 点$\frac{54\ 655.431}{47\ 415.057}$，5 点$\frac{54\ 628.442}{47\ 400.848}$。请根据现场的条件写出测设方案，并根据图中的数据进行相关的计算。

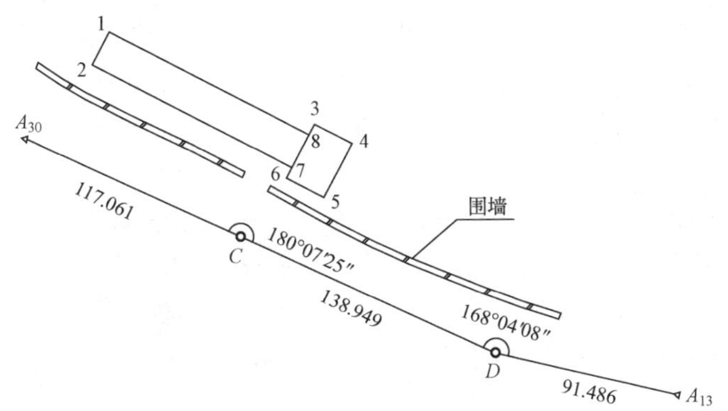

图 13-25 任务八计算题（4）

（5）某道路变坡点的桩号为 K2＋680，该点高程为 624.887m，相邻直线的坡度分别为$i_1=+1.041\%$，$i_2=-0.658\%$。竖曲线半径 $R=5000$m，要求按整桩号法每 10m 一里程桩，计算竖曲线高程。

六、思考题

（1）归纳 RTK 放样与传统方法放样的不同之处。

（2）RTK 放样的精度能否达到全站仪放样的精度？

任务九 民用建筑施工测量

一、填空题

（1）建筑工程施工中，基础抄平通常使用的测量仪器为______________。

（2）建筑工程施工常用的施工平面控制网为________________、______________。

（3）多层建筑轴线投测的常用方法为_____________________和___________________；高层建筑轴线投测的方法首选________________________。

（4）建筑施工场地已布设了建筑基线，建筑物定位采用的方法为______________。

（5）大面积的场地平整测量，最快捷的方法是使用______________________测量。

（6）与地形图测绘的精度相比，施工测量的精度要求____________。

（7）高层建筑的高程传递方法为__________________。

（8）框架结构的墙体施工，主要测量工作为__________________、________________、______________。

二、判断题

（1）墙身皮数杆的±0.000 在皮数杆的顶部。 （ ）

（2）放线时，基坑开挖的范围就是定位桩围成的范围。 （ ）

（3）对于高层建筑，施工测量的垂直度要求较高。（ ）

（4）建筑物的定位是指将建筑物外墙角的点测设到地面上。（ ）

（5）基坑放线时应考虑基坑范围内地下水位的高度。（ ）

（6）现浇楼板支模时，应考虑预留起拱高度。（ ）

（7）只能用经纬仪检核砌筑墙体的垂直度。（ ）

（8）布设轴线控制桩时，要求每条轴线上至少有一个桩布设在地面上。（ ）

（9）建筑施工时，必须在地面上布设施工水准点，并砌砖保护。（ ）

（10）在布设建筑基线的过程中，必须对测设的控制点进行调整。（ ）

三、选择题

（1）施工时为了使用方便，一般在基槽壁各拐角处、深度变化处的槽壁上每隔3～4m测设一个（ ），作为挖槽深度、修平槽底和打基础垫层的依据。

A. 水平桩　B. 龙门桩　C. 轴线控制桩　D. 定位桩。

（2）布设施工平面控制网时，应根据（ ）和施工现场的地形条件确定控制点的平面位置。

A. 建筑总平面图　B. 建筑平面图

C. 结构平面图　D. 基础平面图

（3）对于建筑物多为矩形但布置不规则的施工场地，宜将施工平面控制网布设成（ ）。

A. 建筑基线　B. 导线网

C. 三角网　D. 卫星定位测量控制网

（4）在高层建筑施工中，采用悬吊钢尺法从底层向上传递高程时，一般需要从不同位置的（ ）基准点向上传递，最后再用水准仪检查传递的高程点是否在同一水平面上。

A. 1个　B. 2个　C. 3个　D. 4个

（5）关于轴线控制桩设置，下列说法错误的是（ ）。

A. 轴线控制桩是广义的桩，根据现场的条件可在墙上画标记

B. 地面上的轴线控制桩应位于基坑的上口开挖边界线以内

C. 为了恢复轴线时能够安置仪器，要求至少有一个控制桩在地面上

D. 地面轴线控制桩用木桩标记时，应在其周边砌砖保护

（6）框架柱施工放样的位置为（ ）。

A. 根据内控点，弹柱中心线

B. 根据内控点，弹柱边线

C. 根据内控点确定的基准线，弹柱中心线

D. 根据内控点确定的基准线，弹柱边线

（7）不通视放样的首选方法为（ ）。

A. 无定向导线测量　B. 全站仪自由建站

C. RTK放样　D. 多测站绕过障碍

（8）作为桩基础平面定位依据的施工图是（ ）。

A. 建筑总平面图　B. 建筑平面图

C. 建筑立面图　D. 基础平面图

（9）建筑物的定位是将建筑物的（　　）测设到地面上，作为基础放样和细部放样的依据。

A. 外墙轴线交点　　B. 内部轴线交点

C. 基础边线交点　　D. 主轴线交点

四、简答题

（1）在基础平面图和基础大样图中获取哪些测量数据？

（2）什么是施工放样？它与放线的工作内容是否相同？

（3）建筑物定位时在总平面图中获取的坐标是否为建筑物轴线交点的坐标？

（4）对于筏形基础，上位板和下位板的施工测量工作有什么不同？

（5）灌注柱施工时如何测量钻孔的底部高程？

（6）布设平面控制点以后，为什么还要确定每个点的后视方向？

五、计算题

（1）如图 13-26 所示，对“一字形”建筑基线 $A'O'B'$ 进行检核，测得 $D_{O'A'}=120.235\text{m}$，$D_{O'B'}=160.183\text{m}$，$\angle A'O'B'=179°59'12''$，要求计算调整值 δ。

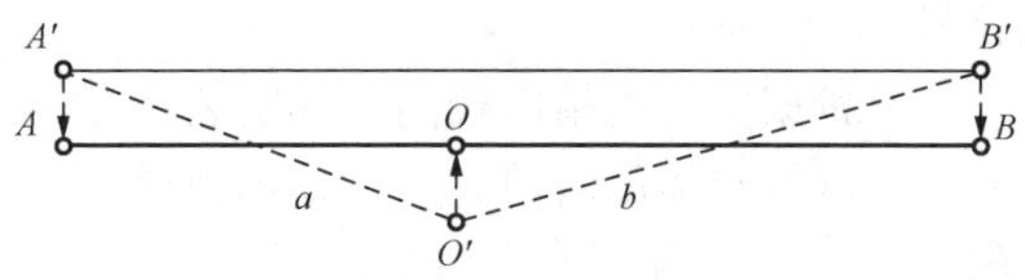

图 13-26　任务九计算题（1）

（2）学生宿舍楼首层平面图如图 13-27 所示，已知柱子的截面尺寸为 600×600。设轴线投测的 4 个内控点距宿舍楼四大角的距离分别为 1m。请完成以下工作：

①设基坑挖深为 4.5m，工作面宽度为 0.5m，基坑的坡度系数为 1∶0.67，计算基坑的上口开挖尺寸。

②计算基坑内柱中心平面定位的数据，并叙述测设过程。

③若在上层楼面弹出柱子的轮廓线，请计算测设数据，并叙述测设过程。

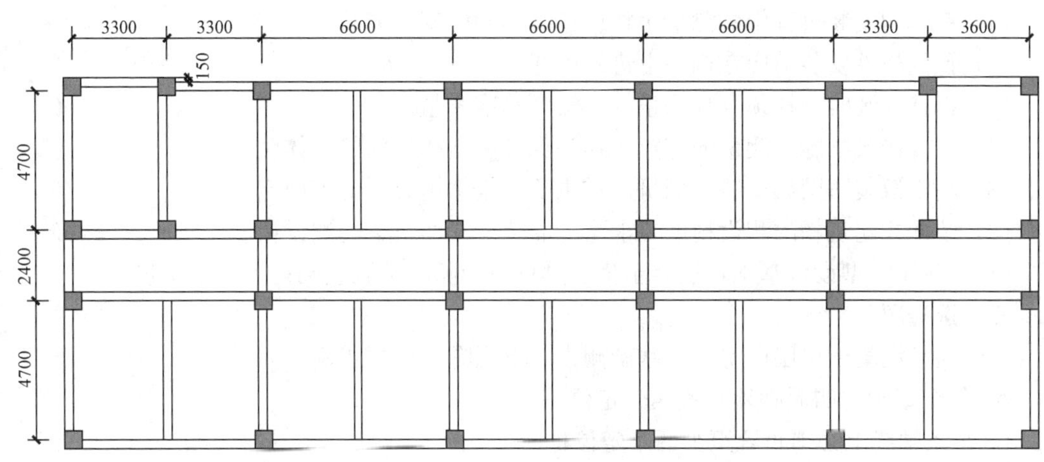

图 13-27　任务九计算题（2）

六、思考题

（1）对比灌注桩基础和预制桩基础，施工放样的过程有哪些不同？

（2）经纬仪外控法铅垂线测设的应用前景如何？

任务十 工业建筑施工测量

一、填空题

（1）工业建筑施工测量与民用建筑施工测量最大的区别是，工业建筑施工测量以_______________为主。

（2）本教材中工业建筑施工测量包括：__________、__________、__________、__________以及设备安装测量等。

（3）查表填写：钢柱垫板的标高允许偏差为________mm、钢柱±0位置标高允许偏差为________mm、混凝土预制柱±0位置标高允许偏差为________mm。

（4）钢筋混凝土预制构件安装前，应在柱子上弹线。柱中线用符号______标记，标高线用符号______标记。

（5）钢架安装的精度较高，其安装精度的控制以____________为主。

（6）网架整体吊装前，应在地面拼装。拼装前应建立________形控制网，进行拼装平台的__________和__________。

（7）设备安装过程中的测量工作包括__________、__________、__________。

（8）设备安装期间应进行变形观测，包括__________、__________、__________裂缝观测和挠度观测等。

二、判断题

（1）工业建筑施工测量之前必须制定详细的测设方案。（ ）

（2）构件安装过程中的垂直度检查必须使用经纬仪测设铅垂线。（ ）

（3）工业厂房的控制网宜布置为矩形控制网。（ ）

（4）钢结构安装过程中的测量工作应适应不同的安装方法。（ ）

（5）预制构件安装前应在构件上进行弹线。（ ）

（6）钢柱安装时，柱顶高程测量的方法为水准测量。（ ）

（7）高耸构筑物施工测量的重点工作是保证高耸构筑物的主体竖直。（ ）

（8）高空散装法网架安装的测量工作主要为整体吊装时的平面定位。（ ）

（9）装配式建筑物的测设精度要求小于非装配式建筑物的测设精度要求。（ ）

（10）对于大型设备基础，混凝土浇筑过程中应随时监测基础是否发生位移。（ ）

三、选择题

（1）钢筋混凝土单层厂房独立基础测设，下列哪个说法正确（ ）。

A. 每个基础的四周必须布置四个定位桩

B. 每条轴线上必须布置至少两个定位桩

C. 定位桩测设是在基础开挖之后进行

D. 先测设独立基础的中心，再以基础中心为基准测设四个定位桩

（2）对于大型厂房和设备基础复杂的厂房，必须建立（ ），以保证设备安装时能吻合衔接。

A. 统一的控制网　　B. 矩形控制网

C. 内控网　　D. 主轴线

(3) 高耸构筑物施工过程中，作业面中心点的投测常用方法为（　　）。

A. 经纬仪外控　B. 悬吊钢尺

C. 经纬仪内控　D. 激光垂准仪投测

(4) 对于中小型厂房，布设一个（　　）即可满足平面定位的测设要求。

A. 导线网　B. 主轴线

C. 矩形控制网　D. 水准网

(5) 钢筋混凝土单层厂房屋架定位前须做的工作为（　　）。

A. 使用水准仪　B. 在屋架的关键位置设置贴片

C. 在屋架和柱顶分别弹线　D. 在屋架上立尺

(6) 高耸构筑物施工过程中，作业面中心点的投测频率为（　　）。

A. 每砌筑 20m　B. 每砌筑两步架

C. 每上升一次模板　D. 每换一次班组操作

(7) 设备安装时，标高基准点设置的方法为（　　）。

A. 在设备附近的地面打测钉

B. 直接利用附近的水准点

C. 在设备附近的墙上测设±0.000 基准线

D. 在设备附近的墙上或柱上用油漆画水平标记

四、简答题

(1) 单层工业厂房预制构件安装过程中的测量工作有哪些?

(2) 地脚螺栓预埋过程中有哪些测量工作?

(3) 在柱子的牛腿上安装吊车梁，如何测设吊车梁的轴线?

(4) 烟囱施工外筒壁收坡控制的方法是什么?

五、计算题

(1) 钢结构连廊的结构平面图及相关节点大样图如图 13-28 所示，图中钢柱 GKZ-1 的截面尺寸为 H400×400×10×10，H 形钢梁 GL1 的截面尺寸为 H400×200×6×10。请根据图示数据完成如下工作：

①说明钢柱定位需要哪些数据? 如何测设钢柱的中心位置?

②计算柱顶标高，说明如何测设柱顶标高。

③在图中找出屋面板边缘距离钢梁顶面中心线的尺寸。

④计算连廊屋面板的截面尺寸。

(2) 钢结构厂房的基础为短柱独立基础，基础垫层的顶面标高为－1.800m，短柱基础的顶面标高为－0.350m。基础平面图如图 13-29 所示，要求根据图中所示的数据，设计矩形控制网，叙述测设各独立基础的步骤。

六、思考题

(1) 归纳工业建筑施工测量的内容和方法，与民用建筑施工测量比较有什么不同?

(2) 当施工中的高程控制点标桩无法保存时，应采取什么措施?

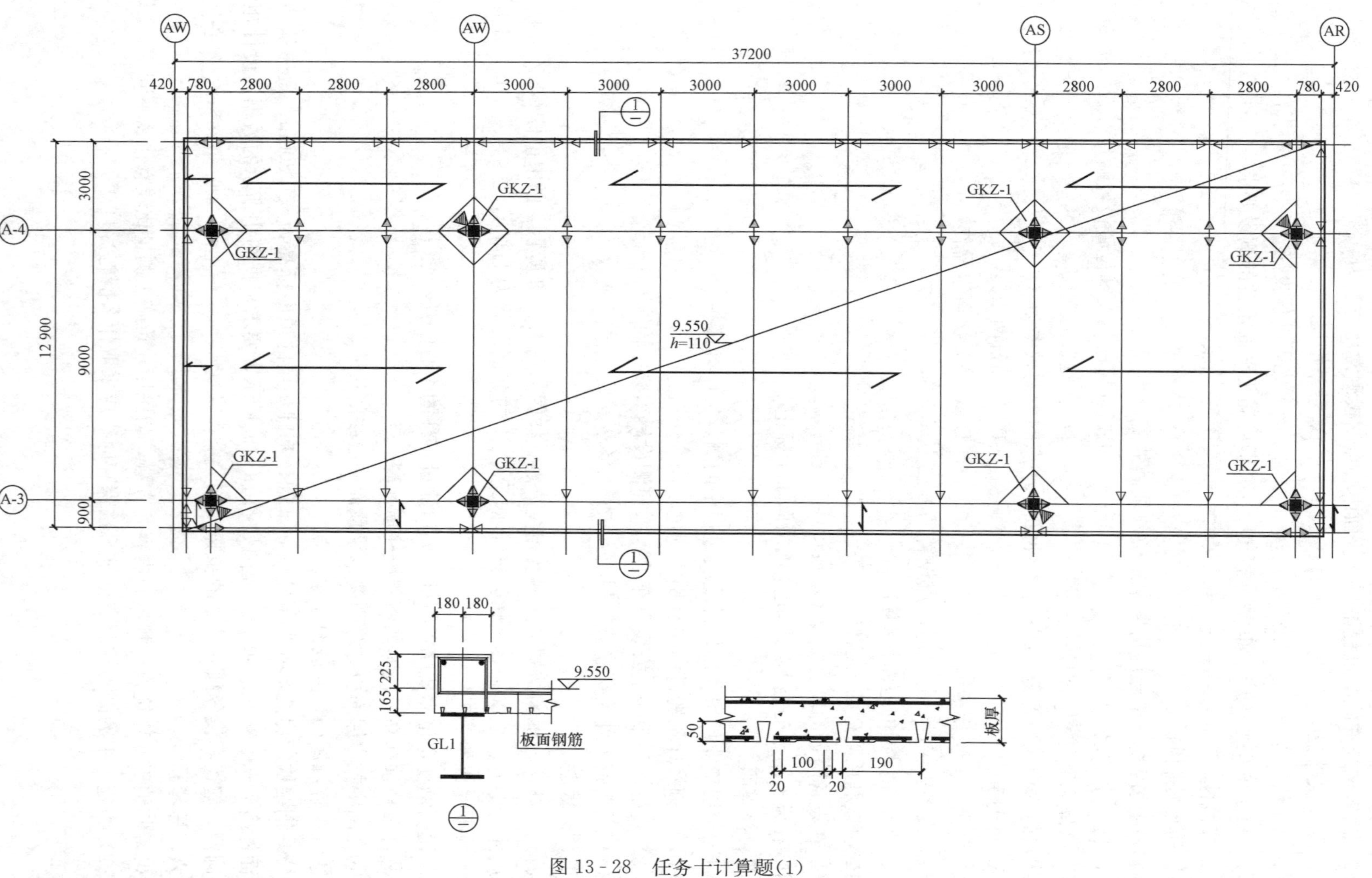

图 13-28 任务十计算题(1)

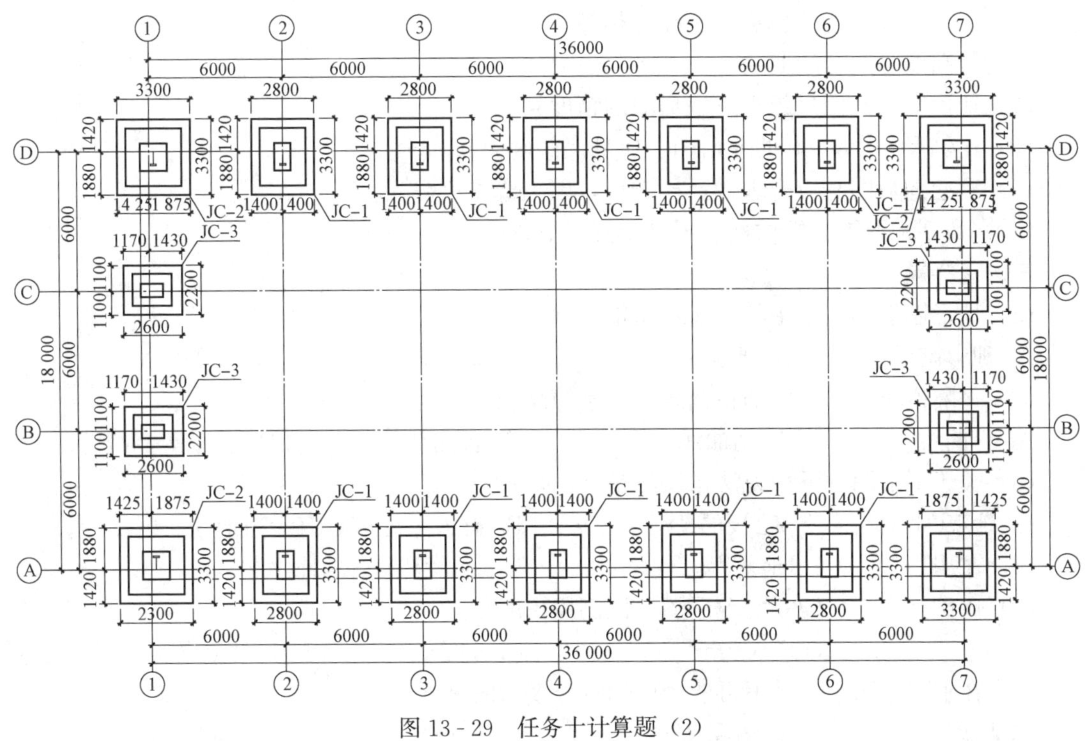

图 13-29 任务十计算题（2）

任务十一 地形图测绘

一、填空题

（1）地形图是按一定的比例尺，用规定的符号表示__________和________的正射投影图。

（2）地形图上 0.1mm 所代表的实地水平距离，称为____________________。

（3）表示地形详细的数字比例尺，__________小，____________大。

（4）长度按照比例尺缩放，宽度不能按比例尺缩放的地物符号是__________________。

（5）地形是____________与____________的统称。

（6）地形图图式中符号可分为______________、______________、______________。

（7）测绘 1∶500 比例尺的地形图，可以选择的基本等高距为________、________。

（8）地形图上主要采用的等高线类型为________、________、________。

（9）相邻等高线之间的水平距离称为________________，相邻等高线之间的高差称为________________。

（10）注记符号是对地物符号和地貌符号的说明与补充，包括__________、__________、__________等。

二、判断题

（1）等高线是地形图中表示地貌的常用方法。 （ ）

（2）地形图比例尺常用的形式为数字比例尺。 （ ）

（3）等高线不能准确表示各地貌要素的微小变化 （ ）

（4）等高线稀疏，说明地形平缓。 （ ）

（5）同一等高线上的各点，其高程相等。（　）
（6）等高线是闭合的曲线。（　）
（7）地形图的比例尺越小，地形图的精度越高。（　）
（8）比例尺为1∶500的地形图，比例尺精度为0.05m。（　）
（9）测绘地形图时应合理选择比例尺，以免造成浪费。（　）
（10）数字地形图比纸质地形图易于修正更改。（　）

三、选择题

（1）地形图上等高线密集，表示实地的（　）。
A. 地势陡峭　B. 地势平缓　C. 高程较大　D. 高差较小
（2）每隔四条首曲线而加粗描绘的一条等高线，称为（　）。
A. 计曲线　B. 间曲线　C. 首曲线　D. 辅助等高线
（3）关于地形图，下列说法错误的是（　）。
A. 地貌可以用等高线和必要的高程注记表示　B. 有人工地貌也有天然地貌
C. 平面图上也应表示地貌　D. 地形图上表示地物和地貌
（4）比例尺为1∶2000的地形图，比例尺精度是（　）。
A. 2m　B. 0.2m　C. 0.02m　D. 0.002m
（5）在下列地物中，最不可能用比例符号表示的是（　）。
A. 房屋　B. 道路　C. 垃圾台　D. 水准点
（6）在图上能表示出0.5m的精度，则所用的测图比例尺至少为（　）。
A. 1/500　B. 1/5000　C. 1/50 000　D、1/10 000
（7）在1∶1000的地形图上，量得*AB*两点间的高差为0.586m，平距为5.86cm，则*BA*两点连线的坡度为（　）。
A. −1%　B. 2%　C. 1%　D. 3%
（8）某地图的比例尺为1∶1000，则图上6.82cm代表实地距离为（　）。
A. 6.82m　B. 68.2m　C. 682m　D. 6.82cm

四、简答题

（1）传统方法测绘地形图，每个测站的工作有哪些？
（2）举例说明用比例符号、非比例符号、半比例符号表示的地物有哪些？
（3）在地形图中对河流的名称和水流方向进行注记，分别属于哪一类注记？
（4）举例说明，什么情况下使用“地类界”绘制地物？
（5）地形图测绘时，如何选择地物和地貌的特征点？
（6）叙述在CASS软件上展平面点位的步骤。

五、识图题

根据所学知识，对如图13-30所示的地形图进行识读。

六、思考题

（1）归纳用南方测绘“极点”进行数字测图的步骤。
（2）归纳用全站仪进行数字测图的步骤。
（3）无人机在测绘领域的应用有哪些？

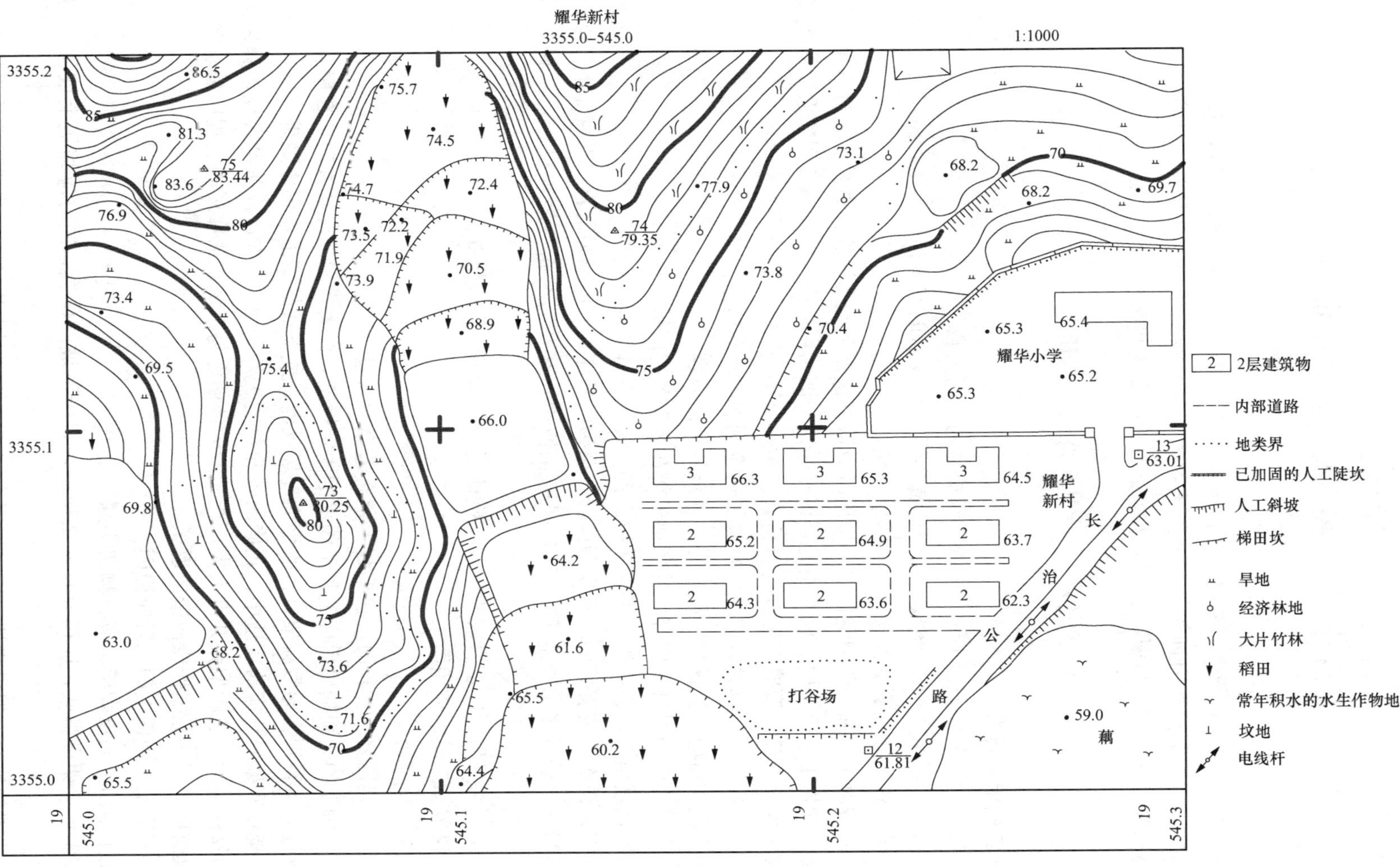

图 13-30　任务十一识图题

项目十四　实 操 能 力 训 练

“测量实训”是课程教学中不可缺少的实践环节，是对理论知识的实践应用与检验。配合课堂教学，进行实操能力训练，有利于培养学生的专业素质与团队精神，使学生规范操作、熟练操作，巩固理论知识，掌握施工测量的基本方法和操作技巧。

任务一　实 操 的 注 意 事 项

一、实操相关要求

（1）实操训练前应划分小组，要求小组成员的身高大致相等。

（2）每个小组由 4～5 人组成。组长负责本组测量仪器的安全使用，负责组织和协调本小组的实训工作，办理测量仪器、工具的借领和归还手续。

（3）应按时领用和归还测量仪器。领用时应检查仪器及配套设施的数量、完好程度、仪器箱的背带和提手是否牢固、仪器箱是否锁好等；实训结束后应及时清理仪器箱及工具上的泥土，收装仪器工具，及时归还并通过检查。

（4）搬运仪器和工具时，应轻拿轻放，避免剧烈震动和碰撞。

（5）小组成员应轮流操作，配合完成规定的实训内容。

（6）实训前应预习有关内容，使各项工作在有准备的前提下进行。

（7）实训过程中，各小组应妥善保护仪器工具，不得任意调换。

（8）实训操作应按有关要求和步骤进行，遇到问题应及时向老师请教，以避免不当操作造成仪器损坏。若仪器发生故障，应立即停止使用，并及时向指导老师报告，不得擅自处理。

（9）实训结束后，应上交观测记录、检核记录，呈现放样成果等。

二、仪器和工具的使用要求

1. 三脚架的使用

（1）三脚架按要求伸长时应在架腿上留有适当的余量。

（2）三脚架的架腿抽出后应旋紧架腿上的固定螺旋，注意螺旋的旋转方向，在旋紧时不可过松或过紧，否则会导致脚架自行收缩而摔坏仪器，或造成螺旋滑丝形成隐患。

（3）架设脚架时，应跨度适中，正确的张开角度大约为 40°左右。若并得太拢，脚架安置不稳固易被碰倒；若脚架张开得太大，在光滑的地面上易滑倒，或在观测过程中易碰触脚架，导致前期的观测数据作废而造成返工。

（4）三脚架在地面上的安置应稳固。

①在土地面上架设脚架，应将脚架尖踩入土中。

②在斜坡上架设脚架，应稍放长两条架腿，置于下坡的位置，同时应缩短上坡位置的架腿。

③在光滑的地面上架设脚架，应采取安全措施。如；用绳将三脚架的架腿按适当的跨度

连接起来、在地面上铺小块地毯，或将三个脚尖置于专用支架中。

（5）实训结束后，应收缩三脚架，并将架腿收缩到位。

2. 仪器的安放

（1）仪器箱应平放在地面上或其他平台上才能开箱，不得托在手上或抱在怀里开箱。

（2）开箱后应注意仪器的位置和方向，以保证仪器用完后正确装箱。

（3）取出仪器时，应一只手托住基座，另一只手握住仪器，然后将仪器轻轻安放到架头上，安放时应一只手握住仪器，另一只手将中心连接螺旋旋入基座底板的连接孔内，旋紧。

3. 仪器的安全使用

（1）仪器上所有的螺旋都不得用力旋紧，以免损伤螺旋造成滑丝。

（2）微动螺旋和脚螺旋不得旋到顶端，应使用中段螺纹。

（3）转动仪器时，应先松开制动螺旋，不得强行转动仪器。

（4）使用微动螺旋时，应先旋紧制动螺旋，否则微动螺旋不起作用。

（5）使用仪器的过程中，应注意避免触摸目镜和物镜，以免玷污镜头，影响成像质量。

4. 迁站

（1）远距离迁站或通过行走不便的地区时，应将仪器装箱后与脚架分开迁站。

（2）近距离迁站且测区平坦时，可将仪器连同脚架一起迁站。迁站前应做的工作为：

①检查连接螺旋是否旋紧。

②松开各制动螺旋使仪器保持初始位置（经纬仪望远镜物镜向下，水准仪物镜向后）。

③收拢三脚架，一只手托住仪器的支架或基座于胸前，另一只手抱住脚架放在肋下（或将架头置于肩上，一个架腿在前，两个架腿在后），稳步行走。迁站时严禁斜扛仪器，以免造成碰撞。

④迁站前应清点所有的仪器和工具，防止丢失。

（3）全站仪迁站时，应将全站仪关机，并与脚架分开迁站，严禁将全站仪放在脚架上迁站。

5. 仪器的装箱

（1）仪器从架头上拆下时，应先松开各制动螺旋，然后一只手握住仪器，另一只手旋开中心连接螺旋，最后一只手托住基座，另一只手握住仪器，将仪器装入箱中。

（2）仪器装箱时应按照开箱时的位置就位，不可强制关箱。若仪器装入后，仪器箱关不严，说明仪器在箱中的位置不正确，应重新调整仪器的位置再关箱，以免仪器受损。

（3）仪器装箱后必须锁好仪器箱。

6. 塔尺的使用

（1）塔尺在使用时应由下至上逐节伸长，收缩时应由上至下逐节缩短。

（2）立塔尺时，应双脚叉开与肩同宽、将塔尺立于双脚的正前方、双手扶住塔尺的侧面，使塔尺竖直。

（3）立尺员应目视前方，随时听从观测员指挥。

7. 钢尺的使用

（1）使用钢尺时，应避免打结、扭曲，防止行人踩踏和车辆碾压，以免钢尺折断。

（2）丈量距离时，应将有刻画的一侧对准目标，保证准确读数。

（3）一个测段的工作完成后进入下一个测段时，前尺手和后尺手应同时将尺身提起，不得在地面上拖曳，以免尺面刻划磨损。

（4）收钢尺时，应一边清洁钢尺一边顺序卷入。

（5）钢尺使用后，应定期涂油防锈。

8. 皮尺的使用

（1）使用皮尺时应均匀用力，避免强力拉伸而使皮尺断裂。

（2）若皮尺在使用时浸水受潮，应及时晾干。

（3）收皮尺时，应顺序卷入，不得扭转尺面。

9. 其他要求

（1）仪器取出后，应立即关好仪器箱，以免沙土杂草进入箱内，不得将书、衣服等物品放入仪器箱内。

（2）不得坐在仪器箱上，更不得手持仪器箱玩耍。

（3）操作仪器时必须有人监护，以保证仪器及观测人员的安全。

（4）日照比较强烈时应撑伞保护仪器。

（5）下雨时应停止实训，并将淋湿的仪器、工具等擦干、晾晒。

（6）实训结束后，应及时清除仪器上的灰尘和仪器箱、脚架上的泥土。

（7）不得将塔尺和标杆随意往树上、墙上立靠，以防滑倒摔坏或磨损尺面。

（8）不得用塔尺、标杆等测量工具玩耍、垫坐，以避免横向受力后受损。

（9）锤球、测钎和尺垫等小件工具应用完即收，防止遗失。

（10）全站仪测量时，应注意不要将望远镜对准太阳瞄准，否则会导致失明。

（11）使用全站仪测量前，应检查并复核各项设置，避免在测量工作中出错。

三、测量记录要求

（1）应将观测数据填入相应表格中的正确位置。

（2）测量记录应保证其原始性，不得记在他处然后再誊写。

（3）应该用非软质绘图铅笔填写记录。

（4）填写数据时不得将表格完全占满，应留出改错的空隙。

（5）若数据填写错误，不得擦拭和涂抹，应在错误处划上横线，将正确数据写在原数据上方。

（6）每个测站的观测结束后，必须及时完成规定的计算和检核，确认无误后方可迁站。

（7）观测数据小数点后面的位数表示测量精度。对于普通测量，观测数据的位数应作如下要求：

水准测量：单位为“米”，小数点后面保留三位。

角度测量：单位为“度/分/秒”，分位和秒位的整数部分必须由两位数组成。

距离测量：单位为“米”，小数点后面保留三位。

四、观测人员之间的配合要求

1. 观测员与记录员的配合

观测员读数后，记录员一边复述一边记录，观测员根据记录员的复述检核观测数据。

2. 观测员与立尺员的配合

观测员与立尺员的配合方式是打手势。打手势不一定按照统一规定，只要双方能看懂即可。

3. 观测员与前点人员的配合

施工放样时，观测员与前点人员配合的默契程度影响放样的精度和速度。二人之间的配合除了打手势外，也可以通过语音对讲完成。

为了避免错误定位，前点人员应配合观测员完成每个定位点的复核。

任务二　实操训练项目

根据《建筑工程施工测量》的教学内容，使学生熟练测量仪器操作，掌握测量数据的计算方法，配合教材中各知识点的学习，安排了29个实操项目，每个实操项目按2个学时设计。在教学过程中，教师可以根据本校实际情况对下列内容进行合并、取舍，或调整实操项目的顺序。

实训一　水准仪操作及高差测量

1. 实训内容

(1) 熟悉水准仪各部件的名称及作用。

(2) 配合项目二中“任务二　水准仪操作”的教学内容学习水准仪的操作方法。

(3) 如图14-1所示，测量A、B两点间的高差。

2. 测量仪器及配套设施

DS_3微倾式光学水准仪、配套脚架、塔尺、记录表格、记录板、铅笔、计算器。

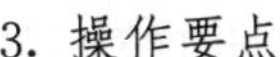

3. 操作要点

(1) 操作DS_3微倾式光学水准仪，每次读数前都应精平。

(2) 读数前应指挥立尺员使塔尺竖直，严格消除视差后再读数。

(3) 反复转动目镜调焦螺旋，观察十字丝的清晰度。

(4) 反复转动物镜调焦螺旋，观察尺面的清晰度。

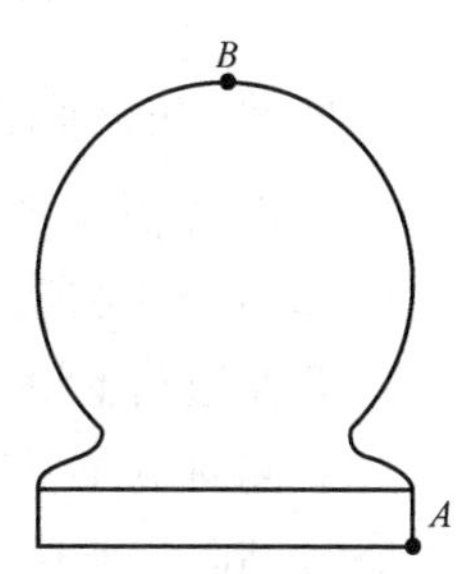

图14-1　高差测量点位示意

(5) 测量高差。小组成员按自己身高调节三脚架的安置高度，轮流操作水准仪。

(6) 对比实训小组不同成员观测的高差：若最大的观测高差和最小的观测高差的较差>3mm，应查找原因，学会判断在哪一个环节出错。

4. 实训用表

实训用表见表14-1。

表14-1　高差测量实训用表

测站	测点	读数1	读数2	观测高差	备注
1					
2					
3					
4					

算术平均值：　　　　　　　　　　　　中误差：

实训二 普通水准测量

1. 实训内容

（1）如图 14-2 所示，由 A、B、C、D 四个点组成一个闭合环。其中，B、C 两点选择在高处，A、D 两点选择在低处。配合项目二中“任务三 水准测量的实施”，进行多测站普通水准测量的外业观测。

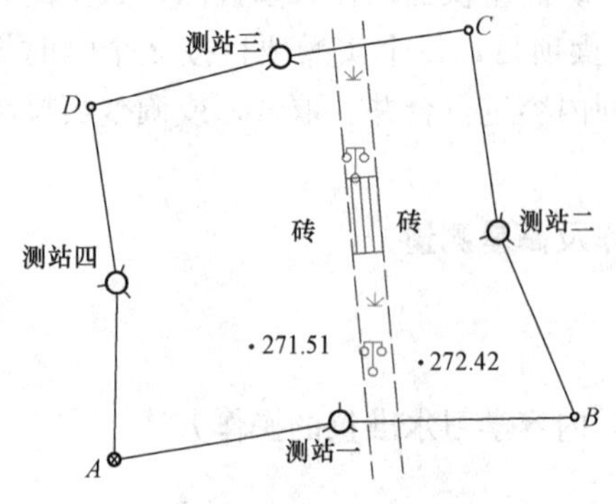

图 14-2 闭合水准路线的参考位置

（2）计算各测点的高程，并进行计算检核。

（3）为后续学习“水准测量的成果检核”提供观测数据。

2. 测量仪器及配套设施

DS_3 微倾式光学水准仪（自动安平水准仪）、配套脚架、塔尺、尺垫、记录表格、记录板、铅笔、计算器。

3. 操作要点

（1）按 A→B→C→D→A 的闭合路线进行普通水准测量。

①假定 A 点为已知点，设其高程为 20.000m。

②如图 14-2 所示，安放三脚架时，两条架腿与路线方向一致。

③若在道路上设站，应尽量靠路边安置水准仪，以保证车辆通行，不影响正常观测。

④观测时应注意前后视距相等。

⑤迁站时，前尺立在尺垫上转向，作为下一站的后尺；后尺随水准仪迁站，作为下一站的前尺。

（2）按 B→C→D→A 的附合路线进行普通水准测量。

①假定 A 点为已知点，设其高程为 20.000m。测量 A、B 两点的高差 3 次，最大观测高差与最小观测高差的较差不超过 3mm，将 3 次观测的算术平均值作为 A、B 两点的已知高差。

②其他观测要点同“闭合路线”。

（3）按 A→B→C→B→A 的支路线进行普通水准测量。

①假定 A 点为已知点，设其高程为 20.000m。

②往测两个测站，返测两个测站。往测的第二站即返测的第一站，本站要求变动仪器高，进行测站检核。

（4）已知点上立尺时不得安放尺垫，只有转点上立尺时才能安放尺垫。

4. 实训用表

实训用表参照“表 2-2 高差法水准测量记录”和“表 2-3 视线高法水准测量记录”。

实训三 经纬仪操作及对中整平强化训练

1. 实训内容

（1）熟悉经纬仪各部件的名称和作用。

（2）配合项目三中“任务二 经纬仪操作”的教学内容学习经纬仪的操作方法。

（3）练习对中、整平、瞄准和读数后，强化训练对中、整平。

2. 测量仪器及配套设施

DJ_6（或 DJ_2）光学经纬仪、配套脚架。

3. 操作要点

（1）练习对中、整平时，每次操作前将经纬仪的位置重新安放到架头中间，脚螺旋调到中间位置，目的是为后续操作留有余地。

（2）在土地上安置经纬仪时，注意应将三脚架的脚尖踩入土中。

（3）伸缩架腿时，应一只手调节架腿的长度，另一只手随时准备旋紧架腿上的制动螺旋。

（4）精确对中时，推动经纬仪底板进行平移，不能旋转到位。

（5）认识读数窗，观察读数窗中的读数变化。

①水平制动、竖直制动，转动水平微动螺旋。

②水平制动、竖直制动，转动竖直微动螺旋。

③水平制动，转动望远镜。

④竖直制动，转动照准部。

⑤水平制动、竖直制动，转动度盘变换手轮。

（6）转动读数显微镜调焦螺旋，观察分微尺的清晰度。

（7）转动目镜调焦螺旋，观察十字丝的清晰度。

（8）转动光学对中器上的调焦螺旋，观察对中器内分划圈的清晰度。

（9）拔出或推入光学对中器，观察地面上测点的清晰度。

实训四　测回法水平角测量

1. 实训内容

配合项目三中“任务三　角度测量”的教学内容，学习“测回法”水平角测量。

2. 测量仪器及配套设施

DJ_6（或 DJ_2）光学经纬仪、配套脚架、记录表格、记录板、铅笔、计算器。

3. 操作要点

测回法测量水平角的参考点位如图 14-3 所示。

（1）如图 14-3（a）所示，用一个测回测量$\angle AOB$，每人测量相同的水平角。

①O 点为测站，在地面上设置标志；观测目标 A 点和 B 点设置在墙上，或为与仪器同高度的单棱镜。

②小组成员分别在 O 点安置经纬仪，对中整平。观测时应明确$\angle AOB$ 的左目标为 A 点，右目标为 B 点。

③盘左观测左目标时配盘，度盘起始读数按$\frac{180^\circ}{n}$变换，n 为小组成员数。

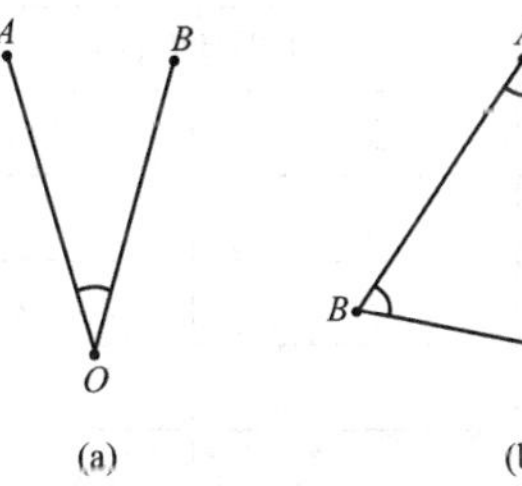

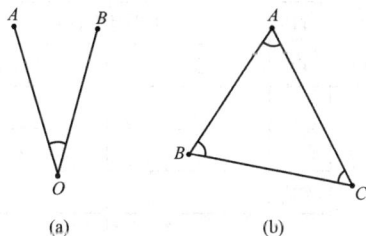

图 14-3　测回法水平角测量的参考点位

测量精度检核：对比小组成员测量的水平角。

（2）如图 14-3（b）所示，用一个测回测量三角形的三个内角，计算内角和。

①A、B、C 三个点均设置在地面上，相邻点间的距离约 10～20m。

②两个实训小组共用一个三角形，目的是对比两组观测数据。

③为了保证观测精度，用铅笔尖指示测点，观测时用十字线竖丝的单线瞄准笔尖。

④观测时不需要配盘。

⑤每个测站测量的盘左、盘右水平角较差≤40″才可以迁站，否则在本站重新观测。测角精度按60″控制。若较差超过60″，分析产生误差的原因。

4. 实训用表

实训用表参照“表3-1　测回法水平角观测记录”。

实训五　方向观测法水平角测量

1. 实训内容

（1）配合项目三中“任务三　角度测量”的教学内容，学习“方向观测法”水平角测量。

（2）在一个测站上测量多个水平角。

2. 测量仪器及配套设施

电子经纬仪（或光学经纬仪）、配套脚架、记录表格、记录板、铅笔、计算器。

3. 操作要点

（1）如图14-4所示，在O点安置经纬仪，观测A、B、C、D四个方向所夹的水平角。

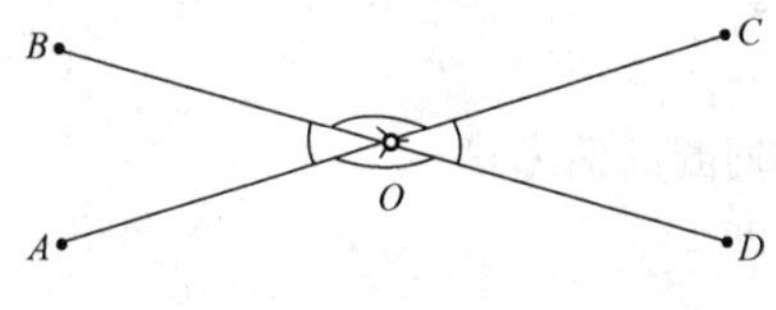

图14-4　方向观测法水平角测量的参考点位

（2）任选起始方向。盘左观测起始方向配盘，度盘起始读数按$\frac{180°}{n}$变换，n为小组成员数。

（3）计算$\angle AOB$、$\angle BOC$、$\angle COD$、$\angle DOA$。

（4）方向观测法测量水平角的精度按“一级以下”控制。半测回归零差的限差为18″；不考虑一测回$2c$互差；按小组成员观测成果，计算“同一方向值各测回的较差”，限差为24″。

4. 实训用表

实训用表见表14-2。

表14-2　方向观测法水平角测量实训用表

测站	目标	水平盘度读数		$2c$	平均读数	归零方向值	水平角计算
		盘左	盘右				

实训六　钢　尺　量　距

1. 实训内容

（1）进行直线定线，学习观测员指挥前点人员打手势的方法，以及定向点的标记方法。

（2）配合项目四中“任务一　距离测量”的教学内容，用钢尺丈量指定两点之间的水平距离 4 次，用观测的最大值和最小值计算相对误差 K，要求 $K_{容}=\frac{1}{3000}$。

2. 测量仪器及配套设施

光学经纬仪（或电子经纬仪）、配套脚架、30m 钢尺、塔尺、记录表格、记录板、标记点位的白纸、固定白纸的小钉（胶水）、铅笔、计算器。

3. 操作要点

（1）如图 14-5 所示，A 点和 B 点的位置已知，两点之间的距离超过一个整尺。

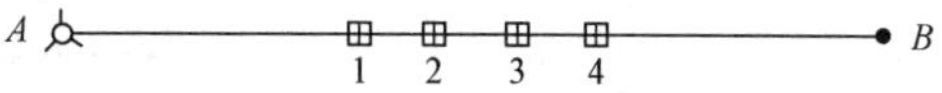

图 14-5　距离测量的参考点位

（2）用经纬仪定线的方法，在直线 AB 上标记 1、2、3、4 等四个点。

（3）为了减少误差积累，丈量距离时，应作如下操作：

①钢尺的零刻画对准 A 点，尺身拉至 4 点，分别在 1、2、3、4 四个点上读数。

②提起钢尺，调转方向，尺身不得在地上拖曳。

③钢尺的零刻画对准 B 点，尺身拉至 1 点，分别在 4、3、2、1 四个点上读数。

（4）钢尺量距时，观察拉力大小对钢尺读数的影响。

（5）保证记录的原始性，真实记录每个尺段的长度，然后在表格中累计总长。

4. 实训用表

实训用表见表 14-3。

表 14-3　钢尺量距实训用表

测段	尺段	各尺段实测数据	测段水平距离	中误差	算术平均值	相对误差 K

实训七　内业计算强化训练

1. 实训内容

（1）坐标方位角的表示方法。

（2）理解坐标方位角与象限角的关系。

（3）用多种方法计算直线的坐标方位角。

（4）理解坐标正算与坐标反算。

2. 测量仪器及配套设施

铅笔、作业纸、计算器。

3. 操作要点

（1）画图表示直线的坐标方位角和象限角，观察坐标方位角的表示方法，从中找出规律。

（2）根据所学知识，归纳总结直线坐标方位角的计算方法。

（3）理解坐标正算与坐标反算在实际工作中的应用。

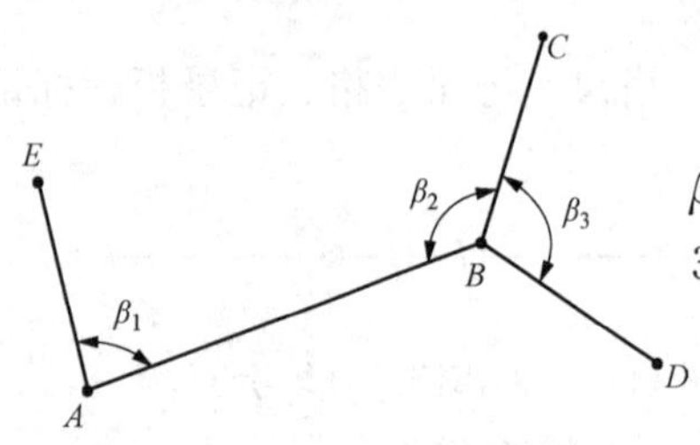

图 14-6　内业计算强化训练习题

4. 实操题目

如图 14-6 所示，已知 $\alpha_{AB}=70°06'42''$，$\beta_1=85°36'24''$，$\beta_2=128°12'48''$，$\beta_3=119°24'06''$；$D_{AB}=79.975\text{m}$，$D_{AE}=39.763\text{m}$，$D_{BC}=40.421\text{m}$，$D_{BD}=41.213\text{m}$。要求：

（1）表示图中所有直线的坐标方位角。

（2）用多种方法求直线的坐标方位角 α_{BC}、α_{BD}、α_{AE}。

（3）利用同一条直线坐标方位角相差 180°的关系，求其余直线的坐标方位角。

（4）已知 A 点坐标为$\dfrac{2299.743}{3530.092}$，求 B、C、D、E 四点的坐标。

（5）用坐标反算的方法，检核计算结果是否正确。

实训八　全站仪操作

1. 实训内容

（1）配合项目五中“任务一　全站仪简介”的教学内容，熟悉全站仪操作面板上各个按键的名称和作用，熟悉测量要素和显示界面。

（2）配合项目五中“任务一　全站仪简介”的教学内容，练习棱镜常数的设置、测距精度的设置，倾斜补偿的开关方法、建立项目和建站的方法。

（3）配合项目五中“任务二　全站仪测量的基本内容”的教学内容，学习水平距离测量、水平角测量和坐标测量的方法。

2. 测量仪器及配套设施

全站仪及配套脚架、单棱镜组及配套脚架、30m 钢尺、演算纸、记录板、铅笔、计算器。

3. 操作要点

（1）如图 14-7 所示，在地面上设置 P 点，观测目标点 Q 点为墙上的反射片，A 点为在三脚架上安置的单棱镜组。

（2）建立项目。项目名为班级名＋小组号。

（3）建站。如图 14-7 所示，以 P 点为测站，设其坐标为$\dfrac{500.000}{500.000}$，选择距离 P 点较远的 Q 点为后视点，若实训场地有两个已知点，选择“坐标”建站；若实训场地没有已知点，选择“角度”建站，$\alpha_{PQ}=26°35'00''$，回车完成建站。

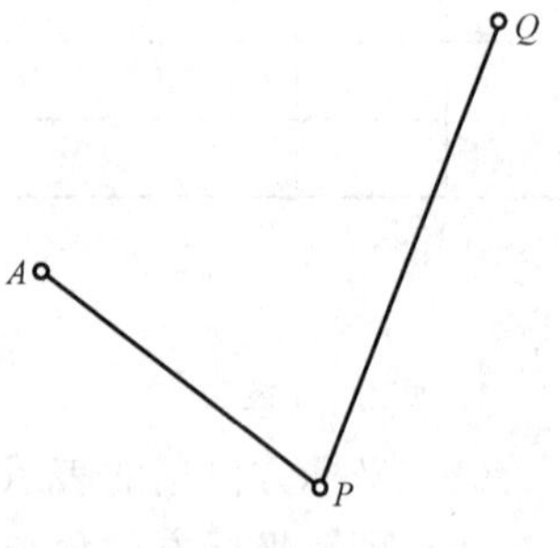

图 14-7　测站与测点的参考位置

（4）在[测量 1]键和[测量 2]键上设置不同的棱镜常数。用钢尺丈量 P、A 两点的水平距离，与全站仪测距显示的结果进行对比。

（5）水平距离测量。完成以下操作：

①瞄准 A 点测量水平距离，比较“用十字丝的交叉点瞄准棱镜的中心测距”和“用十字丝的交叉点瞄准棱镜上的任意位置测距”的结果。

②瞄准 A 点的棱镜中心，测量水平距离，比较不同棱镜常数下的测量结果。

③检核各测量要素之间的关系：

“HA 与 HL”“HD、VD、V%”“HD、SD、VD”“VA 与 HD、SD、VD”。

（6）水平角测量。完成以下操作：

①“以地面上的测点为目标”，测量水平角$\angle APQ$；

②“以测点上安置的棱镜为目标”，测量水平角$\angle APQ$；

③将上述两种方法测量的水平角进行对比。

（7）坐标测量。完成以下操作：

①瞄准 A 点测量水平距离时，按[显示]键切换屏幕，显示屏上即显示 A 点的坐标。

②根据测量的水平角，计算直线 PA 的坐标方位角 α_{PA}。

③根据测量的水平距离 D_{PA}、计算的坐标方位角 α_{PA}、已知的 P 点坐标，用计算器计算 A 点坐标。

④将上述两种方法获取的 A 点坐标进行对比。

实训九　全站仪的工程应用

1. 实训内容

配合项目五中“任务三　全站仪的工程应用”的教学内容，学习坐标反算、对边测量、后交建站、面积测量、悬高测量。

2. 测量仪器及配套设施

全站仪及配套脚架、单棱镜组及配套脚架、作业纸、记录板、铅笔、计算器。

3. 操作要点

（1）实训项目“坐标反算、对边测量、自由建站”实训的参考点位如图 14-8 所示。操作过程如下：

①以 A 点为测站，瞄准 B 点，选择“角度”建站，输入的角度为 $\alpha_{AB}=0°00'00''$。

②瞄准 1 点按[测量 1]键或[测量 2]键，记录 A 点到 1 点的水平距离；按[显示]键翻页，记录 1 点的坐标。

③同理，瞄准 2 点和 3 点测量，记录 2 点和 3 点坐标。

④用全站仪的坐标反算功能，进行坐标反算，记录。

⑤打开对边测量菜单，测量 1、2 两点的水平距离、测量 2、3 两点的水平距离、测量 1、3 两点的水平距离，记录。将显示的距离与②中的实测距离进行对比，将显示的坐标方位角与④中坐标反算的坐标方位角进行对比。

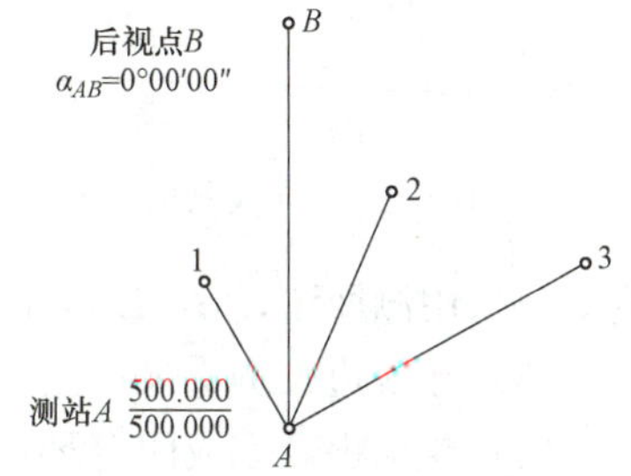

图 14-8　全站仪的工程应用参考点位

⑥以 1、2、3 三个点为已知点，用“后交建站”的方法，求 A 点坐标。记录两点后交的 A 点坐标和三点后交的 A 点坐标。

（2）面积测量。

①进入“面积测量”菜单，输入 1、2、3 三个点的坐标，进行面积计算。

②进入“面积测量”菜单，测量 1、2、3 三个点，获取面积。

③比较计算的面积与实测的面积，从而理解测量误差。

（3）悬高测量。

选择实训场地中铅垂方向上的两点，测量其铅垂距离。如：测量黑板高度、测量窗洞高度。

4. 实训用表

实训用表见表 14 - 4。

表 14 - 4 全站仪的工程应用实训表

水平距离测量	$D_{A1}=$	$D_{A2}=$	$D_{A3}=$
坐标测量	$\frac{x_1}{y_1}=$______	$\frac{x_2}{y_2}=$______	$\frac{x_3}{y_3}=$______
坐标反算	$\frac{D_{12}}{\alpha_{12}}=$______	$\frac{D_{23}}{\alpha_{23}}=$______	$\frac{D_{13}}{\alpha_{13}}=$______
对边测量	$D_{12}=$	$D_{23}=$	$D_{13}=$
后交建站	两点后交坐标：______		三点后交坐标：______

实训十　导 线 测 量

1. 实训内容

（1）配合项目七中“任务二　平面控制测量”，学习导线测量的方法。

（2）拓展知识：使用“平差易”软件，求导线网的控制点坐标。

导线测量的参考点位如图 14 - 9 所示，已知 A 点坐标为$\frac{500.000}{500.000}$，$\alpha_{AB}=88°00'00''$。求其他点的坐标。

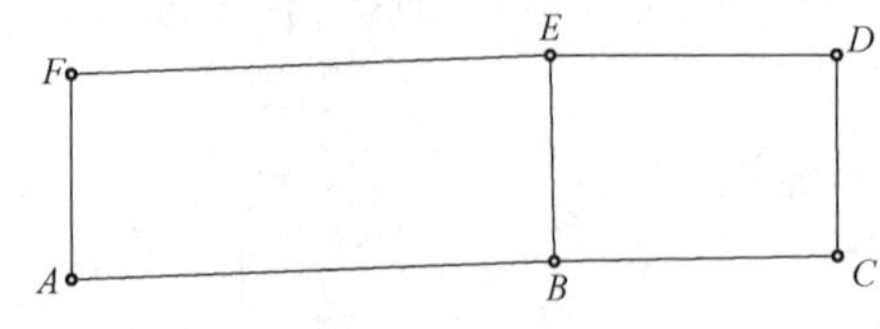

图 14 - 9　导线测量参考点位

2. 测量仪器及配套设施

全站仪及配套脚架、单棱镜组及配套脚架、记录表格、记录板、铅笔、计算器。

3. 操作要点

（1）导线测量的等级要求为三级。

（2）水平角测量。A、C、D、F 四站的水平角测量，采用测回法；B、E 两站的水平角测量采用方向观测法。

（3）导线边长测量采用全站仪对向观测的方法。

（4）要求手算完成闭合环单一导线 $ABCDEFA$ 的坐标计算。

（5）利用 Excel 电子表格编辑公式，完成闭合环单一导线 $ABCDEFA$ 的坐标计算。

（6）利用平差易软件，求出图 14 - 9 所示导线网的各点坐标。

4. 实训用表

实训用表参照“表 7 - 2 闭合导线坐标计算表”。

实训十一　四 等 水 准 测 量

1. 实训内容

（1）配合项目七中“任务三　高程控制测量”，学习四等水准测量。

（2）用四等水准测量的方法，测量相同两点的高差。

（3）利用图 14 - 2 的实操场地，按 $A \to B \to C \to D \to A$ 的闭合路线进行四等水准测量。

2. 测量仪器及配套设施

DS_3微倾式光学水准仪（自动安平水准仪）、配套脚架、双面尺、尺垫、记录表格、记录板、铅笔、计算器。

3. 操作要点

(1) 测高差。

①每个测站读 8 个读数：黑面尺上读 3 个读数，红面尺上只读 1 个读数。

②按表 7-7 的限差要求控制观测精度。

③读数的单位为 mm，无小数点；视距的单位为 m，小数点后保留一位数；高差的单位为 m，小数点后保留三位数。

④各实训小组的双面尺为一套，不得与其他小组混乱放置。

⑤小组成员观测相同两点的高差，中误差和算术平均值的计算方法，参照项目一中“任务四　普通函数型计算器使用”的相关内容。

(2) 线路观测。

①已知点上立尺时不得安放尺垫，只有转点上立尺时必须安放尺垫。

②累计视距和高差，为“实训十二　高程控制测量数据处理”做准备。

4. 实训用表

实训用表参照“表 7-8 四等水准测量记录计算表”。

实训十二　高程控制测量数据处理

1. 实训内容

配合项目七中“任务三　高程控制测量”，学习高差闭合差的调整方法。

2. 测量仪器及配套设施

铅笔、实训表格、计算器。

3. 操作要点

(1) 对“实训二　普通水准测量”的观测数据进行平差处理。

①按照“表 7-10”所述的方法，计算平差后的各点高程。

②按照“表 7-11”所述的方法，计算平差后的各点高程。

(2) 对“实训十一　四等水准测量”的线路观测数据进行平差处理。

4. 实训用表

普通水准测量的实训用表，参照“表 7-10 高差闭合差平均分配成果计算表”和“表 7-11 高差闭合差累计分配成果计算表”。等级水准测量的实训用表参照“12-6 高程误差配赋表”。

实训十三　GNSS 静态观测

1. 实训内容

配合项目七中“任务五　卫星定位静态观测”，学习静态观测的方法，了解数据处理平台软件。

2. 测量仪器及配套设施

GNSS 接收机若干台、配套基座和三脚架、5m 钢卷尺。

3. 操作要点

(1) 对照“任务五　卫星定位静态观测”中静态观测对点位的要求，判断所选的控制点是否符合要求。

（2）利用“实训十　导线测量”的参考点位进行静态观测。

（3）提前设置GNSS接收机，以方便多台GNSS接收机同时开机、同时关机。

（4）外业观测45min～2h。

（5）熟悉南方地理数据处理平台软件“SGO”，练习软件操作。

（6）对比“导线测量的坐标成果”和“GNSS静态观测的数据处理”坐标成果。

实训十四　水平角测设

1. 实训内容

（1）配合项目八中“任务二　点的平面位置测设”的教学内容，练习逆时针测设30°00′00″水平角。

（2）学习在地面上钉木桩的方法（若教学条件不允许，用等同木桩顶面大小的白纸代替木桩，用胶水将白纸粘在地面上）。

（3）学习在木桩顶面标记测设点位的方法。

2. 测量仪器及配套设施

光学经纬仪（或电子经纬仪）、配套脚架、记录表格、记录板、线绳、胶水、锤子、木桩、钢钎、铅笔、白纸、橡皮、计算器。

3. 操作要点

（1）在木桩顶面标记测设的点位。

如图14-10（a）所示，在木桩顶面标记点位，操作要点如下：

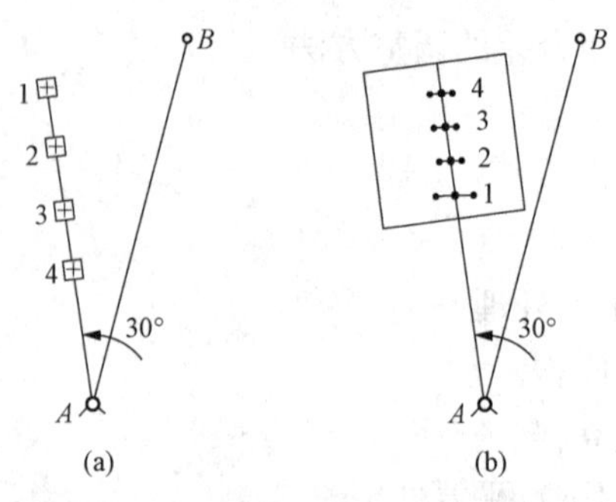

图14-10　水平角测设的参考点位

①钉木桩之前先用钢钎松动地面，以免直接打入损坏木桩。为了使木桩稳固，要求打入地下的深度至少为木桩长度的三分之一。

②计算实测值与理论值的较差，判断是否满足要求。

（2）在硬纸板上或白纸上标记测设的点位。

“在硬纸板上或白纸上标记测设的点位”与“在木桩顶面标记点位”的方法相同。如图14-10（b）所示，操作要点如下：

①为了方便检核，测设的点位必须在同一张白纸上。

②用胶水将白纸粘在地上是方便可行的方法。

③用胶水将白纸粘在土地上，在上面标记测设的点位，优点是方便检核，不破坏地面。

（3）测设点位检核。

①在木桩顶面的点位检核方法：将线绳落在两端木桩上的1点和4点，观察2、3两点是否落在线绳上。

②在硬纸板上的点位检核方法：用直尺检查1、2、3、4四个点是否同线。

4. 实训用表

检核用表参照“表3-1测回法水平角观测记录”。

实训十五 水平距离测设、铅垂线测设

1. 实训内容

(1) 配合项目八中“任务二 点的平面位置测设”的教学内容，假定已知方向，用钢尺测设水平距离 40.000m。

(2) 配合项目八中“任务二 点的平面位置测设”的教学内容，进行铅垂线测设。

2. 测量仪器及配套设施

光学经纬仪（或电子经纬仪）、配套脚架、30m 钢尺、作业纸、记录板、胶水、直尺、铅笔、计算器、白色的硬纸板（白纸）5 块。

3. 操作要点

(1) 水平距离测设。

如图 14-11 所示，设 A 点为已知点，C 点为定向点，设 AC 方向为已知方向，水平距离测设的操作要点如下：

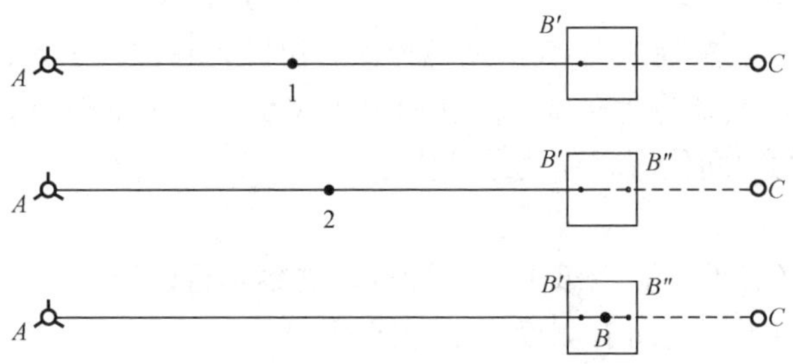

图 14-11 水平距离测设参考点位

①用经纬仪定线的方法在 AC 方向约 20m 处标记 1 点和 2 点。

②丈量 D_{A1} 和 D_{A2}，分别以 1 点和 2 点为基准在 AC 方向上量距 $40-D_{A1}$ 和 $40-D_{A2}$，定出两个临时点 B' 和 B''。

③用直尺量取 B' 和 B'' 的间距，计算相对误差 K，测设的精度按相对误差不超过 1/3000 控制。

测设精度符合要求时，取两个临时点 B' 和 B'' 的中点位置为最终的点位 B。

④检核：测量 A 点与 B 点的距离，与测设数据 40.000m 进行比较，计算相对误差 K。

(2) 铅垂线测设。

铅垂线测设的操作过程如下：

①在距墙底 1m 处用白纸标记铅垂线测设的基准点。

②经纬仪整平后，瞄准墙上的基准点，望远镜向上转动，指挥前点人员，在基准点的上方任意位置标记点位。

③用两个盘位测设铅垂线，盘左和盘右测设的两个临时点位应在同一张纸上标记。

④取两个临时点的中间位置作为铅垂线测设的最终点位。

⑤连接测设点与基准点，用激光标线仪进行检核两点是否同线。

实训十六 直 线 测 设

1. 实训内容

配合项目八中“任务二 点的平面位置测设”的教学内容，采用“外延定线”的三种方

法进行直线测设。

2. 测量仪器及配套设施

光学经纬仪（或电子经纬仪）、配套脚架、作业纸、记录板、胶水、直尺、铅笔、计算器、白纸 2 块。

3. 操作要点

如图 14-12 所示，在地面上设置 A、B 两个点，作为外延定线的基准。

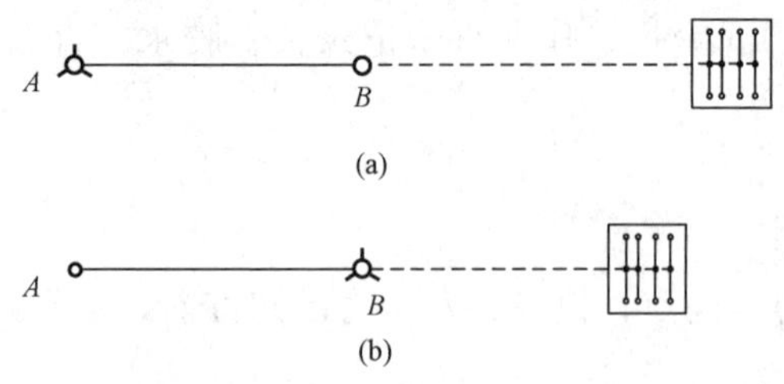

图 14-12 直线测设参考点位

(1) 方法一。

①以 A 点为测站，瞄准 B 点，用两个盘位进行外延定线，在远处的纸板（或白纸）上定出两个临时点。

②取两个临时点的中间位置，作为最终点位。

(2) 方法二。

①以 B 点为测站，盘左瞄准 A 点，倒镜为盘右位置，在白纸上定出一个临时点。

②盘右瞄准 A 点，倒镜为盘左位置，在白纸上定出另一个临时点。

③取两个临时点的中间位置，作为最终点位。

(3) 检核。

①用经纬仪的竖丝瞄准一张白纸上的测设点，观察是否同线。

②直尺检核一张白纸上的所有测设点是否同线。

③用经纬仪的竖丝瞄准两纸白纸上的测设点，观察是否同线。

实训十七 直角坐标法平面定位

1. 实训内容

配合项目八中“任务二 点的平面位置测设”的教学内容，进行直角坐标法定位。

如图 14-13 所示，P、Q 为已知点，两点坐标分别为：P 点$\frac{3430.288}{2418.496}$，Q 点$\frac{3430.288}{2447.046}$；放样点的坐标为：A 点$\frac{3434.488}{2424.496}$，B 点$\frac{3434.488}{2436.496}$，C 点$\frac{3442.488}{2436.496}$，D 点$\frac{3442.488}{2424.496}$。

(1) 要求计算测设数据，用直角坐标法定位。

(2) 定位后进行检核，分析误差产生的原因。

2. 测量仪器及配套设施

光学经纬仪（或电子经纬仪）、配套脚架、30m 钢尺、记录表格、记录板、胶水、铅笔、计算器、白纸 6 块。

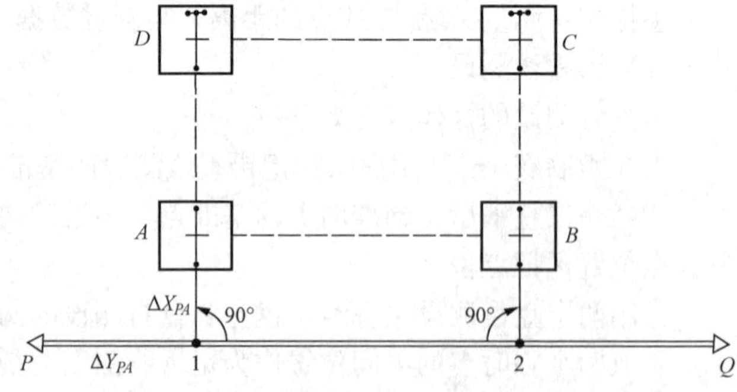

图 14-13 直角坐标法定位的参考点位

3. 操作要点

(1) 实训之前必须完成测设数据计算。

(2) 在地面上设置两个点 P 点和 Q 点，间距至少 18m。

(3) 按照已知条件，要求两个实习小组的横向间距至少 13m。

(4) 以 P 点为测站，Q 点只作后视定向使用。

(5) 定位时，应注意以下几点：

①在地面上粘白纸，标记 1、2 两点，以及测设的 A、B、C、D 点。

②测设 1、2 两个点之后，必须对 1、2 两点进行量距检核。否则，误差积累会影响 A、B、C、D 四个点的定位精度。

③用两个盘位顺时针、逆时针测设 90°，在远处的 C 点和 D 点处确定测设方向。

④如图 14 - 14 所示，在每张白纸上定两点，确定测设方向。再量距，定出 A、B、C、D 四个点。

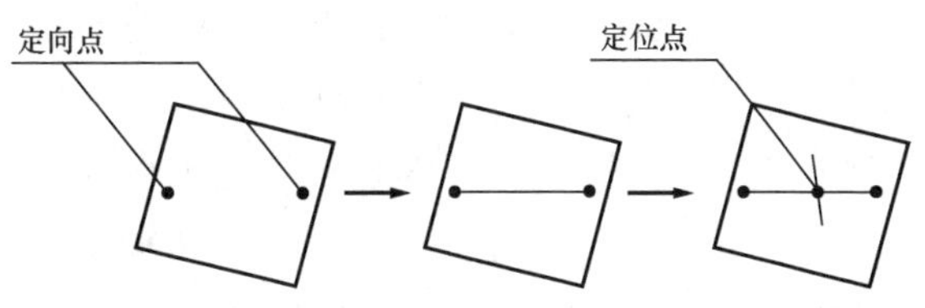

图 14 - 14　标记测设点位的过程

(6) 检核：丈量四条边及两条对角线的距离。填写定位检核记录表，根据表中的数据，找出有问题的测设点，判断测设的点位是否正确。测距精度按限差 1/3000 控制。

4. 实训用表

实训用表见表 14 - 5。

表 14 - 5　　**平面定位检核实训用表**

测段	理论值	实测值	较差	相对误差 K	备注

实训十八　极坐标法平面定位

1. 实训内容

(1) 配合项目八中“任务二　点的平面位置测设”的教学内容，进行极坐标法定位。

如图 14 - 15 所示，已知测站 P 的坐标为 $\frac{1423.789}{1087.203}$，测站点与后视点的坐标方位角为 $\alpha_{PQ}=0°00'00''$。放样点的坐标分别为：A 点 $\frac{1428.335}{1082.997}$，$B$ 点 $\frac{1429.670}{1092.089}$，$C$ 点 $\frac{1435.666}{1091.209}$，$D$ 点 $\frac{1434.331}{1082.117}$。

(2) 定位后进行检核，分析误差产生的原因。

2. 测量仪器及配套设施

光学经纬仪（或电子经纬仪）、配套脚架、30m 钢尺、记录表格、记录板、胶水、铅笔、计算器、白纸 5 块。

3. 操作要点

(1) 实训之前必须完成测设数据计算。

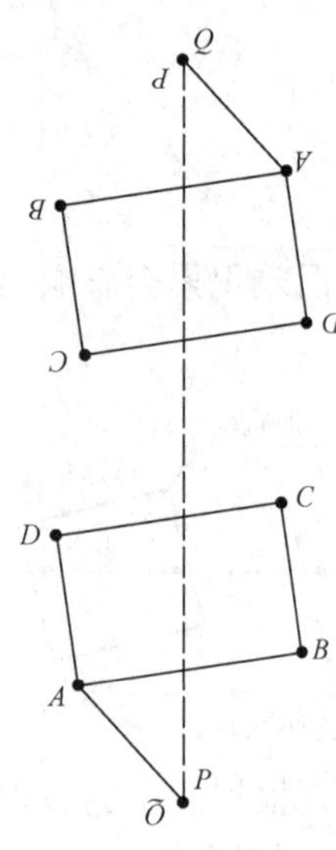

图 14 - 15　极坐标法定位的参考点位

（2）两个实习小组对向操作，本组的测站点为对方的后视点。

（3）用一个盘位（盘左）确定测设方向。

（4）在地面上标记测站点 P 和后视点 Q，粘白纸标记测设的 A、B、C、D 点。

（5）检核：丈量四条边及两条对角线的距离。填写定位检核记录表，根据表中的数据，找出有问题的测设点，判断测设的点位是否正确。测距精度按限差 1/3000 控制。

4. 实训用表

定位检核记录表同“表 14 - 5 平面定位检核实训用表”。

实训十九　角度交会法、距离交会法平面定位

1. 实训内容

（1）配合项目八中“任务二　点的平面位置测设”的教学内容，进行角度交会法和距离交会法定位。

交会法定位的参考点位如图 14 - 16 所示。角度交会法定位的测设数据分别为：15°30′25.4″、21°02′42.3″、32°56′39.7″、45°00′59.3″、40°29′28.4″；距离交会法定位的测设数据分别为：12.236、13.009、14.205、15.093、16.908m。

（2）定位后进行检核，分析误差产生的原因。

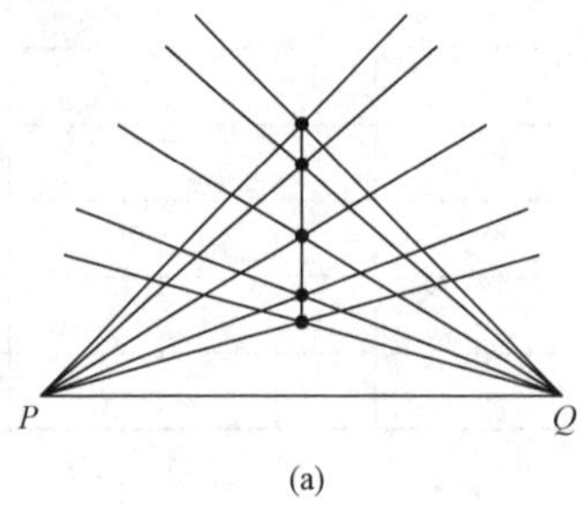

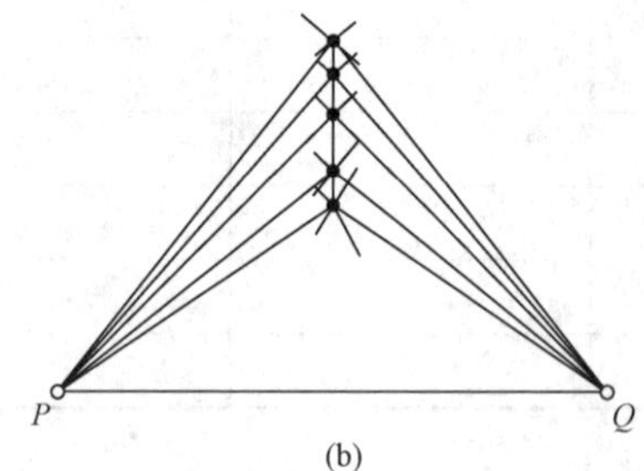

图 14 - 16　角度交会法、距离交会法定位的参考点位

2. 测量仪器及配套设施

光学经纬仪（或电子经纬仪）、配套脚架、30m 钢尺、记录表格、记录板、胶水、铅笔、计算器、白纸 10 块。

3. 操作要点

（1）两个小组配合完成角度交会法定位和距离交会法定位的实训任务。

（2）在地面上设置已知点 P 和 Q 点，互为测站点和后视点。要求两点之间的距离约 10m。

（3）角度交会时不得使用钢尺，距离交会时不得使用经纬仪。

（4）角度交会的操作要点如下：

①用一个盘位（盘左）测设水平角。

②如图 14 - 16（a）所示，角度交会时，两个实习小组互为后视。一个小组顺时针测设水平角，另一个小组逆时针测设相同的水平角，用骑马桩测设的方法确定最终的点位。

（5）距离交会的操作要点如下：

①如图 14 - 16（b）所示，距离交会时，用钢尺在地面上划弧，定出交会点。

②注意两把钢尺的拉力应相同，否则会有较大的定位误差或错误。

（6）定位检核：只用拉线绳的方法检核定位点是否同线，不需要量距检核。检核的内容如下：

①检核角度交会的各点是否同线，分析误差产生的原因。

②检核距离交会的各点是否同线，分析误差产生的原因。

③检核角度交会、距离交会的所有点是否同线，分析误差产生的原因。

实训二十 方向线交会法平面定位

1. 实训内容

（1）配合项目八中“任务二 点的平面位置测设”的教学内容，进行方向线交会法定位。

（2）定位后进行检核，分析误差产生的原因。

2. 测量仪器及配套设施

光学经纬仪（或电子经纬仪）、配套脚架、30m 钢尺、记录表格、记录板、胶水、铅笔、计算器、白纸 12 块。

3. 操作要点

（1）两个实习小组配合完成方向线交会法定位的实训任务。

（2）方向线交会法定位的过程如下：

①如图 14 - 17 所示，自定 A、B、C、D 四个已知点，要求相邻两点之间的距离约 10m。

②丈量四条边长和两条对角线的长度，将观测值记录到定位检核记录表中“理论值”一栏。

③用外延定线的方法将 1、2、3、4、5、6、7、8 等八个轴线控制点引到 3m 以外。

④用方向线交会的方法恢复 A、B、C、D 四个点。

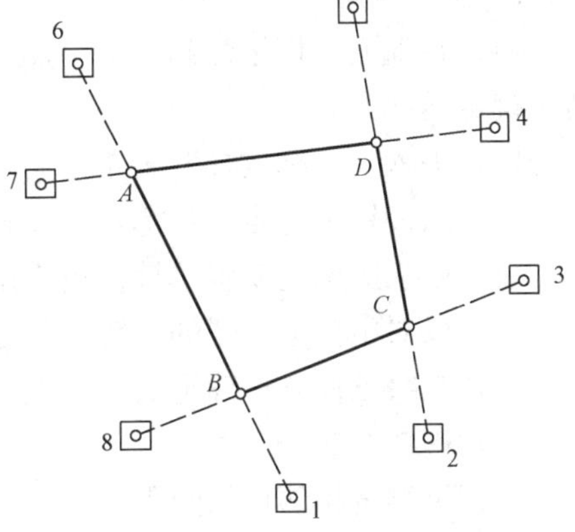

图 14 - 17 方向线交会法定位的参考点位

⑤丈量恢复后的四个点间的距离和对角线的长度，与原测值比较，检核恢复点位的精度，并分析误差产生的原因。

（3）恢复的点位，用不同颜色的笔标在原有的白纸上，以方便与原点位比较。

（4）测量不同直线的距离时，必须保证钢尺的拉力相同。

4. 实训用表

定位检核记录表同“表 14 - 5 平面定位检核实训用表”。

实训二十一 全站仪坐标法平面定位

1. 实训内容

（1）配合项目八中“任务二 点的平面位置测设”的教学内容，进行全站仪平面定位。此实训项目按 3 次 6 学时设计。

如图 14 - 18 所示，已知测站点 A 的坐标为$\frac{3754.766}{6310.927}$，后视点 B 的坐标为$\frac{3760.766}{6310.927}$。放样

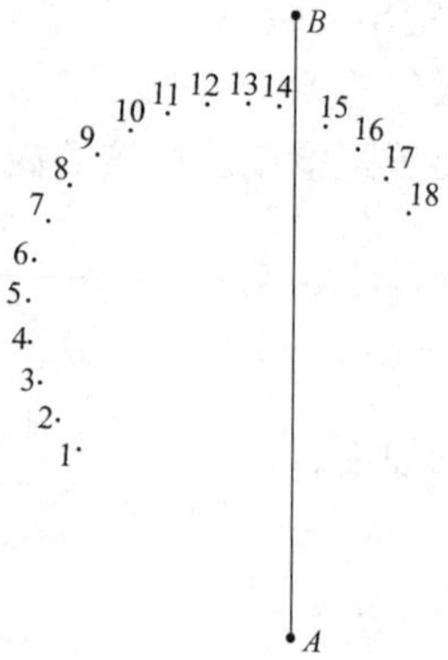

点的坐标分别为：1 点$\frac{3756.571}{6308.833}$，2 点$\frac{3756.848}{6308.626}$，3 点$\frac{3757.206}{6308.450}$，4 点$\frac{3757.592}{6308.348}$，5 点$\frac{3757.991}{6308.326}$，6 点$\frac{3758.386}{6308.383}$，7 点$\frac{3758.762}{6308.517}$，8 点$\frac{3759.104}{6308.724}$，9 点$\frac{3759.398}{6308.994}$，10 点$\frac{3759.632}{6309.317}$，11 点$\frac{3759.798}{6309.681}$，12 点$\frac{3759.888}{6310.070}$，13 点$\frac{3759.899}{6310.469}$，14 点$\frac{3759.830}{6310.862}$，15 点$\frac{3759.685}{6311.234}$，16 点$\frac{3759.469}{6311.570}$，17 点$\frac{3759.190}{6311.855}$，18 点$\frac{3758.860}{6312.081}$。

图 14-18　全站仪放样的参考点位

（2）全站仪定位采用棱镜头、三脚架上安置单棱镜组、骑腿式对中杆等三种方法定位。

（3）定位后进行检核，分析误差产生的原因。

2. 测量仪器及配套设施

全站仪及配套脚架、配套定位设施 30m 钢尺、记录表格、记录板、小钉、胶水、铅笔、计算器、白纸 20 张。

3. 操作要点

（1）在地面上标记测站点 A 的位置，按照已知条件确定后视方向，也可以根据场地的情况确定后视方向。

（2）进入“坐标放样”菜单，用一个盘位（盘左）进行全站仪放样。

（3）以棱镜头为定位目标，测设各点，在地面上标记点位。

（3）以三脚架上安置单棱镜组为定位目标，测设各点，在地面上标记点位。

（4）以对中杆上安置的棱镜头为定位目标，测设各点，在地面上标记点位。

（5）观察三种方法确定的定位点，直观了解三种方法定位的特点及精度。

（6）检核方法。

①钢尺测量相邻点的间距。

②全站仪对边测量相邻点的间距。

（7）在检核记录中，对误差比较大的点进行备注，查找原因、调整点位或返工重新定位。

4. 实训用表

定位检核记录表同“表 14-5 平面定位检核实训用表”。

实训二十二　高　程　测　设

1. 实训内容

配合项目八中“任务三　高程测设”的教学内容，用水平视线法进行高程测设。

高程测设的参考点位如图 14-19 所示。已知地面点高程 20.000m，读取后视读数 a 后，计算测设数据。按要求测设水平线、坡度线和竖曲线。

2. 测量仪器及配套设施

自动安平水准仪、配套脚架、塔尺、激光标线仪、演算纸、记录板、铅笔、计算器。

3. 操作要点

（1）准备工作

①如图 14-19 所示，提前准备 1 张 A3 纸，画 7 条平行线，并进行编号。

②高程测设时，使纸中心距离地面 0.6m，用激光标线仪确定 A3 纸上的 7 条线为铅垂线方向。

③在 A3 纸的正下方立塔尺，水准仪整平后读取后视读数。例如 a=1.432m。

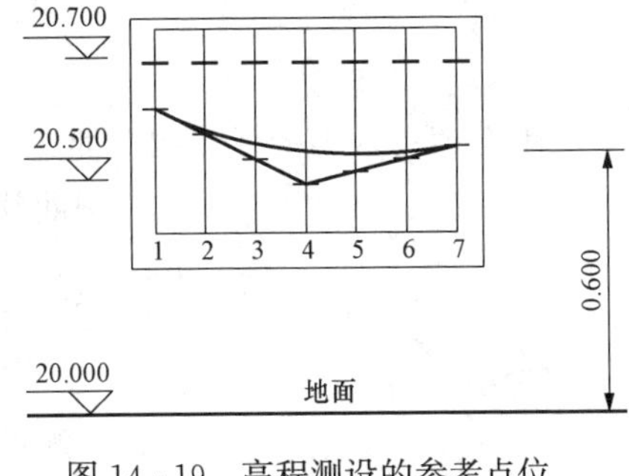

图 14-19 高程测设的参考点位

(2) 水平线测设。

①测设高程为 20.700m。

②在 7 条竖线上读相同的读数。测设数据 b=20.000+1.432−20.700=0.732 (m)。

③检核：连接相邻竖线上测设的各点，观察各点是否同线，线条是否水平。

(3) 测设坡度线。

①已知 H_4=20.500m，i_1=−50%，i_2=+25%。

②在 7 条竖线上读不同的读数，读数计算示例如下：

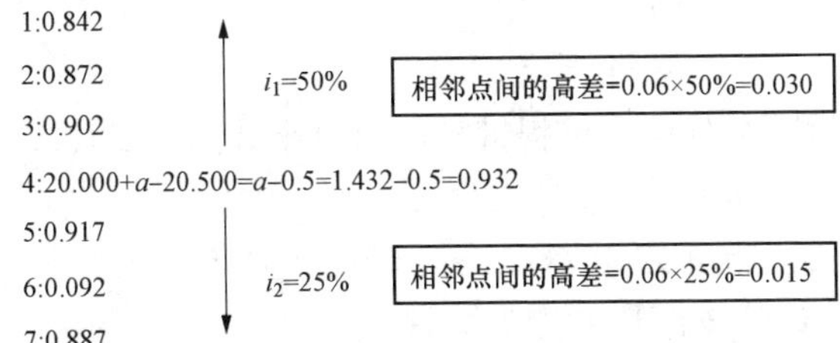

1:0.842
2:0.872
3:0.902
i_1=50%
相邻点间的高差=0.06×50%=0.030
4:20.000+a−20.500=a−0.5=1.432−0.5=0.932
5:0.917
6:0.092
7:0.887
i_2=25%
相邻点间的高差=0.06×25%=0.015

③检核：连接相邻竖线上测设的各点，观察各点是否同线。

(4) 测设竖曲线。

①利用上述坡度线测设竖曲线，设竖曲线半径 R=0.5m。

②在 7 条竖线上读不同的读数。按照表 8-13 计算各条竖线上的竖曲线高程：

测设数据=视线高程−竖曲线高程

③检核：用直尺连接相邻竖线上测设的各点，观察线形是否为凹曲线。

(5) 检核：量取同一铅垂线上的水平线与竖曲线的间距，与理论高差进行比较。若差值超过 3mm，应分析问题并查找原因，有针对性地进行返工。

4. 实训用表

实训用表见表 14-6。

表 14-6 高程测设检核记录

铅垂线编号	1	2	3	4	5	6	7
水平线高程							
竖曲线高程							
理论高差							
实测高差							
误差							

实训二十三 道路中线圆曲线测设

1. 实训内容

配合项目八中“任务四 曲线测设”的教学内容，进行圆曲线测设。

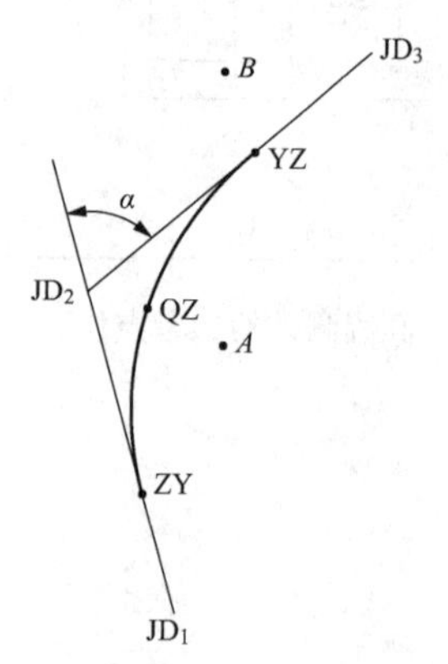

图 14-20 道路圆曲线测设参考点位

圆曲线测设的参考点位如图 14-20 所示。已知 JD_1 的坐标为 $\frac{490.681}{502.426}$、JD_2 的坐标为 $\frac{500.000}{500.000}$、JD_3 的坐标为 $\frac{506.984}{507.777}$、JD_2 的里程为 K3+182.760，圆曲线半径 R=10m。要求按整桩号法每 1.0m 一整桩测设圆曲线。

（1）使用经纬仪，主点测设完成后，用切线支距法测设圆曲线。

（2）使用全站仪，用全站仪坐标法测设圆曲线。

2. 测量仪器及配套设施

光学经纬仪（或电子经纬仪）及配套脚架、全站仪及配套设施、30m 钢尺、记录表格、记录板、小钉、胶水、铅笔、计算器、白纸 20 张。

3. 操作要点

（1）路线转角计算保留至分位；里程桩号取位至小数点后 3 位。

（2）切线支距法测设圆曲线。

①在 JD_2 安置经纬仪，测设 ZY、QZ、YZ 等三个主点。

②按式（8-6）计算切线支距法的测设数据。

③以 ZY 点为测站，放样“ZY-QZ”段的细部点。

④以 YZ 点为测站，放样“YZ-QZ”段的细部点。

⑤检核：用钢尺丈量相邻细部点的间距；分别以 JD_2、ZY、YZ 为测站测设的 3 个 QZ 点是否在同一个点位。

（3）坐标法测设圆曲线。

①用圆心法和换算法两种方法计算细部点坐标，并进行对比。

②以 A 点为测站，后视 B 点建站，用全站仪坐标法测设圆曲线。设测站点 A 的坐标为 $\frac{498.440}{503.700}$，测站点 A 至后视点 B 的坐标方位角为 $\alpha_{AB}=0°00'00''$。

③检核：用钢尺丈量相邻细部点的间距，或用全站仪对边测量的方法测量相邻细部点的间距。

4. 实训用表

定位检核记录表同“表 14-5 平面定位检核实训用表”。

实训二十四 找方及“四分之一法”测设圆曲线

1. 实训内容

配合项目八中“任务四 曲线测设”的教学内容，进行圆曲线测设。

利用“实训二十三 道路中线圆曲线测设”的已知条件，以 ZY 点至 YZ 点的直线为基准，参照图 14-20 的曲线方向，用“四分之一法”测设圆曲线。

2. 测量仪器及配套设施

30m 钢尺、胶水、铅笔、计算器、白纸 20 张。

3. 操作要点

该实训项目考核的是综合能力。一是巩固并灵活应用所学知识，完成测设数据的计算；二是学习在没有测量仪器的情况下应用所学知识完成实训任务。

(1) “找方”是实际工作的通俗说法，即测设 90°。

(2) 应用勾股定理，用钢尺在地面画弧，找出与基准线垂直的方向，作标记。

(3) 完成测设方向的检核后，沿测设方向量距离，定出各细部点。

4. 实训用表

定位检核记录表同“表 14-5 平面定位检核实训用表”。

实训二十五 GNSS-RTK 放样

1. 实训内容

配合项目八中“任务五 GNSS-RTK 放样”的教学内容，进行 RTK 放样。要求熟悉 RTK 放样流程，熟练操作“工程之星 5.0”。

RTK 放样的参考点位如图 14-21 所示。地面上有两个已知点，独立坐标分别为：C_1 点$\dfrac{5000.000}{5000.000}\Big|\dfrac{270.840}{}$，$F_1$ 点$\dfrac{4987.485}{5092.258}\Big|\dfrac{279.159}{}$。放样点的独立坐标分别为：1 点$\dfrac{5025.4450}{5016.5628}$，2 点$\dfrac{5025.7220}{5016.3558}$，3 点$\dfrac{5026.0800}{5016.1798}$，4 点$\dfrac{5026.4660}{5016.0778}$，5 点$\dfrac{5026.8650}{5016.0558}$，6 点$\dfrac{5027.2660}{5016.1128}$，7 点$\dfrac{5027.6360}{5016.2468}$，8 点$\dfrac{5027.9780}{5016.4538}$，9 点$\dfrac{5028.2720}{5016.7238}$，10 点$\dfrac{5028.5060}{5017.0468}$。

2. 测量仪器及配套设施

“南方测绘”GNSS 接收机及配套设施。

3. 操作要点

(1) 使用南方测绘“银河 1”放样必须设置基准站；使用南方测绘“极点”放样，不必设置基准站。

(2) 测量两个已知点 C_1 和 F_1，求转换参数。

(3) 如图 14-21 (a) 所示，各小组 RTK 放样的坐标不同，各组放样数据可根据学校的场地自行设计。每条圆曲线的点位组成如图 14-21 (b) 所示。

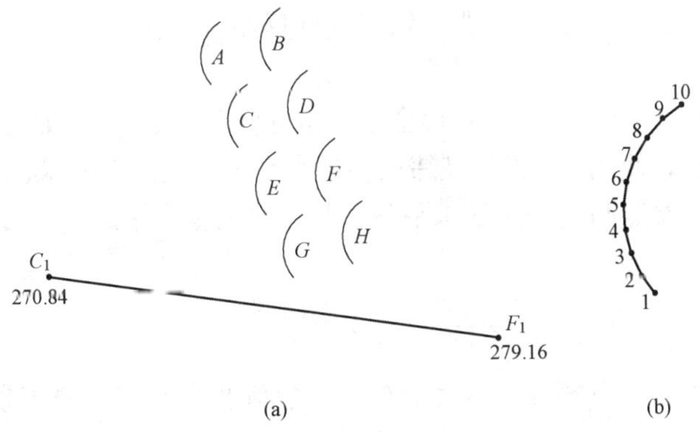

图 14-21 RTK 放样参考点位

(4) 反算相邻点的水平距离作为点位检核的依据。

（5）操作时易发生的问题。

①手簿与蓝牙断开，显示“无效解”。

②无差分信号，显示“单点解”。

③能够接收差分信号，信号由弱变强，显示“浮点解”、“差分解”、“固定解”。只有在“固定解”的情况下才可以工作。

④进行坐标参数转换时，比例尺因子必须接近“1”，否则放样的图形失真，点与点之间的距离与设计值不符。应重新测量已知点，并进行参数转换，直至符合要求。

⑤因 GNSS 接收机更换电池，导致换电池前后的放样曲线错位。应重新测量已知点，并进行参数转换，直至符合要求。

⑥如图 14-21（a）所示，各小组放样的曲线应是平行关系。因错用了坐标系统，个别小组的曲线图形旋转。应重新测量已知点，进行参数转换时，保证独立坐标系统与其他小组一致。

4. 实训用表

定位检核记录表同“表 14-5 平面定位检核实训用表”。

实训二十六　建筑基线测设

1. 实训内容

配合项目九中“任务一　概述”的教学内容，进行建筑基线测设，学习归化法测设点位。

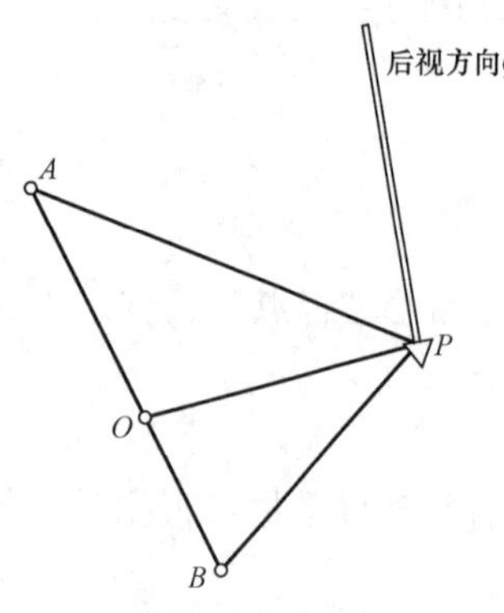

图 14-22　建筑基线测设参考点位

如图 14-22 所示，已知 A、O、B 三个基线点的坐标分别为：A 点 $\frac{52\ 757.832}{43\ 058.868}$，$O$ 点 $\frac{52\ 731.308}{43\ 072.886}$，$B$ 点 $\frac{52\ 713.626}{43\ 082.231}$，测站点 P 的坐标为 $\frac{52\ 740.089}{43\ 106.201}$，测站与后视方向的坐标方位角为 $\alpha_{PQ}=355°00'00''$，要求用全站仪坐标法测设“一字形”建筑基线 AOB。

2. 测量仪器及配套设施

全站仪及配套脚架、单棱镜组及配套脚架 2 套、DJ_2 光学经纬仪及配套脚架、30m 钢尺、演算纸、记录表格、记录板、白纸 3 张、铅笔、计算器。

3. 操作要点

（1）用全站仪坐标法测设 A、O、B 三个点。

（2）定位点检核时，使用 DJ_2 光学经纬仪测量水平角，使用全站仪测量水平距离。

（3）点位调整时，参照归化法测量水平角和归化法测量水平距离的方法计算调整值。计算公式为

$$\varepsilon=\frac{ab}{a+b}\cdot\frac{\Delta\beta}{2}\cdot\frac{1}{\rho}$$

（4）测设的精度要求：角度较差不大于 6″，丈量精度按 1/10 000 控制。

4. 实训用表

角度检核用表参照“表 3-1 测回法水平角观测记录”，距离检核用表参照“表 14-5 平面定位检核实训用表”。

实训二十七 建筑物细部测设

1. 实训内容

配合项目九中“任务二 建筑物的定位与放线”的教学内容，进行建筑物的细部测设。

实习的参考点位及细部测设的尺寸如图 14-23 所示。已知 A、B、C、D 四个主点的坐标分别为：A 点$\frac{52\ 733.906}{43\ 128.833}$，$B$ 点$\frac{52\ 719.862}{43\ 131.286}$，$C$ 点$\frac{52\ 722.316}{43\ 145.330}$，$D$ 点$\frac{52\ 736.359}{43\ 142.876}$。设测站 P 的坐标为$\frac{52\ 726.589}{43\ 152.476}$，测站 P 至后视方向 Q 的坐标方位角为 $\alpha_{PQ}=345°00'00''$。要求主点测设后进行细部测设。

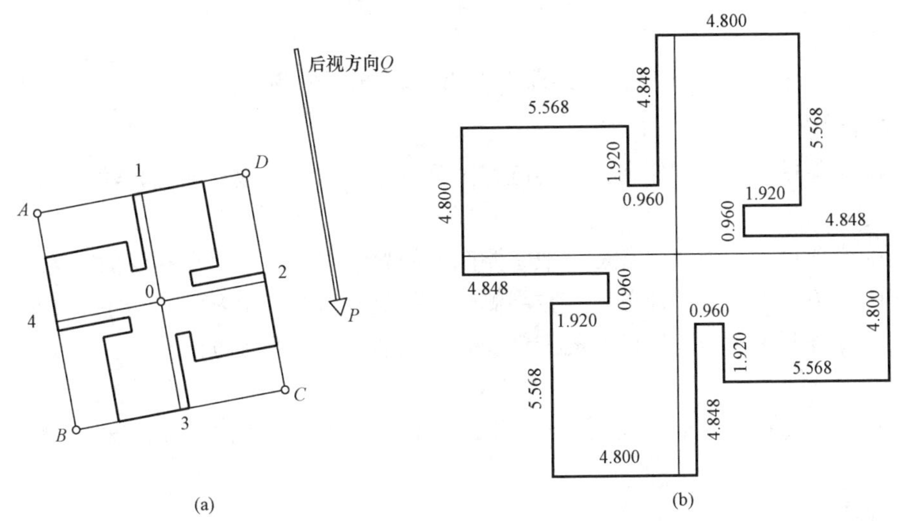

图 14-23 建筑物细部测设的参考点位及细部尺寸

2. 测量仪器及配套设施

全站仪及配套脚架、单棱镜组及配套脚架、DJ_2 光学经纬仪及配套脚架、30m 钢尺、小钉、20 张硬纸板、演算纸、记录板、铅笔、计算器、线绳。

3. 操作要点

(1) 如图 14-23 (a) 所示，以 P 点为测站，使用全站仪测设 A、B、C、D 四个点，用方向线交会的方法定出 O 点，并进行检核。

(2) 点位精度满足要求后再进行细部测设。

①根据如图 14-23 (b) 所示的数据，将整个大图形划分为四个相同的小部分。

②细部划分的尺寸如图 14-24 (a) 所示。计算细部尺寸：$1c=Og=2.280$m、$cd=gh=1.920$m、$dD=h2=2.928$m、$1a=De=5.568$m、$ab=ef=0.960$m、$bO=f2=0.600$m。

③如图 14-24 (b) 所示，按照计算的细部尺寸，内分各边框，定出 a、b、c、d、e、f、g、h 8 个点。如果条件允许，可以在地面上弹线，观察放样的图形是否为设计图形。

4. 实训用表

定位检核记录表同“表 14-5 平面定位检核实训用表”。

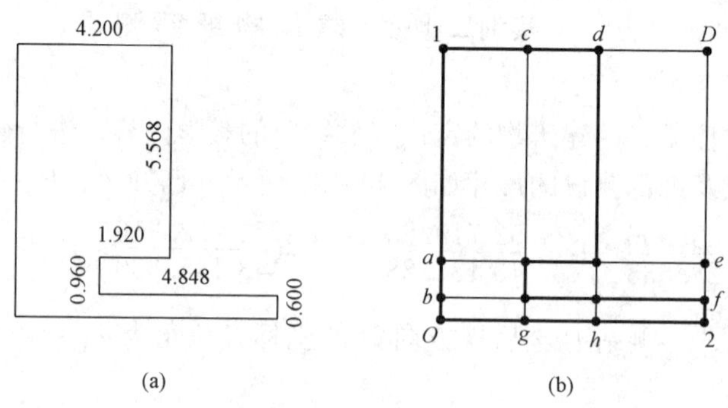

图 14-24 细部点位置确定

实训二十八 地形图测绘

1. 实训内容

（1）配合项目十一中“任务二 传统方法测绘地形图”的教学内容，学习传统方法测绘地形图。

（2）配合项目十一中“任务三 数字测图”的教学内容，学习全站仪测图的方法。

（3）配合项目十一中“任务三 数字测图”的教学内容，学习 RTK 测图的方法。

此实训任务要求利用校区已有的测量控制点，学习各种测图方法。

2. 配套设施

经纬仪及配套脚架、全站仪及配套脚架、RTK 及配套架杆、塔尺、皮尺、棱镜头及配套单杆。

3. 操作要点

在校区中选择一处通视条件良好，地物、地貌要素齐全的区域，进行地形图测绘。要求测区内至少有两个已知点。如图 14-2 所示，进行操作要点说明。

（1）传统方法测绘地形图。

①在 C 点安置经纬仪，对中、整平后瞄准 B 点定向，配盘。

②测量图中花圃的特征点、台阶的特征点、两个路灯。

③测量两个高程点的平面坐标。用水准测量的方法测量两个高程点的高程。

④平面点位的确定方法有两种。离测站较近的点使用“经纬仪＋皮尺”；离测站较远的点使用“经纬仪＋塔尺”。

⑤地形图的绘制方法参照项目十一中“任务二 传统方法测绘地形图”中的相关要求。

（2）全站仪测图。

全站仪测图的方法有两种。一种是用全站仪代替经纬仪，以棱镜为目标测距代替皮尺量距，用传统方法测图。另一种是用全站仪进行数字测图，全站仪数字测图的操作要点如下：

①准备工作。在 C 点安置全站仪，对中、整平；测量仪器高和目标高；建项目；瞄准 B 点后视定向。

②测量图中花圃的特征点坐标、台阶特征点的坐标、两个路灯的坐标、两个高程点的坐标。

③从全站仪中导出坐标数据，在 CASS 软件中成图。

④地形图的绘制方法参照项目十一中“任务三　数字测图”中的相关要求。

（3）RTK 测图。

①准备工作。建工程、仪器连接、仪器设置。

②平滑测量两个已知点，求转换参数。

③比例尺满足要求后，“点测量”花圃的特征点、台阶特征点、两个路灯、两个高程点。

④从手簿中导出“.dat”文件，在 CASS 软件中成图。

⑤地形图的绘制方法参照项目十一中“任务三　数字测图”中的相关要求。

（4）对比三种数据采集方法绘制的地形图，在外业观测时间、成图方法、工作效率等方面进行总结。

4. 实训用表

碎部测量的记录表参照“表 11-1 碎部测量记录表”，高程点测量的记录表参照“表 2-3 视线高法水准测量记录”。

实训二十九　测量仪器操作技能测试

测量仪器操作技能的测试内容分为三个部分，即：水准仪操作、经纬仪操作和全站仪操作。

测量仪器操作技能测试的成绩按水准仪操作 30%、经纬仪操作 30%、全站仪操作 40% 加权平均进行计算。

1. 水准仪操作

（1）准备工作：DS_3 微倾式水准仪安置到脚架上备用、塔尺安置在醒目位置。

（2）要求在规定的时间内完成安置仪器、粗平、瞄准、精平、读数。

（3）规定用时 3min。计时开始后，将备用的仪器和脚架一起移至指定位置，直至读出水准尺的读数后计时结束。

（4）读数须经教师检核，计时以现场裁判为准。

（5）测试用表见表 14-7。

2. 经纬仪操作

（1）准备工作：DJ_6 光学经纬仪安置到脚架上备用、测站和观测目标都标定在醒目位置。

（2）要求在规定的时间内完成对中、整平、瞄准、读数。

（3）规定用时 5min。计时开始后，将备用的仪器和脚架一起移至规定的测站，直至读出水平度盘读数后计时结束。

（4）读数须经教师检核，计时以现场裁判为准。

（5）测试用表见表 14-8。

3. 全站仪操作

（1）准备工作：

全站仪装箱备用、配套脚架备用、两个观测目标上已经安置单棱镜、测站已标定在地面上的醒目位置、假定测站点坐标和后视方向的坐标方位角、后视点用明显标记标定。

（2）要求在规定的时间内完成开机、建站、分别测两点的坐标、存储数据、反算距离。

（3）规定用时 10min。计时是从开箱起至报出反算的距离。

（4）测距精度按 1/3000 控制，计时以现场裁判为准。

（5）测试用表见表 14-9。

表 14-7

水准仪操作技能测试记录表

观测日期：______年______月______日　　　　记录：__________

序号	姓名	扣　分　项　目										加分项目		总分	成绩	备注
		脚架安置稳固程度		粗平情况		有无视差		精平情况		读数		观测时间				
1																
2																
3																
4																
5																
6																
7																
8																
9																
10																
11																
12																

注　基础分设为 60 分，扣分项每项不符合要求扣 0.5 分，加分项每提前 0.5 分钟加 1 分。

表 14 - 8

经纬仪操作技能测试记录表

观测日期：______年______月______日　　　　记录：__________

序号	姓名	扣分项目										加分项目		总分	成绩	备注
		脚架安置稳固程度		对中情况		目标的瞄准情况		精平情况		读数		观测时间				
1																
2																
3																
4																
5																
6																
7																
8																
9																
10																
11																
12																

注 基础分设为 60 分，扣分项每项不符合要求扣 0.5 分，加分项每提前 0.5 分钟加 1 分。

表 14-9 全站仪操作技能测试记录表

观测日期：______年______月______日　　　　记录：__________

序号	姓名	扣　分　项　目						加分项目	总分	成绩	备注
		后视点的瞄准情况	脚架安置稳固程度	对中情况	精平情况	距离	较差	观测时间			
1											
2											
3											
4											
5											
6											
7											
8											
9											
10											
11											
12											

注　基础分设为 60 分，扣分项每项不符合要求扣 0.5 分，加分项每提前 0.5 分钟加 1 分。

参 考 文 献

[1] 胡伍生，潘庆林，黄腾．土木工程施工测量手册．2版．北京：人民交通出版社，2011.
[2] 张正禄．工程测量学．3版．武汉．武汉大学出版社，2020.
[3] 许娅娅，雒应．测量学．5版．北京：人民交通出版社，2020.
[4] 中华人民共和国住房和城乡建设部．GB 50026—2020 工程测量标准．北京：中国计划出版社，2021.
[5] 中华人民共和国住房和城乡建设部．GB 50205—2020 钢结构工程施工质量验收标准．北京：中国建筑工业出版社，2020.
[6] 中华人民共和国住房和城乡建设部．GB 50202—2018 建筑地基基础工程施工质量验收标准．北京：中国计划出版社，2018.
[7] 中华人民共和国住房和城乡建设部．GB 50204—2015 混凝土结构工程施工质量验收规范．北京：中国建筑工业出版社，2015.